有限单元法基本原理

王焕定　王　伟　戴鸿哲　编著

哈爾濱工業大學出版社

内 容 简 介

本书从杆系有限元入手，较全面地介绍了有限单元法的基本原理。全书共分7章，作为教材，内容除最基本的弹性力学有限单元法外，还简单介绍了广义变分原理及其应用、加权余量、广义协调、半解析、样条元和边界单元法等基本知识。

本书可作为高等学校土木、水利、道路与桥涵及机械等专业高年级学生和研究生的教材，也可供相关专业工程设计和研究人员学习参考。

图书在版编目(CIP)数据

有限单元法基本原理/王焕定，王伟，戴鸿哲编著．—哈尔滨：哈尔滨工业大学出版社，2016．11

ISBN 978-7-5603-6288-5

Ⅰ．有…　Ⅱ．①王…　②王…　③戴…　Ⅲ．有限元法-高等学校-教材　Ⅳ．①O241．82

中国版本图书馆CIP数据核字(2016)第268858号

责任编辑　贾学斌　张　荣
出版发行　哈尔滨工业大学出版社
社　　址　哈尔滨市南岗区复华四道街10号　邮编150006
传　　真　0451-86414749
网　　址　http://hitpress.hit.edu.cn
印　　刷　哈尔滨工业大学印刷厂
开　　本　787mm×1092mm　1/16　印张16.25　字数400千字
版　　次　2016年11月第1版　2016年11月第1次印刷
书　　号　ISBN 978-7-5603-6288-5
定　　价　35.00元

前　言

现行的结构分析软件由前处理、核心计算和后处理三部分组成。随着可视技术的不断发展,软件的前处理功能更加方便使用者,按照说明书填写即可完成;后处理功能的图形化方便了计算结果分析,使得计算结果一目了然;但是核心计算部分却相当于黑匣子,这部分内容主要由有限元方法的程序实现,只有掌握有限单元法基本原理才能理解黑匣子里的核心内容,进而为分析计算结果的正确性提供帮助。因此,在使用结构分析软件之前一定要学习和掌握有限单元法基本原理。这就是本书的重要性。

本书作者讲授有限单元法课程已有二十多年了,其方法和原理发展变化不大,而软件的发展变化却很大。从着手编教学软件的配书光盘已经发展到了通用软件的极大普及,特别是各种通用软件教材为读教使用软件提供了帮助。为了适应发展变化,作者已将有限元方法课程分解为有限元方法原理和有限元分析软件两门课程。在有限元分析软件课程中取消了配书光盘中自编软件的内容,重点介绍通用软件建模、计算、分析及各种功能。要求学生在掌握有限元方法基本原理的前提下,能够使用一种通用软件进行简单的结构分析。

本书由王焕定、王伟、戴鸿哲共同撰写,全书由王伟教授主持统稿,参加编写修订的人员有戴鸿哲(第1章)、周春圣(第2章)、张博一(第3章)、赵威(第4章)、李泓昊(第5章)、李亮(第6章)和王伟(第7章)。

由于作者水平所限,书中难免存在不妥及疏漏之处,望广大读者给予指正。

作　者

2016年7月

于哈尔滨工业大学

目 录

第1章　预备知识

1.1　引　　言

有限元法(Finite Element Method)是随着电子计算机的广泛应用而产生的一种计算方法。它是近似求解一般连续体问题的数值方法。

从物理方面看:它是用仅在单元结点上彼此相连的单元组合体来代替待分析的连续体,也即将待分析的连续体划分成若干个彼此相联系的单元,通过单元的特性分析,来求解整个连续体的特性。

从数学方面看:它是使一个连续的无限自由度问题变成离散的有限自由度问题,使问题大大简化,或者说使不能求解的问题能够求解。一经求解出单元未知量,就可以利用插值函数确定连续体上的场函数。显然,随着单元数目的增加,即单元尺寸的缩小,解的近似程度将不断得到改进。如果单元是满足收敛要求的,近似解将收敛于精确解。

有限元法借助于两个重要工具:在理论推导上采用了矩阵方法,在实际计算中采用了计算机技术。

本章将介绍学习有限元法的必要预备知识。下面介绍的弹性理论有关方程的矩阵表示以及虚位移原理与势能原理是建立有限元方程的重要理论基础。

1.2　矩阵符号约定

为书写方便,无论是一般矩阵,还是行阵、列阵均采用黑斜体字母来标记。例如

$$\begin{bmatrix} a_{11} & a_{12} & \cdots & a_{1n} \\ a_{21} & a_{22} & \cdots & a_{2n} \\ \vdots & \vdots & & \vdots \\ a_{m1} & a_{m2} & \cdots & a_{mn} \end{bmatrix} \text{记为}\boldsymbol{A};[F_{\mathrm{S1}}\ F_{\mathrm{S2}}\ \cdots\ F_{\mathrm{S}n}]\text{记为}\boldsymbol{F}_{\mathrm{S}}\text{。}$$

单位矩阵以特定符号记为 $\boldsymbol{I}$ 或 $\boldsymbol{I}_n$,后者的脚标 n 用以表示单位矩阵的阶数。

对角线矩阵以普通矩阵符号标记加脚标 diag 来表示,例如

$$\begin{bmatrix} a_{11} & & & & \\ & a_{22} & & & \\ & & a_{33} & & \\ & & & \ddots & \\ & & & & a_{nn} \end{bmatrix} \text{记为}\boldsymbol{A}_{\mathrm{diag}}\text{。}$$

块对角矩阵采用如下方式来标记

$$\begin{bmatrix} \boldsymbol{K}_1 & & & \\ & \boldsymbol{K}_2 & & \\ & & \ddots & \\ & & & \boldsymbol{K}_n \end{bmatrix}$$ 记为 $\boldsymbol{K}_{\text{bdiag}}$ 或 $\text{diag}[\boldsymbol{K}_1 \quad \boldsymbol{K}_2 \quad \cdots \quad \boldsymbol{K}_n]$。

1.3 弹性理论有关方程矩阵表示

以笛卡儿坐标三维问题为例来说明弹性理论有关方程矩阵的表示方式。

1.3.1 运动方程(内力与体积力的关系方程)

由弹性理论可知,在体积 V 内任意一点的运动方程为

$$\begin{cases} \dfrac{\partial \sigma_x}{\partial x} + \dfrac{\partial \tau_{xy}}{\partial y} + \dfrac{\partial \tau_{xz}}{\partial z} + F_{bx} = \rho \dfrac{\partial^2 u}{\partial t^2} \\ \dfrac{\partial \tau_{yx}}{\partial x} + \dfrac{\partial \sigma_y}{\partial y} + \dfrac{\partial \tau_{yz}}{\partial z} + F_{by} = \rho \dfrac{\partial^2 v}{\partial t^2} \\ \dfrac{\partial \tau_{zx}}{\partial x} + \dfrac{\partial \tau_{zy}}{\partial y} + \dfrac{\partial \sigma_z}{\partial z} + F_{bz} = \rho \dfrac{\partial^2 w}{\partial t^2} \end{cases} \tag{1.3.1}$$

当记

$$\begin{cases} \boldsymbol{d} = [u \quad v \quad w]^{\mathrm{T}} & (\text{位移列阵}) \\ \boldsymbol{F}_{\mathrm{b}} = [X \quad Y \quad Z]^{\mathrm{T}} & (\text{体积力列阵}) \\ \boldsymbol{\sigma} = [\sigma_x \quad \sigma_y \quad \sigma_z \quad \tau_{xy} \quad \tau_{yz} \quad \tau_{zx}]^{\mathrm{T}} & (\text{应力列阵}) \end{cases} \tag{1.3.2}$$

时,若引入如下微分算子矩阵

$$\begin{bmatrix} \dfrac{\partial}{\partial x} & 0 & 0 & \dfrac{\partial}{\partial y} & 0 & \dfrac{\partial}{\partial z} \\ 0 & \dfrac{\partial}{\partial y} & 0 & \dfrac{\partial}{\partial x} & \dfrac{\partial}{\partial z} & 0 \\ 0 & 0 & \dfrac{\partial}{\partial z} & 0 & \dfrac{\partial}{\partial y} & \dfrac{\partial}{\partial x} \end{bmatrix} = \boldsymbol{A} \tag{1.3.3}$$

则根据矩阵乘法规则不难证明,体内一点的运动方程可用如下矩阵方程来表示

在 V 内
$$\boldsymbol{A\sigma} + \boldsymbol{F}_{\mathrm{b}} = \rho \frac{\partial^2 \boldsymbol{d}}{\partial t^2} \tag{1.3.4}$$

当物体在外力作用下处于平衡状态时,上式变为平衡方程

在 V 内
$$\boldsymbol{A\sigma} + \boldsymbol{F}_{\mathrm{b}} = \boldsymbol{0} \tag{1.3.5}$$

1.3.2 几何方程(应变与位移的关系方程)

由弹性理论可知,在微小变形情况下一点的六个应变分量可用位移表示,即

$$\begin{cases}\varepsilon_x = \dfrac{\partial u}{\partial x} & \gamma_{xy} = \dfrac{\partial u}{\partial y} + \dfrac{\partial v}{\partial x} \\ \varepsilon_y = \dfrac{\partial v}{\partial y} & \gamma_{yz} = \dfrac{\partial v}{\partial z} + \dfrac{\partial w}{\partial y} \\ \varepsilon_z = \dfrac{\partial w}{\partial z} & \gamma_{zx} = \dfrac{\partial w}{\partial x} + \dfrac{\partial u}{\partial z}\end{cases} \tag{1.3.6}$$

当记应变列阵为

$$\boldsymbol{\varepsilon} = [\varepsilon_x \quad \varepsilon_y \quad \varepsilon_z \quad \gamma_{xy} \quad \gamma_{yz} \quad \gamma_{zx}]^{\mathrm{T}} \tag{1.3.7}$$

时,由矩阵乘法不难验证几何方程可用如下矩阵方程表示

在 V 内

$$\boldsymbol{\varepsilon} = \boldsymbol{A}^{\mathrm{T}}\boldsymbol{d} \tag{1.3.8}$$

式中　$\boldsymbol{A}^{\mathrm{T}}$—— 微分算子 $\boldsymbol{A}$ 的转置矩阵。

1.3.3　本构关系(物理方程 —— 应力与应变的关系方程)

对于各向同性均质线弹性体,由弹性理论可知,应力与应变之间存在如下本构关系

在 V 内

$$\begin{cases}\varepsilon_x = \dfrac{1}{E}[\sigma_x - \mu(\sigma_y + \sigma_z)] & \gamma_{xy} = \dfrac{2(1+\mu)}{E}\tau_{xy} \\ \varepsilon_y = \dfrac{1}{E}[\sigma_y - \mu(\sigma_z + \sigma_x)] & \gamma_{yz} = \dfrac{2(1+\mu)}{E}\tau_{yz} \\ \varepsilon_z = \dfrac{1}{E}[\sigma_z - \mu(\sigma_x + \sigma_y)] & \gamma_{zx} = \dfrac{2(1+\mu)}{E}\tau_{zx}\end{cases} \tag{1.3.9}$$

当记

$$\boldsymbol{a} = \boldsymbol{D}^{-1} = \frac{1}{E}\begin{bmatrix} 1 & & & & & \\ -\mu & 1 & & & \text{对称} & \\ -\mu & -\mu & 1 & & & \\ 0 & 0 & 0 & 2(1+\mu) & & \\ 0 & 0 & 0 & 0 & 2(1+\mu) & \\ 0 & 0 & 0 & 0 & 0 & 2(1+\mu)\end{bmatrix} \tag{1.3.10}$$

时,式(1.3.9) 的本构关系可用如下矩阵方程表示

在 V 内

$$\boldsymbol{\varepsilon} = \boldsymbol{a}\boldsymbol{\sigma} = \boldsymbol{D}^{-1}\boldsymbol{\sigma} \tag{1.3.11}$$

或

$$\boldsymbol{\sigma} = \boldsymbol{D}\boldsymbol{\varepsilon} = \boldsymbol{a}^{-1}\boldsymbol{\varepsilon} \tag{1.3.12}$$

上式中 $\boldsymbol{D}$ 为弹性矩阵,由 $\boldsymbol{a}$ 矩阵求逆可知

$$\boldsymbol{D} = \mathrm{diag}[\boldsymbol{D}_1 \quad \boldsymbol{D}_2] \tag{1.3.13}$$

其中

$$\begin{cases}\boldsymbol{D}_1 = \dfrac{E(1-\mu)}{(1+\mu)(1-2\mu)}\begin{bmatrix} 1 & \dfrac{\mu}{1-\mu} & \dfrac{\mu}{1-\mu} \\ \dfrac{\mu}{1-\mu} & 1 & \dfrac{\mu}{1-\mu} \\ \dfrac{\mu}{1-\mu} & \dfrac{\mu}{1-\mu} & 1\end{bmatrix} \\ \boldsymbol{D}_2 = \dfrac{E}{2(1+\mu)}\boldsymbol{I}_3\end{cases} \tag{1.3.14}$$

当以拉梅系数表示本构关系时,有

$$\begin{cases}\boldsymbol{D}_1=\begin{bmatrix}\lambda+2G & \lambda & \lambda\\ \lambda & \lambda+2G & \lambda\\ \lambda & \lambda & \lambda+2G\end{bmatrix}\\ \boldsymbol{D}_2=G\boldsymbol{I}_3\end{cases} \tag{1.3.15}$$

式中的拉梅系数为

$$\begin{cases}\lambda=\dfrac{E\mu}{(1+\mu)(1-2\mu)}\\ G=\dfrac{E}{2(1+\mu)}\end{cases} \tag{1.3.16}$$

1.3.4　变形协调方程

当以应力作为基本未知量求解弹性力学方程时，通过本构关系所得的应变尚须在体积内满足如下变形协调方程

在 V 内
$$\begin{cases}\dfrac{\partial^2\varepsilon_x}{\partial y^2}+\dfrac{\partial^2\varepsilon_y}{\partial x^2}=\dfrac{\partial^2\gamma_{xy}}{\partial x\partial y}\\ \dfrac{\partial^2\varepsilon_y}{\partial z^2}+\dfrac{\partial^2\varepsilon_z}{\partial y^2}=\dfrac{\partial^2\gamma_{yz}}{\partial y\partial z}\\ \dfrac{\partial^2\varepsilon_z}{\partial x^2}+\dfrac{\partial^2\varepsilon_x}{\partial z^2}=\dfrac{\partial^2\gamma_{zx}}{\partial z\partial x}\\ \dfrac{\partial}{\partial x}\left(\dfrac{\partial\gamma_{zx}}{\partial y}+\dfrac{\partial\gamma_{xy}}{\partial z}-\dfrac{\partial\gamma_{yz}}{\partial x}\right)=2\dfrac{\partial^2\varepsilon_x}{\partial y\partial z}\\ \dfrac{\partial}{\partial y}\left(\dfrac{\partial\gamma_{xy}}{\partial z}+\dfrac{\partial\gamma_{yz}}{\partial x}-\dfrac{\partial\gamma_{zx}}{\partial y}\right)=2\dfrac{\partial^2\varepsilon_y}{\partial z\partial x}\\ \dfrac{\partial}{\partial z}\left(\dfrac{\partial\gamma_{yz}}{\partial x}+\dfrac{\partial\gamma_{zx}}{\partial y}-\dfrac{\partial\gamma_{xy}}{\partial z}\right)=2\dfrac{\partial^2\varepsilon_z}{\partial x\partial y}\end{cases} \tag{1.3.17}$$

引入协调算子矩阵

$$\boldsymbol{C}=\begin{bmatrix}\dfrac{\partial^2}{\partial y^2} & \dfrac{\partial^2}{\partial x^2} & 0 & -\dfrac{\partial^2}{\partial x\partial y} & 0 & 0\\ 0 & \dfrac{\partial^2}{\partial z^2} & \dfrac{\partial^2}{\partial y^2} & 0 & -\dfrac{\partial^2}{\partial y\partial z} & 0\\ \dfrac{\partial^2}{\partial z^2} & 0 & \dfrac{\partial^2}{\partial x^2} & 0 & 0 & -\dfrac{\partial^2}{\partial z\partial x}\\ -2\dfrac{\partial^2}{\partial y\partial z} & 0 & 0 & \dfrac{\partial^2}{\partial z\partial x} & -\dfrac{\partial^2}{\partial x^2} & \dfrac{\partial^2}{\partial y\partial x}\\ 0 & -2\dfrac{\partial^2}{\partial z\partial x} & 0 & \dfrac{\partial^2}{\partial z\partial y} & \dfrac{\partial^2}{\partial x\partial y} & -\dfrac{\partial^2}{\partial y^2}\\ 0 & 0 & -2\dfrac{\partial^2}{\partial x\partial y} & -\dfrac{\partial^2}{\partial z^2} & \dfrac{\partial^2}{\partial x\partial z} & \dfrac{\partial^2}{\partial y\partial z}\end{bmatrix} \tag{1.3.18}$$

变形协调方程可用如下矩阵方程表示

在 V 内
$$\boldsymbol{C}\boldsymbol{\varepsilon}=\boldsymbol{0} \tag{1.3.19}$$

1.3.5　边界条件

1.3.5.1　应力边界条件

在已知表面力的边界面 S_σ 上,体内的应力与表面力之间存在如下应力边界条件

在 S_σ 上

$$\begin{cases} F_{Sx} = \sigma_x l + \tau_{xy} m + \tau_{xz} n \\ F_{Sy} = \tau_{yx} l + \sigma_y m + \tau_{yz} n \\ F_{Sz} = \tau_{zx} l + \tau_{zy} m + \sigma_z n \end{cases} \tag{1.3.20}$$

式中　F_{Sx}、F_{Sy}、F_{Sz}—— 已知表面力 x、y、z 方向分量;

l、m、n—— 表面外法线方向余弦。

当记表面力矩阵为

$$\boldsymbol{F}_S = [F_{Sx} \quad F_{Sy} \quad F_{Sz}]^T \tag{1.3.21}$$

时,表面外法线方向余弦矩阵为

$$\boldsymbol{L} = \begin{bmatrix} l & 0 & 0 & m & 0 & n \\ 0 & m & 0 & l & n & 0 \\ 0 & 0 & n & 0 & m & l \end{bmatrix} \tag{1.3.22}$$

则应力边界条件可用矩阵方程表示如下

在 S_σ 上

$$\boldsymbol{F}_S - \boldsymbol{L\sigma} = \boldsymbol{0} \tag{1.3.23}$$

1.3.5.2　位移边界条件

在已知位移的边界面 S_u 上,体内的位移满足如下位移边界条件

在 S_u 上

$$\begin{cases} u = \bar{u} \\ v = \bar{v} \\ w = \bar{w} \end{cases} \tag{1.3.24}$$

式中　$\bar{u}$、$\bar{v}$、$\bar{w}$—— 已知位移沿坐标 x、y、z 的分量。

若记

$$\bar{\boldsymbol{d}} = [\bar{u} \quad \bar{v} \quad \bar{w}]^T \tag{1.3.25}$$

为已知位移矩阵,则式(1.3.24) 在 S_u 上可改写为

$$\boldsymbol{d} - \bar{\boldsymbol{d}} = \boldsymbol{0} \tag{1.3.26}$$

1.3.6　小结

综上所述,线弹性微小变形弹性理论全部方程和边界条件的矩阵表示为

在 V 内	运动方程	$\boldsymbol{A\sigma} + \boldsymbol{F}_b = \rho \dfrac{\partial^2 \boldsymbol{d}}{\partial t^2}$
	平衡方程	$\boldsymbol{A\sigma} + \boldsymbol{F}_b = \boldsymbol{0}$
	几何方程	$\boldsymbol{\varepsilon} = \boldsymbol{A}^T \boldsymbol{d}$
	本构关系	$\boldsymbol{\sigma} = \boldsymbol{D\varepsilon}$
	变形协调方程	$\boldsymbol{C\varepsilon} = \boldsymbol{0}$
在 S_σ 上	应力边界条件	$\boldsymbol{F}_S - \boldsymbol{L\sigma} = \boldsymbol{0}$
在 S_u 上	位移边界条件	$\boldsymbol{d} - \bar{\boldsymbol{d}} = \boldsymbol{0}$

1.4 虚位移原理与势能原理

不少书籍、资料中把虚位移原理表述成必要性命题，也即“若平衡，则对一切虚位移虚功方程恒成立”，根本不提原理充分性。个别书籍只证明原理的必要性，却将原理叙述成充要性命题，也即“若对一切虚位移虚功方程恒成立，则变形体必处于平衡状态”。我们曾对变形体虚位移原理的合理表述及证明进行过研究，本节仅就将变形体分割成无限个微元体集合的情况加以介绍。

1.4.1 变形体虚位移原理

1.4.1.1 外力总虚功的计算(无限分割情况)

下面以二维问题来说明外力总虚功的计算，对于三维问题读者可仿此自行建立相应算式。

1. 体内微元体上外力的总虚功计算

由图1.1(a)可见，以A点x方向负坐标面为例，面上应力的合力分别为

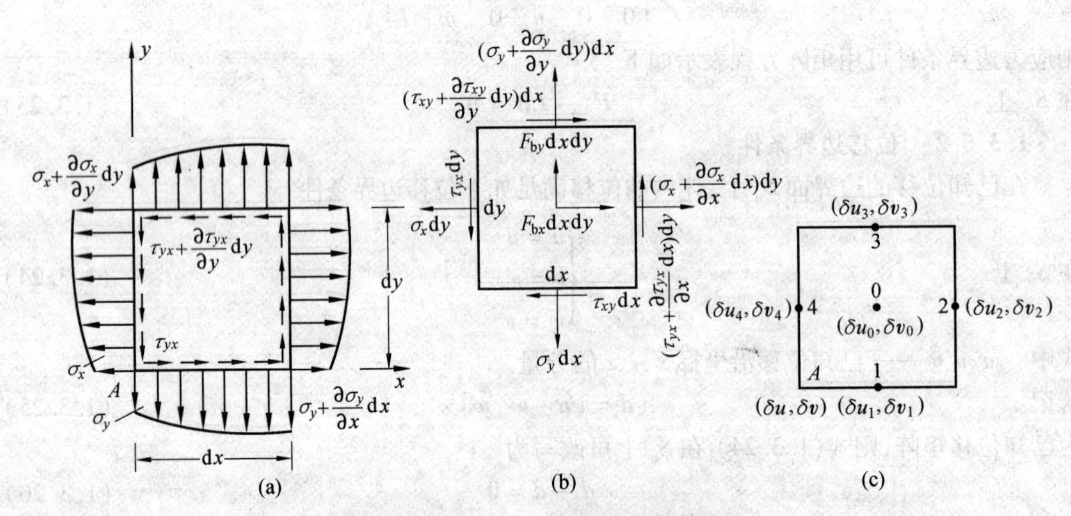

图1.1 矩形微元体受力、虚位移示意图

$$\frac{1}{2}\left(\sigma_x+\sigma_x+\frac{\partial\sigma_x}{\partial y}dy\right)\cdot dy+\text{高阶小量(曲线面积)}\approx\sigma_x dy$$

$$\frac{1}{2}\left(\tau_{yx}+\tau_{yx}+\frac{\partial\tau_{yx}}{\partial y}dy\right)\cdot dy+o(dy^3)\approx\tau_{yx}dy$$

其他面上合力均可仿此获得，从而微元体各面所受合力如图1.1(b)所示，其中F_{bx}、F_{by}为微元体上的坐标方向体积力密度。图1.1(c)所标各点虚位移是对应图1.1(b)各合力作用点选取的。由虚位移的连续性可知，图1.1(c)上点0至点4的虚位移可由基点A的虚位移(δu, δv)表示如下(基点可任意取，基点不同则各点的虚位移也不同)

$$
\begin{cases}
\delta u_0 = \delta u + \dfrac{1}{2}\mathrm{d}(\delta u) & \delta v_0 = \delta v + \dfrac{1}{2}\mathrm{d}(\delta v) \\
\delta u_1 = \delta u + \dfrac{1}{2}\dfrac{\partial \delta u}{\partial x}\mathrm{d}x & \delta v_1 = \delta v + \dfrac{1}{2}\dfrac{\partial \delta v}{\partial x}\mathrm{d}x \\
\delta u_2 = \delta u + \dfrac{\partial \delta u}{\partial x}\mathrm{d}x + \dfrac{1}{2}\dfrac{\partial \delta u}{\partial y}\mathrm{d}y & \delta v_2 = \delta v + \dfrac{\partial \delta v}{\partial x}\mathrm{d}x + \dfrac{1}{2}\dfrac{\partial \delta v}{\partial y}\mathrm{d}y \\
\delta u_3 = \delta u + \dfrac{\partial \delta u}{\partial y}\mathrm{d}y + \dfrac{1}{2}\dfrac{\partial \delta u}{\partial x}\mathrm{d}x & \delta v_3 = \delta v + \dfrac{\partial \delta v}{\partial y}\mathrm{d}y + \dfrac{1}{2}\dfrac{\partial \delta v}{\partial x}\mathrm{d}x \\
\delta u_4 = \delta u + \dfrac{1}{2}\dfrac{\partial \delta u}{\partial y}\mathrm{d}y & \delta v_4 = \delta v + \dfrac{1}{2}\dfrac{\partial \delta v}{\partial y}\mathrm{d}y
\end{cases}
\tag{1.4.1}
$$

因此,微元体上的外力在微元体虚位移上所做的总虚功为

$$
\begin{aligned}
\mathrm{d}W_{四} = {} & F_{bx}\mathrm{d}x\mathrm{d}y\delta u_0 + F_{by}\mathrm{d}x\mathrm{d}y\delta v_0 - \sigma_x \mathrm{d}y\delta u_4 - \tau_{yx}\mathrm{d}y\delta v_4 - \\
& \sigma_y \mathrm{d}x\delta v_1 - \tau_{xy}\mathrm{d}x\delta u_1 + \left(\sigma_x + \frac{\partial \sigma_x}{\partial x}\mathrm{d}x\right)\mathrm{d}y\delta u_2 + \\
& \left(\tau_{yx} + \frac{\partial \tau_{yx}}{\partial x}\mathrm{d}x\right)\mathrm{d}y\delta v_2 + \left(\sigma_y + \frac{\partial \sigma_y}{\partial y}\mathrm{d}y\right)\mathrm{d}x\delta v_3 + \\
& \left(\tau_{xy} + \frac{\partial \tau_{xy}}{\partial y}\mathrm{d}y\right)\mathrm{d}x\delta u_3
\end{aligned}
$$

将式(1.4.1) 代入上式,公式右端的虚位移均可由 δu、δv 表示,经整理并略去高阶微量后可得

$$
\begin{aligned}
\mathrm{d}W_{四} = {} & \left[\left(\frac{\partial \sigma_x}{\partial x} + \frac{\partial \tau_{xy}}{\partial y} + F_{bx}\right)\delta u + \left(\frac{\partial \tau_{yx}}{\partial x} + \frac{\partial \sigma_y}{\partial y} + F_{by}\right)\delta v + \right. \\
& \left. \sigma_x \frac{\partial \delta u}{\partial x} + \sigma_y \frac{\partial \delta v}{\partial y} + \tau_{xy}\left(\frac{\partial \delta u}{\partial y} + \frac{\partial \delta v}{\partial x}\right)\right]\mathrm{d}x\mathrm{d}y
\end{aligned}
\tag{1.4.2}
$$

将如下矩阵引入式(1.4.2)

虚位移列阵　$\boldsymbol{\delta d} = [\delta u\ \delta v]^{\mathrm{T}}$　(1.4.3(a))

体积力列阵　$\boldsymbol{F}_{\mathrm{b}} = [F_{bx}\ F_{by}]^{\mathrm{T}}$　(1.4.3(b))

应力列阵　$\boldsymbol{\sigma} = [\sigma_x\ \sigma_y\ \tau_{xy}]^{\mathrm{T}}$　(1.4.3(c))

虚应变列阵　$\boldsymbol{\delta \varepsilon} = [\delta\varepsilon_x\ \delta\varepsilon_y\ \delta\gamma_{xy}]^{\mathrm{T}}$　(1.4.3(d))

微分算子矩阵

$$
\boldsymbol{A} = \begin{bmatrix} \dfrac{\partial}{\partial x} & 0 & \dfrac{\partial}{\partial y} \\ 0 & \dfrac{\partial}{\partial y} & \dfrac{\partial}{\partial x} \end{bmatrix}
\tag{1.4.3(e)}
$$

由几何方程有

$$
\boldsymbol{\delta\varepsilon} = \boldsymbol{A}^{\mathrm{T}}\boldsymbol{\delta d}
\tag{1.4.4}
$$

所以式(1.4.2) 的矩阵可表示为

$$
\mathrm{d}W_{四} = [(\boldsymbol{A\sigma} + \boldsymbol{F}_{\mathrm{b}})^{\mathrm{T}}\boldsymbol{\delta d} + \boldsymbol{\sigma}^{\mathrm{T}}\boldsymbol{\delta\varepsilon}]\mathrm{d}x\mathrm{d}y
\tag{1.4.5}
$$

(1) 从推导过程可以看出:

①$(\boldsymbol{A\sigma} + \boldsymbol{F}_{\mathrm{b}})^{\mathrm{T}}\boldsymbol{\delta d}\mathrm{d}x\mathrm{d}y$ 是微元体上全部外力在微元体刚性虚位移上所做的总虚功,记为 $\mathrm{d}W_{四,刚}$。

②$\boldsymbol{\sigma}^{\mathrm{T}}\delta\boldsymbol{\varepsilon}\mathrm{d}x\mathrm{d}y=\boldsymbol{\sigma}^{\mathrm{T}}(\boldsymbol{A}^{\mathrm{T}}\delta\boldsymbol{d})\mathrm{d}x\mathrm{d}y$ 是微元体上全部外力在微元体变形虚位移上所做的总虚功的主部(略去了高阶微量),记为 $\mathrm{d}W_{变}$。

③$\boldsymbol{F}_{\mathrm{b}}^{\mathrm{T}}\delta\boldsymbol{d}\mathrm{d}x\mathrm{d}y$ 是微元体上外荷载在虚位移上所做的总虚功的主部,记为 $\mathrm{d}W_{体}$。

④$[\boldsymbol{\sigma}^{\mathrm{T}}\delta\boldsymbol{\varepsilon}+(\boldsymbol{A}\boldsymbol{\sigma})^{\mathrm{T}}\delta\boldsymbol{d}]\mathrm{d}x\mathrm{d}y=[(\boldsymbol{A}\boldsymbol{\sigma})^{\mathrm{T}}\delta\boldsymbol{d}+\boldsymbol{\sigma}^{\mathrm{T}}\boldsymbol{A}^{\mathrm{T}}\delta\boldsymbol{d}]\mathrm{d}x\mathrm{d}y$ 是微元体上切割面力在虚位移上所做的总虚功的主部,记为 $\mathrm{d}W_{切}$。

(2) 当如上标记不同的微元体上有外力虚功时,$\mathrm{d}W_{四}$ 有以下两种表示方法,即

$$\mathrm{d}W_{四}=\mathrm{d}W_{四,刚}+\mathrm{d}W_{变}\quad(\text{虚位移分成刚体与变形时})$$

$$\mathrm{d}W_{四}=\mathrm{d}W_{体}+\mathrm{d}W_{切}\quad(\text{外力分成体积力与切割面力时})$$

因为表达的均为 $\mathrm{d}W_{四}$(微元体上外力总虚功),因此

$$\mathrm{d}W_{四,刚}+\mathrm{d}W_{变}=\mathrm{d}W_{体}+\mathrm{d}W_{切}$$

2. 表面微元体上外力的总虚功计算

图 1.2 给出了表面三角形微元体受力及虚位移示意,其中斜边长为 $\mathrm{d}S$,$F_{\mathrm{S}x}$、$F_{\mathrm{S}y}$ 为微元上的表面力,微元体上各点的虚位移与微元体各面受力作用点相对应。由虚位移的连续性可知,图1.2(b) 中 0 点至 3 点的虚位移可由基点 A 的虚位移($\delta u,\delta v$) 表示,即

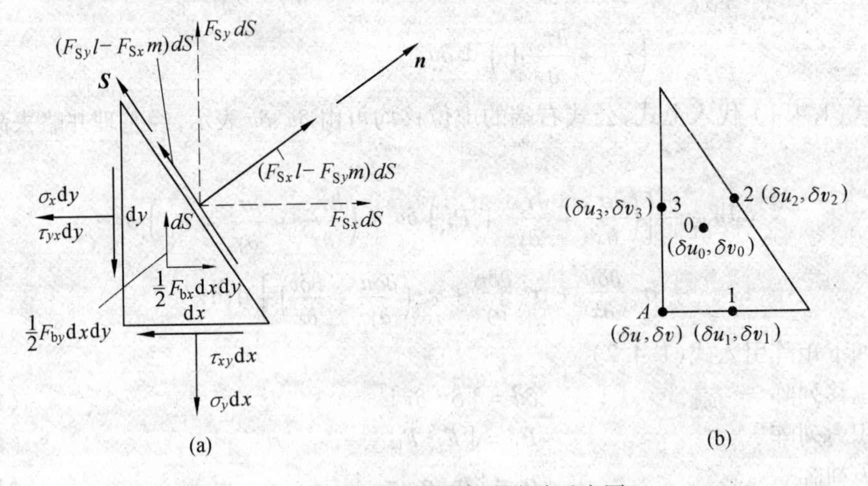

图 1.2　三角形微元体受力、虚位移示意图

$$\delta u_0=\delta u+\frac{1}{3}\mathrm{d}(\delta u)\qquad \delta v_0=\delta v+\frac{1}{3}\mathrm{d}(\delta v)$$

$$\delta u_1=\delta u+\frac{1}{2}\frac{\partial\delta u}{\partial x}\mathrm{d}x\qquad \delta v_1=\delta v+\frac{1}{2}\frac{\partial\delta v}{\partial x}\mathrm{d}x$$

$$\delta u_2=\delta u+\frac{1}{2}\mathrm{d}(\delta u)\qquad \delta v_2=\delta v+\frac{1}{2}\mathrm{d}(\delta v)$$

$$\delta u_3=\delta u+\frac{1}{2}\frac{\partial\delta u}{\partial y}\mathrm{d}y\qquad \delta v_3=\delta v+\frac{1}{2}\frac{\partial\delta v}{\partial y}\mathrm{d}y$$

微元体上的外力所做的总虚功,经整理且略去高阶项后为

$$\mathrm{d}W_{三}=\{[F_{\mathrm{S}x}-(\sigma_x l+\tau_{xy}m)]\delta u+[F_{\mathrm{S}y}-(\tau_{xy}l+\sigma_y m)]\delta v\}\mathrm{d}S\tag{1.4.6}$$

其矩阵表示为

$$\mathrm{d}W_{三}=(\boldsymbol{F}_{\mathrm{S}}-\boldsymbol{L}\boldsymbol{\sigma})^{\mathrm{T}}\delta\boldsymbol{d}\mathrm{d}S\tag{1.4.7}$$

式中　$\boldsymbol{F}_{\mathrm{S}}=[F_{\mathrm{S}x}\quad F_{\mathrm{S}y}]^{\mathrm{T}}$,为表面力矩阵;　(1.4.8(a))

$$\boldsymbol{L}=\begin{bmatrix} l & 0 & m \\ 0 & m & l \end{bmatrix}$$，为方向余弦矩阵。　(1.4.8(b))

从推导可见，$\mathrm{d}W_{三}$ 是边界微元体上全部外力在微元体刚性虚位移上所做的总虚功的主部，记为 $\mathrm{d}W_{三,刚}$。

$\boldsymbol{F}_{\mathrm{S}}^{\mathrm{T}}\delta\boldsymbol{d}\mathrm{d}S$ 是微元体上外荷载在虚位移上所做的总虚功的主部，记为 $\mathrm{d}W_{表}$。

$-(\boldsymbol{L\sigma})^{\mathrm{T}}\delta\boldsymbol{d}\mathrm{d}S$ 是微元体上切割面力在虚位移上所做的总虚功的主部，记为 $\mathrm{d}W_{切}$。

同矩形微元体一样，有

$$\mathrm{d}W_{三}=\mathrm{d}W_{三,刚}=\mathrm{d}W_{表}+\mathrm{d}W_{切}$$

3. 变形体上外力的总虚功

由式(1.4.5)和式(1.4.7)可得变形体上外力的总虚功 $W_{外}$ 为

$$W_{外}=\int_A[(\boldsymbol{A\sigma}+\boldsymbol{F}_{\mathrm{b}})^{\mathrm{T}}\delta\boldsymbol{d}+\boldsymbol{\sigma}^{\mathrm{T}}\delta\boldsymbol{\varepsilon}]\mathrm{d}A+\int_{S_\sigma}(\boldsymbol{F}_{\mathrm{S}}-\boldsymbol{L\sigma})^{\mathrm{T}}\delta\boldsymbol{d}\mathrm{d}S \tag{1.4.9(a)}$$

在虚位移和微元体上外力作分解时，上式也可表为

$$W_{外}=\int_A\mathrm{d}W_{体}+\int_{S_\sigma}\mathrm{d}W_{表}+\int_A\mathrm{d}W_{切}=\int_A\mathrm{d}W_{四,刚}+\int_{S_\sigma}\mathrm{d}W_{三,刚}+\int_A\mathrm{d}W_{变}=$$
$$\int_A[(\boldsymbol{A\sigma}+\boldsymbol{F}_{\mathrm{b}})^{\mathrm{T}}\delta\boldsymbol{d}+\boldsymbol{\sigma}^{\mathrm{T}}\delta\boldsymbol{\varepsilon}]\mathrm{d}A+\int_{S_\sigma}(\boldsymbol{F}_{\mathrm{S}}-\boldsymbol{L\sigma})^{\mathrm{T}}\delta\boldsymbol{d}\mathrm{d}S \tag{1.4.9(b)}$$

式(1.4.9)虽然是由二维问题推出的，但只要所有矩阵都用三维问题情况代替，即可变成三维的外力总虚功算式。

1.4.1.2　变形体虚位移原理(无限分割情况)

由上述分析可得，**任何变形连续体处于平衡状态的必要和充分条件是：对任意虚位移，外力所做的总虚功恒等于变形体所接受的总虚变形功，也即恒满足如下虚功方程**

$$W_{外}\equiv W_{变}$$

或

$$\int_V\boldsymbol{F}_{\mathrm{b}}^{\mathrm{T}}\delta\boldsymbol{d}\mathrm{d}V+\int_{S_\sigma}\boldsymbol{F}_{\mathrm{S}}{}^{\mathrm{T}}\delta\boldsymbol{d}\mathrm{d}S\equiv\int_V\boldsymbol{\sigma}^{\mathrm{T}}\delta\boldsymbol{\varepsilon}\mathrm{d}V \tag{1.4.10}$$

1. 必要性证明

如果变形体处于平衡状态，则由外力的总虚功可知

$$W_{外}=\int_V\mathrm{d}W_{四}+\int_{S_\sigma}\mathrm{d}W_{三}$$

设虚位移为刚性虚位移和变形虚位移时，则

$$W_{外}=\int_V(\mathrm{d}W_{四,刚}+\mathrm{d}W_{变})+\int_{S_\sigma}\mathrm{d}W_{三,刚}$$

由刚体虚位移原理知

$$\int_V\mathrm{d}W_{四,刚}+\int_{S_\sigma}\mathrm{d}W_{三,刚}=0$$

所以有

$$W_{外}=\int_V\mathrm{d}W_{变}=W_{变}=\int_V\boldsymbol{\sigma}^{\mathrm{T}}\delta\boldsymbol{\varepsilon}\mathrm{d}V$$

若将作用在微元体上的外力分为体积力、表面力和切割面外力，则

$$W_{外}=\int_V(\mathrm{d}W_{体}+\mathrm{d}W_{切})+\int_{S_\sigma}(\mathrm{d}W_{表}+\mathrm{d}W_{切})$$

因为变形是连续的，相互作用力(切割面上的外力)所做的虚功相互抵消，即

$$\int_V \mathrm{d}W_{切} + \int_{S_\sigma} \mathrm{d}W_{切} = 0$$

所以有

$$W_{外} = \int_V \mathrm{d}W_{体} + \int_{S_\sigma} \mathrm{d}W_{表} = \int_V \boldsymbol{F}_\mathrm{b}^\mathrm{T}\delta\boldsymbol{d}\mathrm{d}V + \int_{S_\sigma} \boldsymbol{F}_\mathrm{S}^\mathrm{T}\delta\boldsymbol{d}\mathrm{d}S$$

由此可得,变形体平衡时,有如下虚功方程成立

$$\int_V \boldsymbol{F}_\mathrm{b}^\mathrm{T}\delta\boldsymbol{d}\mathrm{d}V + \int_{S_\sigma} \boldsymbol{F}_\mathrm{S}^\mathrm{T}\delta\boldsymbol{d}\mathrm{d}S \equiv \int_V \boldsymbol{\sigma}^\mathrm{T}\delta\boldsymbol{\varepsilon}\mathrm{d}V$$

2. 充分性证明

作为充分性证明的已知条件是对任意微小虚位移恒有

$$\int_V \boldsymbol{F}_\mathrm{b}^\mathrm{T}\delta\boldsymbol{d}\mathrm{d}V + \int_{S_\sigma} \boldsymbol{F}_\mathrm{S}^\mathrm{T}\delta\boldsymbol{d}\mathrm{d}S \equiv \int_V \boldsymbol{\sigma}^\mathrm{T}\delta\boldsymbol{\varepsilon}\mathrm{d}V \tag{1}$$

成立。假设变形体不平衡,则按达朗贝尔原理加上惯性力 $-\rho\dfrac{\partial^2\boldsymbol{d}}{\partial t^2}\mathrm{d}V$ 后,微元体在瞬时 t 处于"动平衡"。因为 $-\rho\dfrac{\partial^2\boldsymbol{d}}{\partial t^2}\mathrm{d}V$ 属体积力,则根据必要性命题,在此 t 时刻必有

$$\int_V \left(\boldsymbol{F}_\mathrm{b} - \rho\frac{\partial^2\boldsymbol{d}}{\partial t^2}\right)^\mathrm{T}\delta\boldsymbol{d}\mathrm{d}V + \int_{S_\sigma} \boldsymbol{F}_\mathrm{S}^\mathrm{T}\delta\boldsymbol{d}\mathrm{d}S \equiv \int_V \boldsymbol{\sigma}^\mathrm{T}\delta\boldsymbol{\varepsilon}\mathrm{d}V \tag{2}$$

由式(1) 减式(2) 可得

$$\int_V \left(\rho\frac{\partial^2\boldsymbol{d}}{\partial t^2}\right)^\mathrm{T}\delta\boldsymbol{d}\mathrm{d}V \equiv 0 \tag{3}$$

式(3) 所表示的是:若不平衡,在式(1) 前提下变形体所应满足的条件。将式(3) 展开成代数式,则有

$$\int_V \left(\rho\frac{\partial^2 u}{\partial t^2}\delta u + \rho\frac{\partial^2 v}{\partial t^2}\delta v + \rho\frac{\partial^2 w}{\partial t^2}\delta w\right)\mathrm{d}V \equiv 0$$

因为虚位移 δu、δv、δw 的任意性和独立性,因此在 V 内

$$\frac{\partial^2 u}{\partial t^2} = 0,\quad \frac{\partial^2 v}{\partial t^2} = 0,\quad \frac{\partial^2 w}{\partial t^2} = 0$$

也即微元体上每一点的加速度均为零,这表明在式(1) 恒成立情况下,假设不平衡是不可能的(充分性证毕)。

另一种偏数学的充分性证明是如下进行的,根据格林公式中的虚功方程(1) 可改为

$$\int_V \boldsymbol{F}_\mathrm{b}^\mathrm{T}\delta\boldsymbol{d}\mathrm{d}V + \int_{S_\sigma} \boldsymbol{F}_\mathrm{S}^\mathrm{T}\delta\boldsymbol{d}\mathrm{d}S \equiv \int_V \boldsymbol{\sigma}^\mathrm{T}\delta\boldsymbol{\varepsilon}\mathrm{d}V = \int_S (\boldsymbol{L\sigma})^\mathrm{T}\delta\boldsymbol{d}\mathrm{d}S - \int_V (\boldsymbol{A\sigma})^\mathrm{T}\delta\boldsymbol{d}\mathrm{d}V$$

因为体积 V 的全部表面分为 $S_\sigma + S_u$,而虚位移是满足位移约束的一种任意位移,所以在 S_u 上 $\delta\boldsymbol{d} = \boldsymbol{0}$,由此上式可改写为

$$\int_V (\boldsymbol{A\sigma} + \boldsymbol{F}_\mathrm{b})^\mathrm{T}\delta\boldsymbol{d}\mathrm{d}V + \int_{S_\sigma} (\boldsymbol{F}_\mathrm{S} - \boldsymbol{L\sigma})^\mathrm{T}\delta\boldsymbol{d}\mathrm{d}S \equiv 0 \tag{4}$$

为避免应用尚不熟悉的格林公式,式(4) 也可由如下说明获得。不管变形体是否平衡,变形体上全部外力在虚位移上所做的总虚功为

$$W_{外} \equiv \int_V [(\boldsymbol{A\sigma} + \boldsymbol{F}_\mathrm{b})^\mathrm{T}\delta\boldsymbol{d} + \boldsymbol{\sigma}^\mathrm{T}\delta\boldsymbol{\varepsilon}]\mathrm{d}V + \int_{S_\sigma} (\boldsymbol{F}_\mathrm{S} - \boldsymbol{L\sigma})^\mathrm{T}\delta\boldsymbol{d}\mathrm{d}S \tag{5}$$

充分性命题前提条件是

$$W_{外} \equiv W_{变} \equiv \int_V \boldsymbol{\sigma}^{\mathrm{T}} \delta \boldsymbol{\varepsilon} \mathrm{d}V \tag{6}$$

因此，式(5)在式(6)的条件下即变为式(4)。自式(4)在$\delta \boldsymbol{d}$的元素任意、独立的情况下，可得

在 V 内　$\boldsymbol{A\sigma} + \boldsymbol{F}_{\mathrm{b}} = \boldsymbol{0}$

在 S_σ 上　$\boldsymbol{F}_{\mathrm{S}} - \boldsymbol{L\sigma} = \boldsymbol{0}$

因而每个微元体(无论矩形还是三角形)均处于平衡状态。

1.4.1.3　几点说明

(1) 由于在证明虚位移原理过程中没有涉及变形体的本构关系，因此原理可适用于任何可变形物体。

(2) 变形体虚功原理(散度定理)与变形体虚位移原理不是一回事，前者表述为：

对于任意平衡的外力、应力体系($\boldsymbol{F}_{\mathrm{b}}$、$\boldsymbol{F}_{\mathrm{S}}$、$\boldsymbol{\sigma}$)和任意协调、连续的可能位移场($\boldsymbol{d}$、$\bar{\boldsymbol{d}}$、$\boldsymbol{\varepsilon}$)，均存在如下恒等关系：外力在可能位移上所做的总虚功恒等于变形体所接受的总虚变形功。

对于三维问题此关系可用如下虚功方程表示

$$\int_V \boldsymbol{F}_{\mathrm{b}}^{\mathrm{T}} \boldsymbol{d} \mathrm{d}V + \int_{S_u} (\boldsymbol{L\sigma})^{\mathrm{T}} \bar{\boldsymbol{d}} \mathrm{d}S + \int_{S_\sigma} \boldsymbol{F}_{\mathrm{S}}^{\mathrm{T}} \boldsymbol{d} \mathrm{d}S \equiv \int_V \boldsymbol{\sigma}^{\mathrm{T}} \boldsymbol{\varepsilon} \mathrm{d}V \tag{1.4.11}$$

必须注意，虚功方程中各量间满足如下关系

在 V 内　$\boldsymbol{A\sigma} + \boldsymbol{F}_{\mathrm{b}} = \boldsymbol{0}$

$\boldsymbol{\varepsilon} = \boldsymbol{A}^{\mathrm{T}} \boldsymbol{d}$

在 S_u 上　$\boldsymbol{d} - \bar{\boldsymbol{d}} = \boldsymbol{0}$

在 S_σ 上　$\boldsymbol{F}_{\mathrm{S}} - \boldsymbol{L\sigma} = \boldsymbol{0}$

在此条件下力系和位移均可以是任意一个。

(3) 我们证明的是变形体分割成无限个微元体的情况，此时变形体上各点的虚位移$\delta \boldsymbol{d}$均是独立、任意的，因此，所得的结论为虚位移原理等价于平衡条件。但若变形体上各点的虚位移并不具有独立性和任意性(如本书后面在单元分析等的应用中那样)，这一命题先决条件的改变，必将导致原理结论的改变。所以在应用虚位移原理时，必须注意$\delta \boldsymbol{d}$的任意性能达到什么程度，不可轻易地说变形体平衡。

(4) 平面杆系结构虚位移原理的虚功方程为

$$W_{外} = \sum \int_0^l (M\delta\kappa + F_{\mathrm{Q}}\delta\gamma + F_{\mathrm{N}}\delta\varepsilon)\mathrm{d}x = W_{变} \tag{1.4.12}$$

式中　$\delta\kappa$——虚曲率；

$\delta\gamma$——虚剪切角；

$\delta\varepsilon$——虚轴向应变。

1.4.2　势能驻值原理

1.4.2.1　几个基本概念

1. 可能位移 $\boldsymbol{d}_{\mathrm{k}}$

可能位移$\boldsymbol{d}_{\mathrm{k}}$为满足位移边界条件和几何方程的位移。而真实位移除满足上述条件外，还要满足平衡方程和应力边界条件，因此真实位移是可能位移的特例。

2. 可能应变 $\boldsymbol{\varepsilon}_{\mathrm{k}}$

由可能位移 $\boldsymbol{d}_{\mathrm{k}}$，通过几何方程求得的应变。

3. 可能应力 $\boldsymbol{\sigma}_{\mathrm{k}}$

由可能应变 $\boldsymbol{\varepsilon}_{\mathrm{k}}$，通过本构关系求得的应力，它与真实应力的区别在于：可能应力不一定满足平衡方程和应力边界条件。

4. 外力势能 $P_{\mathrm{f}}(\boldsymbol{d}_{\mathrm{k}})$

在保持外力不变的情况下，从可能位移状态 $\boldsymbol{d}_{\mathrm{k}}$ 退回到"无位移"满足位移边界条件的自然状态时，外力所做的总虚功称为给定外力由可能位移引起的外力势能。按此定义显然有

$$P_{\mathrm{f}}(\boldsymbol{d}_{\mathrm{k}}) = -\left[\int_V \boldsymbol{F}_{\mathrm{b}}^{\mathrm{T}} \boldsymbol{d}_{\mathrm{k}} \mathrm{d}V + \int_{S_\sigma} \boldsymbol{F}_{\mathrm{S}}^{\mathrm{T}} \boldsymbol{d}_{\mathrm{k}} \mathrm{d}S\right] \tag{1.4.13}$$

5. 可能位移的应变能 $U(\boldsymbol{d}_{\mathrm{k}})$

由于产生可能位移 $\boldsymbol{d}_{\mathrm{k}}$，变形体所贮存的应变能，称做可能位移的应变能，由此定义可得（见图 1.3，以拉伸为例来理解）

$$U(\boldsymbol{d}_{\mathrm{k}}) = \int_V \left(\int_{\mathbf{0}}^{\boldsymbol{\varepsilon}_{\mathrm{k}}} \boldsymbol{\sigma}^{\mathrm{T}}(\boldsymbol{e}) \mathrm{d}\boldsymbol{e}\right) \mathrm{d}V \tag{1.4.14(a)}$$

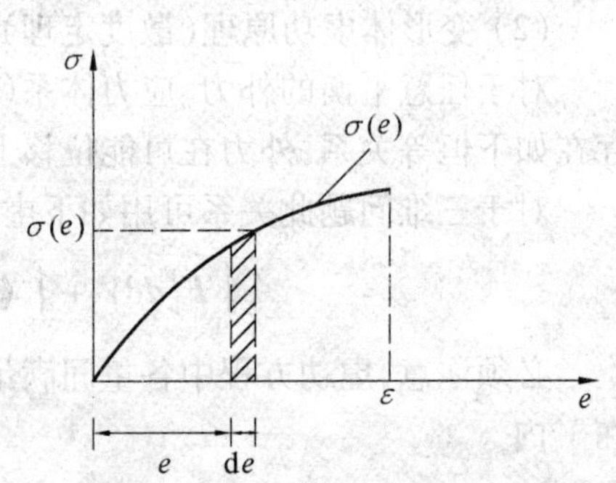

图 1.3　一维图形示意图

对于线弹性体

$$U(\boldsymbol{d}_{\mathrm{k}}) = \frac{1}{2}\int_V \boldsymbol{\sigma}_{\mathrm{k}}^{\mathrm{T}} \boldsymbol{\varepsilon}_{\mathrm{k}} \mathrm{d}V = \frac{1}{2}\int_V \boldsymbol{\varepsilon}_{\mathrm{k}}^{\mathrm{T}} \boldsymbol{D} \boldsymbol{\varepsilon}_{\mathrm{k}} \mathrm{d}V \tag{1.4.14(b)}$$

6. 变形体势能 $\Pi(\boldsymbol{d}_{\mathrm{k}})$

相应于可能位移的应变能与外力势能之和称做相应于可能位移的变形体势能，即

$$\Pi(\boldsymbol{d}_{\mathrm{k}}) = U(\boldsymbol{d}_{\mathrm{k}}) + P_{\mathrm{f}}(\boldsymbol{d}_{\mathrm{k}}) \tag{1.4.15(a)}$$

为便于分析，仅讨论线弹性体，此时

$$\Pi(\boldsymbol{d}_{\mathrm{k}}) = \frac{1}{2}\int_V \boldsymbol{\sigma}_{\mathrm{k}}^{\mathrm{T}} \boldsymbol{\varepsilon}_{\mathrm{k}} \mathrm{d}V - \int_V \boldsymbol{F}_{\mathrm{b}}^{\mathrm{T}} \boldsymbol{d}_{\mathrm{k}} \mathrm{d}V - \int_{S_\sigma} \boldsymbol{F}_{\mathrm{S}}^{\mathrm{T}} \boldsymbol{d}_{\mathrm{k}} \mathrm{d}S \tag{1.4.15(b)}$$

可能位移可由真实位移表示为

$$\boldsymbol{d}_{\mathrm{k}} = \boldsymbol{d} + \delta\boldsymbol{d} \tag{7}$$

则有

$$\boldsymbol{\varepsilon}_{\mathrm{k}} = \boldsymbol{\varepsilon} + \delta\boldsymbol{\varepsilon}$$
$$\boldsymbol{\sigma}_{\mathrm{k}} = \boldsymbol{\sigma} + \delta\boldsymbol{\sigma} \tag{8}$$

式中　$\boldsymbol{d}$、$\boldsymbol{\varepsilon}$、$\boldsymbol{\sigma}$—— 真实状态的位移、应变、应力；

$\delta\boldsymbol{d}$、$\delta\boldsymbol{\varepsilon}$、$\delta\boldsymbol{\sigma}$—— 位移、应变、应力的一阶变分。

将式(7)、式(8) 代入式(1.4.15(b)) 可得

$$\Pi(\boldsymbol{d}_{\mathrm{k}}) = \Pi(\boldsymbol{d} + \delta\boldsymbol{d}) = \frac{1}{2}\int_V (\boldsymbol{\sigma} + \delta\boldsymbol{\sigma})^{\mathrm{T}}(\boldsymbol{\varepsilon} + \delta\boldsymbol{\varepsilon}) \mathrm{d}V -$$
$$\int_V \boldsymbol{F}_{\mathrm{b}}^{\mathrm{T}}(\boldsymbol{d} + \delta\boldsymbol{d}) \mathrm{d}V - \int_{S_\sigma} \boldsymbol{F}_{\mathrm{S}}^{\mathrm{T}}(\boldsymbol{d} + \delta\boldsymbol{d}) \mathrm{d}S \tag{1.4.15(c)}$$

若记真实位移产生的变形体势能为

$$\Pi(\boldsymbol{d}) = \frac{1}{2}\int_V \boldsymbol{\sigma}^{\mathrm{T}} \boldsymbol{\varepsilon} \mathrm{d}V - \int_V \boldsymbol{F}_{\mathrm{b}}^{\mathrm{T}} \boldsymbol{d} \mathrm{d}V - \int_{S_\sigma} \boldsymbol{F}_{\mathrm{S}}^{\mathrm{T}} \boldsymbol{d} \mathrm{d}S \tag{1.4.16}$$

则增量

$$\Delta\Pi(\boldsymbol{d}) = \Pi(\boldsymbol{d}+\delta\boldsymbol{d}) - \Pi(\boldsymbol{d}) = \int_V \boldsymbol{\sigma}^{\mathrm{T}}\delta\boldsymbol{\varepsilon}\mathrm{d}V - \int_V \boldsymbol{F}_{\mathrm{b}}^{\mathrm{T}}\delta\boldsymbol{d}\mathrm{d}V - \int_{S_\sigma}\boldsymbol{F}_{\mathrm{S}}^{\mathrm{T}}\delta\boldsymbol{d}\mathrm{d}S + \frac{1}{2}\int_V \delta\boldsymbol{\sigma}^{\mathrm{T}}\delta\boldsymbol{\varepsilon}\mathrm{d}V = \delta\Pi + \delta^2\Pi \tag{1.4.17}$$

$\delta\Pi$、$\delta^2\Pi$ 分别为变形体势能的一、二阶变分，即

$$\delta\Pi = \int_V(\boldsymbol{\sigma}^{\mathrm{T}}\delta\boldsymbol{\varepsilon} - \boldsymbol{F}_{\mathrm{b}}^{\mathrm{T}}\delta\boldsymbol{d})\mathrm{d}V - \int_{S_\sigma}\boldsymbol{F}_{\mathrm{S}}^{\mathrm{T}}\delta\boldsymbol{d}\mathrm{d}S \tag{1.4.18}$$

$$\delta^2\Pi = \frac{1}{2}\int_V \delta\boldsymbol{\sigma}^{\mathrm{T}}\delta\boldsymbol{\varepsilon}\mathrm{d}V \tag{1.4.19}$$

1.4.2.2　势能驻值原理

在推导势能驻值原理时，要用到格林公式，所以先讨论格林公式。

1. 格林公式的数学推导

为便于推导，以二维问题为例来说明，根据矩阵乘法可得

$$\int_A \boldsymbol{\sigma}^{\mathrm{T}}\boldsymbol{\varepsilon}\mathrm{d}A = \int_A(\sigma_x\varepsilon_x + \sigma_y\varepsilon_y + \tau_{xy}\gamma_{xy})\mathrm{d}A \tag{9}$$

将几何方程代入式(9)，则

$$\int_A \boldsymbol{\sigma}^{\mathrm{T}}\boldsymbol{\varepsilon}\mathrm{d}A = \int_A\left[\sigma_x\frac{\partial u}{\partial x} + \sigma_y\frac{\partial v}{\partial y} + \tau_{xy}\left(\frac{\partial u}{\partial y}+\frac{\partial v}{\partial x}\right)\right]\mathrm{d}A \tag{10}$$

式(10) 中第一项可作如下变换

$$\int_A \sigma_x\frac{\partial u}{\partial x}\mathrm{d}A = \int_A\left[\frac{\partial}{\partial x}(\sigma_x u) - \frac{\partial\sigma_x}{\partial x}u\right]\mathrm{d}A \tag{11}$$

其他相类似，由此可得

$$\begin{aligned}\int_A \boldsymbol{\sigma}^{\mathrm{T}}\boldsymbol{\varepsilon}\mathrm{d}A &= \int_A\left\{\left[\frac{\partial}{\partial x}(\sigma_x u) - \frac{\partial\sigma_x}{\partial x}u\right] + \left[\frac{\partial}{\partial y}(\sigma_y u) - \frac{\partial\sigma_y}{\partial y}v\right] + \right.\\ &\quad\left.\left[\frac{\partial}{\partial y}(\tau_{xy}u) - \frac{\partial\tau_{xy}}{\partial y}u\right] + \left[\frac{\partial}{\partial x}(\tau_{xy}v) - \frac{\partial\tau_{xy}}{\partial x}v\right]\right\}\mathrm{d}A = \\ &\quad\int_A\left\{\frac{\partial}{\partial x}[\sigma_x u + \tau_{xy}v] + \frac{\partial}{\partial y}[\sigma_y v + \tau_{xy}u]\right\}\mathrm{d}A - \\ &\quad\int_A\left[\left(\frac{\partial\sigma_x}{\partial x}+\frac{\partial\tau_{xy}}{\partial y}\right)u + \left(\frac{\partial\tau_{xy}}{\partial x}+\frac{\partial\sigma_y}{\partial y}\right)v\right]\mathrm{d}A\end{aligned} \tag{12}$$

根据高斯公式

$$\int_A\frac{\partial P}{\partial x}\mathrm{d}A + \int_A\frac{\partial Q}{\partial y}\mathrm{d}A = \int_S Pl\mathrm{d}S + \int_S Qm\mathrm{d}S \tag{1.4.20}$$

式中　l、m——围绕面积 A 的围线 S 的外法线方向余弦。

对式(12) 应用高斯公式且整理后可得

$$\begin{aligned}\int_A \boldsymbol{\sigma}^{\mathrm{T}}\boldsymbol{\varepsilon}\mathrm{d}A &= \int_S[(\sigma_x l + \tau_{xy}m)u + (\tau_{xy}l + \sigma_y m)v]\mathrm{d}S - \\ &\quad\int_A\left[\left(\frac{\partial\sigma_x}{\partial x}+\frac{\partial\tau_{xy}}{\partial y}\right)u + \left(\frac{\partial\tau_{xy}}{\partial x}+\frac{\partial\sigma_y}{\partial y}\right)v\right]\mathrm{d}A = \\ &\quad\int_S(\boldsymbol{L\sigma})^{\mathrm{T}}\boldsymbol{d}\mathrm{d}S - \int_A(\boldsymbol{A\sigma})^{\mathrm{T}}\boldsymbol{d}\mathrm{d}A\end{aligned} \tag{13}$$

对于三维问题,同理可证有

$$\int_V \boldsymbol{\sigma}^{\mathrm{T}} \boldsymbol{\varepsilon} \mathrm{d}V = \int_V \boldsymbol{\sigma}^{\mathrm{T}} (\boldsymbol{A}^{\mathrm{T}} \boldsymbol{d}) \mathrm{d}V = \int_S (\boldsymbol{L\sigma})^{\mathrm{T}} \boldsymbol{d} \mathrm{d}S - \int_V (\boldsymbol{A\sigma})^{\mathrm{T}} \boldsymbol{d} \mathrm{d}V \tag{1.4.21}$$

式(1.4.21)即为**格林恒等式**或称**格林公式**。

2. 格林公式的物理推导

如果 $\boldsymbol{\sigma}_{\mathrm{s}}$ 满足

$$\begin{cases} \boldsymbol{A\sigma}_{\mathrm{s}} + \boldsymbol{F}_{\mathrm{b}} = \boldsymbol{0} & \text{在 } V \text{ 内} \\ \boldsymbol{F}_{\mathrm{S}} - \boldsymbol{L\sigma}_{\mathrm{s}} = \boldsymbol{0} & \text{在 } S_\sigma \text{ 上} \end{cases} \tag{14}$$

可能位移 $\boldsymbol{d}_{\mathrm{k}}$ 满足

$$\begin{cases} \boldsymbol{A}^{\mathrm{T}} \boldsymbol{d}_{\mathrm{k}} - \boldsymbol{\varepsilon}_{\mathrm{k}} = \boldsymbol{0} & \text{在 } V \text{ 内} \\ \boldsymbol{d}_{\mathrm{k}} - \bar{\boldsymbol{d}} = \boldsymbol{0} & \text{在 } S_u \text{ 上} \end{cases} \tag{15}$$

也即 $\boldsymbol{\sigma}_{\mathrm{s}}$ 满足平衡条件和应力边界条件,可能位移满足协调(边界与内部均满足)条件,那么,由虚功原理可知

$$W_{外} = \int_V \boldsymbol{F}_{\mathrm{b}}^{\mathrm{T}} \boldsymbol{d}_{\mathrm{k}} \mathrm{d}V + \int_{S_\sigma} \boldsymbol{F}_{\mathrm{S}}^{\mathrm{T}} \boldsymbol{d}_{\mathrm{k}} \mathrm{d}S + \int_{S_u} (\boldsymbol{L\sigma}_{\mathrm{s}})^{\mathrm{T}} \boldsymbol{d}_{\mathrm{k}} \mathrm{d}S \equiv \int_V \boldsymbol{\sigma}_{\mathrm{s}}^{\mathrm{T}} \boldsymbol{\varepsilon}_{\mathrm{k}} \mathrm{d}V = W_{变} \tag{16}$$

由于有 $S = S_u + S_\sigma$ 及平衡关系式(14),则式(16)可写为

$$\int_S (\boldsymbol{L\sigma}_{\mathrm{s}})^{\mathrm{T}} \boldsymbol{d}_{\mathrm{k}} \mathrm{d}S - \int_V (\boldsymbol{A\sigma}_{\mathrm{s}})^{\mathrm{T}} \boldsymbol{d}_{\mathrm{k}} \mathrm{d}V \equiv \int_V \boldsymbol{\sigma}_{\mathrm{s}}^{\mathrm{T}} \boldsymbol{\varepsilon}_{\mathrm{k}} \mathrm{d}V \tag{17}$$

因此,格林公式的物理实质是虚功原理虚功方程的变形。

3. 势能驻值原理的证明

对总势能一阶变分式(1.4.18)用格林公式进行变换,则有

$$\begin{aligned} \delta\Pi = & \int_V (\boldsymbol{\sigma}^{\mathrm{T}} \delta\boldsymbol{\varepsilon} - \boldsymbol{F}_{\mathrm{b}}^{\mathrm{T}} \delta\boldsymbol{d}) \mathrm{d}V - \int_{S_\sigma} \boldsymbol{F}_{\mathrm{S}}^{\mathrm{T}} \delta\boldsymbol{d} \mathrm{d}S = \\ & \int_V (\boldsymbol{\sigma}^{\mathrm{T}} \boldsymbol{A}^{\mathrm{T}} \delta\boldsymbol{d} - \boldsymbol{F}_{\mathrm{b}}^{\mathrm{T}} \delta\boldsymbol{d}) \mathrm{d}V - \int_{S_\sigma} \boldsymbol{F}_{\mathrm{S}}^{\mathrm{T}} \delta\boldsymbol{d} \mathrm{d}S = \\ & \int_S (\boldsymbol{L\sigma})^{\mathrm{T}} \delta\boldsymbol{d} \mathrm{d}S - \int_V (\boldsymbol{A\sigma})^{\mathrm{T}} \delta\boldsymbol{d} \mathrm{d}V - \\ & \int_V \boldsymbol{F}_{\mathrm{b}}^{\mathrm{T}} \delta\boldsymbol{d} \mathrm{d}V - \int_{S_\sigma} \boldsymbol{F}_{\mathrm{S}}^{\mathrm{T}} \delta\boldsymbol{d} \mathrm{d}S = \\ & \int_{S_\sigma} (\boldsymbol{L\sigma} - \boldsymbol{F}_{\mathrm{S}})^{\mathrm{T}} \delta\boldsymbol{d} \mathrm{d}S - \int_V (\boldsymbol{A\sigma} + \boldsymbol{F}_{\mathrm{b}})^{\mathrm{T}} \delta\boldsymbol{d} \mathrm{d}V \end{aligned} \tag{18}$$

由式(18)可见,真实的应力状态(满足平衡方程与应力边界条件)势能的一阶变分必等于零,反之,若势能的一阶变分恒等于零,则

$$\int_V (\boldsymbol{A\sigma} + \boldsymbol{F}_{\mathrm{b}})^{\mathrm{T}} \delta\boldsymbol{d} \mathrm{d}V + \int_{S_\sigma} (\boldsymbol{F}_{\mathrm{S}} - \boldsymbol{L\sigma})^{\mathrm{T}} \delta\boldsymbol{d} \mathrm{d}S \equiv 0$$

从虚位移原理的证明可见

在 V 内

$$\boldsymbol{A\sigma} + \boldsymbol{F}_{\mathrm{b}} = \boldsymbol{0}$$

在 S_σ 内

$$\boldsymbol{F}_{\mathrm{S}} - \boldsymbol{L\sigma} = \boldsymbol{0}$$

也即应力必为真实应力。由变分法可知,泛函的一阶变分等于零,则泛函必取驻值。

综上所述可得如下结论:某一变形可能位移状态为真实位移状态的必要和充分条件是,相应于此位移状态的变形体势能取驻值,也即变形体势能仅对位移量所取的一阶变分恒等于零,这就是**势能驻值原理**。

1.4.2.3　最小势能原理

对于线弹性变形体势能的二阶变分为

$$\delta^2 \Pi = \frac{1}{2}\int_V \delta\boldsymbol{\sigma}^{\mathrm{T}}\delta\boldsymbol{\varepsilon}\mathrm{d}V = \frac{1}{2}\int_V \delta\boldsymbol{\varepsilon}\boldsymbol{D}\delta\boldsymbol{\varepsilon}\mathrm{d}V =$$

$$\frac{1}{2}\int_V [\lambda(\delta\varepsilon_x + \delta\varepsilon_y + \delta\varepsilon_z)^2 + 2G(\delta\varepsilon_x^2 + \delta\varepsilon_y^2 + \delta\varepsilon_z^2) +$$

$$G(\delta\gamma_{xy}^2 + \delta\gamma_{yz}^2 + \delta\gamma_{zx}^2)]\mathrm{d}V \tag{19}$$

由式(19)可见,除 $\delta\boldsymbol{\varepsilon} = \boldsymbol{0}$ 外,$\delta^2\Pi > 0$,又因为

$$\Delta\Pi(\boldsymbol{d}) = \delta\Pi + \delta^2\Pi$$

所以,$\Delta\Pi(\boldsymbol{d})$ 恒为正。

由变分法可知,因泛函的一阶变分为零,而二阶变分大于零(恒为正),则此泛函取最小值。

综上所述可得结论:对于线弹性体,某一变形可能位移状态为真实位移状态的必要和充分条件是,此状态的变形体势能取最小值,这就是**最小势能原理**,即

$$\delta\Pi = 0$$

由以上论述可知,势能原理与虚位移原理彼此是完全等价的,在虚位移(位移变分)完全任意独立的前提下,它们均导致平衡条件的成立。

1.5　里 兹 法

里兹法是近似计算的经典方法。它是势能驻值原理具体应用的典型范例。

里兹法的基本思路是:将无限自由度体系近似地用有限自由度体系来代替,应用势能原理求得代用体系的精确解,从而求得原体系的近似解。

里兹法的具体做法是:选择一组满足求解域位移边界条件的试函数作为实际问题的近似解。显然,近似解的精度与试函数的选择有关,如果精确解包含在试函数族中,由里兹法将得到精确解。

下面先用例题说明计算方法,然后再对一般做法加以归纳。

【例 1.1】　试用里兹法求图 1.4 所示悬臂梁的挠度方程。设梁为线弹性,EI 为常数。

【解】　1. 选取可能位移状态

此悬臂梁应满足的位移边界条件共有两个,即在固定端 A 处的挠度 v 和转角 $\frac{\mathrm{d}v}{\mathrm{d}x}$ 应为零。符合这两个条件的可能位移状态有无限多个,这是一个无限自由度体系。

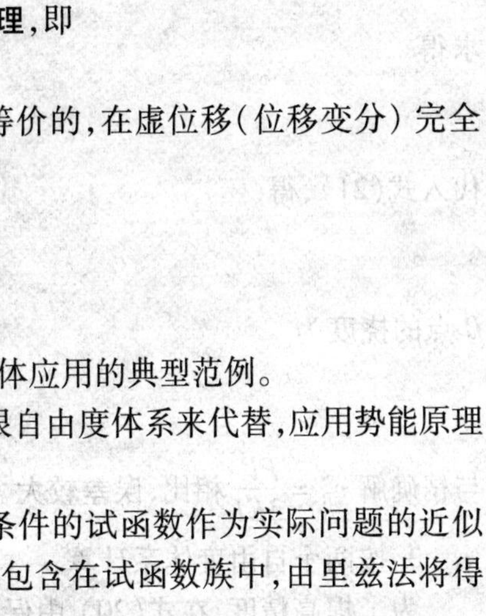

图 1.4　悬臂梁示意图

在近似分析中,假设挠曲线为一个多项式

$$v = a_1x^2 + a_2x^3 + \cdots + a_nx^{n+1} \tag{20}$$

由于在 $x=0$ 处要满足 $v=\frac{dv}{dx}=0$ 的条件,故在式(20) 中没有包含常数项和一次项。式(20) 中共有 n 个任意参数,即 $a_1,a_2,\cdots,a_n$,只要这 n 个参数确定了,梁的挠度方程也就确定了,所以梁的变形决定于这 n 个任意参数。这里决定变形状态的参数个数就是体系的自由度。采用式(20) 所表示的多项式,就相当于把原来的无限自由度体系近似地作为 n 个自由度体系来看待。

2. 按单自由度体系计算

在式(20) 中只取第一项,即挠度方程为

$$v=a_1x^2 \tag{21}$$

这时把梁按单自由度体系计算,体系势能为

$$\Pi=U-Pv_B$$

其中

$$U=\frac{EI}{2}\int_0^l(v'')^2dx=\frac{EI}{2}\int_0^l(2a_1)^2dx=2EIla_1^2$$

$$v_B=a_1l^2$$

因此

$$\Pi=2EIla_1^2-Pl^2a_1$$

由势能驻值原理有

$$\frac{d\Pi}{da_1}=4EIla_1-Pl^2=0$$

求得

$$a_1=\frac{Pl}{4EI}$$

代入式(21),得

$$v=\frac{Pl}{4EI}x^2$$

B 点的挠度为

$$v_B=\frac{Pl^3}{4EI}$$

与精确解 $v_B=\frac{Pl^3}{3EI}$ 相比,误差较大。

3. 按两个自由度体系计算

为了提高精度,在式(20) 中保留前两项

$$v=a_1x^2+a_2x^3 \tag{22}$$

即把梁当做两个自由度体系看待,这时

$$U=\frac{EI}{2}\int_0^l(2a_1+6a_2x)^2dx=2EIl(a_1^2+3a_1a_2l+3a_2^2l^2)$$

$$\Pi=2EIl(a_1^2+3la_1a_2+3l^2a_2^2)-P(a_1l^2+a_2l^3)$$

势能驻值条件为

$$\begin{cases}\dfrac{\partial\Pi}{\partial a_1}=0 \qquad 2EIl(2a_1+3la_2)-Pl^2=0\\[2ex] \dfrac{\partial\Pi}{\partial a_2}=0 \qquad 2EIl^2(3a_1+6la_2)-Pl^3=0\end{cases}$$

由此可得

$$a_1 = \frac{Pl}{2EI},\quad a_2 = -\frac{P}{6EI}$$

代入式(23),挠度方程为

$$v = \frac{P}{6EI}(3lx^2 - x^3) \tag{23}$$

式(23) 实际上就是挠度的精确解。这里,由于选取的试函数(可能位移状态) 式(20) 中已经把真实位移状态包含在内,故最后所得结果就是精确解。

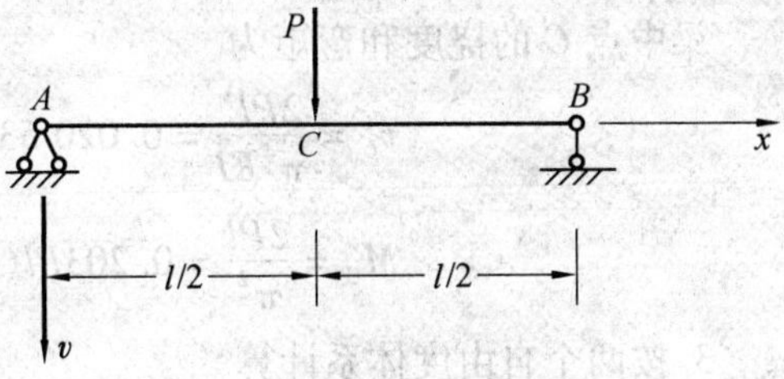

【例 1.2】　试用里兹法求图 1.5 所示简支梁的挠度方程和弯矩方程。

P A B C x l/2 l/2 v

图 1.5　简支梁受力示意图

【解】　1. 试函数选取

简支梁的位移边界条件是:在 $x = 0$ 和 $x = l$ 处

$$v = 0 \tag{24}$$

选定试函数为下列正弦级数

$$v = a_1\sin\frac{\pi x}{l} + a_2\sin\frac{2\pi x}{l} + \cdots + a_n\sin\frac{n\pi x}{l} + \cdots = \sum_{n=1}^{\infty} a_n\sin\frac{n\pi x}{l}\quad (0 \leqslant x \leqslant l) \tag{25}$$

可以看出级数中的第 n 项为

$$v_n = a_n\sin\frac{n\pi x}{l} \tag{26}$$

是满足边界条件式(24) 的,因而正弦级数式(25) 确实是简支梁的可能位移状态。不仅如此,挠度方程(26) 还满足简支梁的静力边界条件,即在 $x = 0$ 和 $x = l$ 处,有

$$M = -EIv'' = 0 \tag{27}$$

因此,用正弦级数作试函数解简支梁时精度特别好。

2. 按单自由度体系计算

在级数式(25) 中只取第一项,即挠度方程为

$$v = a_1\sin\frac{\pi x}{l}\quad (0 \leqslant x \leqslant l) \tag{28}$$

则应变能为

$$U = \frac{EI}{2}\int_0^l (v'')^2\mathrm{d}x = \frac{EI}{2}\int_0^l \frac{a_1^2\pi^4}{l^4}\sin^2\frac{\pi x}{l}\mathrm{d}x = \frac{\pi^4 EIa_1^2}{4l^3}$$

梁的势能为

$$\Pi = U - P\Delta_c = \frac{\pi^4 EIa_1^2}{4l^3} - Pa_1$$

势能驻值条件为

$$\frac{\mathrm{d}\Pi}{\mathrm{d}a_1} = \frac{\pi^4 EIa_1}{2l^3} - P = 0$$

由此求得

$$a_1 = \frac{2Pl^3}{\pi^4 EI}$$

挠度方程和弯矩方程分别为

$$v=\frac{2Pl^3}{\pi^4EI}\sin\frac{\pi x}{l}$$

$$M=-EIv''=\frac{2Pl}{\pi^2}\sin\frac{\pi x}{l}$$

梁中点 C 的挠度和弯矩为

$$v_C=\frac{2Pl^3}{\pi^4EI}=0.020\ 53\ \frac{Pl^3}{EI}\left(\text{精确解为 }0.020\ 83\ \frac{Pl^3}{EI}\right)$$

$$M_C=\frac{2Pl}{\pi^2}=0.203Pl(\text{精确解为 }0.250Pl)$$

3. 按两个自由度体系计算

在级数式(25)中取两项

$$v=a_1\sin\frac{\pi x}{l}+a_3\sin\frac{3\pi x}{l} \tag{29}$$

在式(29)中没有选用 $a_2\sin\frac{2\pi x}{l}$,因为这一项所代表的挠度曲线对梁中点(即对直线 $x=\frac{l}{2}$)来说是反对称的,而实际挠度曲线是对称的,因此,a_2 实际上是零。

应变能为

$$U=\frac{EI}{2}\int_0^l\left(\frac{\pi^2a_1}{l^2}\sin\frac{\pi x}{l}+\frac{9\pi^2a_3}{l^2}\sin\frac{3\pi x}{l}\right)^2\mathrm{d}x=\frac{\pi^4EI}{4l^3}(a_1^2+81a_3^2)$$

体系的势能为

$$\Pi=\frac{\pi^4EI}{4l^3}(a_1^2+81a_3^2)-P(a_1-a_3)$$

势能驻值条件为

$$\begin{cases}\dfrac{\partial\Pi}{\partial a_1}=\dfrac{\pi^4EIa_1}{2l^3}-P=0\\[2ex]\dfrac{\partial\Pi}{\partial a_3}=\dfrac{81\pi^4EIa_3}{2l^3}+P=0\end{cases}$$

由此求得

$$a_1=\frac{2Pl^3}{\pi^4EI},\quad a_3=-\frac{2Pl^3}{81\pi^4EI}$$

挠度和弯矩方程为

$$v=\frac{2Pl^3}{81\pi^4EI}\left(81\sin\frac{\pi x}{l}-\sin\frac{3\pi x}{l}\right)$$

$$M=-EIv''=\frac{2Pl}{9\pi^2}\left(9\sin\frac{\pi x}{l}-\sin\frac{3\pi x}{l}\right)$$

梁中点 C 的挠度和弯矩为

$$v_C=\frac{2Pl^3}{81\pi^4EI}(81+1)=0.020\ 78\ \frac{Pl^3}{EI}$$

$$M_C=\frac{2Pl}{9\pi^2}(9+1)=0.225Pl$$

可见,其精度比按单自由度体系计算有所提高。

4. 按无限自由度体系计算

设挠度用式(25) 中的无穷级数表示,这时应变能为

$$U = \frac{EI}{2}\int_0^l \left(\sum_{n=1}^{\infty} a_n \frac{n^2\pi^2}{l^2}\sin\frac{n\pi x}{l} \right)^2 dx$$

利用下面两个积分公式

$$\begin{cases} \int_0^l \sin\frac{m\pi x}{l}\sin\frac{n\pi x}{l}dx = 0 & (\text{当 } n \neq m \text{ 时}) \\ \int_0^l \sin\frac{m\pi x}{l}\sin\frac{n\pi x}{l}dx = \frac{l}{2} & (\text{当 } n = m \text{ 时}) \end{cases}$$

即得

$$U = \frac{\pi^4 EI}{4l^3}\sum_{n=1}^{\infty} n^4 a_n^2$$

C 点的挠度为

$$v_C = \sum_{n=1}^{\infty} a_n \sin\frac{n\pi}{2} = a_1 - a_3 + a_5 - a_7 + \cdots = \sum_{n=1,3,\cdots}^{\infty} (-1)^{\frac{n-1}{2}} a_n$$

体系的势能为

$$\Pi = U - Pv_C = \frac{\pi^4 EI}{4l^3}\sum_{n=1}^{\infty} n^4 a_n^2 - P \cdot \sum_{n=1,3,\cdots}^{\infty} (-1)^{\frac{n-1}{2}} a_n$$

利用势能驻值条件

$$\frac{\partial \Pi}{\partial a_n} = 0 \quad (n = 1,2,\cdots)$$

可求得位移参数 a_n 如下

$$a_n = 0 \quad (n = 2,4,\cdots)$$

$$a_n = (-1)^{\frac{n-1}{2}} \frac{2Pl^3}{\pi^4 EIn^4} \quad (n = 1,3,\cdots)$$

因此挠度方程为

$$v = \frac{2Pl^3}{\pi^4 EI}\left(\sin\frac{\pi x}{l} - \frac{1}{3^4}\sin\frac{3\pi x}{l} + \frac{1}{5^4}\sin\frac{5\pi x}{l} - \cdots \right)$$

梁中点 C 的挠度为

$$v_C = \frac{2Pl}{\pi^4 EI}\left(1 + \frac{1}{3^4} + \frac{1}{5^4} + \cdots \right)$$

弯矩方程为

$$M = -EIv'' = \frac{2Pl}{\pi^2}\left(\sin\frac{\pi x}{l} - \frac{1}{3^2}\sin\frac{3\pi x}{l} + \frac{1}{5^2}\sin\frac{5\pi x}{l} - \cdots \right)$$

梁中点 C 的弯矩为

$$M_C = \frac{2Pl^3}{\pi^2}\left(1 + \frac{1}{3^2} + \frac{1}{5^2} + \cdots \right)$$

以上用无穷级数的形式得到了问题的精确解。

梁中点 C 挠度的级数收敛得很快,如果只取一项,误差小于 1.5%;如果取两项,误差小于 0.3%。

梁中点 C 弯矩级数收敛得稍慢一些，取一项时，误差为 20%；取两项时，误差为 10%。

结论

从以上两例均可以看出：

第一，在所设的近似位移函数中，所包含的位移参数越多，则精度越高，但计算工作量也越大。

第二，按照势能原理求近似解时，内力精度一般比位移精度要低一些。这是因为内力是由位移经过微分得来的。位移函数本身就是不精确的，因而它的导数（变化率）就更加不精确了。

结合例 1.1 和例 1.2，现将里兹法解直梁线弹性问题的一般做法归纳如下：

(1) 根据位移边界条件，选取试函数（可能位移状态），梁的挠度表示为 n 个函数的线性组合

$$v(x) = \sum_{i=1}^{n} a_i \psi_i(x)$$

其中，$\psi_i(x)$ 是满足位移边界条件的位移函数。由于式中的等式右端包含 n 个任意参数 a_i，这就相当于把梁当做 n 个自由度体系看待。

(2) 建立体系的势能，将试函数代入势能计算公式

$$\Pi = U + P_{\mathrm{f}}$$

(3) 由势能驻值条件，可建立 n 个线性代数方程

$$\frac{\partial \Pi}{\partial a_1} = 0, \frac{\partial \Pi}{\partial a_2} = 0, \cdots, \frac{\partial \Pi}{\partial a_n} = 0$$

由此可解出 n 个参数 $a_1, a_2, \cdots, a_n$。

(4) 将求得 a_i 值代回试函数中，即得到挠度的近似解。根据求得的挠度，还可进一步求梁的内力。

这里需要强调的是，里兹法是在整个求解域上选择试函数，且试函数还要满足位移边界条件。因此，对于复杂问题很难用里兹法得到满意解答。

习　题

1.1　用图 1.6 推导三维平衡方程，并写出图示微元体取 A 为基点的外力总功表达式。

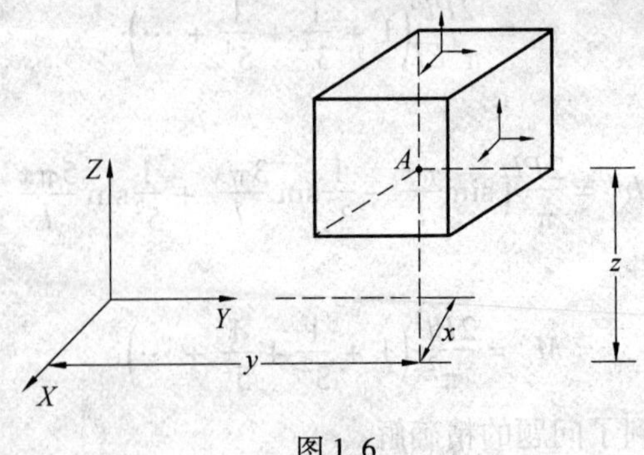

图 1.6

1.2　试从虚位移原理出发推证势能驻值原理。

1.3　说明在虚位移原理推证过程中对受力状态有何要求？对虚位移有何要求？

1.4　如图 1.7 所示，试用里兹法求图示悬臂梁的挠度方程和弯矩方程。

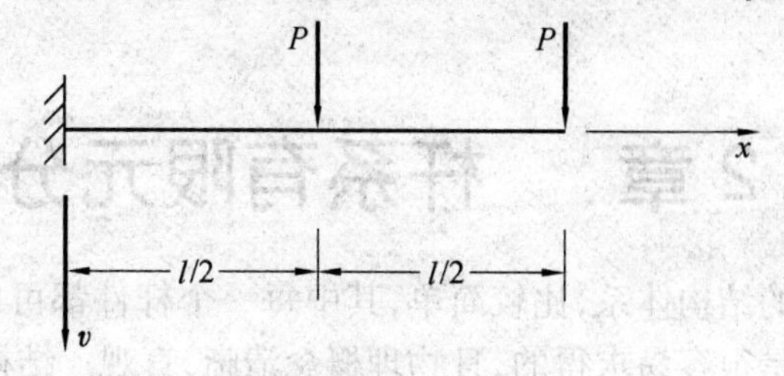

图 1.7

1.5　如图 1.8 所示，试用里兹法求图示两端固定梁的挠度方程(可选择余弦级数)。

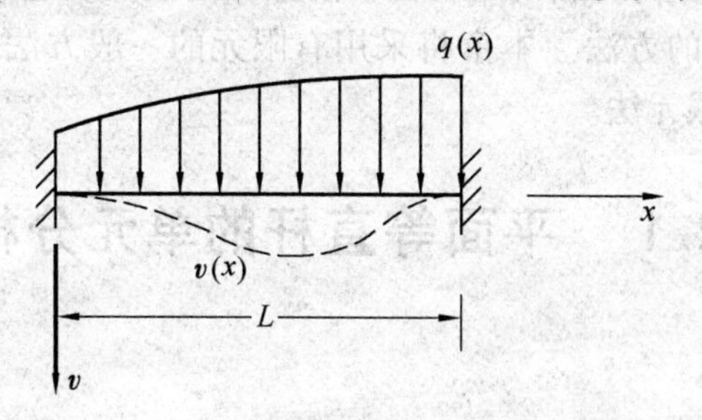

图 1.8

第2章　杆系有限元分析

杆系是工程中常见的结构体系,比较简单,其中每一个杆件都可以看做是一个单元,而单元受力与位移的关系又是很容易求得的,且物理概念清晰,直观。结构力学中介绍的矩阵位移法是采用经典的方法讲述的,它是利用转角位移方程来建立单元特性公式,所以只适用于杆系。有限元方法是在结构矩阵分析的矩阵位移法基础之上发展起来的,在建立位移场的过程中采用的是具有普遍意义的方法。本章将采用有限元的一般方法来进行单元分析及整体分析,这有助于深入掌握有限元法。

2.1　平面等直杆的单元分析

2.1.1　拉压杆单元

图2.1给出了拉压杆单元示意,已知等直杆件杆长为 l,横截面面积为 A,材料弹性模量为 E,所受轴向分布荷载集度为 $p(x)$。杆端位移分别记为 u_i、u_j,杆端力分别记为 S_i、S_j。

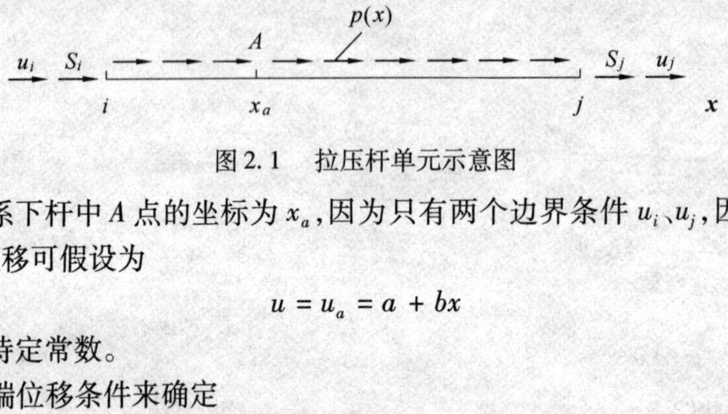

图2.1　拉压杆单元示意图

设局部坐标系下杆中 A 点的坐标为 x_a,因为只有两个边界条件 u_i、u_j,因此杆轴任意一点(例如 A 点)的位移可假设为

$$u = u_a = a + bx \tag{1}$$

式中　a、b—— 待定常数。

它们可由杆端位移条件来确定

$$a = u_i \quad b = \frac{u_j - u_i}{l} \tag{2}$$

将式(2)代回式(1)可得杆轴 A 截面位移为

$$u = \left(1 - \frac{x}{l}\right) u_i + \frac{x}{l} u_j \tag{2.1.1}$$

若引入如下无量纲变量

$$\xi = \frac{x}{l} \tag{3}$$

则式(2.1.1)可改写为

$$u = N_i u_i + N_j u_j = [N_i \quad N_j] \begin{bmatrix} u_i \\ u_j \end{bmatrix} = \boldsymbol{N}\boldsymbol{u}_e \tag{2.1.2}$$

式中　$$N_i = 1 - \xi \quad N_j = \xi \tag{2.1.3}$$

称为形函数,矩阵 $\boldsymbol{N}$ 称做形函数矩阵;矩阵 $\boldsymbol{u}_e$ 称为杆端位移矩阵或结点位移矩阵。

由式(2.1.3)可见,形函数具有如下性质:

1. 本端为1,它端为零

$$N_i(0) = 1 \quad N_j(0) = 0$$

$$N_i(1) = 0 \quad N_j(1) = 1$$

2. 任意一点总和为1

$$N_i(\xi) + N_j(\xi) = 1 \tag{2.1.4}$$

如果采用虚位移原理给出单元特性公式,则可设杆端 i、j 分别产生虚位移 δu_i、δu_j,由此引起的杆轴任意一点的虚位移(或单元内任意一点的虚位移)为

$$\delta u = \boldsymbol{N}\delta \boldsymbol{u}_e = \boldsymbol{N}[\delta u_i \quad \delta u_j]^{\mathrm{T}} \tag{2.1.5}$$

将式(2.1.2)代入几何方程有

$$\boldsymbol{\varepsilon} = \frac{\mathrm{d}u}{\mathrm{d}x} = \frac{\mathrm{d}\boldsymbol{N}}{\mathrm{d}x}\boldsymbol{u}_e = \left[\frac{\mathrm{d}N_i}{\mathrm{d}x} \quad \frac{\mathrm{d}N_j}{\mathrm{d}x}\right]\boldsymbol{u}_e = \left[-\frac{1}{l} \quad \frac{1}{l}\right]\boldsymbol{u}_e =$$

$$[B_1 \quad B_2]\boldsymbol{u}_e = \boldsymbol{B}\boldsymbol{u}_e \tag{2.1.6(a)}$$

式中　$\boldsymbol{B}$—— 应变矩阵。

由此可得

$$\delta\boldsymbol{\varepsilon} = \boldsymbol{B}\delta\boldsymbol{u}_e \tag{2.1.6(b)}$$

将式(2.1.6(a))代入物理方程有

$$\boldsymbol{\sigma} = E\boldsymbol{\varepsilon} = E\boldsymbol{B}\boldsymbol{u}_e = E\left[-\frac{1}{l} \quad \frac{1}{l}\right]\boldsymbol{u}_e \tag{2.1.6(c)}$$

将式(2.1.5)、式(2.1.6(c))代入虚功方程可得

$$\delta W_{外} = \boldsymbol{S}^{\mathrm{T}}\delta\boldsymbol{u}_e + \int_0^l p(x)\boldsymbol{N}\delta\boldsymbol{u}_e\mathrm{d}x \equiv \delta W_{变} =$$

$$\int_0^l \boldsymbol{\sigma}^{\mathrm{T}}\delta\boldsymbol{\varepsilon}A\mathrm{d}x = \int_0^l \boldsymbol{u}_e^{\mathrm{T}}\boldsymbol{B}^{\mathrm{T}}EA\boldsymbol{B}\delta\boldsymbol{u}_e\mathrm{d}x \tag{2.1.6(d)}$$

式(2.1.6(d))可作如下改写

$$\left[\boldsymbol{S} + \int_0^l p(x)\boldsymbol{N}^{\mathrm{T}}\mathrm{d}x\right]^{\mathrm{T}}\delta\boldsymbol{u}_e = \boldsymbol{u}_e^{\mathrm{T}}\int_0^l \boldsymbol{B}^{\mathrm{T}}EA\boldsymbol{B}\mathrm{d}x\delta\boldsymbol{u}_e \tag{2.1.6(e)}$$

若记

$$\begin{cases} \int_0^l p(x)\boldsymbol{N}^{\mathrm{T}}\mathrm{d}x = \boldsymbol{F}_{\mathrm{E}}^e & (\text{单元等效结点荷载}) \\ \int_0^l \boldsymbol{B}^{\mathrm{T}}EA\boldsymbol{B}\mathrm{d}x = \boldsymbol{k}_e & (\text{局部坐标单元刚度矩阵}) \end{cases} \tag{2.1.7}$$

则式(2.1.6(e))为　$$(\boldsymbol{S} + \boldsymbol{F}_{\mathrm{E}}^e)^{\mathrm{T}}\delta\boldsymbol{u}_e = \boldsymbol{u}_e^{\mathrm{T}}\boldsymbol{k}_e\delta\boldsymbol{u}_e$$

由虚位移($\delta\boldsymbol{u}_e$)的独立性、任意性,可得单元刚度方程

$$\boldsymbol{S} + \boldsymbol{F}_{\mathrm{E}}^e = \boldsymbol{k}_e\boldsymbol{u}_e \tag{2.1.8}$$

式中单元刚度矩阵的显式表达为

$$\boldsymbol{k}_e = \frac{EA}{l}\begin{bmatrix} 1 & -1 \\ -1 & 1 \end{bmatrix}$$

与结构力学矩阵位移法推导结果相同。

讨论

(1) 对于拉压杆单元,由虚位移原理 $\delta W_{外} \equiv \delta W_{变}$ 有

$$\left[\int_0^l p(x)\boldsymbol{N}\mathrm{d}x + \boldsymbol{S}^{\mathrm{T}}\right]\delta\boldsymbol{u}_e \equiv \int_0^l F_{\mathrm{N}a}\frac{\partial\delta u_a}{\partial x}\mathrm{d}x \tag{4}$$

由分部积分等式右端为

$$\int_0^l F_{\mathrm{N}a}\frac{\partial\delta u_a}{\partial x}\mathrm{d}x = \int_0^l\left[\frac{\partial}{\partial x}(F_{\mathrm{N}a}\delta u_a) - \frac{\partial F_{\mathrm{N}a}}{\partial x}\delta u_a\right]\mathrm{d}x =$$

$$F_{\mathrm{N}a}\delta u_a\Big|_0^l - \int_0^l\frac{\partial F_{\mathrm{N}a}}{\partial x}\boldsymbol{N}\mathrm{d}x(\delta\boldsymbol{u}) = \boldsymbol{S}^{\mathrm{T}}(\delta\boldsymbol{u}) - \int_0^l\frac{\partial F_{\mathrm{N}a}}{\partial x}\boldsymbol{N}\mathrm{d}x(\delta\boldsymbol{u}) \tag{5}$$

将式(5)代回式(4)有

$$\int_0^l\left[\frac{\partial F_{\mathrm{N}a}}{\partial x} + p(x)\right]\boldsymbol{N}\mathrm{d}x\cdot\delta\boldsymbol{u}_e = 0$$

由虚位移的独立性和任意性有

$$\int_0^l\left[\frac{\partial F_{\mathrm{N}a}}{\partial x} + p(x)\right]\boldsymbol{N}\mathrm{d}x = 0$$

因为

$$\boldsymbol{F}_{\mathrm{N}a} = EA\frac{\partial u_a}{\partial x} = EA\boldsymbol{Bu} = 常数$$

所以

$$\frac{\partial F_{\mathrm{N}a}}{\partial x} = 0$$

可见,除非 $p(x) = 0$,否则

$$\frac{\partial F_{\mathrm{N}a}}{\partial x} + p(x) \neq 0$$

而微段平衡方程是

$$\frac{\partial F_{\mathrm{N}a}}{\partial x} + p(x) = 0$$

故说明,所设 $u_a = \boldsymbol{N}\boldsymbol{u}_e$ 情况下

$$\delta W_{外} \equiv \delta W_{变}$$

不能保证微段平衡。

(2) 微段上任意一点的虚位移

$$\delta u_a = \left(1 - \frac{x}{l}\right)\delta u_i + \frac{x}{l}\delta u_j = \delta u_i + \frac{x}{l}(\delta u_j - \delta u_i) = \delta u_{a刚} + \delta u_{a变}$$

又

$$\delta u_{a刚} = \boldsymbol{N}\begin{bmatrix}\delta u_i \\ \delta u_i\end{bmatrix}$$

$$\delta u_{a变} = \boldsymbol{N}\begin{bmatrix}0 \\ \delta u_j - \delta u_i\end{bmatrix}$$

令

$$\begin{bmatrix}\delta u_i \\ \delta u_i\end{bmatrix} = \delta\boldsymbol{\delta}_{e,刚} \quad \begin{bmatrix}0 \\ \delta u_j - \delta u_i\end{bmatrix} = \delta\boldsymbol{\delta}_{e,变}$$

则

$$\delta u_a = \boldsymbol{N}(\delta\boldsymbol{\delta}_{e,刚} + \delta\boldsymbol{\delta}_{e,变})$$

由此可见,微元上任一点的虚位移均可由刚体虚位移和变形虚位移两部分组成。这一结论是十分重要的。

2.1.2　扭转杆单元

所讨论的杆件如图2.2所示,只有两个杆端位移(转角位移)θ_i、θ_j,此情况与拉压杆单元一样分析,可得由结点位移和形函数所表示的任意截面的扭转角为

$$\theta = (1-\xi)\theta_i + \xi\theta_j = \boldsymbol{N\theta}_e \tag{2.1.9}$$

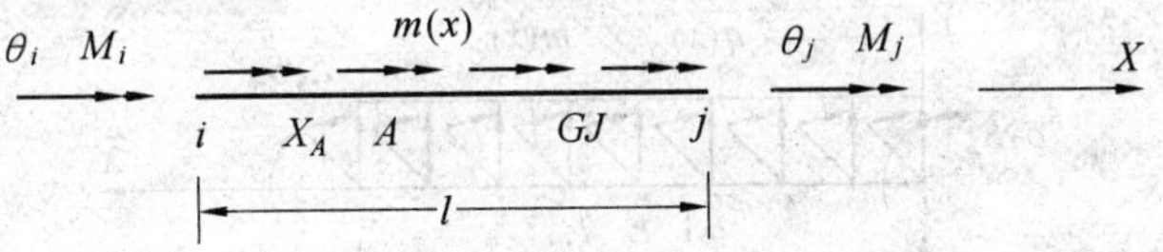

θ_i　M_i　$m(x)$　θ_j　M_j　X
i　X_A　A　GJ　j
l

图2.2　扭转单元示意图

由材料力学可知扭矩

$$M = GJ\frac{\mathrm{d}\theta}{\mathrm{d}x} = GJ\frac{\mathrm{d}\boldsymbol{N}}{\mathrm{d}x}\boldsymbol{\theta}_e = GJ\boldsymbol{B\theta}_e \tag{6}$$

式中

$$\boldsymbol{B} = \frac{\mathrm{d}\boldsymbol{N}}{\mathrm{d}x} = \begin{bmatrix} -\frac{1}{l} & \frac{1}{l} \end{bmatrix} \tag{7}$$

如果采用势能最小值原理推导单元特性公式,杆件的势能为

$$\Pi = \frac{1}{2}\int_0^l \left(M^{\mathrm{T}}\frac{\mathrm{d}\theta}{\mathrm{d}x}\right)\mathrm{d}x + P_{\mathrm{f}} = \frac{1}{2}\int_0^l \left(M^{\mathrm{T}}\frac{\mathrm{d}\theta}{\mathrm{d}x}\right)\mathrm{d}x - \int_0^l m(x)\theta\mathrm{d}x - \boldsymbol{M}_e^{\mathrm{T}}\boldsymbol{\theta}_e \tag{8}$$

式中,$\boldsymbol{M}_e = [M_i \quad M_j]^{\mathrm{T}}$,为杆端力列阵。　(9)

将式(6)、式(7)代入式(8)可得

$$\Pi = \frac{1}{2}\boldsymbol{\theta}_e^{\mathrm{T}}\int_0^l \boldsymbol{B}^{\mathrm{T}}GJ\boldsymbol{B}\mathrm{d}x\boldsymbol{\theta}_e - \left[\int_0^l m(x)\boldsymbol{N}\mathrm{d}x + \boldsymbol{M}_e^{\mathrm{T}}\right]\boldsymbol{\theta}_e \tag{10}$$

由 $\delta\Pi = 0$ 可得

$$\boldsymbol{\theta}_e^{\mathrm{T}}\int_0^l \boldsymbol{B}^{\mathrm{T}}GJ\boldsymbol{B}\mathrm{d}x - \int_0^l m(x)\boldsymbol{N}\mathrm{d}x - \boldsymbol{M}_e^{\mathrm{T}} = \boldsymbol{0} \tag{11}$$

或

$$\left(\int_0^l \boldsymbol{B}^{\mathrm{T}}GJ\boldsymbol{B}\mathrm{d}x\right)\boldsymbol{\theta}_e = \boldsymbol{M}_e + \int_0^l m(x)\boldsymbol{N}^{\mathrm{T}}\mathrm{d}x \tag{12}$$

同拉压杆杆单元一样

$$\begin{cases} \int_0^l \boldsymbol{B}^{\mathrm{T}}GJ\boldsymbol{B}\mathrm{d}x = \boldsymbol{k}_e & \text{(局部坐标单元刚度矩阵)} \\ \int_0^l m(x)\boldsymbol{N}^{\mathrm{T}}\mathrm{d}x = \boldsymbol{F}_{\mathrm{E}}^e & \text{(单元等效结点荷载)} \end{cases} \tag{2.1.10}$$

可得单元刚度方程为

$$\boldsymbol{k}_e\boldsymbol{\theta}_e = \boldsymbol{M}_e + \boldsymbol{F}_{\mathrm{E}}^e \tag{2.1.11}$$

式中单元刚度矩阵的显式表达为

$$\boldsymbol{k}_e = \frac{GJ}{l}\begin{bmatrix} 1 & -1 \\ -1 & 1 \end{bmatrix}$$

2.1.3　只计弯曲的杆单元

讨论的单元如图 2.3 所示，结点位移为 δ_1、δ_2、δ_3、δ_4，其边界条件为

$x = 0$ 时　　$v = \delta_1$　　$\dfrac{dv}{dx} = \delta_2$

$x = l$ 时　　$v = \delta_3$　　$\dfrac{dv}{dx} = \delta_4$

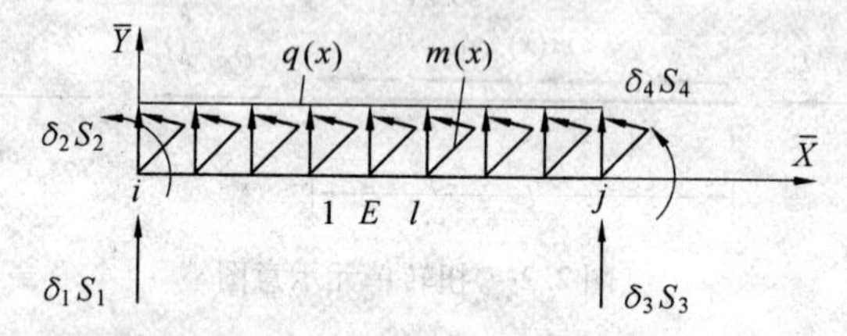

图 2.3　弯曲单元示意图

图中，S_1、S_2、S_3、S_4 为 $m(x)$ 为平面内分布的力偶；$q(x)$ 为竖向均布荷载。

由边界条件限制，设离 i 结点 x 处杆轴挠度为

$$v = a + bx + cx^2 + dx^3 \tag{13}$$

利用杆端位移条件可求得待定常数如下

$$\begin{cases} a = \delta_1 \\ c = -\dfrac{1}{l^2}\delta_1 - \dfrac{2}{l}\delta_2 + \dfrac{3}{l^2}\delta_3 - \dfrac{1}{l}\delta_4 \\ b = \delta_2 \\ d = \dfrac{2}{l^3}\delta_1 + \dfrac{1}{l^2}\delta_2 - \dfrac{2}{l^3}\delta_3 + \dfrac{1}{l^2}\delta_4 \end{cases} \tag{14}$$

把式(14) 代回式(13) 可得

$$v = [1 \quad x \quad x^2 \quad x^3]\begin{bmatrix} 1 & 0 & 0 & 0 \\ 0 & 1 & 0 & 0 \\ -\dfrac{3}{l^2} & -\dfrac{2}{l} & \dfrac{3}{l^2} & -\dfrac{1}{l} \\ \dfrac{2}{l^3} & \dfrac{1}{l^2} & -\dfrac{2}{l^3} & \dfrac{1}{l^2} \end{bmatrix}\begin{bmatrix} \delta_1 \\ \delta_2 \\ \delta_3 \\ \delta_4 \end{bmatrix} = \boldsymbol{N}\boldsymbol{\delta}_e \tag{2.1.12}$$

式中

$$\boldsymbol{N} = [N_1 \quad N_2 \quad N_3 \quad N_4] \tag{2.1.13(a)}$$

$$\begin{cases} N_1 = 1 - \dfrac{3x^2}{l} + \dfrac{2x^3}{l^3} \\ N_2 = x\left(1 - \dfrac{2x}{l} + \dfrac{x^2}{l^2}\right) \\ N_3 = \dfrac{3x^2}{l^2} - \dfrac{2x^3}{l^3} \\ N_4 = -\dfrac{x^2}{l} + \dfrac{x^3}{l^2} \end{cases} \tag{2.1.13(b)}$$

$$\boldsymbol{\delta}_e = [\delta_1 \quad \delta_2 \quad \delta_3 \quad \delta_4]^{\mathrm{T}} \tag{2.1.13(c)}$$

引入无量纲变量

$$\xi = \frac{x}{l} \tag{15}$$

则

$$\begin{cases} N_1 = 1 - 3\xi^2 + 2\xi^3 \\ N_2 = l\xi(1-\xi)^2 \\ N_3 = \xi^2(3-2\xi) \\ N_4 = -l\xi^2(1-\xi) \end{cases} \tag{2.1.14}$$

式(2.1.14) 即为平面弯曲单元的形函数，它们具有的性质见表 2.1。

表 2.1　平面弯曲单元形函数的性质

	N_1	$\frac{\mathrm{d}N_1}{\mathrm{d}x}$	N_2	$\frac{\mathrm{d}N_2}{\mathrm{d}x}$	N_3	$\frac{\mathrm{d}N_3}{\mathrm{d}x}$	N_4	$\frac{\mathrm{d}N_4}{\mathrm{d}x}$
$\xi = 0$	1	0	0	1	0	0	0	0
$\xi = 1$	0	0	0	0	1	0	0	1

上述这种利用结点位移条件来确定单元位移场的方法称为广义坐标法。下面介绍另外一种方法 —— 试凑法，所谓试凑法就是利用形函数的性质来首先确定形函数，然后利用 $v = \boldsymbol{N\delta}_e$ 确定单元位移场。例如，N_1 可按如下方式确定。

因为 $\xi = 1$ 时 $N_1 = 0$，所以可设 $N_1 = (1-\xi)f(\xi)$。此时 $\frac{\mathrm{d}N_1}{\mathrm{d}x} = \frac{1}{l}[-f(\xi) + (1-\xi)f'(\xi)]$。

又因为 $\xi = 1$ 时 $\frac{\mathrm{d}N_1}{\mathrm{d}x} = 0$，所以必有 $f(\xi)\mid_{\xi=1} = 0$，为此可设 $f(\xi) = (1-\xi)g(\xi)$。因此

$$N_1 = (1-\xi)^2 g(\xi) \tag{16}$$

且

$$\frac{\mathrm{d}N_1}{\mathrm{d}x} = \frac{1}{l}[-2(1-\xi)g(\xi) + (1-\xi)^2 g'(\xi)] \tag{17}$$

利用 $\xi = 0$ 时 $N_1 = 1$，可得 $g(0) = 1$；再用 $\xi = 0$ 时，$\frac{\mathrm{d}N_1}{\mathrm{d}x} = 0$ 可得

$$-2g(0) + g'(0) = 0 \tag{18}$$

为使式(17)、式(18) 成立，则应取

$$g(\xi) = 1 + 2\xi \tag{19}$$

将式(19) 代回式(16) 可得

$$N_1 = (1-\xi)^2(1+2\xi) = 1 - 3\xi^2 + 2\xi^3 \tag{2.1.15}$$

显然，结果与广义坐标法完全一样。按此思路不难确定 $N_2 \sim N_4$。

一经用式(2.1.12) 确定了单元位移场，则曲率 $\boldsymbol{\kappa}$ 为

$$\boldsymbol{\kappa} = \frac{\mathrm{d}^2 v}{\mathrm{d}x^2} = \frac{\mathrm{d}^2 \boldsymbol{N}}{\mathrm{d}x^2}\boldsymbol{\delta}_e = \boldsymbol{B\delta}_e \tag{2.1.16}$$

截面弯矩为

$$M = EI\boldsymbol{\kappa} = EI\boldsymbol{B\delta}_e = \boldsymbol{\delta}_e^{\mathrm{T}}\boldsymbol{B}^{\mathrm{T}}EI \tag{2.1.17}$$

式中的 $\boldsymbol{B}$ 矩阵(应变矩阵) 为

$$\boldsymbol{B} = \frac{\mathrm{d}^2\boldsymbol{N}}{\mathrm{d}x^2} = \frac{1}{l^2}[-6+12\xi \quad l(-4+6\xi) \quad 6-12\xi \quad l(-2+6\xi)] \tag{2.1.18}$$

由虚位移原理可得

$$W_{外} = \left(\int_0^l q(x)\boldsymbol{N}\mathrm{d}x + \int_0^l m(x)\ \frac{\mathrm{d}\boldsymbol{N}}{\mathrm{d}x}\mathrm{d}x + \boldsymbol{S}^{\mathrm{T}}\right)\delta\boldsymbol{\delta}_e \equiv W_{变} = \boldsymbol{\delta}_e^{\mathrm{T}}\int_0^l \boldsymbol{B}^{\mathrm{T}}EI\boldsymbol{B}l\mathrm{d}\xi\delta\boldsymbol{\delta}_e$$

若记

$$\boldsymbol{F}_{\mathrm{Eq}}^{e\mathrm{T}} = l\int_0^l q(l\xi)\boldsymbol{N}^{\mathrm{T}}\mathrm{d}\xi + \int_0^l m(l\xi)\left(\frac{\mathrm{d}\boldsymbol{N}}{\mathrm{d}x}\right)^{\mathrm{T}}\mathrm{d}\xi \tag{2.1.19}$$

$$\boldsymbol{k}_e = \int_0^l \boldsymbol{B}^{\mathrm{T}}EI\boldsymbol{B}l\mathrm{d}\xi \tag{2.1.20}$$

可得单元刚度方程

$$\boldsymbol{k}_e\boldsymbol{\delta}_e = \boldsymbol{S} + \boldsymbol{F}_{\mathrm{E}}^e \tag{2.1.21}$$

弯曲杆单元刚度矩阵的显式表达为

$$\boldsymbol{k}_e = \frac{EI}{l^3}\begin{bmatrix} 12 & & \text{对} & \\ 6l & 4l^2 & & \text{称} \\ -12 & -6l & 12 & \\ 6l & 2l^2 & -6l & 4l^2 \end{bmatrix}$$

2.1.4　单元分析小结

综上所述可见,单元分析的步骤为:

(1) 设法以单元结点位移参数来表达单元内部任一点的位移,也即建立单元位移场。方法有两种:广义坐标法;试凑形函数法。

(2) 根据所建立的位移场进行应变、应力分析(因具体问题而异),即利用几何方程和物理方程将应变和应力由结点位移表示。

(3) 利用虚位移原理或势能原理的充分性,进行单元特性分析,建立单元刚度方程,获得单元刚度矩阵 $\boldsymbol{k}_e$ 和单元等效结点荷载矩阵 $\boldsymbol{F}_{\mathrm{E}}^e$。

(4) 如果单元局部坐标系与整体坐标系不一致,为统一坐标,则需进行坐标变换,即将局部坐标系下的单元特性转换成整体坐标系下的单元特性。

2.2　近似分析中虚位移原理的实质

在论述虚位移原理及势能原理时,曾得到结论:它们彼此是完全等价的,且完全等价于变形体的平衡条件。本节将讨论这样一个问题:“有限元的单元(和整体)分析是基于虚功方程成立或势能的一阶变分为零,因此单元处于平衡状态。”这一结论是否成立?并在此基础上给出近似分析中虚位移原理的实质。

2.2.1　里兹法的实质

设

$$\boldsymbol{d} = \bar{\boldsymbol{d}} + \boldsymbol{N\alpha} \tag{2.2.1}$$

为满足位移边界条件的一个可能位移,也即在 S_u 上

$$\boldsymbol{N} = \boldsymbol{0}\quad \boldsymbol{d} = \bar{\boldsymbol{d}} = \text{已知位移} \tag{2.2.2}$$

式(2.2.1) 中

$$\boldsymbol{N} = \mathrm{diag}[\boldsymbol{N}_u\quad \boldsymbol{N}_v\quad \boldsymbol{N}_w]\quad (\text{为试函数矩阵}) \tag{2.2.3}$$

$$\boldsymbol{\alpha} = [\boldsymbol{\alpha}_u^{\mathrm{T}} \quad \boldsymbol{\alpha}_v^{\mathrm{T}} \quad \boldsymbol{\alpha}_w^{\mathrm{T}}] \quad (\text{为待定常数矩阵}) \tag{2.2.4}$$

$$\boldsymbol{N}_i = [f_1^{\ i} \quad f_2^{\ i} \quad \cdots \quad f_n^{\ i}] \quad (i = u, v, w) \tag{2.2.5}$$

$$f_k^{\ i} = f_k^{\ i}(x, y, z) \quad (\text{为试函数,它是在 } S_u \text{ 上为零的光滑连续函数})$$

$$\boldsymbol{\alpha}_i = [\alpha_1^i \quad \alpha_2^i \quad \cdots \quad \alpha_n^i]^{\mathrm{T}} \quad (i = u, v, w; \alpha_k^i \text{ 为待定常数})$$

在式(2.2.1) 所示位移场条件下,变形体虚位移可表示为

$$\delta \boldsymbol{d} = \boldsymbol{N} \delta \boldsymbol{\alpha} \tag{2.2.6}$$

虚应变可写为

$$\delta \boldsymbol{\varepsilon} = \boldsymbol{A}^{\mathrm{T}} \delta \boldsymbol{d} = \boldsymbol{A}^{\mathrm{T}} \boldsymbol{N} \delta \boldsymbol{\alpha} = \boldsymbol{B} \delta \boldsymbol{\alpha} \tag{2.2.7}$$

式中

$$\boldsymbol{B} = \boldsymbol{A}^{\mathrm{T}} \boldsymbol{N} \tag{2.2.8}$$

令对虚位移 $\delta \boldsymbol{d}$ 虚功方程成立,则有

$$\left(\int_V \boldsymbol{F}_{\mathrm{b}}^{\mathrm{T}} \boldsymbol{N} \mathrm{d}V + \int_{S_\sigma} \boldsymbol{F}_{\mathrm{S}}^{\mathrm{T}} \boldsymbol{N} \mathrm{d}S \right) \delta \boldsymbol{\alpha} = \int_V \boldsymbol{\sigma}^{\mathrm{T}} \boldsymbol{B} \mathrm{d}V \delta \boldsymbol{\alpha} \tag{2.2.9}$$

因为 $\delta \boldsymbol{\alpha}$ 的任意性、独立性,故有

$$\int_V \boldsymbol{F}_{\mathrm{b}}^{\mathrm{T}} \boldsymbol{N} \mathrm{d}V + \int_{S_\sigma} \boldsymbol{F}_{\mathrm{S}}^{\mathrm{T}} \boldsymbol{N} \mathrm{d}S = \int_V \boldsymbol{\sigma}^{\mathrm{T}} \boldsymbol{B} \mathrm{d}V \tag{2.2.10}$$

式中应力 $\boldsymbol{\sigma}$ 对于线弹性问题为

$$\boldsymbol{\sigma} = \boldsymbol{D}\boldsymbol{A}^{\mathrm{T}}(\bar{\boldsymbol{d}} + \boldsymbol{N}\boldsymbol{\alpha}) = \boldsymbol{D}\boldsymbol{B}_0 + \boldsymbol{D}\boldsymbol{B}\boldsymbol{\alpha} \tag{2.2.11}$$

其中,$\boldsymbol{D}$ 为弹性矩阵。

$$\boldsymbol{B}_0 = \boldsymbol{A}^{\mathrm{T}} \bar{\boldsymbol{d}} \tag{2.2.12}$$

将式(2.2.11) 代入式(2.2.10) 可得

$$\int_V (\boldsymbol{N}^{\mathrm{T}} \boldsymbol{F}_{\mathrm{b}} - \boldsymbol{B}^{\mathrm{T}} \boldsymbol{D} \boldsymbol{B}_0) \mathrm{d}V + \int_{S_\sigma} \boldsymbol{N}^{\mathrm{T}} \boldsymbol{F}_{\mathrm{S}} \mathrm{d}S = \int_V \boldsymbol{B}^{\mathrm{T}} \boldsymbol{D} \boldsymbol{B} \mathrm{d}V \cdot \boldsymbol{\alpha} \tag{2.2.13}$$

由此即可确定待定常数矩阵 $\boldsymbol{\alpha}$。

若对式(2.2.10) 利用格林公式(1.4.21),则可得

$$\int_V \boldsymbol{F}_{\mathrm{b}}^{\mathrm{T}} \boldsymbol{N} \mathrm{d}V + \int_{S_\sigma} \boldsymbol{F}_{\mathrm{S}}^{\mathrm{T}} \boldsymbol{N} \mathrm{d}S = \int_V \boldsymbol{\sigma}^{\mathrm{T}} \boldsymbol{A}^{\mathrm{T}} \boldsymbol{N} \mathrm{d}V = \int_{S_\sigma} (\boldsymbol{L}\boldsymbol{\sigma})^{\mathrm{T}} \boldsymbol{N} \mathrm{d}S - \int_V (\boldsymbol{A}\boldsymbol{\sigma})^{\mathrm{T}} \boldsymbol{N} \mathrm{d}V$$

或

$$\int_V (\boldsymbol{A}\boldsymbol{\sigma} + \boldsymbol{F}_{\mathrm{b}})^{\mathrm{T}} \boldsymbol{N} \mathrm{d}V + \int_{S_\sigma} (\boldsymbol{F}_{\mathrm{S}} - \boldsymbol{L}\boldsymbol{\sigma})^{\mathrm{T}} \boldsymbol{N} \mathrm{d}S \equiv 0 \tag{2.2.14}$$

式(2.2.14) 虽然与虚位移原理充分性证明式相似,但由于 $\boldsymbol{N}$ 是选定的坐标函数矩阵,它不存在任意性,故从式(2.2.14) 不能得到。在 V 内 $\boldsymbol{A}\boldsymbol{\sigma} + \boldsymbol{F}_{\mathrm{b}} = \boldsymbol{0}$;在 S_σ 上 $\boldsymbol{F}_{\mathrm{S}} - \boldsymbol{L}\boldsymbol{\sigma} = \boldsymbol{0}$,也即对选定的 $\boldsymbol{N}$,变形体并不处于平衡状态。

若对式(2.2.14) 利用格林公式可得

$$\left\{ \int_V (\boldsymbol{A}\boldsymbol{\sigma} + \boldsymbol{F}_{\mathrm{b}})^{\mathrm{T}} \boldsymbol{N} \mathrm{d}V + \int_{S_\sigma} (\boldsymbol{F}_{\mathrm{S}} - \boldsymbol{L}\boldsymbol{\sigma})^{\mathrm{T}} \boldsymbol{N} \mathrm{d}S \right\} \delta \boldsymbol{\alpha} = 0$$

或

$$\int_V (\boldsymbol{A}\boldsymbol{\sigma} + \boldsymbol{F}_{\mathrm{b}})^{\mathrm{T}} \delta \boldsymbol{d} \mathrm{d}V + \int_{S_\sigma} (\boldsymbol{F}_{\mathrm{S}} - \boldsymbol{L}\boldsymbol{\sigma})^{\mathrm{T}} \delta \boldsymbol{d} \mathrm{d}S = 0 \tag{2.2.15}$$

从节 1.3 中外力虚功计算可见

$$\mathrm{d}W_{四} = [(\boldsymbol{A\sigma} + \boldsymbol{F}_{\mathrm{b}})^{\mathrm{T}}\delta\boldsymbol{d} + \boldsymbol{\sigma}^{\mathrm{T}}\delta\boldsymbol{\varepsilon}]\mathrm{d}V$$

$$\mathrm{d}W_{三} = (\boldsymbol{F}_{\mathrm{S}} - \boldsymbol{L\sigma})^{\mathrm{T}}\delta\boldsymbol{d}\mathrm{d}S$$

不难证明微元体发生刚性位移 $\delta\boldsymbol{d}$ 时

$$\mathrm{d}W_{四}^{刚} = (\boldsymbol{A\sigma} + \boldsymbol{F}_{\mathrm{b}})^{\mathrm{T}}\delta\boldsymbol{d}\mathrm{d}V$$

$$\mathrm{d}W_{三}^{刚} = (\boldsymbol{F}_{\mathrm{S}} - \boldsymbol{L\sigma})^{\mathrm{T}}\delta\boldsymbol{d}\mathrm{d}S$$

由此不难理解,式(2.2.15)的物理实质是:微元体产生刚性位移时,其总虚功 $\mathrm{d}W_{刚}$ 的总和等于零,也即

$$\int \mathrm{d}W_{刚} = 0 \tag{2.2.16}$$

积分既包含体积,也包含表面。

综上所述,里兹法的实质是:用满足位移边界条件的试函数组合构造位移场,以变形体发生由试函数决定的虚位移 $\int \mathrm{d}W_{刚} = 0$ 时的近似解代替实际问题的精确解。当试函数包含一切容许函数(无限个)时,$\boldsymbol{N}\delta\boldsymbol{\alpha}$ 将包含一切可能的虚位移,仅此时变形体才平衡。

2.2.2　有限单元分析时虚位移原理的表述及证明

从上节可见,由于单元位移场中形函数矩阵 $\boldsymbol{N}$ 由确定的函数组成,因此,单元由于结点虚位移引起的虚位移场没有完全的任意性,1.4 节所述的虚位移原理应做如下修改。

对由形函数矩阵 $\boldsymbol{N}$ 和结点位移参数矩阵 $\boldsymbol{\alpha}$ 构造的位移场,单元中微元体在发生 $\boldsymbol{N}\delta\boldsymbol{\alpha}$ 刚性虚位移时,外力总虚功的总和 $\int \mathrm{d}W_{刚}$ 等于零的必要和充分条件是:对于一切虚位移 $\boldsymbol{N}\delta\boldsymbol{\alpha}$ 恒满足如下虚功方程

$$\left(\int_V \boldsymbol{F}_{\mathrm{b}}^{\mathrm{T}}\boldsymbol{N}\mathrm{d}V + \int_{S_\sigma} \boldsymbol{F}_{\mathrm{S}}^{\mathrm{T}}\boldsymbol{N}\mathrm{d}S + \boldsymbol{S}^{\mathrm{T}}\right)\delta\boldsymbol{\alpha} \equiv \int_V \boldsymbol{\sigma}^{\mathrm{T}}\boldsymbol{A}^{\mathrm{T}}\boldsymbol{N}\mathrm{d}V\delta\boldsymbol{\alpha} \tag{2.2.17}$$

1. 必要性证明

若 $\int \mathrm{d}W_{刚} = 0$,则由类似1.4节中的推导,且注意到存在结点微元体(其为刚性虚位移时,外力虚功为 $\boldsymbol{S}^{\mathrm{T}}\delta\boldsymbol{\alpha}$),此条件可写为

$$\left[\int_V (\boldsymbol{A\sigma} + \boldsymbol{F}_{\mathrm{b}})^{\mathrm{T}}\boldsymbol{N}\mathrm{d}V + \int_{S_\sigma} (\boldsymbol{F}_{\mathrm{S}} - \boldsymbol{L\sigma})^{\mathrm{T}}\boldsymbol{N}\mathrm{d}S + \boldsymbol{S}^{\mathrm{T}}\right] = \boldsymbol{0} \tag{20}$$

根据格林公式

$$\int_V \boldsymbol{\sigma}^{\mathrm{T}}\boldsymbol{A}^{\mathrm{T}}\boldsymbol{N}\mathrm{d}V\delta\boldsymbol{\alpha} = \left[\int_{S_\sigma} (\boldsymbol{L\sigma})^{\mathrm{T}}\boldsymbol{N}\mathrm{d}S - \int_V (\boldsymbol{A\sigma})^{\mathrm{T}}\boldsymbol{N}\mathrm{d}V\right]\delta\boldsymbol{\alpha} \tag{21}$$

可得

$$\int_V (\boldsymbol{A\sigma})^{\mathrm{T}}\boldsymbol{N}\mathrm{d}V\delta\boldsymbol{\alpha} = \left[\int_{S_\sigma} (\boldsymbol{L\sigma})^{\mathrm{T}}\boldsymbol{N}\mathrm{d}S - \int_V \boldsymbol{\sigma}^{\mathrm{T}}\boldsymbol{A}^{\mathrm{T}}\boldsymbol{N}\mathrm{d}V\right]\delta\boldsymbol{\alpha} \tag{22}$$

将式(22)代入式(20)并整理后即可得式(2.2.17)。

2. 充分性证明

若式(2.2.17)成立,将式(21)格林公式代入式(2.2.17)并整理,立即可得式(20)结果。

在有限单元分析中,结点虚位移 $\delta\boldsymbol{\alpha}$ 是任意的、独立的,因此,$\int \mathrm{d}W_{刚} = 0$ 的实质是

$$\int_V (\boldsymbol{A\sigma} + \boldsymbol{F}_{\mathrm{b}})^{\mathrm{T}} \boldsymbol{N} \mathrm{d}V + \int_{S_\sigma} (\boldsymbol{F}_{\mathrm{S}} - \boldsymbol{L\sigma})^{\mathrm{T}} \boldsymbol{N} \mathrm{d}S + \boldsymbol{S}^{\mathrm{T}} = \boldsymbol{0} \tag{2.2.18}$$

除 $\boldsymbol{N\alpha}$ 是真实位移之外,由式(2.2.18)根本不能证明单元处于平衡状态(每点无加速度)。

2.2.3　有限元单元分析的物理实质

从前面的分析可知,有限元单元分析的物理实质是以假设的单元位移场来近似代替真实位移,使单元在 $\int \mathrm{d}W_{刚} = 0$ 意义下"平衡"。在假设的位移场中包含刚体位移部分时,则可保证单元上力系平衡。本节仅就虚位移原理的有限元单元分析来进一步说明其物理实质。

有限元解答的收敛性要求单元位移场中应包含单元整体刚性位移部分,故可将位移场 $\boldsymbol{N\alpha}$ 进行如下分解

$$\boldsymbol{d} = \boldsymbol{N\alpha} = \boldsymbol{d}_{刚} + \boldsymbol{d}_{变} = \boldsymbol{N\alpha}_{刚} + \boldsymbol{N\alpha}_{变} \tag{23}$$

例如,式(2.1.12)所示位移场,其刚体位移可设为

$$\boldsymbol{\alpha}_{刚} = [\delta_1 \quad \delta_2 \quad \delta_1 + l\delta_2 \quad \delta_2]^{\mathrm{T}} \tag{24}$$

或

$$\boldsymbol{\alpha}_{刚} = [\delta_3 - l\delta_4 \quad \delta_4 \quad \delta_3 \quad \delta_4]^{\mathrm{T}}$$

由此任意一点的位移为

$$v_{刚} = \delta_1 + \delta_2 x \text{ 或 } \delta_3 - l\delta_4 + \delta_4 x \tag{25}$$

又因 $\boldsymbol{\alpha}_{刚}$ 和 $\boldsymbol{\alpha}_{变} = \boldsymbol{\alpha} - \boldsymbol{\alpha}_{刚}$,可由 $\boldsymbol{\alpha}$ 表示

$$\begin{cases} \boldsymbol{\alpha}_{刚} = \boldsymbol{T}_{刚}\,\boldsymbol{\alpha} \\ \boldsymbol{\alpha}_{变} = \boldsymbol{T}_{变}\,\boldsymbol{\alpha} \end{cases} \tag{26}$$

例如,式(24)所示 $\boldsymbol{\alpha}_{刚}$,其转换矩阵 $\boldsymbol{T}_{刚}$ 为

$$\boldsymbol{T}_{刚} = \begin{bmatrix} 1 & 0 & 0 & 0 \\ 0 & 1 & 0 & 0 \\ 1 & l & 0 & 0 \\ 0 & 1 & 0 & 0 \end{bmatrix} \tag{27}$$

或

$$\boldsymbol{T}_{刚} = \begin{bmatrix} 0 & 0 & 1 & -l \\ 0 & 0 & 0 & 1 \\ 0 & 0 & 1 & 0 \\ 0 & 0 & 0 & 1 \end{bmatrix}$$

同理可得 $\boldsymbol{\alpha}_{变}$ 对应的转换矩阵 $\boldsymbol{T}_{变}$。

将式(26)代回式(23),则 $\boldsymbol{N\alpha}$ 可分解如下

$$\boldsymbol{d} = \boldsymbol{d}_{刚} + \boldsymbol{d}_{变} = \boldsymbol{N\alpha}_{刚} + \boldsymbol{N\alpha}_{变} = \boldsymbol{N}_{刚}\,\boldsymbol{\alpha} + \boldsymbol{N}_{变}\,\boldsymbol{\alpha} \tag{2.2.19}$$

式中

$$\begin{cases} \boldsymbol{N}_{刚} = \boldsymbol{NT}_{刚} \\ \boldsymbol{N}_{变} = \boldsymbol{NT}_{变} \end{cases} \tag{28}$$

建立了单元位移场后,进行单元分析时令

$$\left(\int_V \boldsymbol{F}_{\mathrm{b}}^{\mathrm{T}} \boldsymbol{N} \mathrm{d}V + \int_{S_\sigma} \boldsymbol{F}_{\mathrm{S}}^{\mathrm{T}} \boldsymbol{N} \mathrm{d}S + \boldsymbol{S}^{\mathrm{T}}\right) \delta\boldsymbol{\alpha} = \int_V \boldsymbol{\sigma}^{\mathrm{T}} \boldsymbol{A}^{\mathrm{T}} \boldsymbol{N} \mathrm{d}V \delta\boldsymbol{\alpha}$$

或

$$\int_V \boldsymbol{F}_{\mathrm{b}}^{\mathrm{T}} \boldsymbol{N} \mathrm{d}V + \int_{S_\sigma} \boldsymbol{F}_{\mathrm{S}}^{\mathrm{T}} \boldsymbol{N} \mathrm{d}S + \boldsymbol{S}^{\mathrm{T}} = \int_V \boldsymbol{\sigma}^{\mathrm{T}} \boldsymbol{A}^{\mathrm{T}} \boldsymbol{N} \mathrm{d}V \tag{29}$$

对式(29) 可进行如下改造

$$\left(\int_V \boldsymbol{F}_{\mathrm{b}}^{\mathrm{T}} \boldsymbol{N} \mathrm{d}V + \int_{S_\sigma} \boldsymbol{F}_{\mathrm{S}}^{\mathrm{T}} \boldsymbol{N} \mathrm{d}S + \boldsymbol{S}^{\mathrm{T}}\right) \delta\boldsymbol{\alpha}_{\text{刚}} = \int_V \boldsymbol{\sigma}^{\mathrm{T}} \boldsymbol{A}^{\mathrm{T}} \boldsymbol{N} \mathrm{d}V \delta\boldsymbol{\alpha}_{\text{刚}} = \int_V \boldsymbol{\sigma}^{\mathrm{T}} \boldsymbol{A}^{\mathrm{T}} \delta\boldsymbol{d}_{\text{刚}} \, \mathrm{d}V \tag{30}$$

因为 $\boldsymbol{A}^{\mathrm{T}} \delta\boldsymbol{d}_{\text{刚}} \equiv \boldsymbol{0}$,所以

$$\int_V \boldsymbol{\sigma}^{\mathrm{T}} \boldsymbol{A}^{\mathrm{T}} \delta\boldsymbol{d}_{\text{刚}} \, \mathrm{d}V = 0$$

而式(30) 等式左边为

$$\int_V \boldsymbol{F}_{\mathrm{b}}^{\mathrm{T}} \delta\boldsymbol{d}_{\text{刚}} \, \mathrm{d}V + \int_{S_\sigma} \boldsymbol{F}_{\mathrm{S}}^{\mathrm{T}} \delta\boldsymbol{d}_{\text{刚}} \, \mathrm{d}S + \boldsymbol{S}^{\mathrm{T}} \delta\boldsymbol{\alpha}_{\text{刚}} = W_{\text{外刚}} \tag{31}$$

其物理意义为:单元上全部外力(包括外荷和结点力) 在单元整体刚性位移上所做的总虚功。

因此式(30) 的物理实质是

$$W_{\text{外刚}} = 0 \tag{32}$$

由单元整体刚性位移的任意性,根据刚体虚位移原理可知,作用在单元上的全部外力构成平衡力系。这就是单元分析的物理实质。

必须强调指出,虽然单元分析的物理实质是单元上全部外力组成平衡力系,但是,式(2.2.2) 能够说明,单元分析并不能保证单元每个微元体没有加速度,因此,单元并不一定平衡(除非 $\boldsymbol{N\alpha}$ 是真实位移)。

综上所述,在里兹法和有限元分析中的虚位移原理物理实质的区别为:里兹法是在求解域内用满足位移边界条件的试函数组构造位移场,而单元分析是在单元体内由结点位移插值构造单元位移场,这是其一;其二,里兹法是当试函数包含一切可能虚位移时,变形体才平衡,而单元分析是满足收敛要求前提下,由于单元整体刚性位移的任意性,使作用在单元上的全部外力构成平衡力系。

2.3 平面杆系结构的整体分析

2.3.1 用势能原理进行结构整体分析

当然,整体分析完全可以采用虚位移原理,因为二者是等价的。本节采用势能原理作整体分析,其目的就是使读者进一步熟悉和掌握原理,另外,可以与虚位移原理作整体分析进行比较。

设结构离散化为 m 个单元,有 n 个结点。又设第(i) 号单元的杆端位移矩阵为 $\boldsymbol{\delta}_{(i)}$,杆端力矩阵为 $\boldsymbol{S}_{(i)}$,以及等效结点荷载矩阵为 $\boldsymbol{F}_{\mathrm{E}}^{(i)}$,且均认为是整体坐标系下的量(如何由局部坐标下的量变成整体坐标下的量,可参阅《结构力学》教材中的坐标变换内容)。经过单元分析的结果为

$$\boldsymbol{k}_{(i)} \boldsymbol{\delta}_{(i)} = \boldsymbol{S}_{(i)} + \boldsymbol{F}_{\mathrm{E}}^{(i)} \tag{2.3.1}$$

单元的势能为

$$\Pi_{(i)}=\frac{1}{2}\boldsymbol{\delta}_{(i)}^{\mathrm{T}}\boldsymbol{k}_{(i)}\boldsymbol{\delta}_{(i)}-(\boldsymbol{S}_{(i)}+\boldsymbol{F}_{\mathrm{E}}^{(i)})^{\mathrm{T}}\boldsymbol{\delta}_{(i)} \tag{2.3.2}$$

式中　$\boldsymbol{k}_{(i)}$——第(i)单元的整体刚度矩阵。

若记第 r 个结点的结点位移矩阵为 $\boldsymbol{\delta}_r$，结点荷载矩阵为 $\boldsymbol{P}_r$；结构的结点位移矩阵、结点荷载矩阵分别为

$$\boldsymbol{U}=[\boldsymbol{\delta}_1^{\mathrm{T}}\quad\boldsymbol{\delta}_2^{\mathrm{T}}\quad\cdots\quad\boldsymbol{\delta}_n^{\mathrm{T}}]^{\mathrm{T}} \tag{2.3.3}$$

$$\boldsymbol{P}=[\boldsymbol{P}_1^{\mathrm{T}}\quad\boldsymbol{P}_2^{\mathrm{T}}\quad\cdots\quad\boldsymbol{P}_n^{\mathrm{T}}]^{\mathrm{T}} \tag{2.3.4}$$

考虑结构包含各单元和结点，则整个结构的势能 Π 为

$$\Pi=\text{各单元势能之和}+\text{结点的外力势} \tag{2.3.5}$$

若第 r 结点是 k 个单元的汇交点，其中 k_1 个单元是单元局部编码 ① 结点，k_2 个是局部编码 ② 结点，则结点的外力势可表示为

$$\text{结点的外力势}=-\sum_{l=1}^{n}[-(\sum_{1}^{k_1}\boldsymbol{S}_{①}^{\mathrm{T}}+\sum_{1}^{k_2}\boldsymbol{S}_{②}^{\mathrm{T}})\boldsymbol{\delta}_i]-\boldsymbol{P}^{\mathrm{T}}\boldsymbol{U} \tag{2.3.6}$$

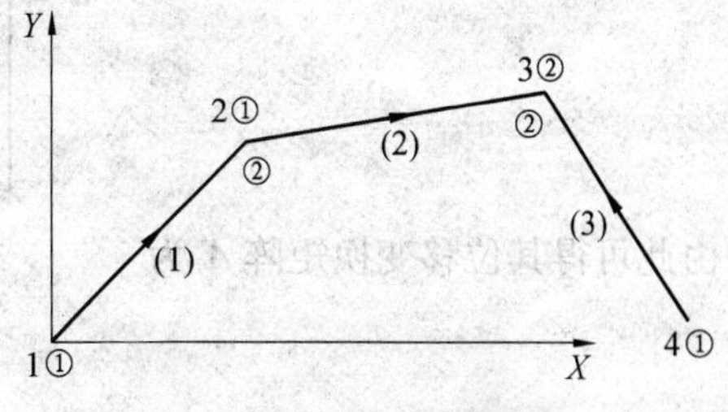

图 2.4　结构离散示意图

例如，图 2.4 所示结构结点的外力势为

$$P_{\mathrm{f},结}=-(-\boldsymbol{S}_{①}^{(1)}+\boldsymbol{P}_1)^{\mathrm{T}}\boldsymbol{\delta}_1-(-\boldsymbol{S}_{②}^{(1)}-\boldsymbol{S}_{①}^{(2)}+\boldsymbol{P}_2)^{\mathrm{T}}\boldsymbol{\delta}_2-(-\boldsymbol{S}_{②}^{(2)}-\boldsymbol{S}_{②}^{(3)}+\boldsymbol{P}_3)^{\mathrm{T}}\boldsymbol{\delta}_3-$$
$$(-\boldsymbol{S}_{①}^{(3)}+\boldsymbol{P}_4)^{\mathrm{T}}\boldsymbol{\delta}_4=\sum_{i=1}^{3}\boldsymbol{S}_{(i)}^{\mathrm{T}}\boldsymbol{\delta}_{(i)}-\boldsymbol{P}^{\mathrm{T}}\boldsymbol{U} \tag{33}$$

式(33) 中

$$\begin{cases}\boldsymbol{\delta}_{(1)}=\begin{bmatrix}\boldsymbol{\delta}_1\\\boldsymbol{\delta}_2\end{bmatrix}\\\boldsymbol{\delta}_{(2)}=\begin{bmatrix}\boldsymbol{\delta}_2\\\boldsymbol{\delta}_3\end{bmatrix}\\\boldsymbol{\delta}_{(3)}=\begin{bmatrix}\boldsymbol{\delta}_4\\\boldsymbol{\delta}_3\end{bmatrix}\end{cases} \tag{34}$$

显然，式(33) 结论适用于任何情况。由此式(2.3.5) 可具体化为

$$\Pi=\sum_{i=1}^{m}[\Pi_{(i)}+\boldsymbol{S}_{(i)}^{\mathrm{T}}\boldsymbol{\delta}_{(i)}]-\boldsymbol{P}^{\mathrm{T}}\boldsymbol{U}=$$
$$\frac{1}{2}\sum_{i=1}^{m}(\boldsymbol{\delta}_{(i)}^{\mathrm{T}}\boldsymbol{k}_{(i)}\boldsymbol{\delta}_{(i)}-2\boldsymbol{F}_{\mathrm{E}}^{(i)\mathrm{T}}\boldsymbol{\delta}_{(i)})-\boldsymbol{P}^{\mathrm{T}}\boldsymbol{U} \tag{2.3.7}$$

若引入如下矩阵符号

$$\boldsymbol{u}=[\boldsymbol{\delta}_{(1)}^{\mathrm{T}}\quad\boldsymbol{\delta}_{(2)}^{\mathrm{T}}\quad\cdots\quad\boldsymbol{\delta}_{(m)}^{\mathrm{T}}]^{\mathrm{T}}\quad\text{(结构杆端位移矩阵)} \tag{2.3.8}$$

$$\boldsymbol{S}=[\boldsymbol{S}_{(1)}^{\mathrm{T}}\quad\boldsymbol{S}_{(2)}^{\mathrm{T}}\quad\cdots\quad\boldsymbol{S}_{(m)}^{\mathrm{T}}]^{\mathrm{T}}\quad\text{(结构杆端力矩阵)} \tag{2.3.9}$$

$$\boldsymbol{K}_m=\mathrm{diag}[\boldsymbol{k}_{(1)}\quad\boldsymbol{k}_{(2)}\quad\cdots\quad\boldsymbol{k}_{(m)}]^{\mathrm{T}}\quad\text{(结构未集装刚度矩阵)} \tag{2.3.10}$$

$$\boldsymbol{F}_{\mathrm{E}}=[\boldsymbol{F}_{\mathrm{E}}^{(1)\mathrm{T}}\quad\boldsymbol{F}_{\mathrm{E}}^{(2)\mathrm{T}}\quad\cdots\quad\boldsymbol{F}_{\mathrm{E}}^{(m)\mathrm{T}}]^{\mathrm{T}}\quad\text{(结构等效杆端力矩阵)} \tag{2.3.11}$$

根据矩阵乘法规则式(2.3.7) 可改写为

$$\Pi = \sum_{i=1}^{m} \Pi_{(i)} + \boldsymbol{S}^{\mathrm{T}}\boldsymbol{u} - \boldsymbol{P}^{\mathrm{T}}\boldsymbol{U} = \frac{1}{2}\boldsymbol{u}^{\mathrm{T}}\boldsymbol{K}_m\boldsymbol{u} - \boldsymbol{F}_{\mathrm{E}}^{\mathrm{T}}\boldsymbol{u} - \boldsymbol{P}^{\mathrm{T}}\boldsymbol{U} \tag{2.3.12}$$

由单元杆端位移和结点位移之间的协调条件,可建立 $\boldsymbol{u}$、$\boldsymbol{U}$ 之间的对应关系

$$\boldsymbol{u} = \boldsymbol{A}\boldsymbol{U} \tag{2.3.13}$$

式中　$\boldsymbol{A}$—— 反映位移协调的位移变换矩阵。

例如,图 2.4 所示结构,其 $\boldsymbol{u}$、$\boldsymbol{U}$ 为

$$\boldsymbol{u} = \begin{bmatrix} \boldsymbol{\delta}_1 \\ \boldsymbol{\delta}_2 \\ \boldsymbol{\delta}_2 \\ \boldsymbol{\delta}_3 \\ \boldsymbol{\delta}_4 \\ \boldsymbol{\delta}_3 \end{bmatrix} \qquad \boldsymbol{U} = \begin{bmatrix} \boldsymbol{\delta}_1 \\ \boldsymbol{\delta}_2 \\ \boldsymbol{\delta}_3 \\ \boldsymbol{\delta}_4 \end{bmatrix}$$

由此可得其位移变换矩阵 $\boldsymbol{A}$ 为

$$\boldsymbol{A} = \begin{bmatrix} \boldsymbol{I} & \boldsymbol{0} & \boldsymbol{0} & \boldsymbol{0} \\ \boldsymbol{0} & \boldsymbol{I} & \boldsymbol{0} & \boldsymbol{0} \\ \boldsymbol{0} & \boldsymbol{I} & \boldsymbol{0} & \boldsymbol{0} \\ \boldsymbol{0} & \boldsymbol{0} & \boldsymbol{I} & \boldsymbol{0} \\ \boldsymbol{0} & \boldsymbol{0} & \boldsymbol{0} & \boldsymbol{I} \\ \boldsymbol{0} & \boldsymbol{0} & \boldsymbol{I} & \boldsymbol{0} \end{bmatrix}$$

将式(2.3.13) 代入式(2.3.12) 则可得

$$\Pi = \frac{1}{2}\boldsymbol{U}^{\mathrm{T}}\boldsymbol{A}^{\mathrm{T}}\boldsymbol{K}_m\boldsymbol{A}\boldsymbol{U} - \boldsymbol{F}_{\mathrm{E}}^{\mathrm{T}}\boldsymbol{A}\boldsymbol{U} - \boldsymbol{P}^{\mathrm{T}}\boldsymbol{U} =$$

$$\frac{1}{2}\boldsymbol{U}^{\mathrm{T}}\boldsymbol{K}\boldsymbol{U} - (\boldsymbol{P}_{\mathrm{E}} + \boldsymbol{P})^{\mathrm{T}}\boldsymbol{U} \tag{2.3.14}$$

式中　$\boldsymbol{K} = \boldsymbol{A}^{\mathrm{T}}\boldsymbol{K}_m\boldsymbol{A}$　(结构(总体)原始刚度矩阵)　(2.3.15)

$\boldsymbol{P}_{\mathrm{E}} = \boldsymbol{A}^{\mathrm{T}}\boldsymbol{F}_{\mathrm{E}}$　(结构(总体)原始等效荷载矩阵)　(2.3.16)

令结构势能的一阶变分为零,也即 $\delta\Pi = 0$,则可得

$$\boldsymbol{K}\boldsymbol{U} - (\boldsymbol{P}_{\mathrm{E}} + \boldsymbol{P}) = 0$$

或

$$\boldsymbol{K}\boldsymbol{U} = \boldsymbol{F}_{\mathrm{E}} + \boldsymbol{P} = \boldsymbol{R} \tag{2.3.17}$$

式中　$\boldsymbol{R}$—— 结构原始综合等效结点荷载矩阵。

式(2.3.17) 即为整体分析的刚度方程。

2.3.2　直接刚度法

2.3.2.1　直接刚度法集装规则的推证

由式(2.3.15) 可获得结构原始刚度矩阵 $\boldsymbol{K}$,但实际上这是很不经济的,目前在有限元程序中根本不用。一般采用直接刚度法,由单元刚度矩阵的贡献来获得结构原始刚度矩阵;由单元等效结点荷载矩阵的贡献来获得结构原始等效结点荷载矩阵。下面来推证单元贡献的集装规则。

矩阵 $\boldsymbol{A}$ 对杆系结构是一个 $6m\times 3n$ 阶矩阵，按单元序号将其分割成 m 个 $6\times 3n$ 阶矩阵。即

$$\boldsymbol{A}=\begin{bmatrix}\boldsymbol{A}_{(1)}\\ \boldsymbol{A}_{(2)}\\ \vdots\\ \boldsymbol{A}_{(m)}\end{bmatrix} \tag{2.3.18}$$

例如，图2.4所示结构，$\boldsymbol{A}$ 的划分为

$$\boldsymbol{A}=\begin{bmatrix}\boldsymbol{I} & \boldsymbol{0} & \boldsymbol{0} & \boldsymbol{0}\\ \boldsymbol{0} & \boldsymbol{I} & \boldsymbol{0} & \boldsymbol{0}\\ \boldsymbol{0} & \boldsymbol{I} & \boldsymbol{0} & \boldsymbol{0}\\ \boldsymbol{0} & \boldsymbol{0} & \boldsymbol{I} & \boldsymbol{0}\\ \boldsymbol{0} & \boldsymbol{0} & \boldsymbol{0} & \boldsymbol{I}\\ \boldsymbol{0} & \boldsymbol{0} & \boldsymbol{I} & \boldsymbol{0}\end{bmatrix}=\begin{bmatrix}\boldsymbol{A}_{(1)}\\ \boldsymbol{A}_{(2)}\\ \boldsymbol{A}_{(3)}\end{bmatrix}$$

将式(2.3.18)代入式(2.3.15)可得

$$\boldsymbol{K}=\sum_{i=1}^{m}\boldsymbol{A}_{(i)}^{\mathrm{T}}\boldsymbol{k}_{(i)}\boldsymbol{A}_{(i)} \tag{2.3.19}$$

由此可得结论：结构原始刚度矩阵可由累加各单元的贡献

$$\boldsymbol{A}_{(i)}^{\mathrm{T}}\boldsymbol{k}_{(i)}\boldsymbol{A}_{(i)}$$

来得到。

同理可得

$$\boldsymbol{P}_{\mathrm{E}}=\sum_{i=1}^{m}\boldsymbol{A}_{(i)}^{\mathrm{T}}\boldsymbol{F}_{\mathrm{E}}^{(i)} \tag{2.3.20}$$

为进一步确定单元贡献的规律，必须研究 $\boldsymbol{A}_{(i)}$。

设第 i 个单元的杆端位移矩阵为

$$\boldsymbol{\delta}_{(i)}=\begin{bmatrix}\boldsymbol{\delta}_{①}\\ \boldsymbol{\delta}_{②}\end{bmatrix}=\begin{bmatrix}\delta_r\\ \delta_s\end{bmatrix} \tag{35}$$

脚标 r、s 分别为与单元局部编码①、②对应的整体结点位移编号，不失一般性，设 $r<s$。从式(2.3.13)在考虑到式(2.3.18)的情况下可得

$$\boldsymbol{\delta}_{(i)}=\boldsymbol{A}_{(i)}\boldsymbol{U} \tag{36}$$

将式(35)和式(2.3.3)代入式(36)，为保证位移协调关系成立可得变换子矩阵 $\boldsymbol{A}_{(i)}$ 为结点整体编号

$$\begin{array}{ccccccccccccc} & & 1 & 2 & \cdots & r-1 & r & r+1 & \cdots & s-1 & s & s+1 & \cdots\ n\\ \boldsymbol{A}_{(i)}= & \begin{array}{c}\text{单部}\\ \text{元编}\\ \text{局号}\end{array}\begin{array}{c}①\\ ②\end{array} & \boldsymbol{0} & \boldsymbol{0} & \cdots & \boldsymbol{0} & \boldsymbol{I} & \boldsymbol{0} & \cdots & \boldsymbol{0} & \boldsymbol{0} & \boldsymbol{0} & \cdots\ \boldsymbol{0}\\ & & \boldsymbol{0} & \boldsymbol{0} & \cdots & \boldsymbol{0} & \boldsymbol{0} & \boldsymbol{0} & \cdots & \boldsymbol{0} & \boldsymbol{I} & \boldsymbol{0} & \cdots\ \boldsymbol{0}\end{array} \tag{2.3.21}$$

将式(2.3.21)代入式(2.3.19)、式(2.3.20)并进行矩阵乘法运算，则不难证明单元对整体贡献的规则如下：

结构原始刚度矩阵的集装

设 $\boldsymbol{k}_{(i)}=\begin{bmatrix}\boldsymbol{k}_{11}^{(i)} & \boldsymbol{k}_{12}^{(i)}\\ \boldsymbol{k}_{21}^{(i)} & \boldsymbol{k}_{22}^{(i)}\end{bmatrix}$,则

$$\begin{cases}\boldsymbol{k}_{11}^{(i)}\rightarrow\boldsymbol{k}_{rr}\\ \boldsymbol{k}_{12}^{(i)}\rightarrow\boldsymbol{k}_{rs}\\ \boldsymbol{k}_{21}^{(i)}\rightarrow\boldsymbol{k}_{sr}\\ \boldsymbol{k}_{22}^{(i)}\rightarrow\boldsymbol{k}_{ss}\end{cases}\tag{2.3.22}$$

也即将单元刚度矩阵子块 $\boldsymbol{k}_{11}^{(i)}$ 送到结构原始刚度矩阵第 r 行 r 列子矩阵位置并累加。其余类推。

结构原始等效荷载集装

设 $\boldsymbol{F}_{\mathrm{E}}^{(i)}=\begin{bmatrix}\boldsymbol{F}_{\mathrm{E}}^{(i)}① \\ \boldsymbol{F}_{\mathrm{E}}^{(i)}②\end{bmatrix}\begin{matrix}r\\ s\end{matrix}$,则

$$\begin{cases}\boldsymbol{F}_{\mathrm{E}}^{(i)}①\rightarrow\boldsymbol{P}_{\mathrm{E},r}\\ \boldsymbol{F}_{\mathrm{E}}^{(i)}②\rightarrow\boldsymbol{P}_{\mathrm{E},s}\end{cases}$$

也即分别送到第 r 行、s 行子矩阵位置进行累加。

直接刚度法的集成规则可由图 2.5 形象地表示。

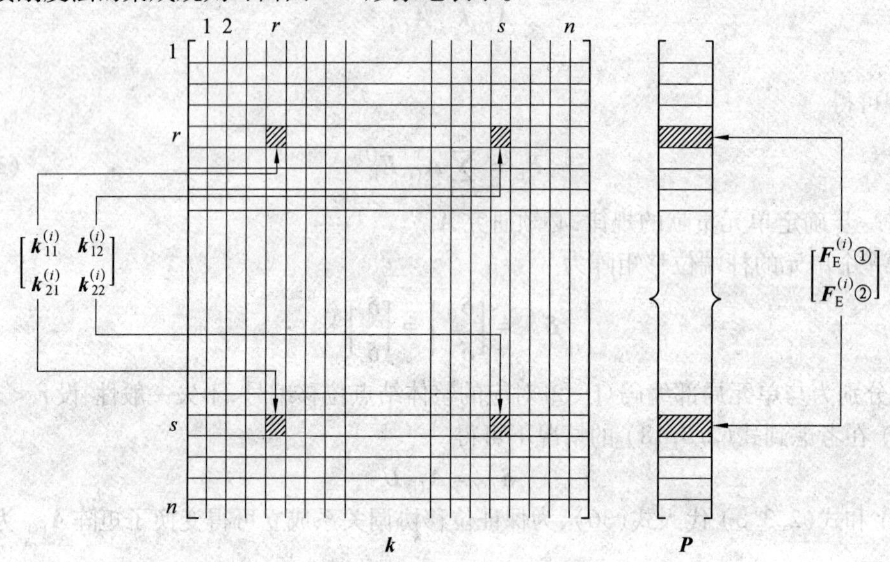

图 2.5　直接刚度法集成示意图

2.3.2.2　按定位向量集装结构(原始)刚度矩阵

事实上,结构(原始)刚度矩阵的元素是由单元刚度矩阵的元素组成的,只要确定了单元刚度矩阵各元素在结构(原始)刚度矩阵中的位置,就可以由单元刚度矩阵直接集成结构(原始)刚度矩阵。

我们把单元杆端位移分量所对应的结构结点位移向量的序号组成的向量称为单元的定位向量。利用单元定位向量可以完全确定单元刚度矩阵的每个元素在结构(原始)刚度矩阵中的行码和列码。

例如,图 2.6 所示结构各单元的定位向量为:

单元(1)　(0,0,0,1,2,3);

单元(2)　(1,2,3,4,5,6);

单元(3)　(0,0,0,4,5,6)。

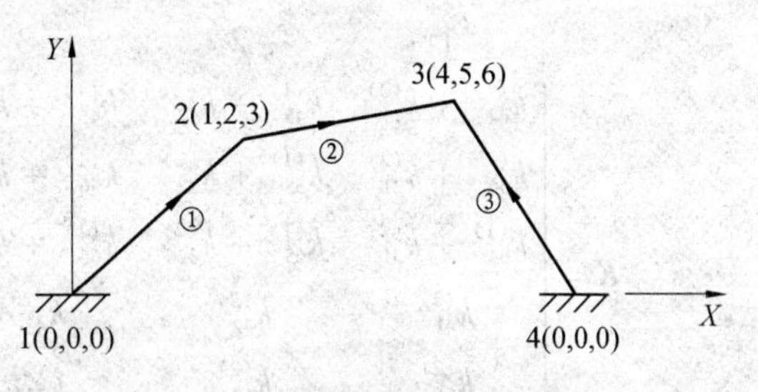

图 2.6　结构各单元的定位向量

具体做法是:先求出单元(e)在整体坐标系中的刚度矩阵$\boldsymbol{k}_{(e)}$,然后将单元(e)的定位向量分别写在单元刚度矩阵$\boldsymbol{k}_{(e)}$的上方和右侧(或左侧)。这样,$\boldsymbol{k}_{(e)}$的每一行或每一列就与单元定位向量的一个分量相对应。若单元定位向量的某个分量为零,则$\boldsymbol{k}_{(e)}$中相应的行和列可以删去,不必向结构刚度矩阵$\boldsymbol{K}$中叠加。若单元定位向量的某个分量不为零,则该分量就是$\boldsymbol{k}_{(e)}$中相应的行和列在结构刚度矩阵$\boldsymbol{K}$中的行码和列码。于是,按照由单元定位向量中的非零分量给出的行码和列码,就能够将单元刚度矩阵$\boldsymbol{k}_{(e)}$的元素正确地叠加到结构刚度矩阵$\boldsymbol{K}$中去。例如,图 2.6 所示结构各单元的单刚为

$$
\begin{matrix} & \begin{matrix} 0 & \;\;0 & \;\;0 & \;\;1 & \;\;2 & \;\;3 \end{matrix} & \\
\boldsymbol{k}_{(1)} = & \begin{bmatrix}
k_{11}^{(1)} & k_{12}^{(1)} & k_{13}^{(1)} & k_{14}^{(1)} & k_{15}^{(1)} & k_{16}^{(1)} \\
k_{21}^{(1)} & k_{22}^{(1)} & k_{23}^{(1)} & k_{24}^{(1)} & k_{25}^{(1)} & k_{26}^{(1)} \\
k_{31}^{(1)} & k_{32}^{(1)} & k_{33}^{(1)} & k_{34}^{(1)} & k_{35}^{(1)} & k_{36}^{(1)} \\
k_{41}^{(1)} & k_{42}^{(1)} & k_{43}^{(1)} & k_{44}^{(1)} & k_{45}^{(1)} & k_{46}^{(1)} \\
k_{51}^{(1)} & k_{52}^{(1)} & k_{53}^{(1)} & k_{54}^{(1)} & k_{55}^{(1)} & k_{56}^{(1)} \\
k_{61}^{(1)} & k_{62}^{(1)} & k_{63}^{(1)} & k_{64}^{(1)} & k_{65}^{(1)} & k_{66}^{(1)}
\end{bmatrix} & \begin{matrix} 0 \\ 0 \\ 0 \\ 1 \\ 2 \\ 3 \end{matrix}
\end{matrix}
$$

$$
\begin{matrix} & \begin{matrix} 1 & \;\;2 & \;\;3 & \;\;4 & \;\;5 & \;\;6 \end{matrix} & \\
\boldsymbol{k}_{(2)} = & \begin{bmatrix}
k_{11}^{(2)} & k_{12}^{(2)} & k_{13}^{(2)} & k_{14}^{(2)} & k_{15}^{(2)} & k_{16}^{(2)} \\
k_{21}^{(2)} & k_{22}^{(2)} & k_{23}^{(2)} & k_{24}^{(2)} & k_{25}^{(2)} & k_{26}^{(2)} \\
k_{31}^{(2)} & k_{32}^{(2)} & k_{33}^{(2)} & k_{34}^{(2)} & k_{35}^{(2)} & k_{36}^{(2)} \\
k_{41}^{(2)} & k_{42}^{(2)} & k_{43}^{(2)} & k_{44}^{(2)} & k_{45}^{(2)} & k_{46}^{(2)} \\
k_{51}^{(2)} & k_{52}^{(2)} & k_{53}^{(2)} & k_{54}^{(2)} & k_{55}^{(2)} & k_{56}^{(2)} \\
k_{61}^{(2)} & k_{62}^{(2)} & k_{63}^{(2)} & k_{64}^{(2)} & k_{65}^{(2)} & k_{66}^{(2)}
\end{bmatrix} & \begin{matrix} 1 \\ 2 \\ 3 \\ 4 \\ 5 \\ 6 \end{matrix}
\end{matrix}
$$

$$
\begin{matrix} & \begin{matrix} 0 & \;\;0 & \;\;0 & \;\;4 & \;\;5 & \;\;6 \end{matrix} & \\
\boldsymbol{k}_{(3)} = & \begin{bmatrix}
k_{11}^{(3)} & k_{12}^{(3)} & k_{13}^{(3)} & k_{14}^{(3)} & k_{15}^{(3)} & k_{16}^{(3)} \\
k_{21}^{(3)} & k_{22}^{(3)} & k_{23}^{(3)} & k_{24}^{(3)} & k_{25}^{(3)} & k_{26}^{(3)} \\
k_{31}^{(3)} & k_{32}^{(3)} & k_{33}^{(3)} & k_{34}^{(3)} & k_{35}^{(3)} & k_{36}^{(3)} \\
k_{41}^{(3)} & k_{42}^{(3)} & k_{43}^{(3)} & k_{44}^{(3)} & k_{45}^{(3)} & k_{46}^{(3)} \\
k_{51}^{(3)} & k_{52}^{(3)} & k_{53}^{(3)} & k_{54}^{(3)} & k_{55}^{(3)} & k_{56}^{(3)} \\
k_{61}^{(3)} & k_{62}^{(3)} & k_{63}^{(3)} & k_{64}^{(3)} & k_{65}^{(3)} & k_{66}^{(3)}
\end{bmatrix} & \begin{matrix} 0 \\ 0 \\ 0 \\ 4 \\ 5 \\ 6 \end{matrix}
\end{matrix}
$$

利用单元定位向量叠加结构刚度矩阵为

$$
\boldsymbol{K}=\begin{bmatrix}
k_{44}^{(1)}+k_{11}^{(2)} & k_{45}^{(1)}+k_{12}^{(2)} & k_{46}^{(1)}+k_{13}^{(2)} & k_{14}^{(2)} & k_{15}^{(2)} & k_{16}^{(2)} \\
k_{54}^{(1)}+k_{21}^{(2)} & k_{55}^{(1)}+k_{22}^{(2)} & k_{56}^{(1)}+k_{23}^{(2)} & k_{24}^{(2)} & k_{25}^{(2)} & k_{26}^{(2)} \\
k_{64}^{(1)}+k_{31}^{(2)} & k_{65}^{(1)}+k_{32}^{(2)} & k_{66}^{(1)}+k_{33}^{(2)} & k_{34}^{(2)} & k_{35}^{(2)} & k_{36}^{(2)} \\
k_{41}^{(2)} & k_{42}^{(2)} & k_{43}^{(2)} & k_{44}^{(2)}+k_{44}^{(3)} & k_{45}^{(2)}+k_{45}^{(3)} & k_{46}^{(2)}+k_{46}^{(3)} \\
k_{51}^{(2)} & k_{52}^{(2)} & k_{53}^{(2)} & k_{54}^{(2)}+k_{54}^{(3)} & k_{55}^{(2)}+k_{55}^{(3)} & k_{56}^{(2)}+k_{56}^{(3)} \\
k_{61}^{(2)} & k_{62}^{(2)} & k_{63}^{(2)} & k_{64}^{(2)}+k_{64}^{(3)} & k_{65}^{(2)}+k_{65}^{(3)} & k_{66}^{(2)}+k_{66}^{(3)}
\end{bmatrix}
\begin{matrix}1\\2\\3\\4\\5\\6\end{matrix}
$$

（列号：1　2　3　4　5　6）

从集装过程可以看出:主对角线元素是由同一结点相关单元的刚度矩阵的主对角线元素叠加而成,且是正值。副对角线元素是定位向量所对应的单元刚度矩阵的副对角线元素叠加而成,可正可负可为零值。

同理,结构等效荷载矩阵也可由单元定位向量叠加得到。

2.3.3　整体分析的物理实质

式(2.3.7)给出了整个结构的势能为

$$\Pi=\sum_{i=1}^{m}\Pi_{(i)}+\boldsymbol{S}_{(i)}^{\mathrm{T}}\boldsymbol{\delta}_{(i)}-\boldsymbol{P}^{\mathrm{T}}\boldsymbol{U}$$

由于单元分析已使 $\delta\Pi_{(i)}=0$,所以在总体分析时令 $\delta\Pi=0$ 可得

$$\sum_{i=1}^{m}\boldsymbol{S}_{(i)}^{\mathrm{T}}\delta\boldsymbol{\delta}_{(i)}-\boldsymbol{P}^{\mathrm{T}}\delta\boldsymbol{U}=\boldsymbol{0}$$

或

$$\boldsymbol{S}^{\mathrm{T}}\delta\boldsymbol{u}=\boldsymbol{S}^{\mathrm{T}}\boldsymbol{A}\delta\boldsymbol{U}=\boldsymbol{P}^{\mathrm{T}}\delta\boldsymbol{U}\tag{2.3.23}$$

由变分 δU 的任意性,故可得

$$\boldsymbol{P}=\boldsymbol{A}^{\mathrm{T}}\boldsymbol{S}\tag{2.3.24}$$

将式(2.3.18)代入式(2.3.24)则有

$$\boldsymbol{P}=\sum_{i=1}^{m}\boldsymbol{A}_{(i)}^{\mathrm{T}}\boldsymbol{S}_{(i)}\tag{2.3.25}$$

考虑到 $\boldsymbol{A}_{(i)}$ 的具体表达式(2.3.21),则不难理解式(2.3.25)所代表的是全部结点平衡的平衡条件。这就是有限元整体分析的物理实质。

例如,图2.4所示结构,设结点1～4的外荷载分别为 $\boldsymbol{P}_1$、$\boldsymbol{P}_2$、$\boldsymbol{P}_3$、$\boldsymbol{P}_4$。由式(2.3.25)计算有

$$
\begin{bmatrix}\boldsymbol{P}_1\\\boldsymbol{P}_2\\\boldsymbol{P}_3\\\boldsymbol{P}_4\end{bmatrix}=
\begin{bmatrix}\boldsymbol{I}&\boldsymbol{0}\\\boldsymbol{0}&\boldsymbol{I}\\\boldsymbol{0}&\boldsymbol{0}\\\boldsymbol{0}&\boldsymbol{0}\end{bmatrix}
\begin{bmatrix}\boldsymbol{S}_{(1)}^{①}\\\boldsymbol{S}_{(1)}^{②}\end{bmatrix}+
\begin{bmatrix}\boldsymbol{0}&\boldsymbol{0}\\\boldsymbol{I}&\boldsymbol{0}\\\boldsymbol{0}&\boldsymbol{I}\\\boldsymbol{0}&\boldsymbol{0}\end{bmatrix}
\begin{bmatrix}\boldsymbol{S}_{(2)}^{①}\\\boldsymbol{S}_{(2)}^{②}\end{bmatrix}+
\begin{bmatrix}\boldsymbol{0}&\boldsymbol{0}\\\boldsymbol{0}&\boldsymbol{0}\\\boldsymbol{0}&\boldsymbol{I}\\\boldsymbol{I}&\boldsymbol{0}\end{bmatrix}
\begin{bmatrix}\boldsymbol{S}_{(3)}^{①}\\\boldsymbol{S}_{(3)}^{②}\end{bmatrix}=
$$

$$
\begin{bmatrix}\boldsymbol{S}_{(1)}^{①}\\\boldsymbol{S}_{(1)}^{②}\\\boldsymbol{0}\\\boldsymbol{0}\end{bmatrix}+
\begin{bmatrix}\boldsymbol{0}\\\boldsymbol{S}_{(2)}^{①}\\\boldsymbol{S}_{(2)}^{②}\\\boldsymbol{0}\end{bmatrix}+
\begin{bmatrix}\boldsymbol{0}\\\boldsymbol{0}\\\boldsymbol{S}_{(3)}^{②}\\\boldsymbol{S}_{(3)}^{①}\end{bmatrix}=
$$

$$[\boldsymbol{S}_{(1)}^{①\mathrm{T}} \quad \boldsymbol{S}_{(1)}^{②\mathrm{T}}+\boldsymbol{S}_{(2)}^{①\mathrm{T}} \quad \boldsymbol{S}_{(2)}^{②\mathrm{T}}+\boldsymbol{S}_{(3)}^{②\mathrm{T}} \quad \boldsymbol{S}_{(3)}^{①\mathrm{T}}]^{\mathrm{T}}$$

即在结点上,外荷载与杆端力(结点力)组成了平衡力系。

综合有限元单元分析和整体分析的讨论,可见有限元分析的实质是:以单元上全部外力平衡、各结点全部平衡、单元的$\int \mathrm{d}W_{刚}=0$的离散化结点位移解答来作为实际平衡问题的近似解。显然,当单元缩小时,单元全部外力平衡等等总是逐渐使单元趋于平衡。在极限情况下,单元缩小到微元时,$\mathrm{d}W_{刚}=0$,从而使单元满足平衡方程、应力边界条件,由全部结点平衡(结点无限多)使整个变形体处于平衡。因此,只要所构造的位移场在相邻单元之间协调(或在单元缩小时协调性得到逐步改善),则由解答惟一性原理可知,有限元分析的解答在单元缩小时将收敛于实际问题的精确解。

2.4　本章内容小结

本章虽然是杆系问题有限元分析,但采用的方法、思路与结论都适用于以位移参数作为未知量的两维和三维等问题有限元分析。

本章介绍了由单元结点位移参数确定单元位移场的方法:广义坐标法和试凑法;介绍了基于虚位移原理和势能原理的有限单元特性分析方法(也称做单元列式),阐明了用于近似分析和有限元单元分析的虚位移、势能原理的物理实质,证明了单元列式(在满足收敛准则的前提下)的结果,保证了单元上全部外力(包括结点作用于单元的外力 $\boldsymbol{S}$)满足整体平衡条件;介绍了(虚位移)势能原理并进行整体分析,推导了直接刚度法的集装规则,证明了整体分析的实质是保证全部结点处于平衡状态。

从本章分析可见,有限元分析的关键是确定单元位移场。一经建立合适的单元位移场,通过应变分析可获得应变矩阵

$$\boldsymbol{B}=\boldsymbol{A}^{\mathrm{T}}\boldsymbol{N}$$

通过本构关系获得应力矩阵 $\boldsymbol{\sigma}$,由如下积分

$$\int_V \boldsymbol{\sigma}^{\mathrm{T}}\boldsymbol{B}\mathrm{d}V$$

获得单元刚度矩阵 $\boldsymbol{k}_{(e)}$,由积分

$$\int_V \boldsymbol{N}^{\mathrm{T}}\boldsymbol{F}_{\mathrm{b}}\mathrm{d}V+\int_{S_\sigma}\boldsymbol{N}^{\mathrm{T}}\boldsymbol{F}_{\mathrm{S}}\mathrm{d}S$$

获得单元等效结点荷载矩阵 $\boldsymbol{F}_{\mathrm{E}}^{e}$。用直接刚度法进行集装并作适当的边界条件处理后,即可求位移、应力等等。

因此,以下几章将以讨论位移场的建立为主。

习　　题

2.1　推证格林公式

$$\int_V \boldsymbol{\sigma}^{\mathrm{T}}\delta\boldsymbol{\varepsilon}\mathrm{d}V=\int_{S_\sigma}(\boldsymbol{L\sigma})^{\mathrm{T}}\delta\boldsymbol{d}\mathrm{d}S-\int_V(\boldsymbol{A\sigma})^{\mathrm{T}}\delta\boldsymbol{d}\mathrm{d}V$$

2.2　建立扭转单元的单元刚度方程。

2.3　用试凑法建立杆件弯曲单元的形函数 N_2、N_3、N_4。

2.4　试推导图 2.7 中三种荷载的等效结点荷载。(广义集中力时需利用"单位脉冲"函数)

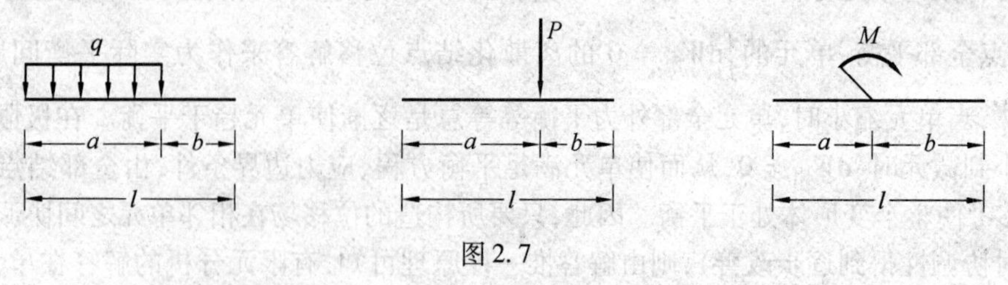

图 2.7

2.5　用平面刚架程序进行如图 2.8 所示结构计算。

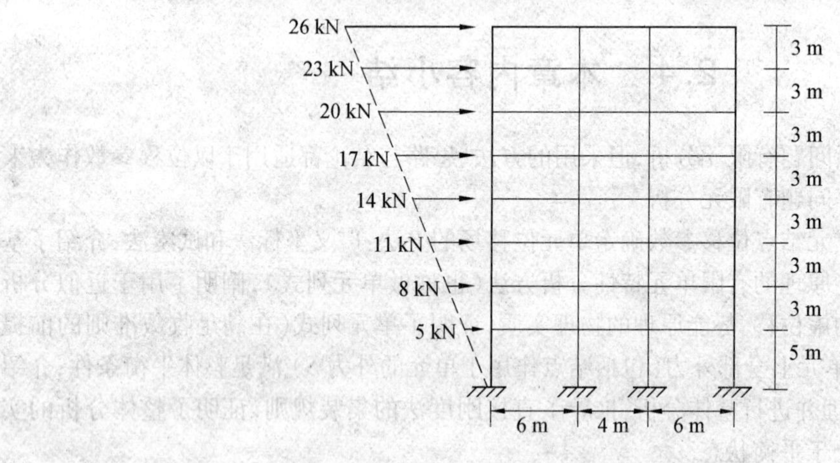

图 2.8

第3章　弹性力学平面问题

3.1　引　　言

上一章对杆系结构求解时，将结构看成是一个用有限个结点连接有限个单元的离散系统，然后由单元分析确定单元的结点力与单元结点位移之间的关系，再由结点的平衡建立结构的结点力与结点位移之间的关系，从而得到以结点位移为待求参数的线性代数方程组。对于弹性力学平面问题，若也采用与其相同的分析方法，首先要建立与其相类似的离散系统。对杆系结构来说，将杆件交汇点、截面突变点等作为结点，来划分单元是很自然的；而对弹性连续体却只能人为地将其分割成有限部分，并认为各部分之间仅在有限个点相连（图3.1）。显然，这样做的结果使离散体不同于原连续体。但是，随着划分网络的加密和每一部分尺寸的缩小，两者之间的差异应越来越小。这样做的好处是，我们可以把一个复杂的、用弹性力学一般方法无法求得解析解的连续体问题用前面介绍的方法来求解。

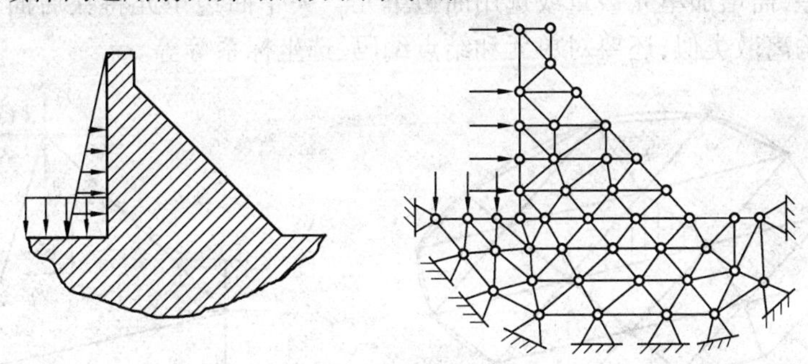

图3.1　连续体离散示意图

由于在形式上弹性连续体的离散系统与杆系结构的离散系统是类似的，因此，分析步骤也类似，即都需进行单元分析和整体分析。由于离散方式不同，在单元分析时又有很大的不同，出现了在杆系结构中没有遇到的新问题，如收敛性、应力结果的整理等等。本章将重点说明分析时的不同处，而对于相同或类似部分将不再说明。

弹性力学平面问题可分为平面应力问题和平面应变问题（见弹性力学教材）。对于线弹性各向同性体，分析时除弹性矩阵不同外，其他一样。因此下面在分析时，除在给出与弹性矩阵有关的显式时加以说明外，其他地方不加区别。平面应力问题和平面应变问题的弹性矩阵分别为

$$D_{力} = \frac{E}{1-\mu^2}\begin{bmatrix} 1 & \mu & 0 \\ \mu & 1 & 0 \\ 0 & 0 & \frac{1-\mu}{2} \end{bmatrix}$$

$$D_{变} = \frac{E(1-\mu)}{(1+\mu)(1-2\mu)}\begin{bmatrix} 1 & \frac{\mu}{1-\mu} & 0 \\ \frac{\mu}{1-\mu} & 1 & 0 \\ 0 & 0 & \frac{1-2\mu}{2(1-\mu)} \end{bmatrix}$$

3.2 常应变三角形单元

3.2.1 离散化

离散化即是将连续体用假想的线或面分割成有限个部分,各部分之间用有限个点相连。每个部分称为一个单元,连接点称为结点。对于平面问题,最简单、最常用的离散方式是将其分割成有限个三角形单元,单元之间在三角形顶点上相连(图3.2(a))。这种单元称为**常应变三角形单元**。当边界为曲线时则以直线代替,显然这样会带来误差,这种误差称为离散误差。要减少这个误差,需增加单元数量或选用曲边单元。关于曲边单元将在后面介绍。要做到连续体与杆系结构离散类似,还要对单元和结点编码、选坐标系等等。

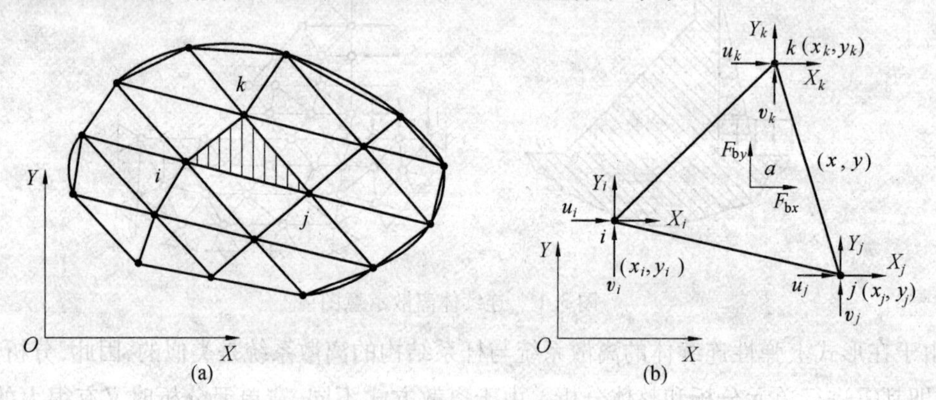

图3.2 常应变三角形单元示意图

图3.2(b)是从图3.2(a)所示离散体系中取出的第 e 个单元。单元的每个结点有两个位移分量,称为结点位移,记为

$$\boldsymbol{\delta}_i = \begin{bmatrix} u_i \\ v_i \end{bmatrix} \tag{3.2.1}$$

一个单元上有3个结点,将3个结点位移排在一起称为单元结点位移,记为

$$\boldsymbol{\delta}_e = [\boldsymbol{\delta}_i^{\mathrm{T}} \quad \boldsymbol{\delta}_j^{\mathrm{T}} \quad \boldsymbol{\delta}_k^{\mathrm{T}}]^{\mathrm{T}} \tag{3.2.2}$$

每个结点上有2个力(其他单元对它的作用),称为结点力,记为

$$\boldsymbol{S}_i = \begin{bmatrix} X_i \\ Y_i \end{bmatrix} \tag{3.2.3}$$

将 3 个结点力排在一起称为单元结点力，记为

$$\boldsymbol{S}_e = [\boldsymbol{S}_i^{\mathrm{T}} \quad \boldsymbol{S}_j^{\mathrm{T}} \quad \boldsymbol{S}_k^{\mathrm{T}}]^{\mathrm{T}} \tag{3.2.4}$$

单元上作用的体积力记为

$$\boldsymbol{F}_{\mathrm{E}} = \begin{bmatrix} F_{\mathrm{bx}} \\ F_{\mathrm{by}} \end{bmatrix} \tag{3.2.5}$$

若单元的边界是物体边界，并且该边界有表面力作用的话，该表面力记为

$$\boldsymbol{F}_{\mathrm{Se}} = \begin{bmatrix} F_{\mathrm{Sx}} \\ F_{\mathrm{Sy}} \end{bmatrix} \tag{3.2.6}$$

体积力和表面力均是在坐标方向的分布集度。

3.2.2　位移函数

当我们求出单元的结点位移后，与杆系结构一样，希望利用结点位移求出单元内任一点位移；在作单元分析确定单元结点力与单元结点位移关系时，也需要将单元中任一点位移用单元结点位移表示。一般情况下，单元内任一点的实际位移是坐标的很复杂的函数，仅利用单元的六个结点位移是不能精确表示的。正如上一章所述，一般情况下，由结点位移表示的单元内位移只是实际位移的一部分，或者说是实际位移的一个近似。实践表明，当合理地选择由结点位移可以确定的、用以替代单元的实际位移的位移形式，随着单元尺寸的减小，结果会收敛于实际位移的。我们把在有限元分析中用来替代单元实际位移的位移形式称为**位移函数**。可见，位移函数的选择直接关系到结果的收敛性，是很关键的一步。一般从泰勒级数展开的意义出发，选多项式作为位移函数。这不仅运算简单，并且可由项数的多少直接控制结果的精度。按这样的思路，对当前单元，因仅有 6 个结点位移，故可选下式为单元的位移函数

$$\begin{cases} u = a_1 + a_2 x + a_3 y \\ v = a_4 + a_5 x + a_6 y \end{cases} \tag{3.2.7}$$

或用矩阵方程表示

$$\boldsymbol{d} = \begin{bmatrix} u \\ v \end{bmatrix} = \begin{bmatrix} 1 & x & y & 0 & 0 & 0 \\ 0 & 0 & 0 & 1 & x & y \end{bmatrix} \boldsymbol{\alpha} = \boldsymbol{N}_0 \boldsymbol{\alpha} \tag{3.2.8}$$

式中

$$\boldsymbol{N}_0 = \begin{bmatrix} 1 & x & y & 0 & 0 & 0 \\ 0 & 0 & 0 & 1 & x & y \end{bmatrix} \tag{3.2.9}$$

$$\boldsymbol{\alpha} = [a_1 \quad a_2 \quad a_3 \quad a_4 \quad a_5 \quad a_6]^{\mathrm{T}} \tag{3.2.10}$$

$\boldsymbol{d}$ 为单元内任意一点的位移向量；$\boldsymbol{\alpha}$ 为待定系数（称为广义坐标），可由结点位移确定。求出 $\boldsymbol{\alpha}$ 后代入式(3.2.8)可将 $\boldsymbol{d}$ 用结点位移表示。过程如下：

将结点坐标及结点位移代入式(3.2.8)可得

$$\boldsymbol{\delta}_e = \boldsymbol{N}_1 \boldsymbol{\alpha} \tag{3.2.11}$$

其中

$$
\boldsymbol{N}_1 = \begin{bmatrix} 1 & x_i & y_i & 0 & 0 & 0 \\ 0 & 0 & 0 & 1 & x_i & y_i \\ 1 & x_j & y_j & 0 & 0 & 0 \\ 0 & 0 & 0 & 1 & x_j & y_j \\ 1 & x_k & y_k & 0 & 0 & 0 \\ 0 & 0 & 0 & 1 & x_k & y_k \end{bmatrix}
$$

或

$$
\boldsymbol{\delta}_{eu} = \begin{bmatrix} u_i \\ u_j \\ u_k \end{bmatrix} = \begin{bmatrix} 1 & x_i & y_i \\ 1 & x_j & y_j \\ 1 & x_k & y_k \end{bmatrix} \begin{bmatrix} a_1 \\ a_2 \\ a_3 \end{bmatrix} = \boldsymbol{N}_2 \boldsymbol{\alpha}_1 \tag{3.2.12(a)}
$$

$$
\boldsymbol{\delta}_{ev} = \begin{bmatrix} v_i \\ v_j \\ v_k \end{bmatrix} = \begin{bmatrix} 1 & x_i & y_i \\ 1 & x_j & y_j \\ 1 & x_k & y_k \end{bmatrix} \begin{bmatrix} a_4 \\ a_5 \\ a_6 \end{bmatrix} = \boldsymbol{N}_2 \boldsymbol{\alpha}_2 \tag{3.2.12(b)}
$$

从式(3.2.11)可求得

$$
\boldsymbol{\alpha} = \boldsymbol{N}_1^{-1} \boldsymbol{\delta}_e \tag{3.2.13}
$$

式中

$$
\boldsymbol{N}_1^{-1} = \frac{1}{2\Delta} \begin{bmatrix} a_i & 0 & a_j & 0 & a_k & 0 \\ b_i & 0 & b_j & 0 & b_k & 0 \\ c_i & 0 & c_j & 0 & c_k & 0 \\ 0 & a_i & 0 & a_j & 0 & a_k \\ 0 & b_i & 0 & b_j & 0 & b_k \\ 0 & c_i & 0 & c_j & 0 & c_k \end{bmatrix} \tag{3.2.14}
$$

其中

$$
2\Delta = \begin{vmatrix} 1 & x_i & y_i \\ 1 & x_j & y_j \\ 1 & x_k & y_k \end{vmatrix} = 2 \text{ 倍单元面积} \tag{3.2.15}
$$

$$
\begin{cases} a_i = x_j y_k - x_k y_j, & b_i = y_j - y_k, & c_i = x_k - x_j \\ a_j = x_k y_i - x_i y_k, & b_j = y_k - y_i, & c_j = x_i - x_k \\ a_k = x_i y_j - x_j y_i, & b_k = y_i - y_j, & c_k = x_j - x_i \end{cases} \tag{3.2.16}
$$

为了不使式(3.2.15)中的面积出现负值,单元结点编码 i、j、k 应按逆时针方面编排。式(3.2.16)中的后两组式子可由前一组式子通过脚标替换得到。将第一组式子中的 i 换成 j,j 换成 k,k 换成 i 即可得到第二组式子。后面在遇到类似情况时将只写一组式子,其他式子不再列出而用记号 $i \to j \to k \to i$ 表示。

将式(3.2.13)代入式(3.2.8)得单元位移函数为

$$
\boldsymbol{d} = \boldsymbol{N}_0 \boldsymbol{N}_1^{-1} \boldsymbol{\delta}_e = \boldsymbol{N} \boldsymbol{\delta}_e \tag{3.2.17}
$$

式中

$$
\boldsymbol{N} = \boldsymbol{N}_0 \boldsymbol{N}_1^{-1} = \begin{bmatrix} N_i & 0 & N_j & 0 & N_k & 0 \\ 0 & N_i & 0 & N_j & 0 & N_k \end{bmatrix} = [\, N_i \boldsymbol{I}_2 \quad N_j \boldsymbol{I}_2 \quad N_k \boldsymbol{I}_2 \,] \tag{3.2.18}
$$

$$N_i = \frac{1}{2\Delta}(a_i + b_i x + c_i y) \quad i \to j \to k \to i \tag{3.2.19}$$

$N_r(r = i,j,k)$ 称为单元的形函数，$\boldsymbol{N}$ 称为单元的形函数矩阵。

形函数 $N_r(r=i,j,k)$ 是坐标的函数，其图形见图3.3。它们表示单元一个结点的位移为1，其他结点的位移为零时，单元上各点位移的变化情况，反映了单元的位移状态。由式(3.2.19)可推出形函数具有如下性质：

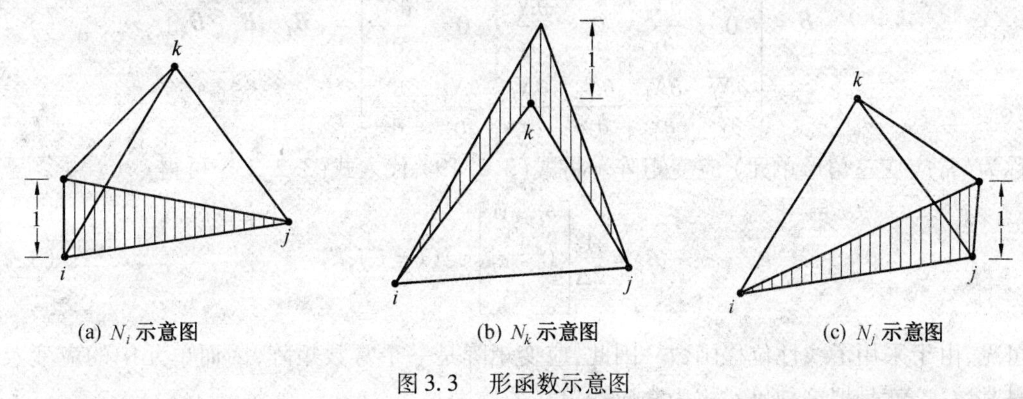

图3.3　形函数示意图

(1) 形函数 N_i 在结点 i 的值 $N_i(x_i, y_i) = 1$，在 jk 边上，包括 j,k 结点其值为零。对于 N_j、N_k 也有类似结论。

(2) 在单元任意一点上，$N_i + N_j + N_k = 1$。

由性质1和式(3.2.17)可知：单元边界上的位移只与该边界的两个结点的位移有关，与另一结点无关，且该位移是线性变化的。由于相邻单元在公共的结点上具有相同的位移，因此，相邻单元在公共边界上具有相同的位移。这表明选择的位移函数式(3.2.7)能保证相邻单元之间位移的协调性。以上建立位移函数的方法称为广义坐标法。

3.2.3　基于势能原理的单元特性分析

下面用势能原理推导单元的单元刚度矩阵和单元的等效结点荷载列阵。单元刚度矩阵和单元等效结点荷载列阵的意义与杆系单元相同。

3.2.3.1　单元势能

为了计算势能，首先由单元位移确定单元应变和应力，得到应变能。再由单元位移和单元上受的力计算外力势能。

将单元位移式(3.2.17)代入平面问题的几何方程

$$\boldsymbol{\varepsilon} = \begin{bmatrix} \varepsilon_x \\ \varepsilon_y \\ \gamma_{xy} \end{bmatrix} = \begin{bmatrix} \dfrac{\partial u}{\partial x} \\ \dfrac{\partial v}{\partial y} \\ \dfrac{\partial u}{\partial y} + \dfrac{\partial v}{\partial x} \end{bmatrix} = \begin{bmatrix} \dfrac{\partial}{\partial x} & 0 \\ 0 & \dfrac{\partial}{\partial y} \\ \dfrac{\partial}{\partial y} & \dfrac{\partial}{\partial x} \end{bmatrix} \boldsymbol{d} = \boldsymbol{A}^{\mathrm{T}} \boldsymbol{d} \tag{3.2.20}$$

式中微分算子矩阵 $\boldsymbol{A}$ 为

$$\boldsymbol{A} = \begin{bmatrix} \dfrac{\partial}{\partial x} & 0 & \dfrac{\partial}{\partial y} \\ 0 & \dfrac{\partial}{\partial y} & \dfrac{\partial}{\partial x} \end{bmatrix} \tag{3.2.21}$$

可得单元中任一点的应变矩阵为

$$\boldsymbol{\varepsilon} = \boldsymbol{A}^{\mathrm{T}}\boldsymbol{N}\boldsymbol{\delta}_e = \boldsymbol{B}\boldsymbol{\delta}_e \tag{3.2.22}$$

式中

$$\boldsymbol{B} = \begin{bmatrix} \frac{\partial N_i}{\partial x} & 0 & \frac{\partial N_j}{\partial x} & 0 & \frac{\partial N_k}{\partial x} & 0 \\ 0 & \frac{\partial N_i}{\partial y} & 0 & \frac{\partial N_j}{\partial y} & 0 & \frac{\partial N_k}{\partial y} \\ \frac{\partial N_i}{\partial y} & \frac{\partial N_i}{\partial x} & \frac{\partial N_j}{\partial y} & \frac{\partial N_j}{\partial x} & \frac{\partial N_k}{\partial y} & \frac{\partial N_k}{\partial x} \end{bmatrix} = [\boldsymbol{B}_i \quad \boldsymbol{B}_j \quad \boldsymbol{B}_k] \tag{3.2.23}$$

称为(常应变三角形单元)应变矩阵。将式(3.2.19)代入式(3.2.23)可得

$$\boldsymbol{B}_l = \frac{1}{2\Delta}\begin{bmatrix} b_l & 0 \\ 0 & c_l \\ c_l & b_l \end{bmatrix} \quad (l = i,j,k) \tag{3.2.24}$$

可见,由于采用了线性位移函数。因此,应变矩阵是一个常数矩阵,因而单元中的应变及应力是常数,这就是把这种单元称为常应变单元的原因。

若单元中存在初应变(由温度改变、收缩等因素引起)

$$\boldsymbol{\varepsilon}_0 = \begin{bmatrix} \varepsilon_{x0} \\ \varepsilon_{y0} \\ \gamma_{xy0} \end{bmatrix} \tag{3.2.25}$$

则单元的弹性应变 $\boldsymbol{e}$ 为

$$\boldsymbol{e} = \boldsymbol{\varepsilon} - \boldsymbol{\varepsilon}_0 \tag{3.2.26}$$

将式(3.2.26)代入物理方程可得单元应力,对线弹性各向同性体有

$$\boldsymbol{\sigma} = \boldsymbol{D}\boldsymbol{e} = \boldsymbol{D}(\boldsymbol{B}\boldsymbol{\delta}_e - \boldsymbol{\varepsilon}_0) = \boldsymbol{ST}\boldsymbol{\delta}_e - \boldsymbol{D}\boldsymbol{\varepsilon}_0 \tag{3.2.27}$$

式中

$$\boldsymbol{ST} = \boldsymbol{DB} = [\boldsymbol{DB}_i \quad \boldsymbol{DB}_j \quad \boldsymbol{DB}_k] = [\boldsymbol{ST}_i \quad \boldsymbol{ST}_j \quad \boldsymbol{ST}_k] \tag{3.2.28}$$

称做单元应力矩阵。对两类平面问题 $\boldsymbol{ST}$ 分别为:

平面应力

$$\boldsymbol{ST}_i = \frac{E}{2\Delta(1-\mu^2)}\begin{bmatrix} b_i & \mu c_i \\ \mu b_i & c_i \\ \frac{1-\mu}{2}c_i & \frac{1-\mu}{2}b_i \end{bmatrix} \quad i \to j \to k \to i \tag{3.2.29}$$

平面应变

$$\boldsymbol{ST}_i = \frac{E(1-\mu)}{2\Delta(1+\mu)(1-2\mu)}\begin{bmatrix} b_i & \frac{\mu}{1-\mu}c_i \\ \frac{\mu}{1-\mu}b_i & c_i \\ \frac{1-2\mu}{2(1-\mu)}c_i & \frac{1-2\mu}{2(1-\mu)}b_i \end{bmatrix} \quad i \to j \to k \to i \tag{3.2.30}$$

根据式(3.2.26) 和式(3.2.27) 在有初应变的情况下单元的应变能为

$$U(\boldsymbol{d}) = \frac{1}{2}\int_V \boldsymbol{\sigma}^{\mathrm{T}}\boldsymbol{\varepsilon}\mathrm{d}V = \frac{\Delta \cdot t}{2}\boldsymbol{\delta}_e^{\mathrm{T}}\boldsymbol{B}^{\mathrm{T}}\boldsymbol{D}\boldsymbol{B}\boldsymbol{\delta}_e - t \cdot \boldsymbol{\delta}_e^{\mathrm{T}}\boldsymbol{B}^{\mathrm{T}}\boldsymbol{D}\int_\Delta \boldsymbol{\varepsilon}_0 \mathrm{d}A + C \tag{3.2.31}$$

式中　t、Δ—— 单元的厚度与中面面积；

C—— 与 $\boldsymbol{\varepsilon}$ 无关的由 $\boldsymbol{\varepsilon}_0$ 引起的应变能。

若单元三边均不是物体边界(也即没有边界属于 S_σ),此时外力势能为

$$P_{\mathrm{f}} = -\int_V \boldsymbol{F}_{\mathrm{E}}^{\mathrm{T}}\boldsymbol{d}\mathrm{d}V - \boldsymbol{S}_e^{\mathrm{T}}\boldsymbol{\delta}_e = -\left(t\int_\Delta \boldsymbol{F}_{\mathrm{E}}^{\mathrm{T}}\boldsymbol{N}\mathrm{d}A + \boldsymbol{S}_e^{\mathrm{T}}\right)\boldsymbol{\delta}_e \tag{3.2.32}$$

若单元至少有一边是物体边界时,外力势能中应增加表面力的外力势能,也即

$$\begin{aligned} P_{\mathrm{f}} &= -\left(\int_V \boldsymbol{F}_{\mathrm{E}}^{\mathrm{T}}\boldsymbol{d}\mathrm{d}V + \int_{S_\sigma} \boldsymbol{F}_{\mathrm{S}e}^{\mathrm{T}}\boldsymbol{d}\mathrm{d}S + \boldsymbol{S}_e^{\mathrm{T}}\boldsymbol{\delta}_e\right) = \\ &\quad -\left[t\left(\int_\Delta \boldsymbol{F}_{\mathrm{E}}^{\mathrm{T}}\boldsymbol{N}\mathrm{d}A + \int_{L_\sigma} \boldsymbol{F}_{\mathrm{S}e}^{\mathrm{T}}\boldsymbol{N}\mathrm{d}L\right) + \boldsymbol{S}_e^{\mathrm{T}}\right]\boldsymbol{\delta}_e \end{aligned} \tag{3.2.33}$$

由式(3.2.31) 和式(3.2.33) 得单元势能为

$$\Pi_e = U(\boldsymbol{d}) + P_{\mathrm{f}} = \frac{t \cdot \Delta}{2}\boldsymbol{\delta}_e^{\mathrm{T}}\boldsymbol{B}^{\mathrm{T}}\boldsymbol{D}\boldsymbol{B}\boldsymbol{\delta}_e - t\boldsymbol{\delta}_e^{\mathrm{T}}\boldsymbol{B}^{\mathrm{T}}\boldsymbol{D}\int_\Delta \boldsymbol{\varepsilon}_0 \mathrm{d}A + C + P_{\mathrm{f}} \tag{3.2.34}$$

3.2.3.2　单元特性分析

令单元势能的一阶变分等于零,也即 $\delta\Pi_e = 0$ 则可得

$$t\Delta\boldsymbol{B}^{\mathrm{T}}\boldsymbol{D}\boldsymbol{B}\boldsymbol{\delta}_e - t\boldsymbol{B}^{\mathrm{T}}\boldsymbol{D}\int_\Delta \boldsymbol{\varepsilon}_0 \mathrm{d}A + \delta P_{\mathrm{f}} = \boldsymbol{0} \tag{3.2.35(a)}$$

当单元属于内部时

$$\delta P_{\mathrm{f}} = -\left(\boldsymbol{S}_e + t\int_\Delta \boldsymbol{N}^{\mathrm{T}}\boldsymbol{F}_{\mathrm{E}}\mathrm{d}A\right) \tag{3.2.35(b)}$$

当单元在边界处时

$$\delta P_{\mathrm{f}} = -\left[\boldsymbol{S}_e + t\left(\int_\Delta \boldsymbol{N}^{\mathrm{T}}\boldsymbol{F}_{\mathrm{E}}\mathrm{d}A + \int_{L_\sigma} \boldsymbol{N}^{\mathrm{T}}\boldsymbol{F}_{\mathrm{S}e}\mathrm{d}L\right)\right] \tag{3.2.35(c)}$$

若记

$$\boldsymbol{k}_e = t\Delta\boldsymbol{B}^{\mathrm{T}}\boldsymbol{D}\boldsymbol{B} = \begin{bmatrix} \boldsymbol{k}_{ii} & \boldsymbol{k}_{ij} & \boldsymbol{k}_{ik} \\ \boldsymbol{k}_{ji} & \boldsymbol{k}_{jj} & \boldsymbol{k}_{jk} \\ \boldsymbol{k}_{ki} & \boldsymbol{k}_{kj} & \boldsymbol{k}_{kk} \end{bmatrix} \tag{3.2.36}$$

$$\boldsymbol{F}_{\mathrm{E}}^e = t\boldsymbol{B}^{\mathrm{T}}\boldsymbol{D}\int_\Delta \boldsymbol{\varepsilon}_0 \mathrm{d}A + t\int_\Delta \boldsymbol{N}^{\mathrm{T}}\boldsymbol{F}_{\mathrm{E}}\mathrm{d}A \tag{3.2.37}$$

或
$$\boldsymbol{F}_{\mathrm{E}}^e = t\boldsymbol{B}^{\mathrm{T}}\boldsymbol{D}\int_\Delta \boldsymbol{\varepsilon}_0 \mathrm{d}A + t\left(\int_\Delta \boldsymbol{N}^{\mathrm{T}}\boldsymbol{F}_{\mathrm{E}}\mathrm{d}A + \int_{L_\sigma} \boldsymbol{N}^{\mathrm{T}}\boldsymbol{F}_{\mathrm{S}e}\mathrm{d}L\right)$$

则式(3.1.35(a)) 可改写为

$$\boldsymbol{k}_e\boldsymbol{\delta}_e = \boldsymbol{S}_e + \boldsymbol{F}_{\mathrm{E}}^e \tag{3.2.38}$$

矩阵 $\boldsymbol{k}_e$ 和 $\boldsymbol{F}_{\mathrm{E}}^e$ 分别称做**单元刚度矩阵**和**单元等效结点荷载矩阵**。

式(3.2.36) 中子矩阵为：

平面应力时

$$\boldsymbol{k}_{rs}=\frac{Et}{4(1-\mu^2)\Delta}\begin{bmatrix} b_rb_s+\frac{1-\mu}{2}c_rc_s & \mu b_rc_s+\frac{1-\mu}{2}c_rb_s \\ \mu c_rb_s+\frac{1-\mu}{2}b_rc_s & c_rc_s+\frac{1-\mu}{2}b_rb_s \end{bmatrix}\quad (r,s=i,j,k)\quad (3.2.39)$$

平面应变时，将上式中 E 变成$\frac{E}{1-\mu^2}$、μ 变成$\frac{\mu}{1-\mu}$即可。

等效结点荷载也可不按式(3.2.37)计算，而由静力等效原则直接取得，结果是相同的。图3.4所示即为几种单元边界荷载和重力的等效结点荷载。式(3.2.37)中第一项为与初应变有关的等效荷载，与引起 $\boldsymbol{\varepsilon}_0$ 的因素有关，如温度引起的 $\boldsymbol{\varepsilon}_0$，设温度改变量为 Δt，线胀系数为 α，则温度引起的初应变为

$$\boldsymbol{\varepsilon}_0=[\alpha\Delta t\quad \alpha\Delta t\quad 0]^{\mathrm{T}}$$

代入式(3.2.37)中第一项即可求出温度改变而引起的等效结点荷载。

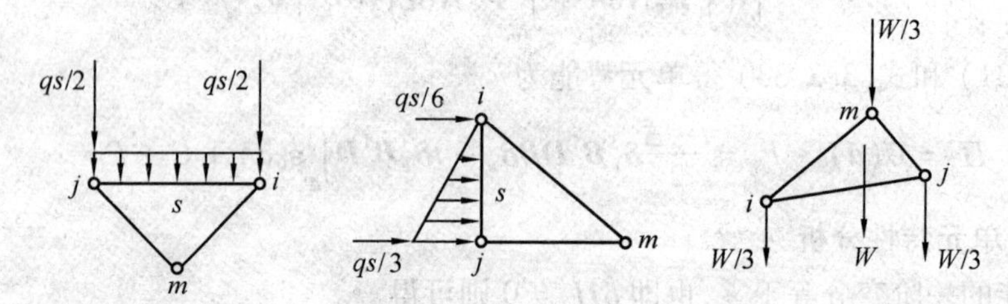

图3.4　单元边界荷载及重力等效结点荷载

3.2.4　计算实例

均匀应力场圆孔附近应力集中问题。取无限大板的一部分，板的边缘处为均匀应力场。由于孔口附近会出现应力集中，故在孔口附近单元逐渐加密。图3.5为网络划分情况。图3.6(a)与(b)分别表示按各向同性体和正交各向异性体有限元解答与按无限域圆孔的理论解的对比情况，图中曲线为理论解，小圆圈为有限元解。从图中可看出，两者吻合良好。

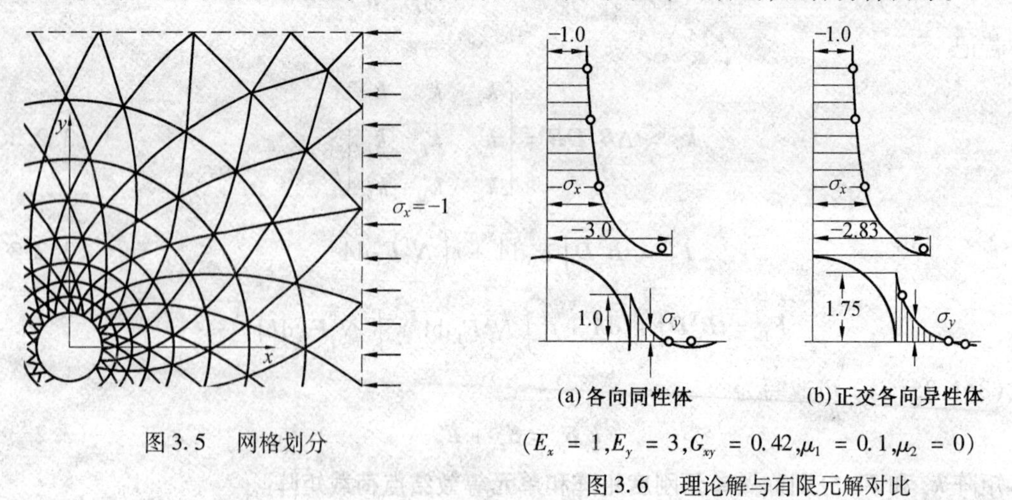

图3.5　网格划分

$(E_x=1,E_y=3,G_{xy}=0.42,\mu_1=0.1,\mu_2=0)$

图3.6　理论解与有限元解对比

3.3　有限元分析中的误差及收敛性

3.3.1　产生误差的原因

有限元法是一种数值计算方法,只有借助计算机才能对实际结构进行分析。由于受计算机字长的限制以及当进行相差悬殊的数值作加减运算等会产生计算误差。后者在程序设计时可考虑并设法避免,前者却是无法避免的。

离散化时,在边界上用直线代替曲线导致离散化模型与实际物体的差异。从理论上说,这种差异在单元网络划分密集时可变小。但随着单元数目的增加,工作量也随着增加,对储存等的要求增加,有可能超过所用计算机的能力。特别当边界形状很复杂时,这种离散误差是不可避免的。

建立单元位移函数时,一般不可能与实际单元的位移场一致,因此由单元位移确定的应变、应力也只能是实际应变、应力的近似,而且近似程度比位移结果更差(位移不准,其导数更不准)。

尽管存在以上误差,但实践表明,这些误差是可以减小、控制的,并能获得工程中可以接受的,且在多数情况下是很好的数值结果。

3.3.2　收敛准则

在单元形状,结点个数确定之后,单元的位移函数的选取是影响解答的关键。当位移函数满足下述准则时,解答一定是收敛的,即随着单元尺寸的缩小,解答趋于精确解。

(1) 位移函数中应包含刚体位移。若不包含,则在单元结点位移为单元刚体位移时,单元会产生非零应变。

(2) 位移函数应能反映单元的常应变状态。因为在单元尺寸趋于零时,单元的应变应趋于常数。

(3) 位移函数在单元内要连续,在单元之间边界上要协调。以免连续体用离散模型代替后产生不连续。

满足准则(1) 和准则(2) 的单元称为完备性单元;满足准则(3) 的为协调性单元。可很容易地验证常应变三角形单元是一种完备协调单元。利用它作有限元分析,解答一定是收敛的。

不满足收敛准则的单元不一定不收敛,一些非协调的单元不仅收敛,而且收敛速度比协调单元还快、精度更高。具体情况见后续章节。

以上准则是从物理意义角度阐述的,从数学意义上收敛准则可以这样阐述:

当用一个完全多项式来表示一个单元中的变量时,如果“能量泛函”(即目前的势能泛函)中该变量导数的最高阶数为 p,则该多项式的阶至少为 p,这被称做**完备性准则**。

单元的变量及它的导数有直到 $p-1$ 阶的跨单元的连续性,这被称做协调性准则。$p=1$ 时称做 C^0 级连续,$p=2$ 时称 C^1 级连续。

3.3.3　协调的(位移元) 有限元解答的下限性

实际变形体是无限自由度的体系,当用有限元求解时离散化模型的位移场是由结点位移参数(也即自由度)构造的,因此问题变成了有限自由度。由无限自由度变为有限自由度可以认为是在真实位移场上增加约束,强使它变成离散化模型的位移场,因此将导致体系的刚度增加位移减小(动力问题使基频升高)。单元的逐渐细分(自由度增多)相当于逐步解除约束,因而刚度减小、位移增大。协调的有限元的这种位移由小变大趋于精确解的性质称做**解答的下限性**。

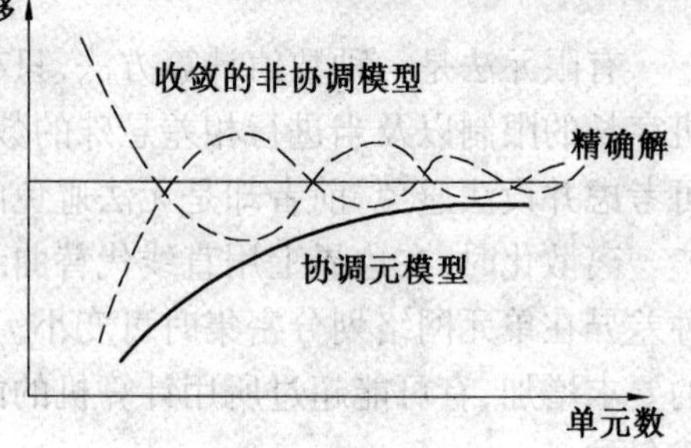

图 3.7　解答下限性示意图

对收敛的非协调元来说,因其变形的不协调(相当于允许出现破坏),实际上对此变形放松了约束条件,所以非协调元可能比协调元来得柔一些,导致相同单元尺寸有可能精度更高,但是由于变形的不协调,其位移解答不再具有单调的趋向性。上述这种协调元和收敛的非协调元随单元细分趋于精确解的性质可用图 3.7 形象地说明。利用下限性可估算精确解。

3.4　矩形双线性单元

常应变三角形单元的单元应力是常数,当采用它分析应力变化大的变形体时,必需加密划分网络才能得到较好的计算结果。这样做将使结点数目增加,未知量增多,工作量增大。下面介绍的矩形双线性单元的单元内应力是线性的,比常应变单元更接近于变形体的应力状态,可以用较少的单元得到较好的结果。

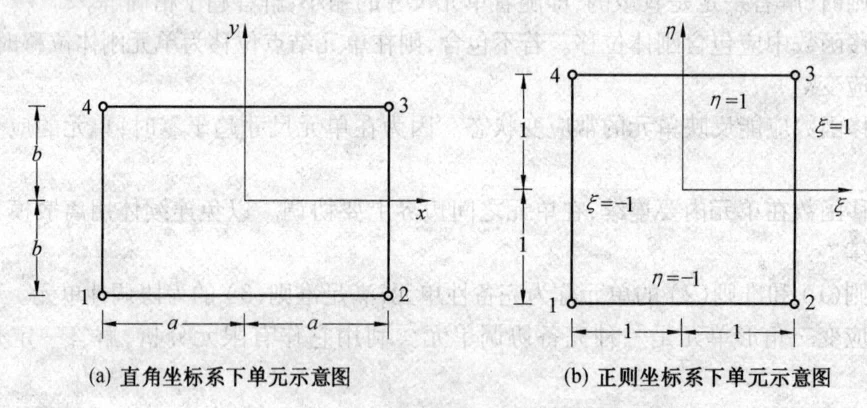

(a) 直角坐标系下单元示意图　　(b) 正则坐标系下单元示意图

图 3.8　矩形双线性单元

图3.8(a)所示为有四个结点的平面矩形单元,共有8个结点位移参数,可采用3.2中的方法对它进行力学特性分析。为了得到更简洁的结果,这里采用坐标变换的方式,在一个无量纲的正则坐标系下对其分析,令

$$\xi = \frac{x}{a}, \quad \eta = \frac{y}{b} \tag{3.4.1}$$

在正则坐标系下原矩形单元映射为边长为 2 的正方形单元(图 3.8(b))。

3.4.1　位移函数

设单元的位移函数为

$$\begin{cases}u=\alpha_1+\alpha_2\xi+\alpha_3\eta+\alpha_4\xi\eta\\ v=\alpha_5+\alpha_6\xi+\alpha_7\eta+\alpha_8\xi\eta\end{cases}\tag{3.4.2}$$

或

$$\boldsymbol{d}=\begin{bmatrix}u\\ v\end{bmatrix}=\begin{bmatrix}1&\xi&\eta&\xi\eta&0&0&0&0\\ 0&0&0&0&1&\xi&\eta&\xi\eta\end{bmatrix}\boldsymbol{\alpha}$$

其中，$\boldsymbol{\alpha}=[\alpha_1\quad\alpha_2\quad\alpha_3\quad\alpha_4\quad\alpha_5\quad\alpha_6\quad\alpha_7\quad\alpha_8]^{\mathrm{T}}$ 可用 3.2 中方法（广义坐标法）由结点位移表示。由于采用该法时要进行矩阵求逆运算，比较繁琐。下面由形函数所具有的性质或形函数应满足的收敛准则直接确定单元的形函数，并得到由结点位移表示的位移函数。

在 ξ,η 坐标系下，单元的四条边界线的方程分别是

$$\begin{cases}\eta+1=0,\xi-1=0\\ \eta-1=0,\xi+1=0\end{cases}\tag{3.4.3}$$

根据形函数具有的性质：本点处形函数为 1，它点处形函数为 0。

例如

$$\begin{cases}N_1(\xi_1,\eta_1)=1\\ N_1(\xi_2,\eta_2)=N_1(\xi_3,\eta_3)=N_1(\xi_4,\eta_4)=0\end{cases}\tag{1}$$

等。由式(3.4.3) 可知如下函数

$$\begin{cases}N_1=\alpha(\xi-1)(\eta-1)\\ N_2=\beta(\xi+1)(\eta-1)\\ N_3=\gamma(\xi+1)(\eta+1)\\ N_4=\delta(\xi-1)(\eta+1)\end{cases}\tag{2}$$

将自动满足：它点处形函数为 0 的性质。代入本点坐标且令其等于 1 可求得

$$\alpha=-\beta=\gamma=-\delta=\frac{1}{4}\tag{3}$$

将式(3) 代回式(2) 且引入如下记号

$$\xi_0=\xi_i\xi\qquad\eta_0=\eta_i\eta\quad(i=1,2,3,4)\tag{3.4.4}$$

则形函数可写为

$$N_i=(1+\xi_0)(1+\eta_0)/4\quad(i=1,2,3,4)\tag{3.4.5}$$

形函数的图形见图 3.9。

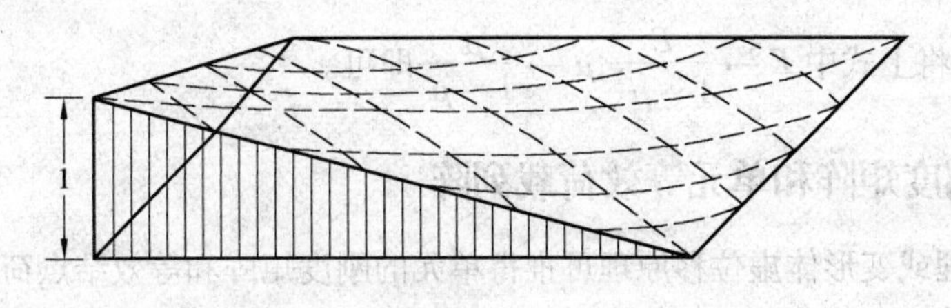

图 3.9　双线性单元形函数示意图

单元的位移函数为

$$\boldsymbol{d}=\boldsymbol{N}\boldsymbol{\delta}_e\tag{3.4.6}$$

式中形函数矩阵 $\boldsymbol{N}$ 为

$$N=\begin{bmatrix} N_1 & 0 & N_2 & 0 & N_3 & 0 & N_4 & 0 \\ 0 & N_1 & 0 & N_2 & 0 & N_3 & 0 & N_4 \end{bmatrix} \tag{3.4.7}$$

用广义坐标法可得到同样的结果。由于位移函数中包含常数项、一次项，并且可验证 $\sum N_i = 1$，故满足完备性条件。在边界上，位移是按线性变化的，相邻单元边界的位移也是协调的。因此，这种单元是完备协调单元。

3.4.2 应变和应力矩阵

采取与三角形单元完全相同的方法可得应变矩阵

$$\boldsymbol{B}=[\boldsymbol{B}_1 \quad \boldsymbol{B}_2 \quad \boldsymbol{B}_3 \quad \boldsymbol{B}_4] \tag{3.4.8}$$

其中

$$\boldsymbol{B}_i=\begin{bmatrix} \frac{\partial}{\partial x} & 0 \\ 0 & \frac{\partial}{\partial y} \\ \frac{\partial}{\partial y} & \frac{\partial}{\partial x} \end{bmatrix}\begin{bmatrix} N_i & 0 \\ 0 & N_i \end{bmatrix} \tag{3.4.9}$$

将式(3.4.1)和式(3.4.4)代入式(3.4.9)得

$$\boldsymbol{B}_i=\frac{1}{4ab}\begin{bmatrix} b\xi_i(1+\eta_0) & 0 \\ 0 & a\eta_i(1+\xi_0) \\ a\eta_i(1+\xi_0) & b\xi_i(1+\eta_0) \end{bmatrix} \quad (i=1,2,3,4) \tag{3.4.10}$$

应力矩阵

平面应力

$$\boldsymbol{ST}=[\boldsymbol{ST}_1 \quad \boldsymbol{ST}_2 \quad \boldsymbol{ST}_3 \quad \boldsymbol{ST}_4]$$

其中

$$\boldsymbol{ST}_i=\frac{E}{4ab(1-\mu^2)}\begin{bmatrix} b\xi_i(1+\eta_0) & \mu a\eta_i(1+\xi_0) \\ \mu b\xi_i(1+\eta_0) & a\eta_i(1+\xi_0) \\ \frac{1-\mu}{2}a\eta_i(1+\xi_0) & \frac{1-\mu}{2}b\xi_i(1+\eta_0) \end{bmatrix} (i=1,2,3,4) \tag{3.4.11}$$

平面应变时，将上式中 $E\to\frac{E}{1-\mu^2}, \mu\to\frac{\mu}{1-\mu}$ 即可。

3.4.3 单元刚度矩阵和单元等效荷载列阵

利用势能原理或变形体虚位移原理可推得单元的刚度矩阵和等效结点荷载如下：

单元刚度矩阵

$$\boldsymbol{k}_e=\begin{bmatrix} \boldsymbol{k}_{11} & \boldsymbol{k}_{12} & \boldsymbol{k}_{13} & \boldsymbol{k}_{14} \\ \boldsymbol{k}_{21} & \boldsymbol{k}_{22} & \boldsymbol{k}_{23} & \boldsymbol{k}_{24} \\ \boldsymbol{k}_{31} & \boldsymbol{k}_{32} & \boldsymbol{k}_{33} & \boldsymbol{k}_{34} \\ \boldsymbol{k}_{41} & \boldsymbol{k}_{42} & \boldsymbol{k}_{43} & \boldsymbol{k}_{44} \end{bmatrix}^e \tag{3.4.12}$$

其中

$$\boldsymbol{k}_{ij}^{e}=abt\int_{-1}^{+1}\int_{-1}^{+1}\boldsymbol{B}_{i}^{\mathrm{T}}\boldsymbol{D}\boldsymbol{B}_{j}\mathrm{d}\xi\mathrm{d}\eta \tag{3.4.13}$$

平面应力时

$$\boldsymbol{k}_{ij}^{e}=\frac{Et}{4(1-\mu^{2})}\times\begin{bmatrix}\frac{b}{a}(1+\frac{1}{3}\eta_{i}\eta_{j})\xi_{i}\xi_{j}+\frac{1-\mu}{2}\frac{a}{b}(1+\frac{1}{3}\xi_{i}\xi_{j})\eta_{i}\eta_{j} & \mu\xi_{i}\eta_{j}+\frac{1-\mu}{2}\eta_{i}\xi_{j}\\ \mu\eta_{i}\xi_{j}+\frac{1-\mu}{2}\xi_{i}\eta_{j} & \frac{a}{b}(1+\frac{1}{3}\xi_{i}\xi_{j})\eta_{i}\eta_{j}+\frac{1-\mu}{2}\frac{b}{a}(1+\frac{1}{3}\eta_{i}\eta_{j})\xi_{i}\xi_{j}\end{bmatrix}$$

$$(i,j=1,2,3,4) \tag{3.4.14}$$

平面应变时,将上式中 $E\rightarrow\frac{E}{1-\mu^{2}}$,$\mu\rightarrow\frac{\mu}{1-\mu}$ 即可。

单元等效结点荷载矩阵

$$\boldsymbol{F}_{\mathrm{E}}^{e}=t\Big(\int_{-1}^{+1}\int_{-1}^{+1}\boldsymbol{N}^{\mathrm{T}}\boldsymbol{F}_{\mathrm{be}}\mathrm{d}\xi\mathrm{d}\eta+\sum\int_{L_{\sigma}}\boldsymbol{N}^{\mathrm{T}}\boldsymbol{F}_{\mathrm{Se}}\mathrm{d}L\Big) \tag{3.4.15}$$

式(3.4.15)中后一项只有单元处于边界且受有表面力时才有。

从前面式子可看到单元内应变分量不是常数,这是由于位移函数中增加了 $\xi\eta$ 项(相当于 xy 项)。其精度要比常应变三角形高。但是这种单元不能适应斜交边界情况,对于曲线边界也不及三角形单元拟合得好。为了解决这个问题,可将这两种单元混合使用,但这将增加程序的复杂性。

3.4.4　算例

【例3.1】　梁的纯弯曲。

梁的尺寸及载荷如图3.10(a)所示,板厚 $t=1$ cm,弹性模量 $E=2\times10^{11}$ N/m^2,泊桑比 $\mu=0.3$。由于对称性及反对称性,仅需对梁的1/4进行计算,共划成16个单元,25个结点,如图3.10(b)所示。为了消除刚体位移,假定结点1固定,即 $u_1=v_1=0$。

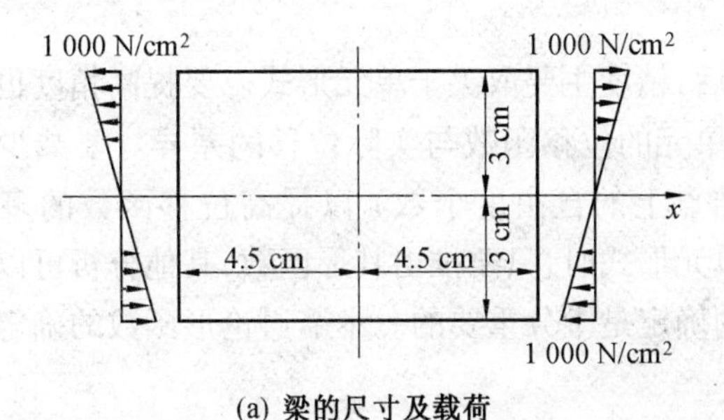

(a) 梁的尺寸及载荷　　(b) 结点的划分

图3.10　梁的纯弯曲

【解】　根据弹性理论,求得位移精确解

$$u=\frac{1}{60\,000}xy$$

$$v=\frac{1}{120\,000}(x^{2}+0.3y^{2})$$

对于结点 25 和 13,按上式算得

$$u_{25}/\text{cm} = 2.25 \times 10^{-4} \qquad v_{25}/\text{cm} = -1.9125 \times 10^{-4}$$

$$u_{13}/\text{cm} = 5.625 \times 10^{-4} \qquad v_{13}/\text{cm} = -4.78125 \times 10^{-4}$$

有限单元法的计算结果为

$$u_{25}/\text{cm} = 2.216 \times 10^{-4} \qquad v_{25}/\text{cm} = -1.8821 \times 10^{-4}$$

$$u_{13}/\text{cm} = 5.562 \times 10^{-4} \qquad v_{13}/\text{cm} = -4.715 \times 10^{-4}$$

【例 3.2】　三角形单元与矩形单元的计算结果比较。

图 3.11 为一个单位厚度的悬臂梁分别采用双线性矩形单元和常应变三角形单元在不同单元个数情况下求得的 A 点竖向位移和理论值的对比结果。荷载 P 在梁端截面上按抛物线分布,按功的等效原则移置到结点上。从图中可见双线性矩形单元在相同结点自由度情况下给出比常应变三角形单元好的结果。

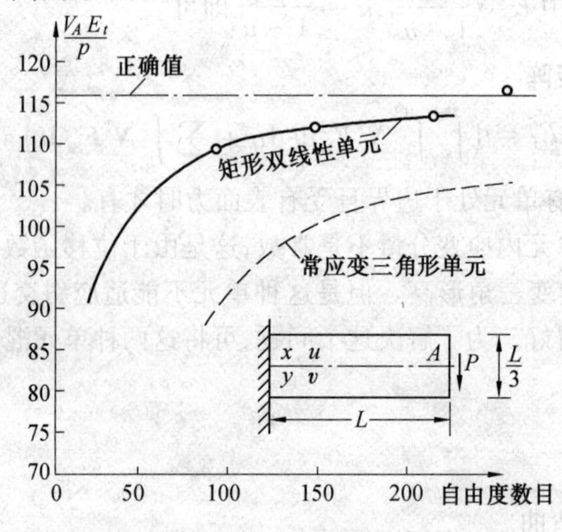

图 3.11　三角形单元与矩形单元计算成果比较

3.5　单元的形函数及高阶单元

在作有限元分析时,当单元数目确定后,精度主要取决于单元形式。要提高精度也就是要减少分析误差,而误差的主要来源之一是单元的位移函数与实际位移的差异。要减少这种误差就要靠增加单元上结点个数(或增加结点上的自由度个数)以提高位移函数的多项式阶次。当增加单元上的结点而得到一种新单元形式时,只要推出其形函数,其他分析可以按照确定的过程、公式进行。由此可见,形函数的确定是十分重要的。本节讨论形函数的确定方法并给出高阶单元的形函数。

3.5.1　形函数的定义

形函数是定义于单元内部的、坐标的连续函数。它满足以下条件:

(1) 在结点 i 处 $N_i = 1$,其他结点 $N_i = 0$;

(2) 在单元之间,必须使由其定义的未知量连续;

(3) 应包含完全一次多项式;

(4) 应满足 $\sum N_i = 1$。

以上条件是使单元满足收敛条件所必须的。可以推证,由满足以上条件的形函数所建立的单元是完备协调的单元,所以一定是收敛的。

3.5.2　建立形函数的方法

建立单元的形函数的方法在前面已说明。即在 3.2 节中建立常应变三角形单元形函数时采用了广义坐标法,这是一种间接方法。在 3.4 节中建立双线性矩形单元形函数时,利用形函数应满足的条件建立起形函数,这是一种直接法。对于其他单元形式也可用同样的方法建立形函数。下面以图示单元(图 3.12) 为例说明。

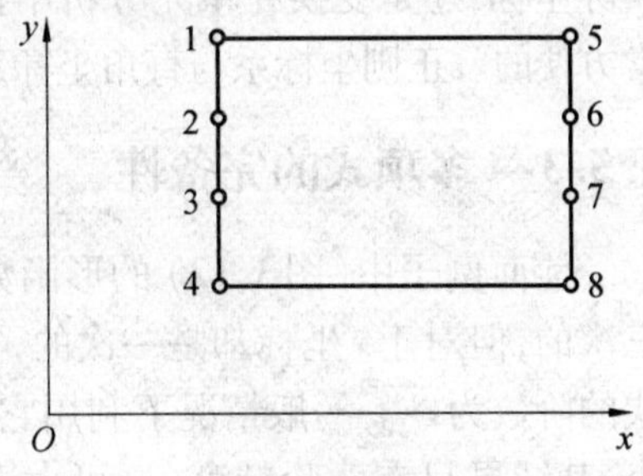

图 3.12　矩形单元

设位移函数是关于坐标 x、y 的多项式。为了保证单元位移 u(和 v) 在单元之间的连续性,u 沿上、下两边必须按线性变化,因为这两个边每边只有两个结点,只有线性函数才能由两点惟一确定。同样理由,u 沿竖向应是按三次多项式变化的,由竖边 4 个结点的值惟一确定。再由该函数应有常数和一次项及有 8 个结点,可知该函数应是

$$u = \alpha_1 + \alpha_2 x + \alpha_3 y + \alpha_4 xy + \alpha_5 y^2 + \alpha_6 xy^2 + \alpha_7 y^3 + \alpha_8 xy^3 \tag{3.5.1}$$

可以验证它满足收敛准则。代入结点坐标及结点位移可得一组联立方程,即

$$\begin{bmatrix} u_1 \\ u_2 \\ \vdots \\ u_8 \end{bmatrix} = \begin{bmatrix} 1 & x_1 & y_1 & x_1y_1 & y_1^2 & x_1y_1^2 & y_1^3 & x_1y_1^3 \\ 1 & x_2 & y_2 & x_2y_2 & y_2^2 & x_2y_2^2 & y_2^3 & x_8y_2^3 \\ \vdots & \vdots & \vdots & \vdots & \vdots & \vdots & \vdots & \vdots \\ 1 & x_8 & y_8 & x_8y_8 & y_8^2 & x_8y_8^2 & y_8^3 & x_8y_8^3 \end{bmatrix} \begin{bmatrix} \alpha_1 \\ \alpha_2 \\ \vdots \\ \alpha_8 \end{bmatrix} \tag{3.5.2}$$

或

$$\boldsymbol{\delta}_u^e = \boldsymbol{C\alpha} \tag{3.5.3}$$

方程组(3.5.3) 的解为

$$\boldsymbol{\alpha} = \boldsymbol{C}^{-1}\boldsymbol{\delta}_u^e \tag{3.5.4}$$

代式(3.5.2) 得

$$\boldsymbol{u} = \boldsymbol{P\alpha} = \boldsymbol{PC}^{-1}\boldsymbol{\delta}_u^e \tag{3.5.5}$$

式中

$$\boldsymbol{P} = [1 \quad x \quad y \quad xy \quad y^2 \quad xy^2 \quad y^3 \quad xy^3] \tag{3.5.6}$$

因此,由 $\boldsymbol{d} = \boldsymbol{N\delta}_u^e = [\boldsymbol{N}_1 \quad \boldsymbol{N}_2 \quad \cdots \quad \boldsymbol{N}_8]\boldsymbol{\delta}_u^e$ 定义的该单元形函数可由下式得到

$$\boldsymbol{N} = \boldsymbol{PC}^{-1} \tag{3.5.7}$$

在利用这种方法确定形函数时,遇到的主要困难是求逆运算。要求出适用于各种单元的一般形式的逆矩阵 $\boldsymbol{C}^{-1}$ 是相当困难的,有时 $\boldsymbol{C}^{-1}$ 可能不存在。因此一般总是利用形函数的性质和在边界上由连续性所要求的基本变化型式直接确定形函数。如本例,通过分析可知它是 x 的线性函数,y 的三次函数。可由一个适当的 x 的线性函数和一个 y 的三次函数相乘获得,并由性质确定待定参数。

研究矩形单元的形函数一般是在正则坐标系下进行的。当得到正则坐标表示的形函数后,无论是变换到实际坐标,还是变换在单元分析中得到的表达式都是非常方便的。正则坐标系与直角坐标系的关系见图 3.13。

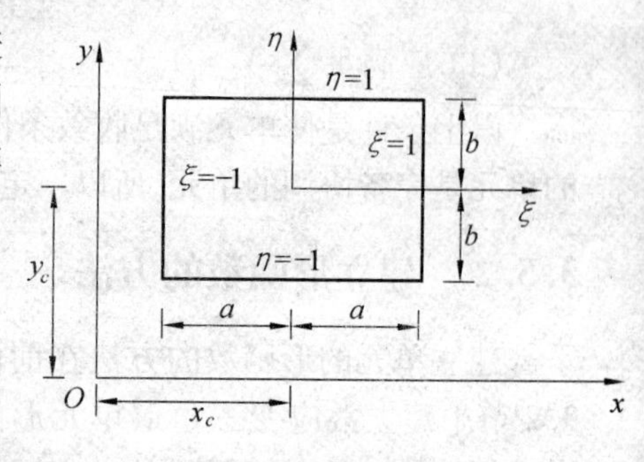

图 3.13　矩形的正则坐标

3.5.3　多项式的完备性

前面例子中(图3.12)的形函数,尽管关于y坐标是三次的,但对于x坐标却是一次的,它所包含的完全多项式的阶数为一。一般情况下利用它分析,不管单元多么小,其结果只有一阶精度,这可由泰勒级数展开得到解释。或者说精度的阶次是与位移函数中所包含的完全多项式的阶数有关。一般情况下,应当寻求自由度最少具有最高次完全多项式的位移函数。具体选择时可参照帕斯卡三角形(图3.14)进行。如完全一次需3项,完全二次需 6 项等。

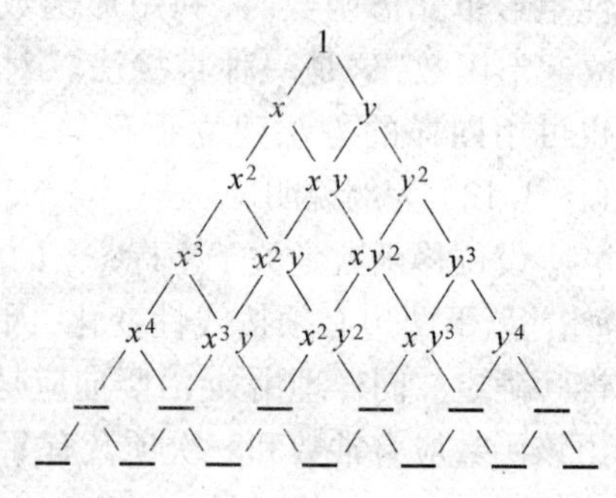

图 3.14　帕斯卡三角形示意图

选择多项式阶次时还需考虑另一个因素,即多项式不应有偏惠的坐标方向。当取了帕斯卡三角形对称轴某一侧的项也同时应取与其对称的项。如矩形双线性单元取 1、x、y、xy 四项,而不能取 1、x、y、x^2 四项。

3.5.4　矩形单元 —— 拉氏(Lagrange) 族单元

将两个坐标的适当的拉氏多项式相乘可得到任意所需阶次的多项式。考查一维拉格朗日插值多项式

$$L_k^n(\xi)=\frac{(\xi-\xi_0)(\xi-\xi_1)\cdots(\xi-\xi_{k-1})(\xi-\xi_{k+1})\cdots(\xi-\xi_n)}{(\xi_k-\xi_0)(\xi_k-\xi_1)\cdots(\xi_k-\xi_{k-1})(\xi_k-\xi_{k+1})\cdots(\xi_k-\xi_n)}=\prod_{\substack{j=0\\ j\neq k}}^{n}\frac{(\xi-\xi_j)}{(\xi_k-\xi_j)} \tag{3.5.8}$$

其中,n 是该多项式的次数,$\xi_1,\xi_2,\cdots,\xi_n$ 是插值点的坐标。它具有下面的性质

$$L_k^n(\xi_r)=\begin{cases}0 & \xi_r\neq\xi_k\\ 1 & \xi_r=\xi_k\end{cases}$$

对于图 3.15 所示的具有一系列边界结点和内部结点的矩形单元,利用拉氏多项式的性质可以这样确定它的形函数:

对于(I,J) 结点(I 表示结点所在行数,J 表示结点列数) 的形函数为

$$N_i=N_{IJ}=L_I^n(\xi)L_J^m(\eta) \tag{3.5.9}$$

其中,n 及 m 分别是单元在 ξ 和 η 方向的划分段数。下面给出两个拉氏单元的形函数。

3.5.4.1　线性拉氏单元

对图 3.16 所示 4 结点单元由式(3.5.9) 可知其形函数为

$$N_1=L_0^1(\xi)L_0^1(\eta)\qquad N_2=L_1^1(\xi)L_0^1(\eta)$$

$$N_3=L_1^1(\xi)L_1^1(\eta)\qquad N_4=L_0^1(\xi)L_1^1(\eta)$$

将式(3.5.8) 代入上式可证结果与式(3.4.5) 一致。

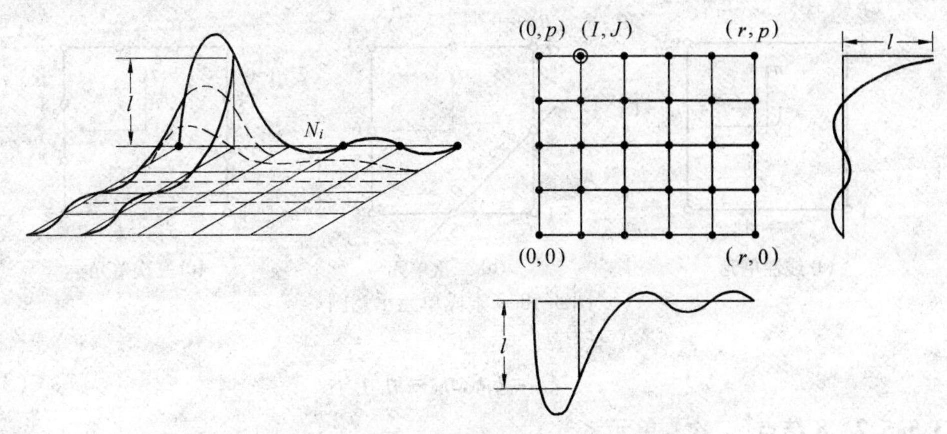

图 3.15　Lagrange 矩形单元的一个典型插值函数

($r = 5, p = 4, l = 1, J = 4$)

3.5.4.2　二次拉氏单元

图 3.17 所示 9 结点单元的形函数为

$$
\begin{cases}
N_1 = L_{00}^{22}(\xi,\eta) = L_0^2(\xi)L_0^2(\eta) = \dfrac{1}{4}\xi\eta(1-\xi)(1-\eta) \\
N_5 = L_{10}^{22}(\xi,\eta) = L_1^2(\xi)L_0^2(\eta) = \dfrac{1}{2}(1-\xi^2)\eta(\eta-1) \\
N_9 = L_{11}^{22}(\xi,\eta) = L_1^2(\xi)L_1^2(\eta) = (1-\xi^2)(1-\eta^2)
\end{cases}
\tag{3.5.11}
$$

其他结点的形函数这里省略,读者可自己推出。

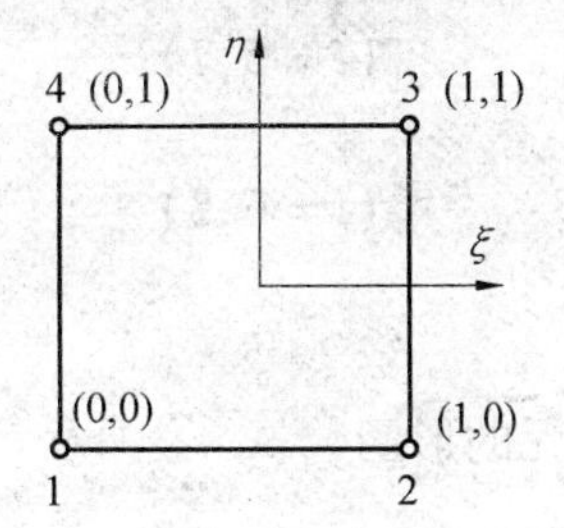

图 3.16　线性拉氏单元

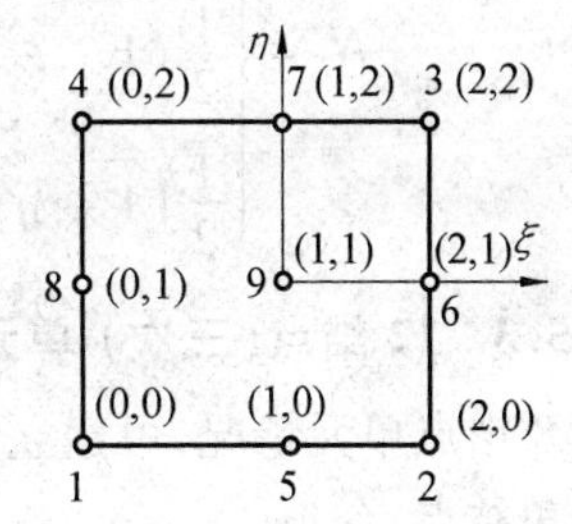

图 3.17　二次拉氏单元

拉氏单元形函数的建立是比较简单的,但是由于存在大量的内结点等原因,实际除线性及二次单元外很少使用。

3.5.5　矩形单元 —— 索氏(Serendipity) 族单元

利用单元边界结点的值,根据形函数应满足的条件凑出形函数是通常采用的方法,在这类单元中,最常用的一些单元都只有边界结点。

3.5.5.1　线性单元

图 3.18(a) 所示单元的形函数已在 3.4 节中得到,建立的方法就是直接由形函数性质凑出的,这里不再重复。其形函数为

$$
N_i = \frac{1}{4}(1+\xi_0)(1+\eta_0) \quad (i = 1,2,3,4) \tag{3.5.12}
$$

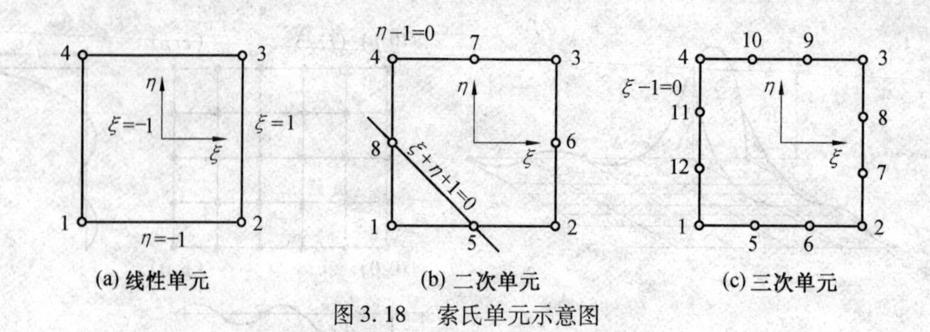

图 3.18　索氏单元示意图

其中

$$\xi_0 = \xi_i\xi, \eta_0 = \eta_i\eta \tag{3.5.13}$$

3.5.5.2　8 结点(二次) 单元

对于图 3.18(b) 所示单元的 1 结点,将上、右边线方程及 5、8 结点连线方程的左端相乘得 $(\xi-1)(\eta-1)(1+\xi+\eta)$。此多项式在除 1 结点以外的其他结点处的值均为零。展开后包含完全二次多项式,可以满足边界的连续性要求,可以作为形函数,即

$$N_1 = \alpha(\xi-1)(\eta-1)(1+\xi+\eta) \tag{3.5.14}$$

由 N_1 在结点 1 的值等于 1 的条件可确定待定系数 α 的值为 $-\dfrac{1}{4}$。

其他点的形函数可仿此得到,即

$$N_i = \begin{cases} \dfrac{1}{4}(1+\xi_0)(1+\eta_0)(\xi_0+\eta_0-1) & (i=1,2,3,4) \\ \dfrac{1}{2}(1-\xi^2)(1+\eta_0) & (i=5,7) \\ \dfrac{1}{2}(1-\eta^2)(1+\xi_0) & (i=6,8) \end{cases} \tag{3.5.15}$$

3.5.5.3　12 结点(三次) 单元

仿照 8 结点单元情况,可建立图 3.18(c) 所示单元的形函数。

对于角结点,令

$$N_i = \alpha \times 两个边线方程左端 \times 过边点的圆周方程左端$$

对于边结点,令

$$N_i = \beta \times 三个边线方程左端 \times 过相邻边点并垂直\ i\ 点所在边的直线方程左端$$

将各方程左端的多项式代入,并利用 N_i 在本点值为 1 的性质,可得形函数为

$$N_i = \begin{cases} \dfrac{1}{32}(1+\xi_0)(1+\eta_0)(9(\xi^2+\eta^2)-10) & (i=1,2,3,4) \\ \dfrac{9}{32}(1+\xi_0)(1-\eta^2)(1+9\eta_0) & (i=7,8,11,12) \\ \dfrac{9}{32}(1+\eta_0)(1-\xi^2)(1+9\xi_0) & (i=5,6,9,10) \end{cases} \tag{3.5.16}$$

3.5.5.4　过渡单元的形函数

用有限元法分析一变形体时,往往需要根据应力梯度情况采用不同单元,在高应力梯度区用高阶单元,而在低应力梯度区采用低阶单元。这样在两种单元之间必然出现一种过渡单元,

如图3.19所示。过渡单元各边界上结点个数不同。

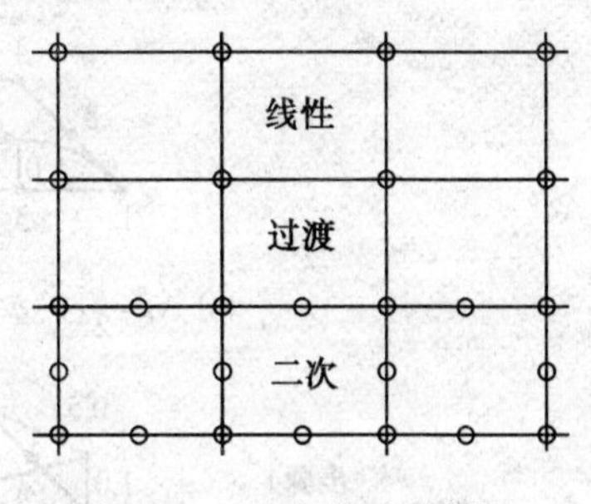

图3.19　过渡单元示意图

过渡单元的形函数可采用下述方法建立,这种方法也是索氏单元形函数建立的一种系统化方法。

对图3.20(a)所示五结点单元,建立其形函数时,首先建立四结点单元形函数,不考虑五结点。五结点过渡单元形函数如图3.20所示。

四结点单元的形函数为

$$\overline{N}_i = \frac{1}{4}(1+\xi_i\xi)(1+\eta_i\eta) \quad (i=1,2,3,4) \tag{3.5.17}$$

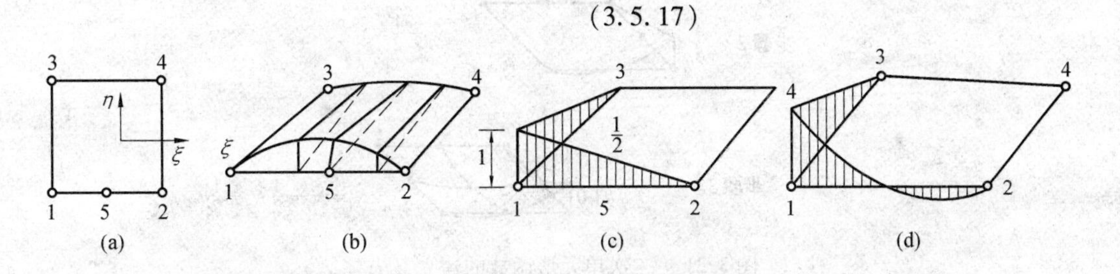

图3.20　五结点过渡单元形函数

然后求五结点形函数,由三条边界线的方程左端相乘并令其在结点5处的值为1可得

$$N_5 = \frac{1}{2}(1-\xi^2)(1-\eta) \tag{3.5.18}$$

因在建立角点形函数$\overline{N}_i$时未考虑五结点。$\overline{N}_i(i=1,2,3,4)$在结点5处的值不一定等于零。现在利用$N_5$来改造$\overline{N}_i$。以$\overline{N}_1$为例,$\overline{N}_1$在结点5处取值$\frac{1}{2}$(图3.20(c))为使$N_1$在本点值为1,在其他所有结点处的值为零,可令

$$N_1 = \overline{N}_1 - \frac{1}{2}N_5 \tag{3.5.19}$$

同理可得

$$N_2 = \overline{N}_2 - \frac{1}{2}N_5 \tag{3.5.20}$$

由于$\overline{N}_3$和$\overline{N}_4$在结点5处的值为零,无需改造。这样就得到了五结点单元的形函数。这样得到的形函数一定是满足前面提到的形函数应满足的条件的。

用这种方法可以得到前面已得到的各种索氏单元形函数,如二次单元的形函数的建立(图3.21)。

可以看出,边内结点的形函数是由一个坐标的一次多项式和另一坐标的多项式相乘构成的,不会出现$\xi^2\eta^2$项,故只由边界结点是不能构成超过三次的完全多项式的。对于四次及四次以上单元必须增加内结点或采取其他措施。

3.5.6　三角形单元

图3.22所示几种单元,其结点个数是按形函数能构成完全多项式而确定的,与帕斯卡三角形对比可看出结点个数与所需完全多项式的项数一致。它们形函数的建立可以用3.2中介

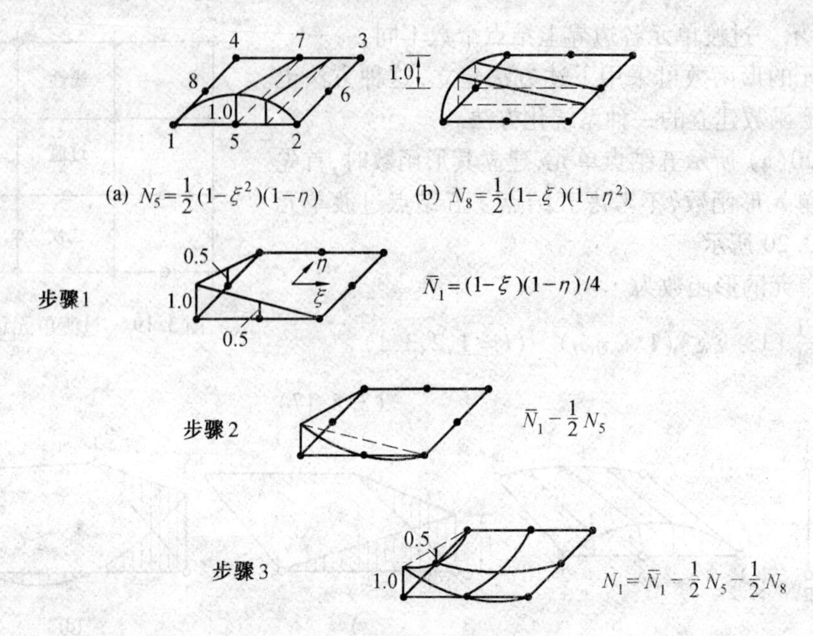

图 3.21　二次单元形函数的建立方法

绍的广义坐标法,但一般仍按建立索氏矩形元的直接法建立,因为这样更简便。

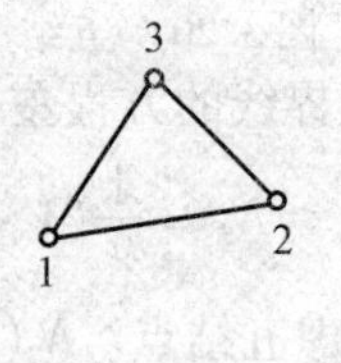

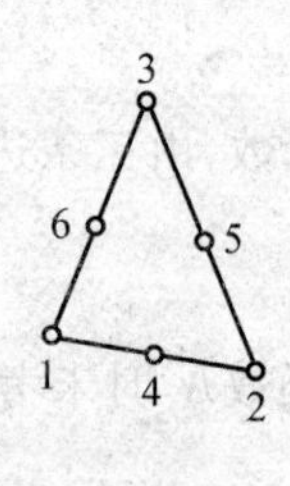

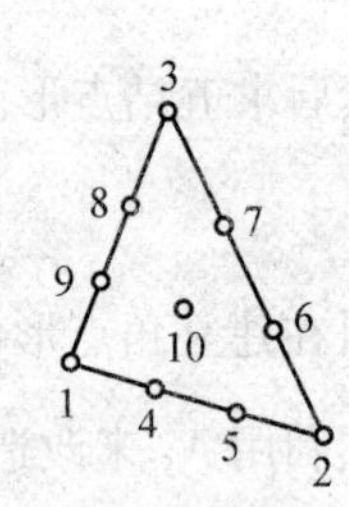

图 3.22　三角形单元

3.5.6.1　面积坐标

在 3.2 节中,常应变三角形单元是在直角坐标下分析的。若仍在直角坐标系中分析三角形高阶单元,形函数的建立及单元分析得到的公式将比较复杂。为此引入面积坐标的概念。

1. 面积坐标的定义

P 为三角形单元中的一点,连接 Pi、Pj、Pk 则可将 Δijk 分割成 3 块小面积,如图 3.23,分别记为

$$\Delta_i=\Delta Pjk \quad \Delta_j=\Delta Pki$$
$$\Delta_k=\Delta Pij \quad \Delta=\Delta_i+\Delta_j+\Delta_k=\Delta ijk \tag{3.5.21}$$

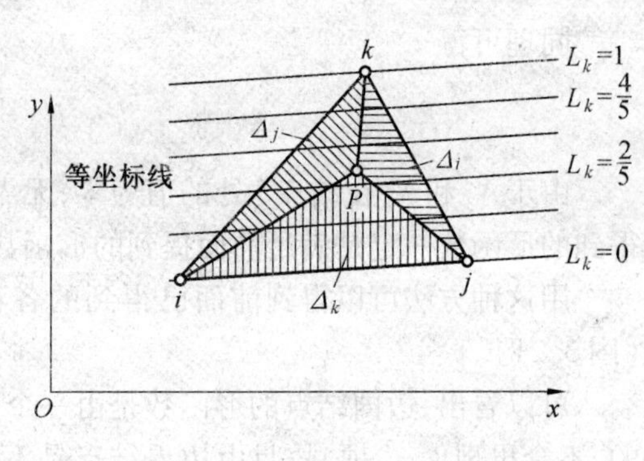

图 3.23　面积坐标示意图

则 P 点位置除用直角坐标表示外,也可用 Δ_i、Δ_j、Δ_k 中的任意两个来确定。若令

$$L_l=\frac{\Delta_l}{\Delta} \quad (l=i,j,k) \tag{3.5.22}$$

那么 P 点位置也可用无量纲的 L_i、L_j、L_k 中的二个来确定,也即 L_l 可以作为一种确定点位置的坐标。又由于 L_l 是根据面积来定义的,故称 L_i、L_j、L_k 为**面积坐标**。

由上述定义可见:

面积坐标是一种固定于单元内的局部坐标;

$L_i + L_j + L_k = 1$；

当 P 在结点 l 时 $L_l = 1(l = i,j,k)$；

当 P 在结点 l 所对的边线上时 $L_l = 0$；

当 P 在与 ij 边平行的直线上时，Δ_k = 常数，L_k = 常数。

因此，称这些直线为等坐标线，如图3.23所示。

若以 L_i、L_j 作为面积坐标系，则单元在面积坐标系中的像是一等腰直角三角形，如图3.24所示。3个结点的面积坐标是：

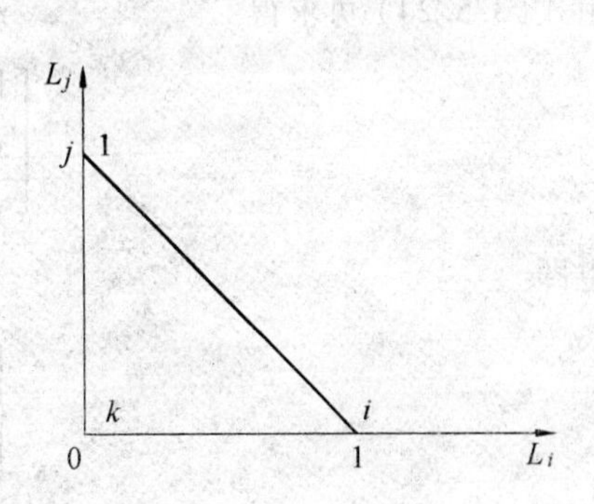

图3.24　面积坐标系下的单元示意图

结点 i　　$L_i = 1\quad L_j = L_k = 0$；

结点 j　　$L_j = 1\quad L_i = L_k = 0$；

结点 k　　$L_k = 1\quad L_i = L_j = 0$。

单元的3条边线方程为：

ij 边　　$L_k = 0$；

jk 边　　$L_i = 0$；

ki 边　　$L_j = 0$。

单元形心处坐标为

$$L_i = L_j = L_k = \frac{1}{3}$$

2. 面积坐标与直角坐标之间关系

设 P 点坐标为 (x,y)，则三块面积为

$$\Delta_i = \frac{1}{2}\begin{vmatrix} x & y & 1 \\ x_j & y_j & 1 \\ x_k & y_k & 1 \end{vmatrix} \quad i \to j \to k \to i$$

单元面积为

$$\Delta = \frac{1}{2}\begin{vmatrix} x_i & y_i & 1 \\ x_j & y_j & 1 \\ x_k & y_k & 1 \end{vmatrix}$$

因此有

$$L_i = \frac{\Delta_i}{\Delta} = \frac{1}{2\Delta}\left(x\begin{vmatrix} y_j & 1 \\ y_k & 1 \end{vmatrix} - y\begin{vmatrix} x_j & 1 \\ x_k & 1 \end{vmatrix} + 1\begin{vmatrix} x_j & y_j \\ x_k & y_k \end{vmatrix}\right) =$$

$$\frac{1}{2\Delta}(a_i + b_i x + c_i y) \quad (i \to j \to k \to i) \tag{3.5.23}$$

式中　a_i、b_i、c_i 与节3.2中相同，为

$$\begin{cases} a_i = x_j y_k - x_k y_j \\ b_i = y_j - y_k \\ c_i = x_k - x_j \end{cases} \quad (i \to j \to k \to i)$$

将式(3.5.23)与式(3.2.19)相比较，可见面积坐标 L_i、L_j 和 L_k 即是常应变三角形单元的形函数 N_i、N_j 和 N_k。

若将式(3.5.23)写成矩阵关系,则有

$$\begin{bmatrix} L_i \\ L_j \\ L_k \end{bmatrix} = \frac{1}{2\Delta}\begin{bmatrix} a_i & b_i & c_i \\ a_j & b_j & c_j \\ a_k & b_k & c_k \end{bmatrix}\begin{bmatrix} 1 \\ x \\ y \end{bmatrix} \tag{3.5.24}$$

由式(3.5.24)可求得

$$\begin{bmatrix} 1 \\ x \\ y \end{bmatrix} = \begin{bmatrix} 1 & 1 & 1 \\ x_i & x_j & x_k \\ y_i & y_j & y_k \end{bmatrix}\begin{bmatrix} L_i \\ L_j \\ L_k \end{bmatrix} \tag{3.5.25}$$

也即

$$\begin{cases} L_i + L_j + L_k = 1 \\ x = L_i x_i + L_j x_j + L_k x_k \\ y = L_i y_i + L_j y_j + L_k y_k \end{cases} \tag{3.5.26}$$

式(3.5.23)和式(3.5.26)即为两种坐标间的变换关系。从式(3.5.6)可见,坐标 x、y 与结点坐标间的关系和单元位移与结点位移间的关系完全相同。也即

$$\boldsymbol{x} = \begin{bmatrix} x \\ y \end{bmatrix} = \boldsymbol{N}[x_i \quad y_i \quad x_j \quad y_j \quad x_k \quad y_k]^{\mathrm{T}} = \boldsymbol{N}\boldsymbol{x}_e$$

今后将更详细地讨论满足

$$\boldsymbol{x} = \boldsymbol{N}\boldsymbol{x}_e$$

$$\boldsymbol{d} = \boldsymbol{N}\boldsymbol{\delta}_e$$

关系的单元。这类单元被称做等参数单元。因此常应变三角元是一种等参元。

建立了坐标系间的变换关系,则按求导法则可得

$$\frac{\partial}{\partial x} = \frac{1}{2\Delta}\left(b_i \frac{\partial}{\partial L_i} + b_j \frac{\partial}{\partial L_j} + b_k \frac{\partial}{\partial L_k}\right)$$

$$\frac{\partial}{\partial y} = \frac{1}{2\Delta}\left(c_i \frac{\partial}{\partial L_i} + c_j \frac{\partial}{\partial L_j} + c_k \frac{\partial}{\partial L_k}\right) \tag{3.5.27}$$

利用数学知识($L_k = 1 - L_i - L_j$ 和分部积分)不难证明

$$\int_V L_i^{\alpha} L_j^{\beta} L_k^{\gamma} \mathrm{d}V = \frac{\alpha!\ \beta!\ \gamma!}{(\alpha + \beta + \gamma + 2)!} 2t\Delta \tag{3.5.28}$$

$$\int_{S_{ij}} L_i^{\alpha} L_j^{\beta} \mathrm{d}S = \frac{\alpha!\ \beta!}{(\alpha + \beta + 1)!} t l_{ij} \quad (ij \to jk \to ki) \tag{3.5.29}$$

其中,l_{ij} 为 ij 边的长度。这些公式可在等参元计算中应用。

3.5.6.2　三角形单元的形函数

1. 线性单元

图 3.22(a)所示的线性单元的形函数为

$$N_1 = L_1 \quad N_2 = L_2 \quad N_3 = L_3$$

这是由面积坐标的性质决定的,每个面积坐标在其结点处取单位值,而在其他结点处取零值;并且它们的和在单元内任一点均为 1。

2. 二次单元

对于图 3.22(b) 所示的六结点二次单元,在面积坐标系下(图 3.25),采用与矩形索氏单元建立形函数的类似方法建立形函数时,可设

$$N_1 = \alpha L_1\left(L_1 - \frac{1}{2}\right) \tag{3.5.30}$$

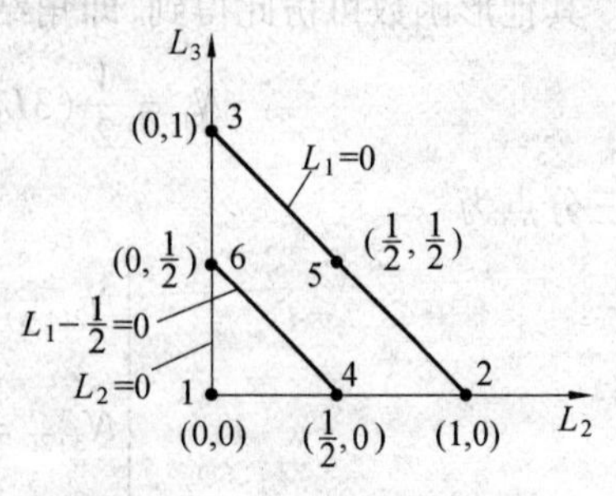

图 3.25　六结点三角形单元

它可以保证 N_1 在等坐标线253上的结点2、5和3处的值为零,在46线上的结点4和6处的值为零。

由 N_1 在1结点处的值为1的条件,可得

$$\alpha = 2$$

将 α 代回式(3.5.30)得

$$N_1 = L_1(2L_1 - 1)$$

同理可求出 N_2 及 N_3。

设 $N_4 = \alpha L_1L_2$,可求得

$$N_4 = 4L_1L_2$$

同理可求得

$$N_5 = 4L_2L_3$$

$$N_6 = 4L_1L_3$$

二次单元的形函数可统一写成

$$\begin{cases}\text{角结点}, N_1 = L_1(2L_1 - 1) \quad (1 \to 2 \to 3)\\ \text{边中结点}, N_4 = 4L_1L_2 \quad (4 \to 5 \to 6, 1 \to 2 \to 3 \to 1)\end{cases} \tag{3.5.31}$$

3. 三次单元

一般情况下,三角形单元的形函数可由下面插值公式构造

$$N_i = \prod_{j=1}^{P} \frac{f_j^i(L_1, L_2, L_3)}{f_j^i(L_{1i}, L_{2i}, L_{3i})} \tag{3.5.32}$$

其中,P 为形函数的阶次,$f_j^i(L_1,L_2,L_3)$ $(j = 1,2,\cdots,P)$ 为通过除 i 结点以外的结点的直线方程 $f_j^i(L_1,L_2,L_3) = 0$ 的左端项;$f_j^i(L_{1i},L_{2i},L_{3i})$ 中的 L_{1i},L_{2i},L_{3i} 为 i 结点的面积坐标。

下面利用式(3.5.32)构造(十结点)三次单元的形函数(图 3.26)。这时,$P = 3$,对于 $i = 1$ 有

$$\begin{cases}f_1^1 = L_1 - \dfrac{1}{3}\\ f_2^1 = L_1 - \dfrac{2}{3}\\ f_3^1 = L_1\end{cases}$$

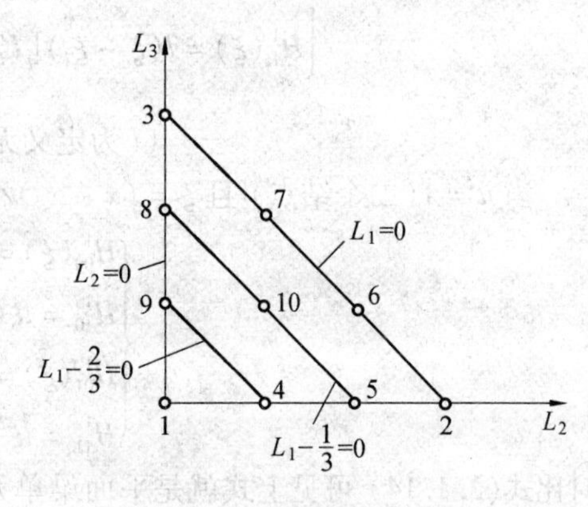

图 3.26　十结点三角形单元

由1结点坐标有

$$L_{11} = 1 \quad L_{21} = 0 \quad L_{31} = 0$$

代入式(3.5.32)可得

$$N_1 = \frac{1}{2}(3L_1 - 1)(3L_1 - 2)L_1$$

其他形函数可仿此得到,即角结点为

$$N_1 = \frac{1}{2}(3L_1 - 1)(3L_1 - 2)L_1 \quad (1 \to 2 \to 3)$$

边三分点为

$$\begin{cases} N_{2(1+i)} = \dfrac{9}{2}L_i L_j(3L_i - 1) \\ N_{3+2i} = \dfrac{9}{2}L_i L_j(3L_j - 1) \\ j = \begin{cases} i+1 & j \leqslant 3 \\ i+1-3 & j > 3 \end{cases} \quad (i = 1,2,3) \end{cases} \tag{3.5.33}$$

单元内结点为

$$N_{10} = 27L_1L_2L_3$$

3.5.7 Hermite 矩形单元

前面各种单元形式的位移函数是利用形函数由结点的位移值插值构造的,也可以增加结点位移的导数值来构造位移函数。这样构造的位移函数,在结点上除能保持位移的连续性外还能保持位移的导数的连续性。利用 Hermite 插值多项式可方便地构造这种单元的形函数。

当已知单变量函数的函数值 $f_i = f(\xi_i)$ 和它的一阶导数值 $f_i' = \left.\dfrac{\mathrm{d}f}{\mathrm{d}\xi}\right|_{\xi=\xi_i} = f'(\xi_i)$ $(i = 0, 1, 2, \cdots, n)$ 时,在区间 $[\xi_0, \xi_n]$ 内任一点 ξ 处的函数值可用如下一次埃尔米特多项式(Herimition Polynomials)表示

$$f(\xi) \approx \sum_{i=0}^{n} H_{0i}^1(\xi) f_i + \sum_{i=0}^{n} H_{1i}^1(\xi) f_i^1 \tag{3.5.34}$$

式中

$$\begin{cases} H_{0i}^1(\xi) = \left[1 - 2(\xi - \xi_i) \times \left.\dfrac{\mathrm{d}L_i^n(\xi)}{\mathrm{d}\xi}\right|_{\xi=\xi_i}\right][L_i^n(\xi)]^2 = \\ \qquad \left[1 - 2(\xi - \xi_i)\sum\limits_{\substack{j=0 \\ j\neq i}}^{n} \dfrac{1}{\xi_i - \xi_j}\right] \prod\limits_{\substack{j=0 \\ j\neq i}}^{n} \left(\dfrac{\xi - \xi_j}{\xi_i - \xi_j}\right)^2 \\ H_{1i}^1(\xi) = l(\xi - \xi_i)[L_i^n(\xi)]^2 = l(\xi - \xi_i) \prod\limits_{\substack{j=0 \\ j\neq i}}^{n} \left(\dfrac{\xi - \xi_j}{\xi_i - \xi_j}\right)^2 \end{cases} \tag{3.5.35}$$

(l 为定义无量纲坐标 ξ 的分母)

当 $n = 1$(二个结点)且 $\xi = (x - x_0)/(x_1 - x_0)$ $(l = x_1 - x_0)$ 时,则

$$\begin{cases} H_{00}^1(\xi) = (1 + 2\xi)(1 - \xi)^2 \\ H_{10}^1 = l\xi(1 - \xi)^2 \\ H_{01}^1(\xi) = \xi^2(3 - 2\xi) \\ H_{11}^1 = l\xi^2(\xi - 1) \end{cases} \tag{3.5.36}$$

对比式(3.1.14)可见上式就是平面梁单元的形函数,它们分别是如下四种情况梁的挠曲线(图 3.27)。

利用 Hermite 多项式的如下性质

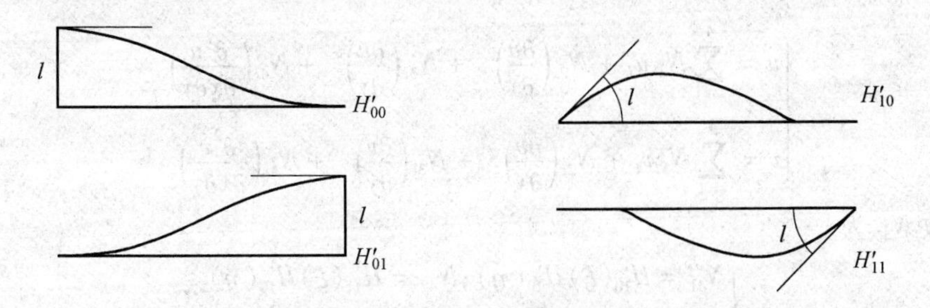

图 3.27　二结点一次埃尔米特函数 - 梁函数示意图

$$H_{0i}^1(\xi_j)=\begin{cases}0 & i\neq j\\1 & i=j\end{cases}$$

$$H_{1i}^1(\xi_j)=0\quad (j=1,2,\cdots,n)$$

$$\left.\frac{\mathrm{d}H_{0i}^1(\xi)}{\mathrm{d}\xi}\right|_{\xi=\xi_j}=0\quad (j=1,2,\cdots,n)$$

$$\left.\frac{\mathrm{d}H_{1i}^1(\xi)}{\mathrm{d}\xi}\right|_{\xi=\xi_j}=\begin{cases}0 & i\neq j\\1 & i=j\end{cases}$$

采用与构造 Lagrange 矩形单元类似的方法可构造 Hermite 单元如下。

1. 四结点 24 参数埃氏元

若每结点有如下 6 个位移参数

$$u,v,\frac{\partial u}{\partial x},\frac{\partial u}{\partial y},\frac{\partial v}{\partial x},\frac{\partial v}{\partial y}\tag{3.5.37}$$

四结点埃氏元的位移场可如下构造

$$\begin{cases}u=\sum\limits_{i=1}^{4}N_{1i}u_i+N_{2i}\left(\dfrac{\partial u}{\partial x}\right)_i+N_{3i}\left(\dfrac{\partial u}{\partial y}\right)_i\\[2ex] v=\sum\limits_{i=1}^{4}N_{1i}v_i+N_{2i}\left(\dfrac{\partial v}{\partial x}\right)_i+N_{3i}\left(\dfrac{\partial v}{\partial y}\right)_i\end{cases}\tag{3.5.38}$$

式中形函数可用一次埃米尔特函数表示如下

$$\begin{cases}N_{11}=H_{00}^1(\xi)H_{00}^1(\eta);N_{21}=H_{10}^1(\xi)H_{00}^1(\eta)\\N_{31}=H_{00}^1(\xi)H_{10}^1(\eta);N_{12}=H_{01}^1(\xi)H_{00}^1(\eta)\\N_{22}=H_{11}^1(\xi)H_{01}^1(\eta);N_{32}=H_{01}^1(\xi)H_{10}^1(\eta)\\N_{13}=H_{01}^1(\xi)H_{01}^1(\eta);N_{23}=H_{11}^1(\xi)H_{01}^1(\eta)\\N_{33}=H_{01}^1(\xi)H_{11}^1(\eta);N_{14}=H_{00}^1(\xi)H_{01}^1(\eta)\\N_{24}=H_{10}^1(\xi)H_{01}^1(\eta);N_{34}=H_{00}^1(\xi)H_{11}^1(\eta)\end{cases}\tag{3.5.39}$$

式中一次埃米尔特函数的表达式见式(3.5.36)。

2. 四结点 32 参数埃氏元

若每结点除式(3.5.37) 所示位移参数外,还有

$$\frac{\partial^2 u}{\partial x\partial y},\frac{\partial^2 v}{\partial x\partial y}$$

位移场如下

$$\begin{cases} u = \sum_{i=1}^{4} N_{1i}u_i + N_{2i}\left(\frac{\partial u}{\partial x}\right)_i + N_{3i}\left(\frac{\partial u}{\partial y}\right)_i + N_{4i}\left(\frac{\partial^2 u}{\partial x \partial y}\right)_i \\ v = \sum_{i=1}^{4} N_{1i}v_i + N_{2i}\left(\frac{\partial v}{\partial x}\right)_i + N_{3i}\left(\frac{\partial v}{\partial y}\right)_i + N_{4i}\left(\frac{\partial^2 v}{\partial x \partial y}\right)_i \end{cases} \tag{3.5.40}$$

式中形函数 N_{4i} 为

$$\begin{cases} N_{41} = H_{10}^1(\xi)H_{10}^1(\eta); N_{42} = H_{11}^1(\xi)H_{10}^1(\eta) \\ N_{43} = H_{11}^1(\xi)H_{11}^1(\eta); N_{44} = H_{10}^1(\xi)H_{11}^1(\eta) \end{cases} \tag{3.5.41}$$

若将四结点 24 参数的埃氏单元的形函数展开会发现,其中无 $\xi\eta$ 项,即只是一次的完全多项式,从台劳级数的观点看这种单元的精度只能与线性单元相同。同理,情况 2 相当于三次元。由此可见,对平面问题埃氏单元意义是不大的。

此外,埃氏单元不是等参元,一般单元形状均需为矩形。

3.5.8　一维单元

在实际工程中,在分析一个平面或空间问题时,可能会出现一些应作为一维单元处理的部分,如加强筋等等。这时应把它们与平面或空间单元统一地进行处理。如图 3.28 所示,夹在两个相邻二次单元之间的一维单元,它的形函数是由三个结点的位移确定的关于 ξ 的二次多项式,可由拉氏插值多项式直接给出。

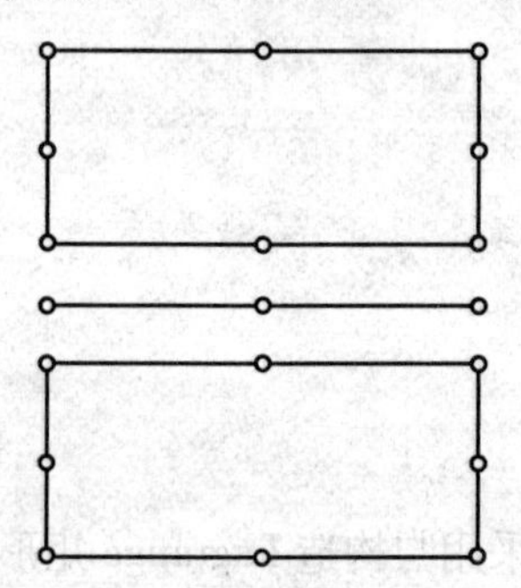

图 3.28　夹在二维单元中的一维单元

3.6　等参数单元的单元分析

第 3.3 节中已说明,有限元分析的误差主要来自位移函数和对曲线边界离散时的以直代曲处理。采用前述高阶单元(即采用增加单元结点个数等方法)虽能提高位移函数与单元实际位移的逼近程度,但却增加了未知量的个数,若不想增加未知量个数,则只能减少单元个数。而要用少量直边单元来描述复杂的曲线边界几乎是不可能的。因此有必要采用曲线边界类的单元形式,以便提高计算精度。

3.6.1　坐标变换

对图 3.29 所示曲边单元,若采用前面介绍的方法进行单元分析,在单元位移场的建立以及单元特性分析中会遇到许多困难。若将已知的正则坐标正方形单元和三角形单元(称为母单元)通过坐标变换转换成曲边单元,建立直边单元(母单元)与曲边单元(称子单元)上各点的对应关系,并由母单元的位移场变换得到子单元的位移场,从而导出子单元的单元特性,即可克服前述困难。下面以任意凸四边形单元为例来说明坐标变换方法。

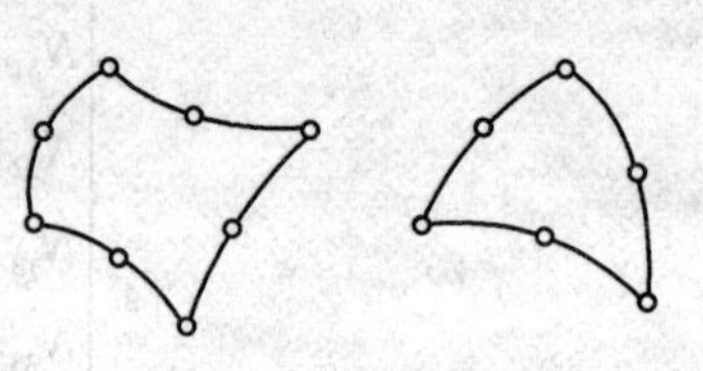

图 3.29　曲边单元

图 3.30(a)为边长为 2 的正方形母元,图 3.30(b)为凸四边形子元。现在要建立两个单元上点的一一对应关系。由于母元形函数具有在本点值为 1,在其他结点值为 0 的性质,利用

它可建立由结点坐标映射出与(ξ,η)相对应的任一点(x,y)坐标的对应关系,即

$$\begin{cases} x = \sum_{i=1}^{4} x_i N_i(\xi,\eta) \\ y = \sum_{i=1}^{4} y_i N_i(\xi,\eta) \end{cases} \tag{3.6.1}$$

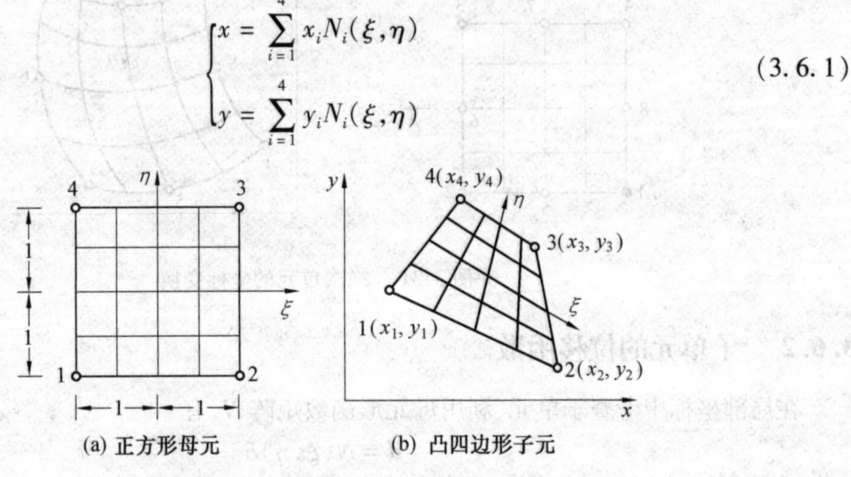

(a) 正方形母元　(b) 凸四边形子元

图 3.30　线性单元的坐标变换

其中,$N_i(\xi,\eta)$为母元的形函数,若记

$$\boldsymbol{x} = [x \quad y]^{\mathrm{T}}$$

$$\boldsymbol{x}_e = [x_1 \quad y_1 \quad x_2 \quad y_2 \quad x_3 \quad y_3 \quad x_4 \quad y_4]^{\mathrm{T}}$$

则式(3.6.1)可用矩阵表示如下

$$\boldsymbol{x} = \boldsymbol{N}\boldsymbol{x}_e \tag{3.6.2}$$

其中,$\boldsymbol{N}$为母元的形函数矩阵;$\boldsymbol{x}$为子元中任一点坐标矩阵;$\boldsymbol{x}_e$为子元结点坐标矩阵。

若将母元结点 $1(\xi_1=-1,\eta_1=-1)$代入式(3.6.1),可求得$x=x_1,y=y_1$,即子元结点1的坐标。可见从式(3.6.1)确能实现母、子单元结点间的坐标变换。

设母元中某一坐标线η为常数,代入式(3.6.1)可得

$$\begin{cases} x = a_1 + a_2\xi \\ y = b_1 + b_2\xi \end{cases} \tag{3.6.3}$$

上式是以ξ为参变量的子单元xy坐标中一条直线的参数方程。ξ为常数,坐标也同样。结合结点的对应关系,可知变换关系式(3.6.1)对单元中各点都是适用的。只要给出母元中一点的坐标利用该关系式就可找到子元中惟一的一点与之对应。

若将母元中的坐标线映射到子元上,则得到一个斜角坐标系$\xi\eta$,称为局部坐标,原xy坐标系称为整体坐标系。现在子元上的点可用两套坐标系描述。后面将视方便程度选择使用。

图 3.31(a)所示八结点母元,与其对应的子元是边界为二次曲线的八结点曲边四边形单元(图 3.31(b),局部坐标为曲线坐标)。

当母元确定后,即结点数与形函数确定后,坐标变换式只与子元结点坐标有关,而子元坐标是根据单元划分任意指定的,这导致一个母元与一族子元相对应。这也是分别称其为母元和子元的原因。

由整体坐标系下的子单元的结点坐标通过坐标变换形成的子元在相邻边上能保证坐标的连续性吗?以二次单元为例,两个相邻单元在公共边界上都是二次曲线,由于该边界上有 3 个公共结点,由 3 个结点坐标惟一确定一条二次曲线,故单元之间坐标的连续性是一定能保证的。

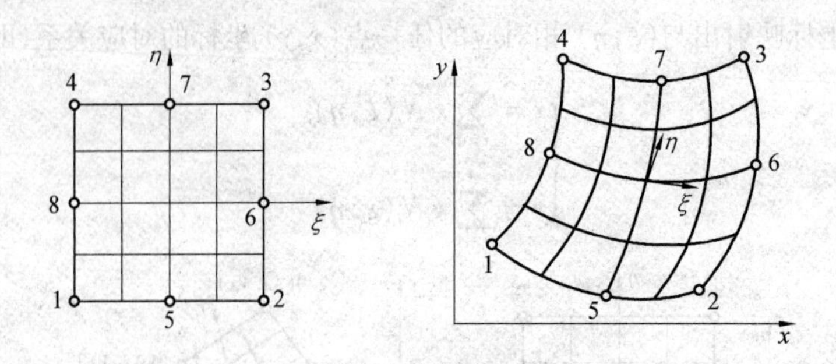

图 3.31　二次单元的坐标变换

3.6.2　子单元的位移函数

在局部坐标中考查子单元，利用母元形函数矩阵 $\boldsymbol{N}$，有

$$\boldsymbol{d}=\boldsymbol{N}(\xi,\eta)\boldsymbol{\delta}_e \tag{3.6.4}$$

尽管在形式上式(3.6.4) 与母元的位移函数是一样的，但子元的位移函数式(3.6.4) 是以曲线坐标 ξ、η 表达的，而母元的位移函数是以正则坐标表达的，因此子元的位移分布与母元的位移分布即使在结点位移相同情况下也是不同的。

比较式(3.6.2) 和式(3.6.4)，可见它们是相似的，即单元的位移场与单元形状都是用相同的形函数，并且用相同的结点参数个数来描述的，故称这类单元为等参数单元(简称等参元)。

若由结点坐标插值构造单元形状所用的形函数比由结点位移插值构造单元位移场的形函数阶次低，并且所用结点参数个数少，称为亚参元；反之，若阶次高，结点参数多称为超参元。由于等参元(前几节介绍的单元基本上都是等参元) 应用广泛，所以本节及下一章主要介绍等参元。

3.6.3　导数的坐标变换

由于单元的位移函数是以局部坐标表达的，而以位移求应变所用公式是以整体坐标系表达的，若将形函数利用坐标变换式(3.6.2) 写成整体坐标 (x,y) 的显式一般是十分困难的。因此需要将对直角坐标的求导运算变换成对曲线坐标的求导运算。下面讨论偏导数 $\frac{\partial}{\partial x}$、$\frac{\partial}{\partial y}$ 与 $\frac{\partial}{\partial \xi}$、$\frac{\partial}{\partial \eta}$ 之间的变换关系。

根据复合函数的求导法则，有

$$\begin{cases}\dfrac{\partial}{\partial \xi}=\dfrac{\partial x}{\partial \xi}\dfrac{\partial}{\partial x}+\dfrac{\partial y}{\partial \xi}\dfrac{\partial}{\partial y}\\[2ex]\dfrac{\partial}{\partial \eta}=\dfrac{\partial x}{\partial \eta}\dfrac{\partial}{\partial x}+\dfrac{\partial y}{\partial \eta}\dfrac{\partial}{\partial y}\end{cases} \tag{3.6.5}$$

或

$$\begin{bmatrix}\dfrac{\partial}{\partial \xi}\\[2ex]\dfrac{\partial}{\partial \eta}\end{bmatrix}=\begin{bmatrix}\dfrac{\partial x}{\partial \xi} & \dfrac{\partial y}{\partial \xi}\\[2ex]\dfrac{\partial x}{\partial \eta} & \dfrac{\partial y}{\partial \eta}\end{bmatrix}\begin{bmatrix}\dfrac{\partial}{\partial x}\\[2ex]\dfrac{\partial}{\partial y}\end{bmatrix} \tag{3.6.6}$$

将式(3.6.2) 代入式(3.6.6)，有

$$\begin{bmatrix} \dfrac{\partial}{\partial \xi} \\ \dfrac{\partial}{\partial \eta} \end{bmatrix} = \begin{bmatrix} \sum_i \dfrac{\partial N_i}{\partial \xi} x_i & \sum_i \dfrac{\partial N_i}{\partial \xi} y_i \\ \sum_i \dfrac{\partial N_i}{\partial \eta} x_i & \sum_i \dfrac{\partial N_i}{\partial \eta} y_i \end{bmatrix} \begin{bmatrix} \dfrac{\partial}{\partial x} \\ \dfrac{\partial}{\partial y} \end{bmatrix} \tag{3.6.7}$$

由式(3.6.7),可得

$$\begin{bmatrix} \dfrac{\partial}{\partial x} \\ \dfrac{\partial}{\partial y} \end{bmatrix} = \frac{1}{\det \boldsymbol{J}} \begin{bmatrix} \sum_i \dfrac{\partial N_i}{\partial \eta} y_i & -\sum_i \dfrac{\partial N_i}{\partial \xi} y_i \\ -\sum_i \dfrac{\partial N_i}{\partial \eta} x_i & \sum_i \dfrac{\partial N_i}{\partial \xi} x_i \end{bmatrix} \begin{bmatrix} \dfrac{\partial}{\partial \xi} \\ \dfrac{\partial}{\partial \eta} \end{bmatrix} \tag{3.6.8}$$

式中

$$\boldsymbol{J} = \begin{bmatrix} \sum_i \dfrac{\partial N_i}{\partial \xi} x_i & \sum_i \dfrac{\partial N_i}{\partial \xi} y_i \\ \sum_i \dfrac{\partial N_i}{\partial \eta} x_i & \sum_i \dfrac{\partial N_i}{\partial \eta} y_i \end{bmatrix} \tag{3.6.9}$$

称为**雅可比**(Jacobi)**矩阵**。

$$\det \boldsymbol{J} = \left(\sum_i \frac{\partial N_i}{\partial \xi} x_i \right) \left(\sum_i \frac{\partial N_i}{\partial \eta} y_i \right) - \left(\sum_i \frac{\partial N_i}{\partial \xi} y_i \right) \left(\sum_i \frac{\partial N_i}{\partial \eta} x_i \right) \tag{3.6.10}$$

称为**雅可比行列式**。

对于平面问题的微分算子矩阵有

$$\boldsymbol{A}^{\mathrm{T}} = \begin{bmatrix} \dfrac{\partial}{\partial x} & 0 \\ 0 & \dfrac{\partial}{\partial y} \\ \dfrac{\partial}{\partial y} & \dfrac{\partial}{\partial x} \end{bmatrix} = \begin{bmatrix} A_x & 0 \\ 0 & A_y \\ A_y & A_x \end{bmatrix} \tag{3.6.11}$$

式中

$$\begin{cases} A_x = (\det \boldsymbol{J})^{-1} \left[\left(\sum_i \dfrac{\partial N_i}{\partial \eta} y_i \right) \dfrac{\partial}{\partial \xi} - \left(\sum_i \dfrac{\partial N_i}{\partial \xi} y_i \right) \dfrac{\partial}{\partial \eta} \right] \\ A_y = (\det \boldsymbol{J})^{-1} \left[-\left(\sum_i \dfrac{\partial N_i}{\partial \eta} x_i \right) \dfrac{\partial}{\partial \xi} + \left(\sum_i \dfrac{\partial N_i}{\partial \xi} x_i \right) \dfrac{\partial}{\partial \eta} \right] \end{cases} \tag{3.6.12}$$

3.6.4　单元分析

下面用虚位移原理来进行单元列式。

单元虚位移场　$\delta \boldsymbol{d} = \boldsymbol{N} \delta \boldsymbol{\delta}_e$　(3.6.13)

单元应变　$\boldsymbol{\varepsilon} = \boldsymbol{A}^{\mathrm{T}} \boldsymbol{d} = \boldsymbol{B} \boldsymbol{\delta}_e$　(3.6.14)

式中

$$\boldsymbol{B} = \boldsymbol{A}^{\mathrm{T}} \boldsymbol{N} = \begin{bmatrix} A_x & 0 \\ 0 & A_y \\ A_y & A_x \end{bmatrix} [N_1 \boldsymbol{I}_2 \quad N_2 \boldsymbol{I}_2 \quad \cdots] = [\boldsymbol{B}_1 \quad \boldsymbol{B}_2 \quad \cdots] \tag{3.6.15}$$

其中

$$\boldsymbol{B}_i = \begin{bmatrix} A_x & 0 \\ 0 & A_y \\ A_y & A_x \end{bmatrix} N_i \boldsymbol{I}_2 = (\det \boldsymbol{J})^{-1} \begin{bmatrix} \left(\sum_r \frac{\partial N_r}{\partial \eta} y_r\right) \frac{\partial N_i}{\partial \xi} - \left(\sum_r \frac{\partial N_r}{\partial \xi} y_r\right) \frac{\partial N_i}{\partial \eta} & -\left(\sum_r \frac{\partial N_r}{\partial \eta} x_r\right) \frac{\partial N_i}{\partial \xi} + \left(\sum_r \frac{\partial N_r}{\partial \xi} x_r\right) \frac{\partial N_i}{\partial \eta} \\ -\left(\sum_r \frac{\partial N_r}{\partial \eta} x_r\right) \frac{\partial N_i}{\partial \xi} + \left(\sum_r \frac{\partial N_r}{\partial \xi} x_r\right) \frac{\partial N_i}{\partial \eta} & \left(\sum_r \frac{\partial N_r}{\partial \eta} y_r\right) \frac{\partial N_i}{\partial \xi} - \left(\sum_r \frac{\partial N_r}{\partial \xi} y_r\right) \frac{\partial N_i}{\partial \eta} \end{bmatrix} =$$

$$(\det \boldsymbol{J})^{-1} \begin{bmatrix} B_{1i} & 0 \\ 0 & B_{2i} \\ B_{2i} & B_{1i} \end{bmatrix} \tag{3.6.16}$$

$$\begin{cases} B_{1i} = \left(\sum_r \dfrac{\partial N_r}{\partial \eta} y_r\right) \dfrac{\partial N_i}{\partial \xi} - \left(\sum_r \dfrac{\partial N_r}{\partial \xi} y_r\right) \dfrac{\partial N_i}{\partial \eta} \\ B_{2i} = -\left(\sum_r \dfrac{\partial N_r}{\partial \eta} x_r\right) \dfrac{\partial N_i}{\partial \xi} + \left(\sum_r \dfrac{\partial N_r}{\partial \xi} x_r\right) \dfrac{\partial N_i}{\partial \eta} \end{cases} \tag{3.6.17}$$

由式(3.6.14)可得虚应变

$$\delta \boldsymbol{\varepsilon} = \boldsymbol{B} \delta \boldsymbol{\delta}_e \tag{3.6.18}$$

单元应力场

$$\begin{cases} \boldsymbol{\sigma} = \boldsymbol{D\varepsilon} = \boldsymbol{DB\delta}_e = \boldsymbol{ST\delta}_e \\ \boldsymbol{ST} = \boldsymbol{DB} \end{cases} \tag{3.6.19}$$

式中　$\boldsymbol{D}$——弹性矩阵，取决于材料性质、问题性质。

将上述各量代入虚位移原理虚功方程

$$\int_{V_e} \boldsymbol{\sigma}^{\mathrm{T}} \delta \boldsymbol{\varepsilon} \mathrm{d}V = \int_{V_e} \boldsymbol{F}_{\mathrm{b}}{}^{\mathrm{T}} \delta \boldsymbol{d} \mathrm{d}V + \int_{S_\sigma} \boldsymbol{F}_{\mathrm{S}}^{\mathrm{T}} \delta \boldsymbol{d} \mathrm{d}S \tag{3.6.20}$$

为进行积分尚需解决在规则坐标下 $\mathrm{d}V$、$\mathrm{d}S$ 的计算。

因为直角坐标子单元是由规则坐标母单元映射得来，母单元 $\mathrm{d}\xi\mathrm{d}\eta$ 的微面积经映射后变为图 3.32 所示的 $\mathrm{d}A$。由数学可知

$$\mathrm{d}A = |\, \mathrm{d}\boldsymbol{\xi} \times \mathrm{d}\boldsymbol{\eta} \,| = \left| \left(\frac{\partial x}{\partial \xi}\boldsymbol{i} + \frac{\partial y}{\partial \xi}\boldsymbol{j}\right) \times \left(\frac{\partial x}{\partial \eta}\boldsymbol{i} + \frac{\partial y}{\partial \eta}\boldsymbol{j}\right) \right| \mathrm{d}\xi \mathrm{d}\eta = \det \boldsymbol{J} \mathrm{d}\xi \mathrm{d}\eta \tag{3.6.21}$$

对单元表面积分现以八结点单元 $\xi = 1$ 为给定表面力边界为例说明如下：

界面 $L(\xi = 1)$　　$N_1 = N_4 = N_5 = N_7 = N_8 = 0$

$$N_2 = -\frac{1}{2}\eta(1 - \eta) \quad N_6 = 1 - \eta^2 \quad N_3 = \frac{1}{2}\eta(1 + \eta)$$

因此在此界面 L 上

$$\begin{cases} x_L = -\dfrac{1}{2}\eta(1 - \eta)x_2 + (1 - \eta^2)x_6 + \dfrac{1}{2}\eta(1 + \eta)x_3 \\ y_L = -\dfrac{1}{2}\eta(1 - \eta)y_2 + (1 - \eta^2)y_6 + \dfrac{1}{2}\eta(1 + \eta)y_3 \\ \mathrm{d}l = (\mathrm{d}x_L^2 + \mathrm{d}y_L^2)^{\frac{1}{2}} = \left\{ \left[(\eta - \dfrac{1}{2})x_2 - 2\eta x_6 + (\dfrac{1}{2} + \eta)x_3 \right]^2 + \right. \\ \left. \qquad \left[(\eta - \dfrac{1}{2})y_2 - 2\eta y_6 + (\dfrac{1}{2} + \eta)y_3 \right]^2 \right\}^{\frac{1}{2}} \mathrm{d}\eta \end{cases} \tag{3.6.22}$$

对一般情况

$$\begin{cases} \mathrm{d}l = |\ \mathrm{d}\boldsymbol{\eta}\ | = \left(\dfrac{\partial x}{\partial \boldsymbol{\eta}} \bigg|^2_{\xi=\pm1} + \dfrac{\partial y}{\partial \boldsymbol{\eta}} \bigg|^2_{\xi=\pm1} \right)^{\frac{1}{2}} \mathrm{d}\eta \quad (\xi = \pm 1 \text{ 时}) \\ \mathrm{d}l = |\ \mathrm{d}\boldsymbol{\xi}\ | = \left(\dfrac{\partial x}{\partial \boldsymbol{\xi}} \bigg|^2_{\eta=\pm1} + \dfrac{\partial y}{\partial \boldsymbol{\xi}} \bigg|^2_{\eta=\pm1} \right)^{\frac{1}{2}} \mathrm{d}\xi \quad (\boldsymbol{\eta} = \pm 1 \text{ 时}) \end{cases} \tag{3.6.23}$$

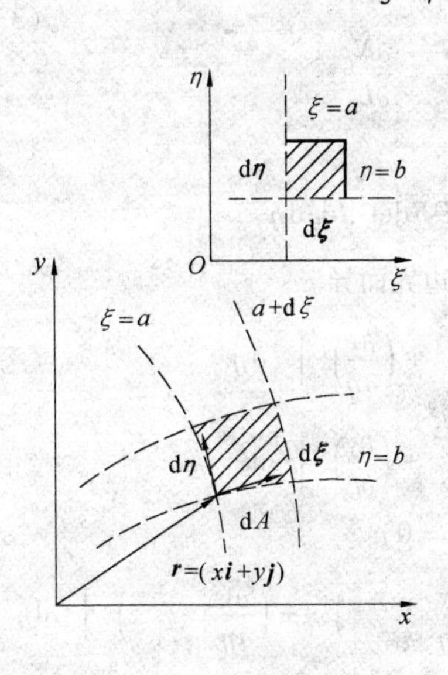

图 3.32　微面积示意图

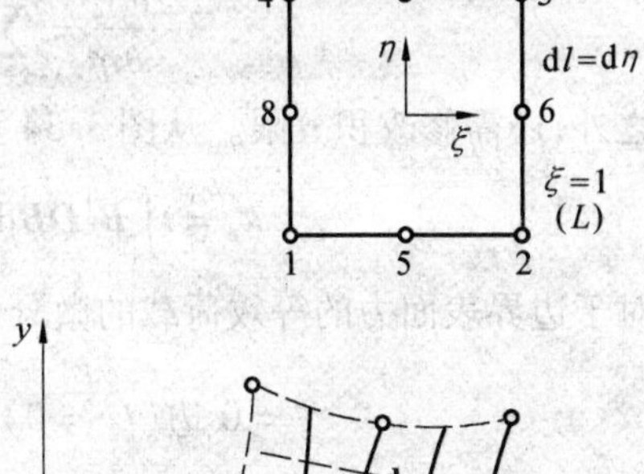

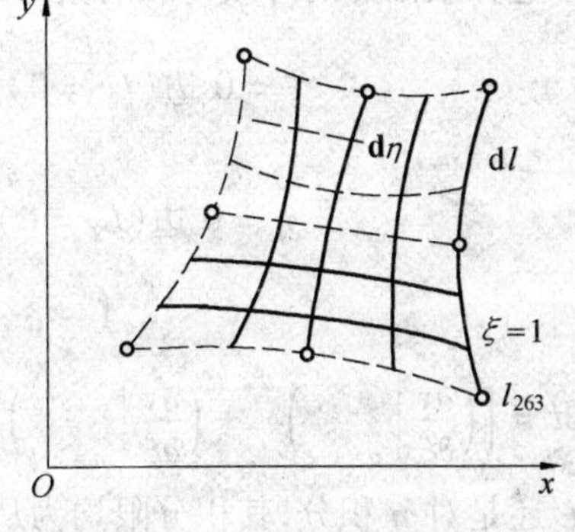

图 3.33　微弧长示意图

因为平面问题 $\mathrm{d}V = t\mathrm{d}A$, $\mathrm{d}S = t\mathrm{d}l$，所以将式(3.6.21)和式(3.6.22)代入式(3.6.20)推导后可得

$$\boldsymbol{k}_e = t\int_{-1}^{+1}\int_{-1}^{+1} \boldsymbol{B}^{\mathrm{T}}\boldsymbol{D}\boldsymbol{B}\det\ \boldsymbol{J}\mathrm{d}\boldsymbol{\xi}\mathrm{d}\boldsymbol{\eta} = \begin{bmatrix} \boldsymbol{k}_{11} & \boldsymbol{k}_{12} & \cdots \\ \boldsymbol{k}_{21} & \boldsymbol{k}_{22} & \cdots \\ \vdots & & \vdots \\ \cdots & \cdots & \cdots \end{bmatrix}^e \tag{3.6.24}$$

式中

$$\boldsymbol{k}_{ij}^e = t\int_{-1}^{+1}\int_{-1}^{+1} \boldsymbol{B}_i^{\mathrm{T}}\boldsymbol{D}\boldsymbol{B}_j\det\ \boldsymbol{J}\mathrm{d}\xi\mathrm{d}\boldsymbol{\eta} \tag{3.6.25}$$

$$\boldsymbol{F}_{\mathrm{E}}^e = t\left(\int_{-1}^{+1}\int_{-1}^{+1} \boldsymbol{N}^{\mathrm{T}}\boldsymbol{F}_{\mathrm{b}}\det\ \boldsymbol{J}\mathrm{d}\boldsymbol{\xi}\mathrm{d}\boldsymbol{\eta} + \int_{-1}^{+1} \boldsymbol{N}^{\mathrm{T}}\boldsymbol{F}_{\mathrm{S}}\mathrm{d}l \right) \tag{3.6.26}$$

式中

$$\boldsymbol{F}_{\mathrm{b}} = \begin{bmatrix} F_{\mathrm{b}x}\left(\sum\limits_i N_i x_i, \sum\limits_i N_i y_i\right) \\ F_{\mathrm{b}y}\left(\sum\limits_i N_i x_i, \sum\limits_i N_i y_i\right) \end{bmatrix} \tag{3.6.27}$$

$$\boldsymbol{F}_{\mathrm{S}} = \begin{bmatrix} F_{\mathrm{S}x}\left(\sum\limits_i N_i x_i, \sum\limits_i N_i y_i\right) \\ F_{\mathrm{S}y}\left(\sum\limits_i N_i x_i, \sum\limits_i N_i y_i\right) \end{bmatrix} \tag{3.6.28}$$

必须指出，上述推导是基于由正方形母单元映射所得的等参元。对于三角形类等参元形函数

$$N_i = N_i(L_1, L_2, L_3) \tag{3.6.29}$$

若令
$$\xi = L_1 \quad \eta = L_2 \quad L_3 = 1 - (\xi + \eta) \tag{3.6.30}$$
则可将形函数转换成 ξ、η 的二元函数。因此
$$\begin{aligned} \frac{\partial N_i}{\partial \xi} &= \sum_{j=1}^{3} \frac{\partial N_i}{\partial L_j}\frac{\partial L_j}{\partial \xi} = \frac{\partial N_i}{\partial L_1} - \frac{\partial N_i}{\partial L_3} \\ \frac{\partial N_i}{\partial \eta} &= \sum_{j=1}^{3} \frac{\partial N_i}{\partial L_j}\frac{\partial L_j}{\partial \eta} = \frac{\partial N_i}{\partial L_2} - \frac{\partial N_i}{\partial L_3} \end{aligned} \tag{3.6.31}$$
除此之外,还需修改积分限。从图 3.34 可见
$$\boldsymbol{k}_e = t\int_A \boldsymbol{B}^{\mathrm{T}}\boldsymbol{D}\boldsymbol{B}\mathrm{d}A = t\int_0^1\int_0^{1-\eta} \boldsymbol{B}^{\mathrm{T}}\boldsymbol{D}\boldsymbol{B}\det\ \boldsymbol{J}\mathrm{d}\xi\mathrm{d}\eta$$

对于边界表面力的等效荷载的微分弧长应视不同边界而异。

$$\xi = 0\ 边(L_1 = 0) \quad \mathrm{d}l = \left[\left(\frac{\partial x}{\partial \eta}\right)^2 + \left(\frac{\partial y}{\partial \eta}\right)^2\right]^{\frac{1}{2}}\mathrm{d}\eta$$

$$\eta = 0\ 边(L_2 = 0) \quad \mathrm{d}l = \left[\left(\frac{\partial x}{\partial \xi}\right)^2 + \left(\frac{\partial y}{\partial \xi}\right)^2\right]^{\frac{1}{2}}\mathrm{d}\xi$$

$$1 - \xi - \eta = 0\ 边(L_3 = 0)$$

$$\mathrm{d}l = \left[\left(\frac{\partial x}{\partial \xi}\bigg|_{\eta=1-\xi}\right)^2 + \left(\frac{\partial y}{\partial \xi}\bigg|_{\eta=1-\xi}\right)^2\right]^{\frac{1}{2}}\mathrm{d}\xi = \left[\left(\frac{\partial x}{\partial \eta}\bigg|_{\xi=1-\eta}\right)^2 + \left(\frac{\partial y}{\partial \eta}\bigg|_{\xi=1-\eta}\right)^2\right]^{\frac{1}{2}}\mathrm{d}\eta$$

不论对 ξ 还是对 η 积分,其积分限均为从 0 到 1。

3.6.5　数值积分

从 3.6.4 节中可见,等参元的单元刚度矩阵和等效结点荷载的计算公式中被积函数是十分复杂的,很难用精确积分得到显式积分结果。因此要采用数值积分方法,即在单元内选出某些点(称为积分点),算出被积函数在这些点处的值,再分别乘以权系数,然后以求其和作为近似积分值。数值积分方法很多,在有限元分析中通常采用高斯积分法,因为它可以用较少的积分点达到较高的精度,从而可以节省计算时间。

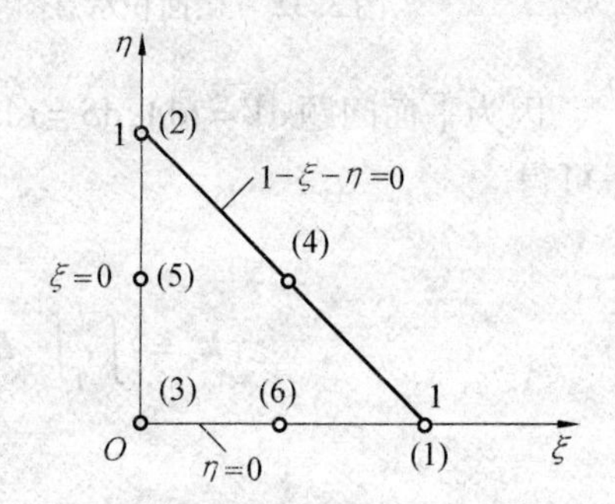

图 3.34　积分限变化示意图

1. 一维高斯积分公式

为求积分 I
$$I = \int_{-1}^{+1} f(\xi)\,\mathrm{d}\xi \tag{3.6.32}$$
可按如下高斯求积公式计算
$$I = \sum_{i=1}^{n} W_i f(\xi_i) + R \tag{3.6.33}$$
式中　n—— 积分点个数;

ξ_i—— 高斯积分点坐标;

W_i—— 对应积分点 ξ_i 的加权系数;

$f(\xi_i)$—— 被积函数在积分点处的值;

R—— 截断误差,它可估计如下

$$R = \frac{2^{2n+1}(n!)^4}{(2n+1)[(2n)!]^3} f^{(2n)}(\theta) \quad (-1 < \theta < 1) \tag{3.6.34}$$

$f^{(2n)}(\theta)$—— 被积函数 $2n$ 阶导数的某值。

对于各不同积分点数时的积分点坐标与加权系数分别按如下方法求解。

ξ_i 是勒让德(Legendre)多项式的根。勒让德多项式为

$$\begin{cases} P_0(x) = 1 \\ P_1(x) = x \\ \quad\vdots \\ P_{n+1}(x) = \dfrac{2n+1}{n+1} x P_n(x) - \dfrac{n}{n+1} P_{n-1}(x) \\ (1-x^2) P'_n(x) = nP_{n-1}(x) - nxP_n(x) \\ P_n(-x) = (-1)^n P_n(x) \end{cases} \tag{3.6.35}$$

因此 $\pm\xi_i$ 将都是积分点。

$$W_i = \frac{2}{\{(1-\xi_i^2)[P'_n(\xi_i)]\}^2} \tag{3.6.36}$$

式中 $P'_n(\xi_i) = \left.\dfrac{dP_n(\xi)}{d\xi}\right|_{\xi=\xi_i} = \dfrac{1}{(1-\xi_i^2)}[nP_{n-1}(\xi_i) - n\xi_i P_n(\xi_i)] = \dfrac{nP_{n-1}(\xi_i)}{1-\xi_i^2}$

或

$$W_i = \frac{2(1-\xi_i^2)}{[nP_{n-1}(\xi_i)]^2} \tag{3.6.37}$$

对于一些常用积分点情况的 ξ_i、W_i 可见表 3.1。

表 3.1　高斯积分公式中 ξ_i 和 W_i

点数	求积结点坐标 ξ_i	求积加权系数 W_i
1	0	2
2	±0.577 350 269 2	1
3	0 ±0.774 596 669 2	0.888 888 888 8 0.555 555 555 5
4	±0.339 981 043 6 ±0.861 136 311 6	0.652 145 154 9 0.347 854 845 1
5	0 ±0.538 469 310 1 ±0.906 179 845 9	0.568 888 888 8 0.478 628 670 5 0.236 926 885 1
6	±0.238 619 186 1 ±0.661 209 386 5 ±0.932 469 514 2	0.467 913 934 6 0.360 761 573 1 0.171 324 492 4

当被积函数 $f(\xi)$ 是 $2n-1$ 次多项式时，高斯积分将获得精确值。

2. 二维高斯积分公式

为了计算积分

$$I_2=\int_{-1}^{+1}\int_{-1}^{+1}f(\xi,\eta)\,\mathrm{d}\xi\mathrm{d}\eta \tag{3.6.38}$$

可先保持 η 不变计算内积分，即按下式计算

$$\int_{-1}^{+1}f(\xi,\eta)\,\mathrm{d}\xi=\sum_{j=1}^{n}W_j f(\xi_j,\eta) \tag{3.6.39}$$

然后计算外积分，即

$$I_2=\int_{-1}^{+1}\Big[\sum_{j=1}^{n}W_j f(\xi_j,\eta)\Big]\mathrm{d}\eta=\sum_{i=1}^{n}W_i\sum_{j=1}^{n}W_j f(\xi_j,\eta_i)=\sum_{i=1}^{n}\sum_{j=1}^{n}W_iW_j f(\xi_j,\eta_i) \tag{3.6.40}$$

以图 3.35 所示 3 × 3 个积分点二维问题为例。

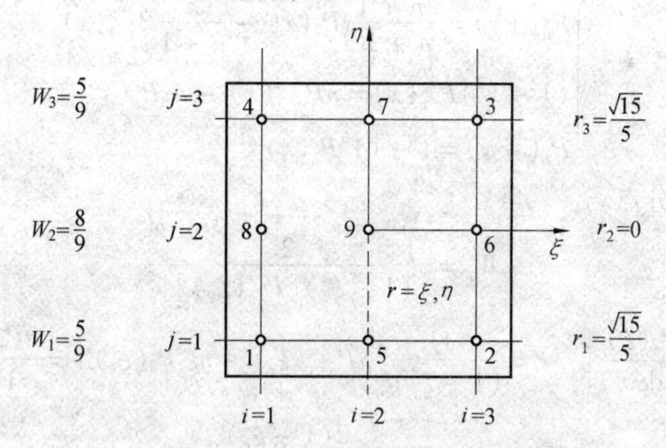

图 3.35　3 × 3 高斯积分示意图

$$I_3=\frac{25}{81}\Big[\sum_{i=1}^{4}f(i)\Big]+\frac{40}{81}\Big[\sum_{i=5}^{8}f(i)\Big]+\frac{64}{81}f(9)$$

式中，$f(k)$ 为图示 k 点的被积函数值。

利用式(3.6.40) 作积分运算时，ξ、η 两方向的积分点也可以不同。

当积分区域为三角形时，积分为下述形式

$$I=\int_{0}^{1}\int_{0}^{1-L_1}f(L_1,L_2,L_3)\,\mathrm{d}L_2\mathrm{d}L_1 \tag{3.6.41}$$

它的数值积分可采用在形式上与高斯积分相同的哈默尔(Hammer) 积分。其积分点与加权系数见表 3.2。

3. 三维高斯积分

在下一章讨论的三维等参元分析时，同样有数值积分问题，这里一起给出。与二维情况类似，三维高斯积分公式为

$$I=\int_{-1}^{+1}\int_{-1}^{+1}\int_{-1}^{+1}f(\xi,\eta,\zeta)\,\mathrm{d}\xi\mathrm{d}\eta\mathrm{d}\zeta=\sum_{i}\sum_{j}\sum_{k}W_iW_jW_k f(\xi_i,\eta_j,\zeta_k) \tag{3.6.42}$$

当积分区域为四面体时，同样有与二维、三角形类似的哈默尔积分，见表 3.3。

表3.2　三角形的数值积分公式

阶次	图	误差	积分点	三角形坐标	权
线性	a为三角形形心	$R=O(h^2)$	a	$\frac{1}{3},\frac{1}{3},\frac{1}{3}$	1
二次	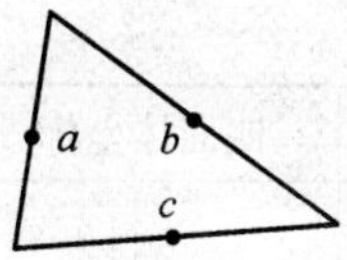	$R=O(h^3)$	a	$\frac{1}{2},\frac{1}{2},0$	$\frac{1}{3}$
			b	$0,\frac{1}{2},\frac{1}{2}$	$\frac{1}{3}$
			c	$\frac{1}{2},0,\frac{1}{2}$	$\frac{1}{3}$
三次	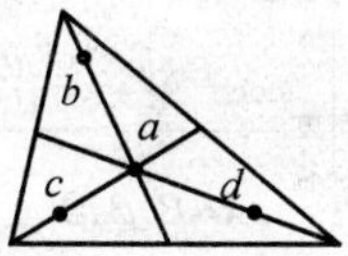	$R=O(h^4)$	a	$\frac{1}{3},\frac{1}{3},\frac{1}{3}$	$-\frac{27}{48}$
			b	$0.6,0.2,0.2$	$\frac{25}{48}$
			c	$0.2,0.6,0.2$	
			d	$0.2,0.2,0.6$	
四次	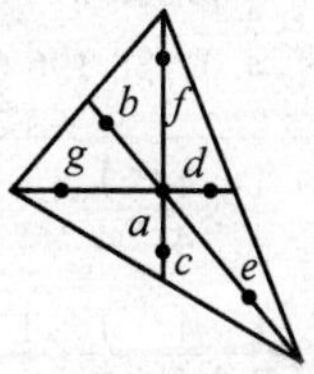	$R=O(h^6)$	a	$\frac{1}{3},\frac{1}{3},\frac{1}{3}$	0.225 000 000 0
			b	α_1,β_1,β_1	0.132 394 152 7
			c	β_1,α_1,β_1	
			d	β_1,β_1,α_1	
			e	α_2,β_2,β_2	0.125 939 180 5
			f	β_2,α_2,β_2	
			g	β_2,β_2,α_2	
			其中 $\alpha_1=0.059\ 715\ 871\ 7$ $\beta_1=0.470\ 142\ 064\ 1$ $\alpha_2=0.797\ 426\ 985\ 3$ $\beta_2=0.101\ 286\ 507\ 3$		

3.6.6　积分阶次的选择

采用数值积分代替精确积分时，积分阶数的选取应适当，因为它直接影响计算精度，计算工作量等，甚至关系到计算的成败。选择时主要从两个方面考虑。一是要保证积分的精度，不损失收敛性；二是要避免引起结构总刚度矩阵的奇异性；导致计算的失败。

用高斯积分法作积分时，若被积函数是$2n-1$阶多项式，则取n个积分点就可得到精确积分结果。利用这一点，通过分析被积多项式的阶次就可获得应取积分点的个数。对于一维问题，若形函数N为p阶多项式，微分算子矩阵$\boldsymbol{A}^{\mathrm{T}}$中元素的最高阶导数为$m$阶，则应变矩阵$\boldsymbol{B}$中元素为$p-m$阶多项式，$\boldsymbol{B}^{\mathrm{T}}\boldsymbol{DB}$中元素则为$2(p-m)$阶多项式。如果雅可比行列式为常数，那么刚度矩阵中的被积函数为$2(p-m)$阶多项式。要做到精确积分，积分点个数应为$n=p-m+1$。

对于二维或三维问题，若形函数为p阶完全多项式，由于一般情况下（除形状比较规则的矩形、平行四边形、正六面体和平行六面体等单元)，雅可比行列式不是常数，而且形函数中还包含高于 p 阶的非完全项，刚度矩阵中被积函数的阶次高于 $2(p-m)$ 阶。具体的阶次通常是不易确定的。若按 $2(p-m)$ 阶计算，积分结果的精度达不到精确积分的要求。但在多数情况下选择低于精确积分的积分阶次(称为减缩积分方案)的有限元分析结果要好于按精确积分得到的结果，同时也缩短了计算时间。其原因可从下面两个方面解释。

表 3.3　四面体的数值积分公式

序号	阶次	图	误差	积分点	四面体坐标	权
1	线性		$R=O(h^2)$	a	$\frac{1}{4},\frac{1}{4},\frac{1}{4},\frac{1}{4}$	1
2	二次		$R=O(h^3)$	a	α,β,β,β	$\frac{1}{4}$
				b	β,α,β,β	$\frac{1}{4}$
				c	β,β,α,β	$\frac{1}{4}$
				d	β,β,β,α $\alpha=0.585\ 410\ 20$ $\beta=0.138\ 196\ 60$	$\frac{1}{4}$
3	三次		$R=O(h^4)$	a	$\frac{1}{4},\frac{1}{4},\frac{1}{4},\frac{1}{4}$	$-\frac{4}{5}$
				b	$\frac{1}{2},\frac{1}{6},\frac{1}{6},\frac{1}{6}$	$\frac{9}{20}$
				c	$\frac{1}{6},\frac{1}{2},\frac{1}{6},\frac{1}{6}$	$\frac{9}{20}$
				d	$\frac{1}{6},\frac{1}{6},\frac{1}{2},\frac{1}{6}$	$\frac{9}{20}$
				e	$\frac{1}{6},\frac{1}{6},\frac{1}{6},\frac{1}{2}$	$\frac{9}{20}$

有限元分析的精度与完全多项式的阶次有关。非完全的高次项一般不能提高精度，而且会有不利影响。从这一意义上说，只要能保证形函数的完全多项式部分的精确积分就可以了，就不会因积分误差带来对有限元分析精度的影响。由于非完全的高次项在积分时得不到保证，相当于对原位移函数作了调整，改善了单元分析的精度。这种减缩积分方案 —— 以保证完全多项式的积分精度来确定积分阶项的方案称为优化积分方案。

由于位移型有限元解答的下限性，离散模型的刚度要高于实际模型，减缩积分方案相当于降低了离散模型的刚度，因而会改善计算精度。

采用减缩积分方案时，应注意防止由于不精确积分而引起的总刚度矩阵(引入边界条件后的)成为奇异矩阵，导致计算失败。这一点在采用精确积分时是不会发生的。原因是当总刚度矩阵为 N 阶时，要使它非奇异应提供 N 个结点参数之间的独立线性关系。现在提供这些关系的是各积分点信息。如果所有积分点所能提供的独立关系的个数少于 N 的话，则总刚 $\boldsymbol{K}$

一定是奇异的。这一点可由 $\boldsymbol{K}$ 若非奇异必是满秩矩阵来说明。

关于矩阵的秩有以下两条规则：

若 $\boldsymbol{K}=\boldsymbol{ABC}$，　则 $\boldsymbol{K}$ 的秩 $\leqslant$ min($\boldsymbol{A}$ 的秩，$\boldsymbol{B}$ 的秩，$\boldsymbol{C}$ 的秩)；

若 $\boldsymbol{C}=\boldsymbol{A}+\boldsymbol{B}$，　则 $\boldsymbol{C}$ 的秩 $\leqslant$ $\boldsymbol{A}$ 的秩 $+$ $\boldsymbol{B}$ 的秩。

考查单元刚度矩阵的计算，采用高斯积分法，单元刚度矩阵可以写成

$$\boldsymbol{k}_e=\sum_{i=1}^{n_g} W_i \boldsymbol{B}^{\mathrm{T}}\boldsymbol{D}\boldsymbol{B}\det \boldsymbol{J} \tag{3.6.43}$$

其中，n_g 为积分点个数。$\boldsymbol{D}$ 为 $d\times d$ 阶满秩方阵，它的秩为 d，对于平面问题 $d=3$。$\boldsymbol{B}$ 为 $d\times n_f$ 阶矩阵，n_f 为单元结点数，一般情况下 $n_f>d$，故 $\boldsymbol{B}$ 的秩为 d。由前述秩的规则可知

$$\boldsymbol{k}_e \text{ 的秩} \leqslant n_g\times d \tag{3.6.44}$$

若共有 M 个单元，则

$$\text{总刚 } \boldsymbol{K} \text{ 的秩} \leqslant M\cdot n_g\cdot d \tag{3.6.45}$$

上式表明，若所有积分点提供的独立关系数 $M\cdot n_g\cdot d$ 小于总刚阶数 N 的话，总刚的秩小于 N，总刚不是满秩矩阵，一定是奇异矩阵。

图3.36中(a)为一个单元的系统，(b)为两个单元的系统，(c)为多个单元的系统，分别采用线性和二次单元，取不同积分点数时矩阵的奇异性列于图中。

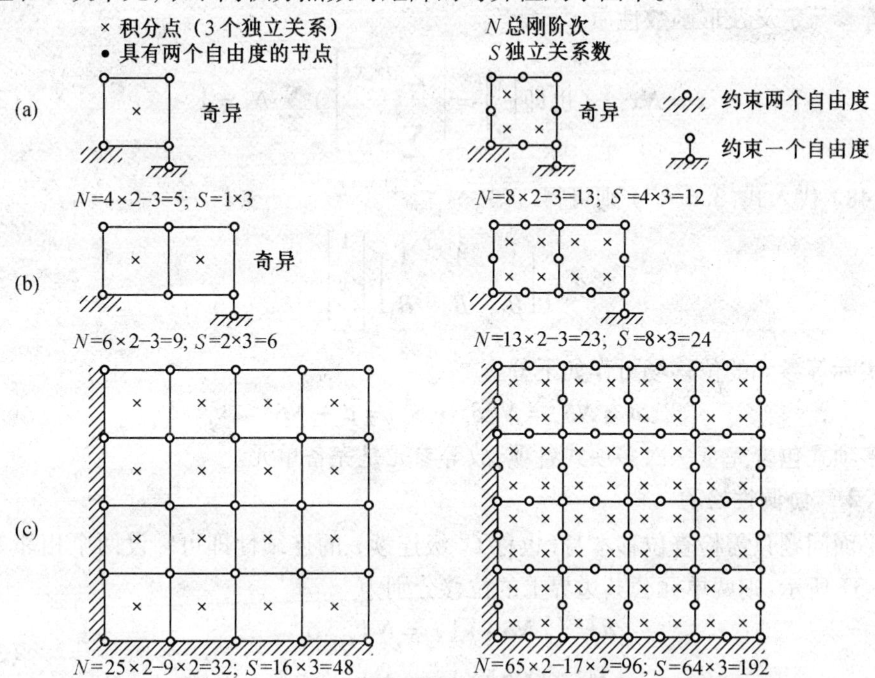

图3.36　对于二维弹性力学问题中矩阵奇异性的检查

3.6.7　等参元的收敛性

3.6.7.1　单元位移场的完备性

完备性检验即是要考查单元位移场是否具有描述单元的刚体位移和常应变状态的能力。对于平面问题来说，势能表达式中所含的最高阶导数为一阶，如果位移也至少为一阶多项式，

则具有上述能力。

设等参元 i 结点的位移为

$$\bar{\boldsymbol{\delta}}_i^e = \begin{bmatrix} \bar{u}_i \\ \bar{v}_i \end{bmatrix} = \begin{bmatrix} A_1 & A_2 & A_3 \\ B_1 & B_2 & B_3 \end{bmatrix} \begin{bmatrix} 1 \\ x_i \\ y_i \end{bmatrix} \quad (i = 1,2) \tag{3.6.46}$$

式中　$A_r B_r$—— 任意常数($r = 1,2,3$)；

x_i, y_i——i 结点的直角坐标值。

则单元位移场为

$$\bar{\boldsymbol{d}} = \boldsymbol{N}\bar{\boldsymbol{\delta}}_e = \sum_i N_i \boldsymbol{I}_2 \bar{\boldsymbol{\delta}}_i = \sum_i N_i \begin{bmatrix} A_1 + A_2 x_i + A_3 y_i \\ B_1 + B_2 x_i + B_3 y_i \end{bmatrix} =$$

$$\begin{bmatrix} A_1 & A_2 & A_3 \\ B_1 & B_2 & B_3 \end{bmatrix} \begin{bmatrix} \sum_i N_i \\ \sum_i N_i x_i \\ \sum_i N_i y_i \end{bmatrix} \tag{3.6.47}$$

根据等参元定义及形函数性质

$$\boldsymbol{x} = \boldsymbol{N}\boldsymbol{x}_e \quad \left(\text{也即} \begin{bmatrix} x \\ y \end{bmatrix} = \begin{bmatrix} \sum_i N_i x_i \\ \sum_i N_i y_i \end{bmatrix}\right) \sum_i N_i = 1 \tag{3.6.48}$$

将式(3.6.48) 代入式(3.6.47) 则可得

$$\bar{\boldsymbol{d}} = \begin{bmatrix} A_1 & A_2 & A_3 \\ B_1 & B_2 & B_3 \end{bmatrix} \begin{bmatrix} 1 \\ x \\ y \end{bmatrix} \tag{3.6.49}$$

由此可见实际等参元的位移场可作如下分解

$$\boldsymbol{d} = \boldsymbol{N}\boldsymbol{\delta}_e = \boldsymbol{N}(\bar{\boldsymbol{\delta}}_e + \boldsymbol{\delta}_e^1) = \bar{\boldsymbol{d}} + \boldsymbol{N}\boldsymbol{\delta}_e^1 \tag{3.6.50}$$

即位移场多项式包含完全一次多项式各项,故等参元是完备单元。

3.6.7.2　协调性检验

由于平面问题只需检查位移本身(也称 C^0 级连续) 的连续性即可。设两个相邻单元 Ⅰ、Ⅱ,如图 3.37 所示,则两单元公共边界上的位移分别为

$$\begin{cases} \boldsymbol{d}_{S_2}^{\mathrm{I}} = (\boldsymbol{N}\boldsymbol{\delta}^{\mathrm{I}}) \mid_{S_2} = \boldsymbol{N} \mid_{\xi=1} \boldsymbol{\delta}^{\mathrm{I}} \\ \boldsymbol{d}_{S_4}^{\mathrm{II}} = (\boldsymbol{N}\boldsymbol{\delta}^{\mathrm{II}}) \mid_{S_4} = \boldsymbol{N} \mid_{\xi=-1} \boldsymbol{\delta}^{\mathrm{II}} \end{cases} \tag{3.6.51}$$

由于除公共边界上各结点的形函数在此边界点上非零外其他的均为零(指在边界点上),因此式(3.6.51) 可写为

$$\begin{cases} \boldsymbol{d}_{S_2}^{\mathrm{I}} = \sum_{S_2} N_r \mid_{\xi=1} \boldsymbol{I}_2 \boldsymbol{\delta}_r^{\mathrm{I}} \\ \boldsymbol{d}_{S_4}^{\mathrm{II}} = \sum_{S_4} N_t \mid_{\xi=-1} \boldsymbol{I}_2 \boldsymbol{\delta}_t^{\mathrm{II}} \end{cases} \tag{3.6.52}$$

下面以图3.38所示十二结点两相邻单元为例来进一步说明。此时式(3.6.52)为

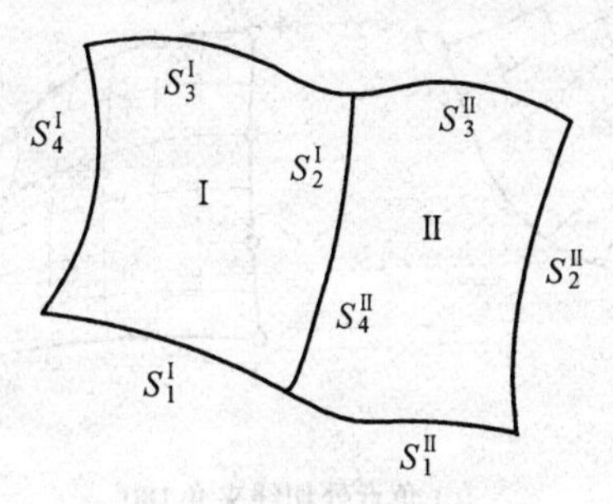

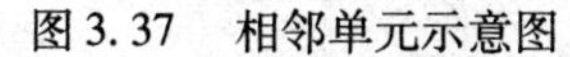
图3.37　相邻单元示意图

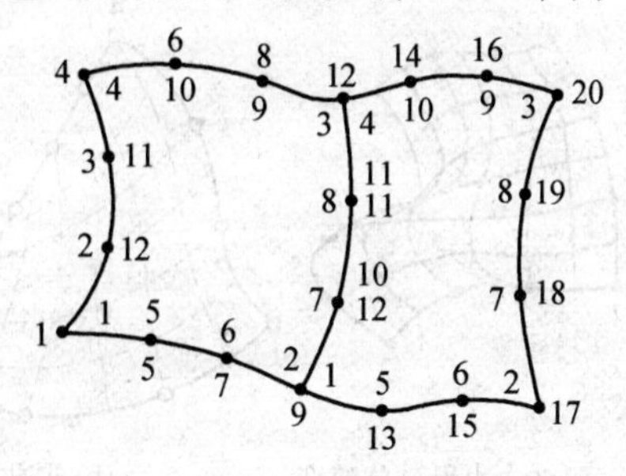

图3.38　相邻单元编码示意图

$$\begin{cases} \boldsymbol{d}_{S_2}^{\mathrm{I}} = N_2 \mid_{\xi=1} \boldsymbol{\delta}_2^{\mathrm{I}} + N_3 \mid_{\xi=1} \boldsymbol{\delta}_3^{\mathrm{I}} + N_7 \mid_{\xi=1} \boldsymbol{\delta}_7^{\mathrm{I}} + N_8 \mid_{\xi=1} \boldsymbol{\delta}_8^{\mathrm{I}} \\ \boldsymbol{d}_{S_4}^{\mathrm{II}} = N_1 \mid_{\xi=-1} \boldsymbol{\delta}_1^{\mathrm{II}} + N_4 \mid_{\xi=-1} \boldsymbol{\delta}_4^{\mathrm{II}} + N_{11} \mid_{\xi=-1} \boldsymbol{\delta}_{11}^{\mathrm{II}} + N_{12} \mid_{\xi=-1} \boldsymbol{\delta}_{12}^{\mathrm{II}} \end{cases} \tag{3.6.53}$$

由于式(3.6.53)中结点位移的协调性,也即

$$\begin{cases} \boldsymbol{\delta}_2^{\mathrm{I}} = \boldsymbol{\delta}_1^{\mathrm{II}} = \boldsymbol{\delta}_9 \quad \boldsymbol{\delta}_3^{\mathrm{I}} = \boldsymbol{\delta}_4^{\mathrm{II}} = \boldsymbol{\delta}_{12} \\ \boldsymbol{\delta}_7^{\mathrm{I}} = \boldsymbol{\delta}_{13}^{\mathrm{II}} = \boldsymbol{\delta}_{10} \quad \boldsymbol{\delta}_8^{\mathrm{I}} = \boldsymbol{\delta}_{11}^{\mathrm{II}} = \boldsymbol{\delta}_{11} \end{cases} \tag{3.6.54}$$

又因为

$$N_2 \mid_{\xi=1} = \frac{1}{16}(1-\eta)(9\eta^2-1) = N_1 \mid_{\xi=-1}$$

$$N_3 \mid_{\xi=1} = \frac{1}{16}(1+\eta)(9\eta^2-1) = N_4 \mid_{\xi=-1}$$

$$N_7 \mid_{\xi=1} = \frac{9}{16}(1-\eta^2)(1-3\eta) = N_{12} \mid_{\xi=-1}$$

$$N_8 \mid_{\xi=1} = \frac{9}{16}(1-\eta^2)(1+3\eta) = N_{11} \mid_{\xi=-1}$$

所以

$$\boldsymbol{d}_{S_2}^{\mathrm{I}} = \boldsymbol{d}_{S_4}^{\mathrm{II}}$$

也即在公共边界上任意点两相邻单元的位移协调。这说明,等参元具有跨单元的位移协调性。这一点也可从位移在边界处的变化情况得到说明,当位移在边界处为 n 次多项式时,在该边界上有 $n+1$ 个结点位移,故该位移可由该边界结点位移惟一确定,相邻边界的结点位移对于相邻单元是相同的,故相邻边界的位移是一致的。

综上讨论,**等参元的收敛性是不用担心的**。

3.6.8　做等参元分析时的注意事项

在等参元应变分析中式(3.6.8)表明 $\det \boldsymbol{J}=0$ 时等参元分析将失效。导致 $\det \boldsymbol{J}=0$ 有以下几种可能:

(1) 经 $\boldsymbol{N}\,\boldsymbol{x}_e$ 映射的单元边界发生严重扭曲;

(2) 正方形母单元映射成三角形单元;

(3) 某角点处映射后单元边线的切线夹角接近180°。

为避免出现上述情况,进行离散化时应避免网格划分出现图3.39所示情况。

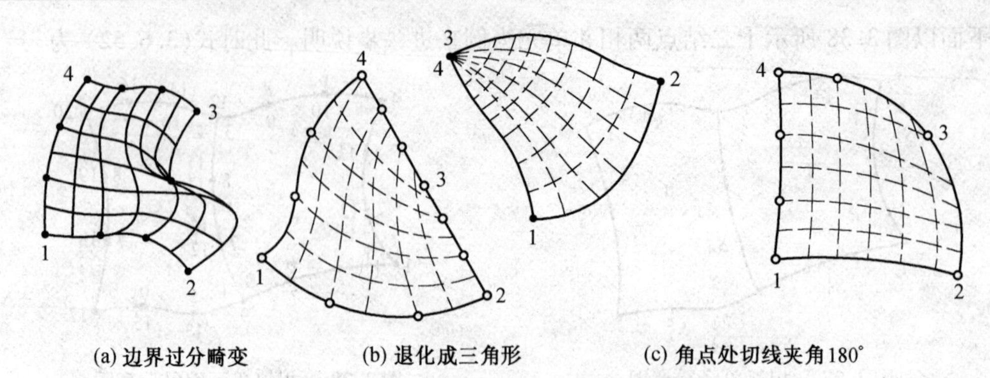

图 3.39　可能出现等参元失效的示意图

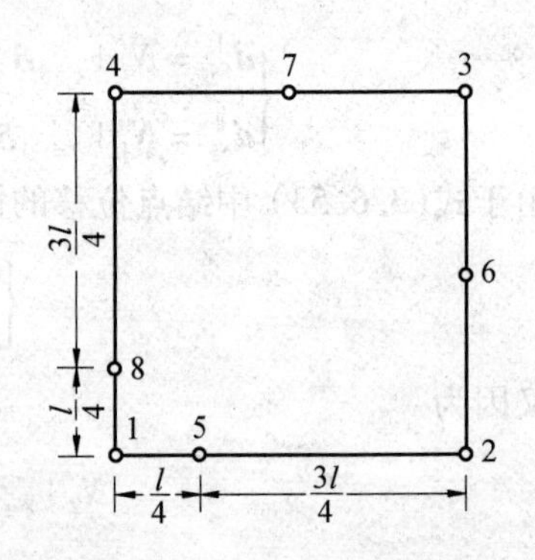
图 3.40　二次畸异等参元示意图

在母单元中边点是等距分布的，在子单元划分确定边线结点位置时也应尽量使等距分布。若子单元边点位置如图3.40所示，则结点1处的应变、应力将趋于无穷大。这种单元称畸异等参元，在断裂力学分析中裂缝端点处单元均采用畸异等参元。

在等参元分析中根据 $\boldsymbol{x}=\boldsymbol{N}\,\boldsymbol{x}_e$ 可知母单元中 (ξ,η) 点在子单元中为 (x,y) 点，但一般无法从 $\boldsymbol{x}=\boldsymbol{N}\,\boldsymbol{x}_e$ 求出 $\xi=f(x,y)$，$\eta=g(x,y)$。正因如此，要求子单元中指定点 (x,y) 处的物理量是做不到的，只能先求出母单元中 (ξ,η) 点的物理量，然后从 $\boldsymbol{x}=\boldsymbol{N}\,\boldsymbol{x}_e$ 确定这物理量是子单元中那一点的值。

当子单元网络划分的边界结点位于两角点连线上时，映射后子单元的此边界将为一直线。但沿边界所求得的位移并不一定是线性变化的（因为结点位移并不一定在一直线上）。

3.6.9　算例

【例 3.3】　自重作用下的简支梁。

有一两端简支的矩形截面梁，长 12 cm，高 2 cm，弹性模量 $E=10^{11}$ N/m²，泊桑比 $\mu=1/3$，重度 $\gamma=10^5$ N/m³，现计算自重作用下梁的挠度与应力。

【解】　取梁的轴线为 x 轴，梁的对称轴为 y 轴。由于对称性只需考察梁的一半长度，如图3.41所示，将它划分为3个八结点等参数单元，结点编号如图3.41所示。

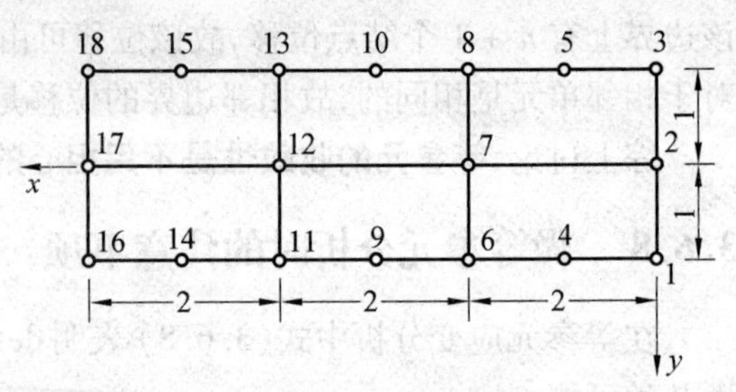
图 3.41　简支梁的单元划分和结点编号

由有限单元法计算，采用 2×2 阶高斯积分得到：结点2的挠度 $v_2=0.862\times10^{-5}$ mm，与精确值 $v_2=0.868\times10^{-5}$ mm 十分接近；结点1的应力 $(\sigma_x)_1=5\ 500$ Pa，结点4的应力 $(\sigma_x)_4=5\ 200$ Pa，与精确值 $(\tau_\alpha)_1=5\ 440$ Pa、$(\sigma_x)_4=5\ 290$ Pa 也十分接近。精确解是按弹性力学计算的，简支条件是取 $v_{17}=0$。

3.7　有限元分析中一些应注意的问题

3.7.1　离散化时应注意的问题

除对等参元在节 3.6 中指出应避免 det $\boldsymbol{J}=0$ 外，对一般的有限元分析作网格划分时应注意以下几点：

(1) 相邻单元应尽可能大小接近，在集装时以避免大数和小数相加减等因素导致精度（有效数字）的损失。

(2) 单元的最大尺寸和最小尺寸（同一单元）之比应尽可能接近 1，最多不超过 2。

(3) 应注意结点的合理编码，尽可能使总刚的带宽减少。与杆系问题一样，总刚的半带宽为

$$B_{\mathrm{W}}=\text{结点自由度数}\times(\text{相邻结点编码最大差值}+1)$$

或相邻结点位移编码最大差值小于 +1。因此应使 B_{W} 趋于最小，相当于寻求如何编码使相邻结点编码最大差值为最小。

(4) 为获得较好的应力计算结果，单元划分宜如图 3.42 中(a)，不宜采用(b)。

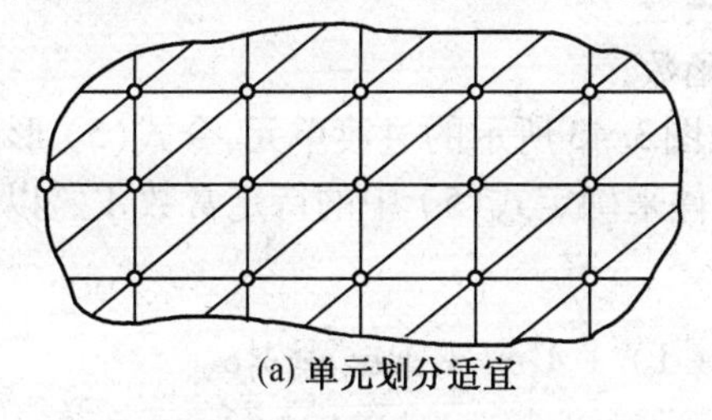

(a) 单元划分适宜

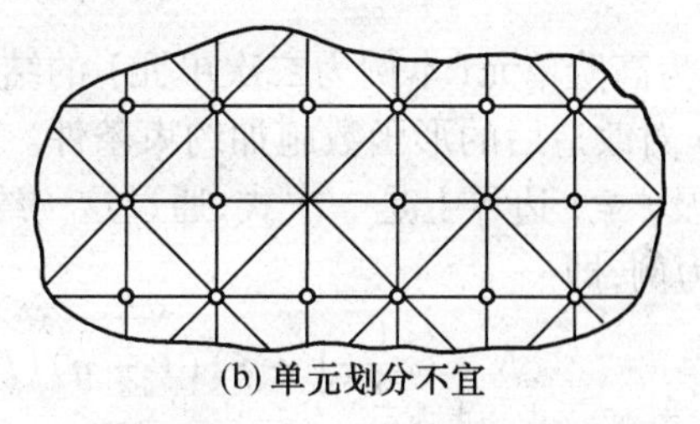

(b) 单元划分不宜

图 3.42　合理网络划分示意图

3.7.2　有应力梯度很大部分时的处理

当出现这种情况时，不难想像，在低应力梯度区可采用较粗的网络划分；而在高度力梯度区则应采用较细密的网格划分。但考虑到大小悬殊的单元会引起较大计算误差，而且可能对于大型复杂问题采用高应力梯度区细密网格将超出计算机的容量等等，为此可采用分步法来解决，其思路是：

(1) 先以粗网格进行第一步分析，求得位移解答及低应力梯度区的应力解答；

(2) 从原问题中取出其高应力梯度区，以粗网格之位移解答利用插值公式构造区域边界位移场；

(3) 以细网格或高次单元等分划(2) 中区域作第二步分析（计算一个已知边界位移的问题），从而获得高应力梯度区的位移、应力解答。

从理论上说，上述分步法可作多重分步计算，从而使内存容量很小的计算机也能求解，以获得高精度的计算结果。但从程序实现、所需机时费用等等综合考虑，太多重分步计算是不合适的，一般最多二重。

若计算机容量允许，当然不必采用分步法处理。此时为了获得满意结果而又尽可能减少计算工作量，可在高应力梯度区用稍细网格和高阶元，在其他区域用稍粗网格和低阶元，而在

两区域交界处建立一种过渡单元，如图 3.43 所示。这种过渡单元的各结点形函数除可按节 3.5 中的方法建立外，也可按如下方法由相应高阶元的形函数改造来得到：

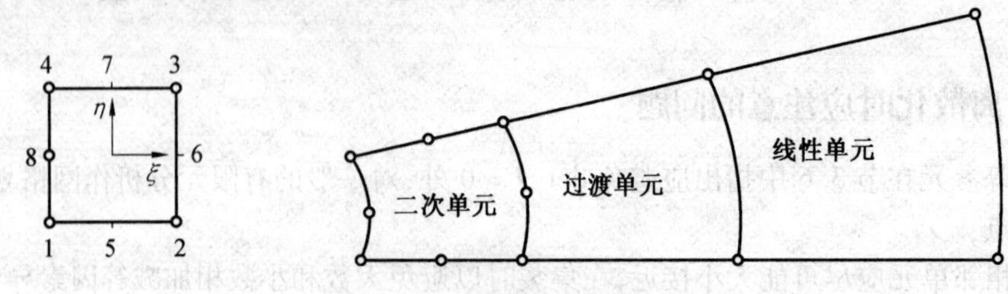

图 3.43　过渡单元示意图

(1) 设

$$\begin{cases}\alpha_5(i)=(1-\xi^2)(1-\eta)=\overline{263}\times\overline{374}\times\overline{481}\\ \alpha_6(i)=(1+\xi)(1-\eta^2)=\overline{152}\times\overline{374}\times\overline{481}\\ \alpha_7(i)=(1-\xi^2)(1+\eta)=\overline{152}\times\overline{263}\times\overline{481}\end{cases}\tag{4}$$

显然，这 3 个函数满足在本点处非零在它点处全为零的条件。

(2) 令各点形函数为

$$\overline{N}_i=N_i+\sum_{j=5}^{7}A_j^i\alpha_j\tag{5}$$

式中 N_i 为高阶单元（本例为二次单元）的结点形函数；

(3) 对改造后的形函数施加约束条件。例如，图 3.43 所示的过渡单元，令式(5) 形函数在 $\eta=\pm1$ 及 $\xi=1$ 边界上是一次式，通过这一约束条件来确定式(5) 中的待定常数 A_j^i。以 1 结点形函数为例，即

$$\overline{N}=-\frac{1}{2}(1-\xi)(1-\eta)(\xi+\eta+1)+A_5^1\alpha_5+A_6^1\alpha_6+A_7^1\alpha_7\tag{6}$$

$\eta=1$ 时，$\overline{N}_1=2A_7^1(1-\xi^2)$，为使其是一次式必须 $A_7^1=0$；

$\eta=-1$ 时，$\overline{N}_1=\frac{1}{2}\xi(1-\xi)+2A_5^1(1-\xi^2)$，为使其是一次式必须 $A_5^1=\frac{1}{4}$；

$\xi=1$ 时，$\overline{N}_1=2A_6^1(1-\eta^2)$，为使其是一次式必须 $A_6^1=0$。

由此可得改造后 1 点形函数为

$$\overline{N}_1=-\frac{1}{4}\eta(1-\xi)(1-\eta)\tag{7}$$

其余形函数读者不难自行练习改造。

必须指出，上述所讨论的处理方法不适用于断裂力学的裂缝分析。

3.7.3　应力计算结果的整理

前面所介绍的有限元法均是以位移参数作为基本未知量的，因此，称做位移元。在位移元分析中首先求得结点位移，然后由几何方程和本构关系求得应力，所以，位移的精度高于应力。而且对于许多单元来说所构造的位移场仅仅是位移协调（C^0 级），应变并不协调。因此，对应力的计算结果一般均需进行整理，常用的处理方法有如下几种。

3.7.3.1　绕结点平均法

设常应变三角形单元划分如图 3.44 所示，因每一单元均是常应变（常应力），故相邻单元应力阶状变化。所谓绕结点平均法系指：

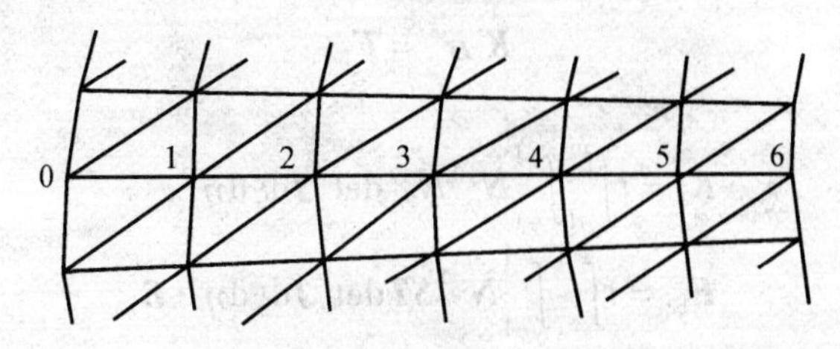

图 3.44　单元划分示意图

(1) 对内结点 1 ~ 5 分别计算与结点相关各单元应力的平均值作为此点的应力,也即

$$\boldsymbol{\sigma}_j = \sum_{i=1}^{6} \sigma_i^j / 6$$

(2) 根据所求得的内结点应力利用外插公式插值计算边界点的应力(如图所示的 $\boldsymbol{\sigma}_0$、$\boldsymbol{\sigma}_6$)。实践表明,经绕结点平均处理后的结果具有良好的表征性(也即能较好反映实际应力)。

3.7.3.2　两单元平均法

仍以图 3.44 情况说明,所谓两单元平均法系指:

(1) 以相邻两单元应力的平均值作为公共边中点的应力;

(2) 用外插法求边界单元边中点应力。

上述两种处理方法主要用于普通的低阶单元应力处理,具有较好的表征性。但必须注意,截面变化处本来应力就应该是不连续的,作上述处理反而不符实际;为进行外插"内点"数不应少于 3。

3.7.3.3　应力修匀法

对于等参元分析来说,可采用应力修匀法进行处理。下面以八结点二次单元为例来说明。

因为
$$\boldsymbol{d} = \boldsymbol{N}\,\boldsymbol{\delta}_e \tag{8}$$
所以
$$\boldsymbol{\sigma} = \boldsymbol{ST\delta}_e \tag{9}$$

设 4 个角点的待定修匀应力为 $\boldsymbol{\sigma}_c^e$

$$\begin{cases} \boldsymbol{\sigma}_c^e = [\,\boldsymbol{\sigma}_{c1}^T \quad \boldsymbol{\sigma}_{c2}^T \quad \boldsymbol{\sigma}_{c3}^T \quad \boldsymbol{\sigma}_{c4}^T\,]^T \\ \boldsymbol{\sigma}_{ci} = [\,\boldsymbol{\sigma}_{cx} \quad \boldsymbol{\sigma}_{cy} \quad \boldsymbol{\tau}_{cxy}\,]_i^T \end{cases} \tag{10}$$

并设单元内修匀应力为 $\boldsymbol{\sigma}_c$,并由角点待定修匀应力 $\boldsymbol{\sigma}_c^e$ 插值构造

$$\boldsymbol{\sigma}_c = [\,N_1\boldsymbol{I}_3 \quad N_2\boldsymbol{I}_3 \quad N_3\boldsymbol{I}_3 \quad N_4\boldsymbol{I}_3\,]\boldsymbol{\sigma}_c^e = \boldsymbol{N}^-\boldsymbol{\sigma}_c^e \tag{11}$$

式中

$$\begin{cases} N_i = \dfrac{1}{4}(1+\xi_0)(1+\eta_0) \\ \xi_0 = \xi_i\xi \\ \eta_0 = \eta_i\eta \quad (i = 1,2,3,4) \end{cases} \tag{12}$$

由此可得单元修匀应力和由式(9) 应力之差 $\boldsymbol{F}_S$ 为

$$\boldsymbol{F}_S = \boldsymbol{ST\delta}_e - \boldsymbol{N}^-\,\boldsymbol{\sigma}_c^e \tag{13}$$

可利用最小二乘法来确定待定修匀应力 $\boldsymbol{\sigma}_c^e$,为此建立如下泛函

$$I = \int_V \boldsymbol{F}_S^T\boldsymbol{F}_S \mathrm{d}V = t\int_{-1}^{+1}\int_{-1}^{+1} (\boldsymbol{ST\delta}_e - \boldsymbol{N}^-\,\boldsymbol{\sigma}_c^e)^T(\boldsymbol{ST\delta}_e - \boldsymbol{N}^-\,\boldsymbol{\sigma}_c^e)\det\,\boldsymbol{J}\mathrm{d}\xi\mathrm{d}\eta =$$
$$t\int_{-1}^{+1}\int_{-1}^{+1} (\boldsymbol{\delta}_e^T\boldsymbol{ST}^T\boldsymbol{ST\delta}_e - 2\boldsymbol{\sigma}_c^{eT}\boldsymbol{N}^{-T}\boldsymbol{ST\delta}_e + \boldsymbol{\sigma}_c^{eT}\boldsymbol{N}^{-T}\boldsymbol{N}^-\,\boldsymbol{\sigma}_c^e)\det\,\boldsymbol{J}\mathrm{d}\xi\mathrm{d}\eta \tag{14}$$

并令 $\dfrac{\partial I}{\partial \boldsymbol{\sigma}_c^e} = \boldsymbol{0}$,则可得

$$\boldsymbol{K}_{\mathrm{c}}\boldsymbol{\sigma}_{\mathrm{c}}^{e} = \boldsymbol{F}_{\mathrm{bc}} \tag{15}$$

式中

$$\boldsymbol{K}_{e} = t\int_{-1}^{+1}\int_{-1}^{+1}\boldsymbol{N}^{-\mathrm{T}}\boldsymbol{N}^{-}\ \det\ \boldsymbol{J}\mathrm{d}\xi\mathrm{d}\eta \tag{16}$$

$$\boldsymbol{F}_{\mathrm{bc}} = t\int_{-1}^{+1}\int_{-1}^{+1}\boldsymbol{N}^{-\mathrm{T}}\boldsymbol{ST}\det\ \boldsymbol{J}\mathrm{d}\xi\mathrm{d}\boldsymbol{\eta}\cdot\boldsymbol{\delta}_{e} \tag{17}$$

在$\boldsymbol{\delta}_e$已知条件下可由式(18)求得结点待修匀应力$\boldsymbol{\sigma}_{\mathrm{c}}^{e}$;对八结点等参元情况,也可用如下更方便的方法求解,即式(18)可改写为

$$t\int_{-1}^{+1}\int_{-1}^{+1}(\boldsymbol{\sigma}-\boldsymbol{\sigma}_{\mathrm{c}})^{\mathrm{T}}\boldsymbol{N}^{-}\ \det\ \boldsymbol{J}\mathrm{d}\boldsymbol{\xi}\mathrm{d}\boldsymbol{\eta} = \boldsymbol{0}^{\mathrm{T}} \tag{18}$$

由于$\boldsymbol{N}^{-}$是一次的,只要采用2×2高斯积分即可,此时共有如下四个积分点

$$\mathrm{I}:\left(-\frac{\sqrt{3}}{3},-\frac{\sqrt{3}}{3}\right);\qquad \mathrm{II}:\left(\frac{\sqrt{3}}{3},-\frac{\sqrt{3}}{3}\right);$$

$$\mathrm{III}:\left(\frac{\sqrt{3}}{3},\frac{\sqrt{3}}{3}\right);\qquad \mathrm{IV}:\left(-\frac{\sqrt{3}}{3},\frac{\sqrt{3}}{3}\right)。$$

令

$$\boldsymbol{\sigma}_{\mathrm{I}}\left(-\frac{\sqrt{3}}{3},-\frac{\sqrt{3}}{3}\right)=\boldsymbol{\sigma}_{\mathrm{I}}=\boldsymbol{\sigma}_{\mathrm{c}}\left(-\frac{\sqrt{3}}{3},-\frac{\sqrt{3}}{3}\right)$$

$$\boldsymbol{\sigma}_{\mathrm{II}}\left(\frac{\sqrt{3}}{3},-\frac{\sqrt{3}}{3}\right)=\boldsymbol{\sigma}_{\mathrm{II}}=\boldsymbol{\sigma}_{\mathrm{c}}\left(\frac{\sqrt{3}}{3},-\frac{\sqrt{3}}{3}\right)$$

$$\boldsymbol{\sigma}_{\mathrm{III}}\left(\frac{\sqrt{3}}{3},\frac{\sqrt{3}}{3}\right)=\boldsymbol{\sigma}_{\mathrm{III}}=\boldsymbol{\sigma}_{\mathrm{c}}\left(\frac{\sqrt{3}}{3},\frac{\sqrt{3}}{3}\right)$$

$$\boldsymbol{\sigma}_{\mathrm{IV}}\left(-\frac{\sqrt{3}}{3},\frac{\sqrt{3}}{3}\right)=\boldsymbol{\sigma}_{\mathrm{IV}}=\boldsymbol{\sigma}_{\mathrm{c}}\left(-\frac{\sqrt{3}}{3},\frac{\sqrt{3}}{3}\right) \tag{19}$$

则式(19)与式(15)等价。将式(19)写成矩阵方程(考虑到式(12)和式(11)后)可得

$$\begin{bmatrix} A\boldsymbol{I}_3 & B\boldsymbol{I}_3 & C\boldsymbol{I}_3 & B\boldsymbol{I}_3 \\ B\boldsymbol{I}_3 & A\boldsymbol{I}_3 & B\boldsymbol{I}_3 & C\boldsymbol{I}_3 \\ C\boldsymbol{I}_3 & B\boldsymbol{I}_3 & A\boldsymbol{I}_3 & B\boldsymbol{I}_3 \\ B\boldsymbol{I}_3 & C\boldsymbol{I}_3 & B\boldsymbol{I}_3 & A\boldsymbol{I}_3 \end{bmatrix}\begin{bmatrix}\boldsymbol{\sigma}_{\mathrm{c1}}\\ \boldsymbol{\sigma}_{\mathrm{c2}}\\ \boldsymbol{\sigma}_{\mathrm{c3}}\\ \boldsymbol{\sigma}_{\mathrm{c4}}\end{bmatrix}=\begin{bmatrix}\boldsymbol{\sigma}_{\mathrm{I}}\\ \boldsymbol{\sigma}_{\mathrm{II}}\\ \boldsymbol{\sigma}_{\mathrm{III}}\\ \boldsymbol{\sigma}_{\mathrm{IV}}\end{bmatrix} \tag{20}$$

解式(20)可得

$$\begin{bmatrix}\boldsymbol{\sigma}_{\mathrm{c1}}\\ \boldsymbol{\sigma}_{\mathrm{c2}}\\ \boldsymbol{\sigma}_{\mathrm{c3}}\\ \boldsymbol{\sigma}_{\mathrm{c4}}\end{bmatrix}=\boldsymbol{\sigma}_{\mathrm{c}}^{e}=\begin{bmatrix} a\boldsymbol{I}_3 & b\boldsymbol{I}_3 & c\boldsymbol{I}_3 & d\boldsymbol{I}_3 \\ b\boldsymbol{I}_3 & a\boldsymbol{I}_3 & b\boldsymbol{I}_3 & c\boldsymbol{I}_3 \\ c\boldsymbol{I}_3 & b\boldsymbol{I}_3 & a\boldsymbol{I}_3 & b\boldsymbol{I}_3 \\ b\boldsymbol{I}_3 & c\boldsymbol{I}_3 & b\boldsymbol{I}_3 & a\boldsymbol{I}_3 \end{bmatrix}\begin{bmatrix}\boldsymbol{\sigma}_{\mathrm{I}}\\ \boldsymbol{\sigma}_{\mathrm{II}}\\ \boldsymbol{\sigma}_{\mathrm{III}}\\ \boldsymbol{\sigma}_{\mathrm{IV}}\end{bmatrix} \tag{21}$$

式(20)中

$$A=\frac{2+\sqrt{3}}{6}\quad B=\frac{1}{6}\quad C=\frac{2-\sqrt{3}}{6} \tag{22}$$

式(21)中

$$a=1+\frac{\sqrt{3}}{2}\quad b=-\frac{1}{2}\quad c=1-\frac{\sqrt{3}}{2} \tag{23}$$

从式(21)可见,一经求得未修匀的高斯积分点应力则四角点的修匀应力只要进行矩阵乘即可获得。而四边点的应力因为$\boldsymbol{N}^{-}$是一次的,故可由相邻角点修匀应力平均值而得到,单元内的修匀应力由式(11)来计算。

按上述单元修匀法所求得的角点、边点修匀应力,相邻单元同一结点可能有不同的数值,为此再用平均法(1)、(2) 进行整理。

综上所述,等参元应力计算步骤如下:

(1) 计算高斯积分点的未修匀应力;

(2) 由式(18) 或式(21) 计算单元角点修匀应力;

(3) 以绕结点平均法求结点应力;

(4) 以相邻结点平均应力作为单元边中点应力。

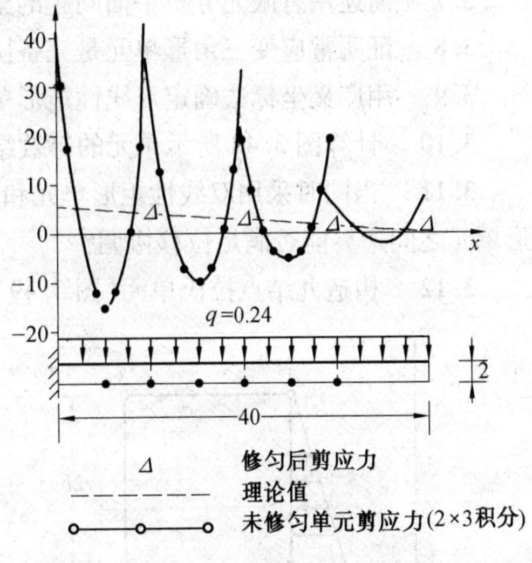

图 3.45　梁中和轴上的剪应力分布

下面以图 3.45 为例说明修匀前后的应力状态。图示悬臂梁高跨比 $h/l = 1/20$,承受均布荷载,划分为4 个八结点矩形单元,用2×2 高斯积分进行单元积分,所得正应力 σ_x 修匀前、后均能与理论解很好地相符;但未修匀的剪应力与理论解相差很远,而修匀后的剪应力却与理论解十分一致。

最后再次强调,本节内容虽是以平面问题为例说明的,但其观点、思路均适用于其他位移元分析,因此,在以后几章中不再说明。

习　题

3.1　证明常应变三角形单元形函数 N_j 在 j、k 边界上的值与 i 结点坐标无关。

3.2　证明常应变三角形单元形函数满足 $\sum_i N_i = 1$。

3.3　证明常应变三角形单元发生刚体位移时,不会在单元内产生应力。

3.4　求图 3.46 所示单元的形函数矩阵。

3.5　利用 3.4 题结果计算图 3.46 所示单元的单元刚度矩阵。设 $\mu = 0$,厚度为 t,弹性模量为 E。

3.6　利用 3.5 题结果计算图 3.47 所示结构的总刚度矩阵,并求总荷载列阵。

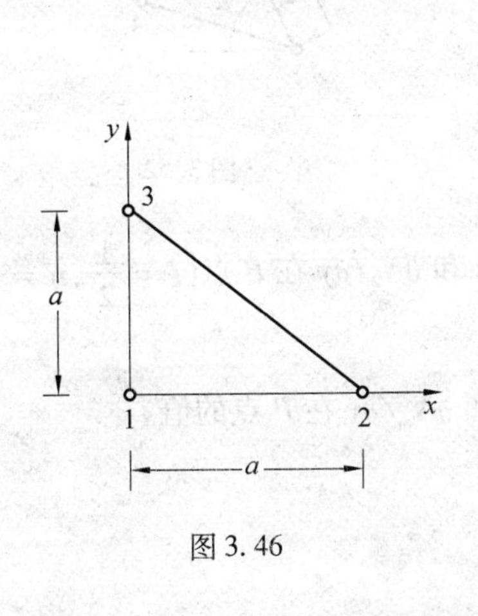

图 3.46

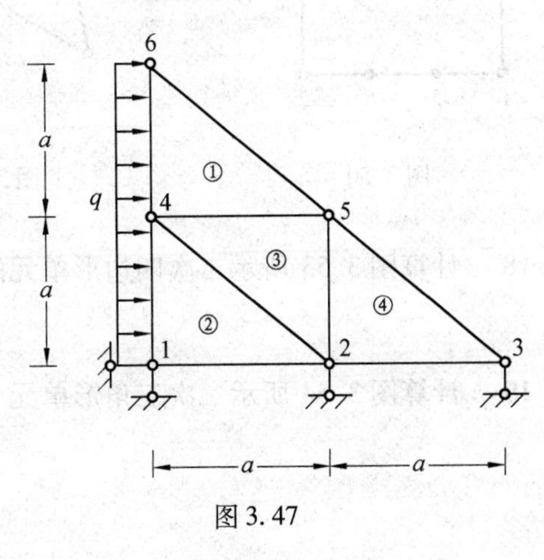

图 3.47

3.7　简述用有限元分析平面问题的全过程,画出计算程序的主程序框图。

3.8　证明常应变三角形单元是完备协调单元。

3.9　用广义坐标法确定双线性矩形单元的形函数。

3.10　计算图 3.48 所示单元的等效结点荷载。

3.11　当同时采用双线性矩形单元和常应变三角形进行有限元分析时,三角形单元和矩形单元之间边界能否满足位移协调?

3.12　构造九结点拉氏单元(图 3.49) 的形函数 N_2 和 N_6。

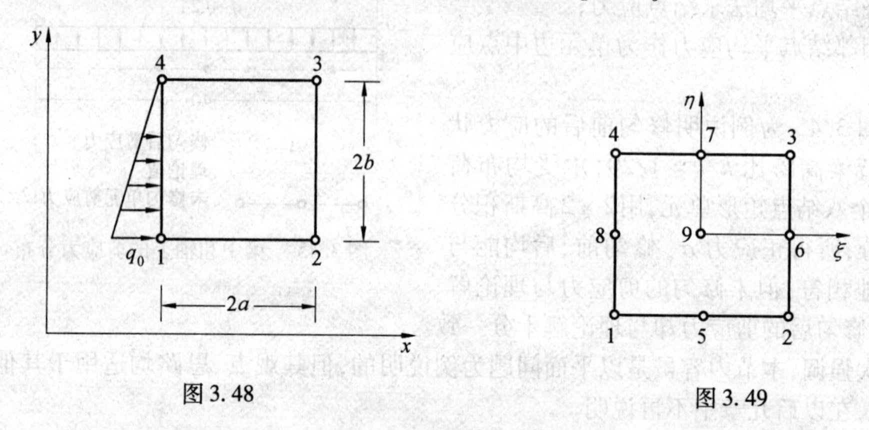

图 3.48　　图 3.49

3.13　试确定由式(3.5.9) 构造拉氏单元形函数时,完全多项式的阶数。

3.14　建立图 3.50 所示过渡单元的形函数。

3.15　建立图 3.51 所示三角形单元形函数。

3.16　计算二次三角形单元自重产生的等效结点荷载。

3.17　计算图 3.52 所示二次三角形单元在 163 边均布荷载作用下的等效结点荷载。

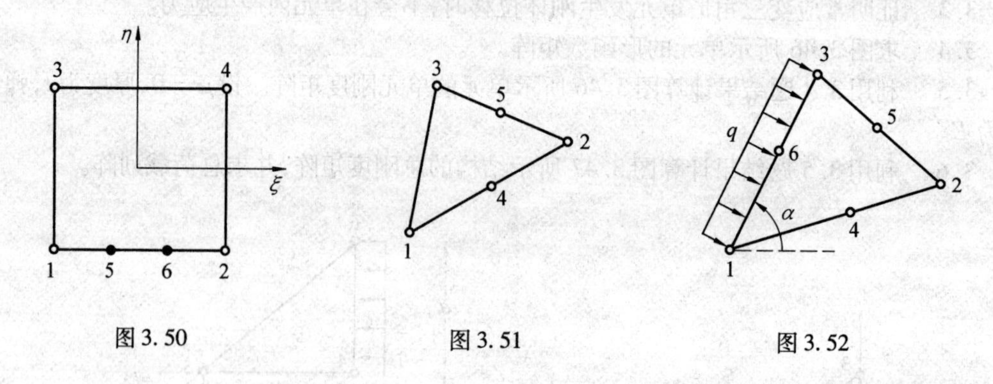

图 3.50　　图 3.51　　图 3.52

3.18　计算图 3.53 所示二次四边形单元的 $\partial N_i/\partial x$ 和 $\partial N_2/\partial y$ 在 P 点$\left(\xi = \dfrac{1}{2}, \eta = \dfrac{1}{2}\right)$ 的值。

3.19　计算图 3.54 所示二次三角形单元 $\partial N_4/\partial x$ 和 $\partial N_\alpha/\partial y$ 在 P 点的值。

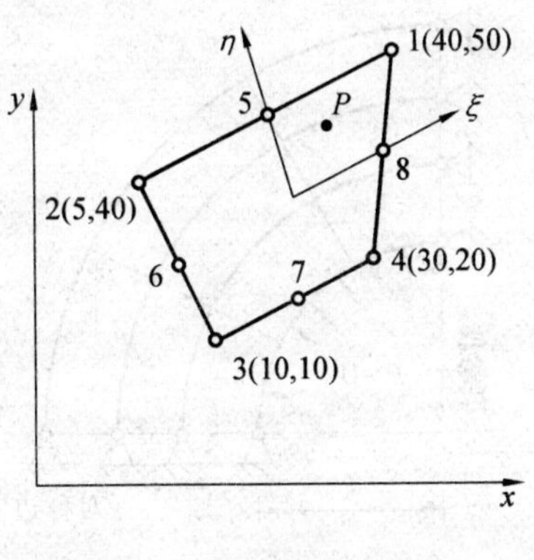

图 3.53

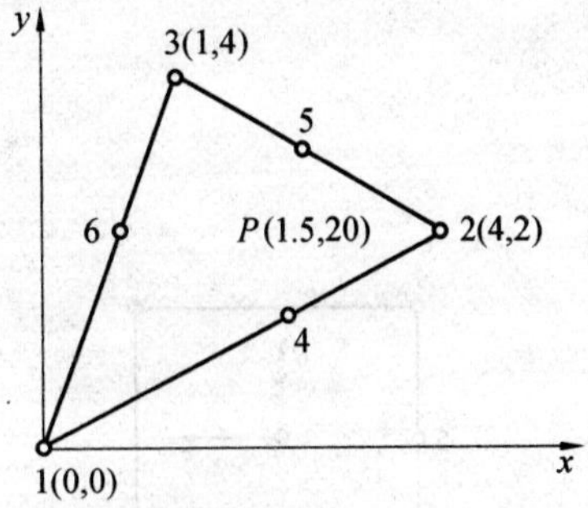

图 3.54

3.20　对图 3.55 所示平行四边形单元求出以下问题。

(1) 写出坐标插值表达式;

(2) 求 $\boldsymbol{J}^{-1}$ 和 $|\boldsymbol{J}|$。

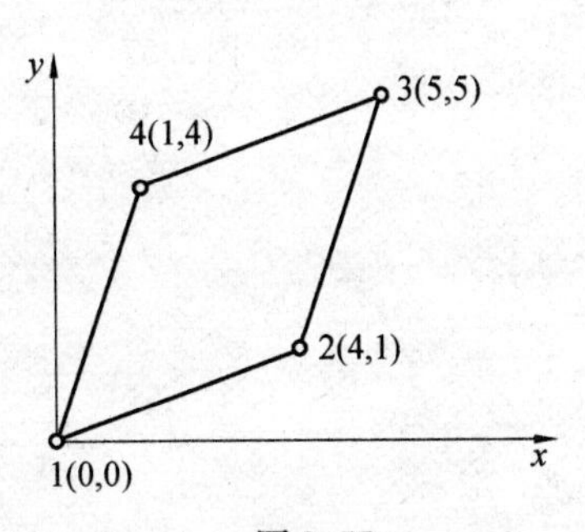

图 3.55

3.21　求图 3.56 所示四结点等参元在三种荷载作用下的等效结点荷载。

3.22　当图 3.56 所示单元的八结点等参元时,求等效结点荷载。

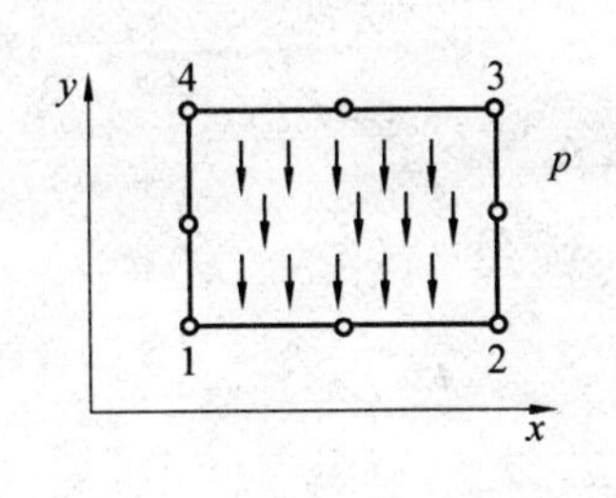

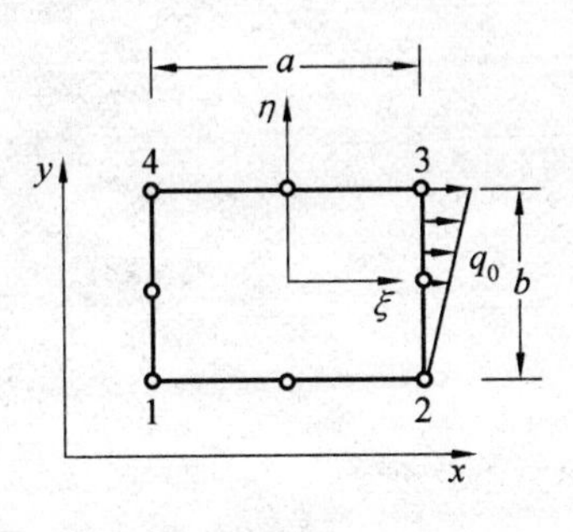

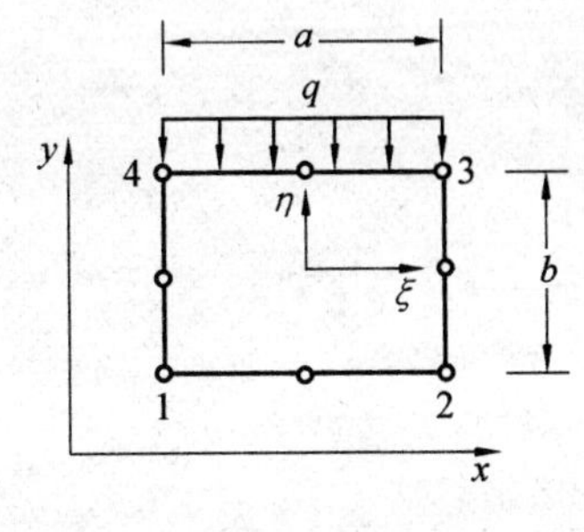

图 3.56

3.23　试确定下列单元的优化积分和精确积分(设 $|\boldsymbol{J}|$ 为常数)所需的高斯积分阶次。

(1) 四结点矩形单元;

(2) 四结点任意四边形单元;

(3) 八结点矩形单元;

(4) 十二结点矩形单元。

3.24　由从高阶单元形函数的改造获得过渡单元形函数的方法确定图 3.57 所示单元的形函数 N_2 和 N_5。

3.25　图 3.58 为受内压厚壁圆筒的计算模型,试用第四章程序用八结点等参元求其应力分布。

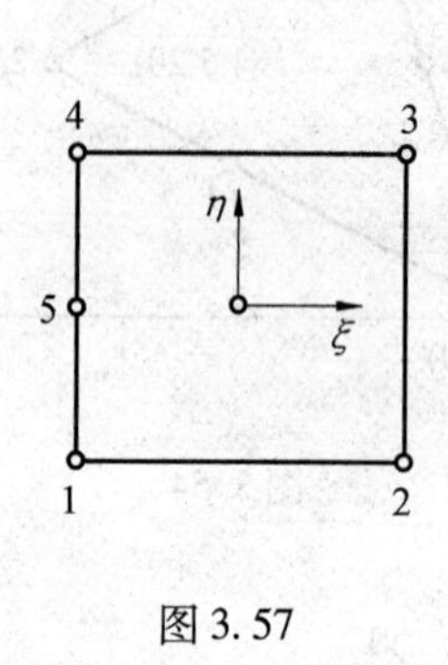

图 3.57

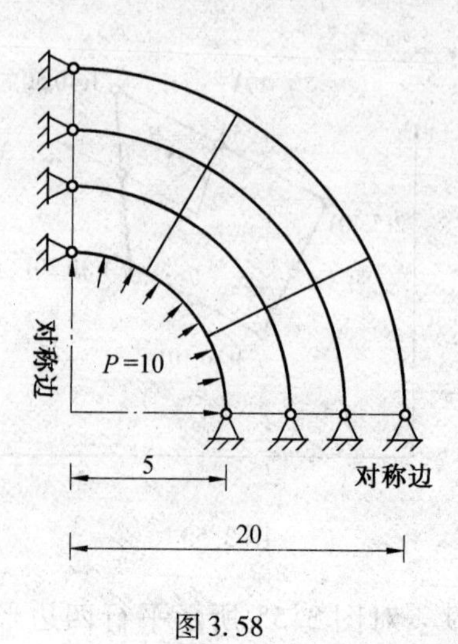

图 3.58

第4章　空间与轴对称问题

4.1　空间问题

在实际工程中，有些结构由于形体复杂并且三个方向尺寸同量级，此时必须按空间(三维)问题求解。用有限元分析空间问题从原理上说与平面(二维)问题并无差别，只需将上一章介绍的方法稍加改动即可用于空间问题。但必须指出，由平面转为空间给有限元分析带来了两个主要困难：

(1) 空间问题离散化不像平面问题那样直观，当人工离散时很容易产生错误；

(2) 未知量的数量剧增。例如，图4.1所示离散情况，平面问题若不计被约束位移也只50个位移未知量，等带存贮需700个存贮单元；空间问题则需375个位移未知量，等带存贮要36 000个存贮单元。从此例可见，对于更复杂的问题，计算机的存贮容量和计算费用均将产生问题。

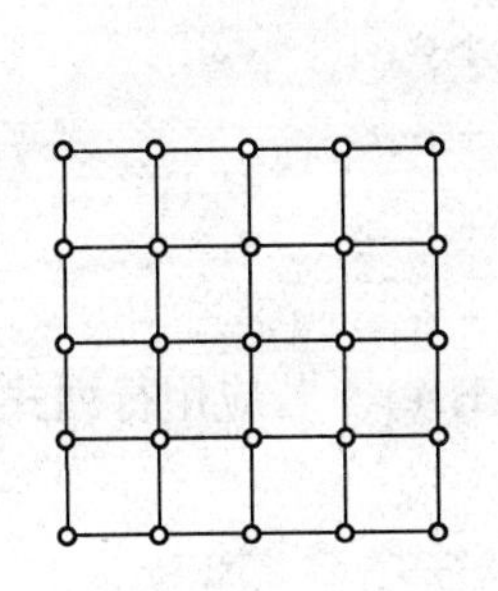
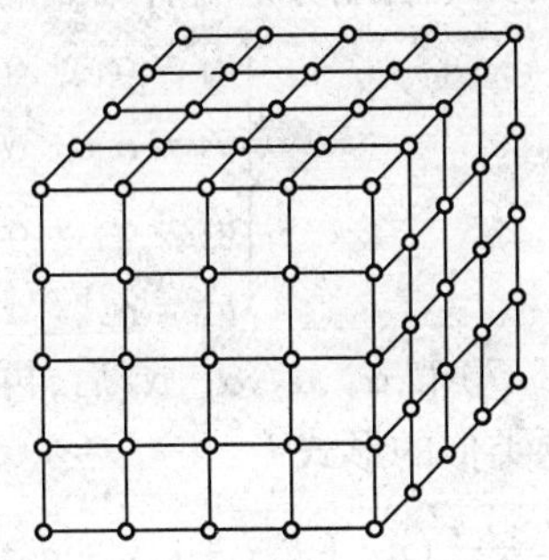

图4.1　离散化示意图

为解决这两个问题，前者可通过寻找规律，通过建立网络自动生成前处理程序来克服；而后者则可采用高阶元来提高单元精度，以达到减少未知量和节省机时的目的。

对于平面问题，最简单的单元是三角形常应变单元；在空间问题情况下，与其相应的是四面体常应变单元。本节将首先以它为例介绍空间问题单元分析的一般过程，然后介绍其他单元形式。

4.1.1　常应变四面体单元

4.1.1.1　位移函数

图4.2表示由x、y、z坐标所确定的1个四面体单元，4个角点为结点，每个结点有3个位移分量

$$\boldsymbol{\delta}_i = \begin{bmatrix} u_i \\ v_i \\ w_i \end{bmatrix} \tag{4.1.1}$$

4 个结点有 12 个位移分量，即单元结点位移为

$$\boldsymbol{\delta}_e = \begin{bmatrix} \boldsymbol{\delta}_1 \\ \boldsymbol{\delta}_2 \\ \boldsymbol{\delta}_3 \\ \boldsymbol{\delta}_4 \end{bmatrix} \tag{4.1.2}$$

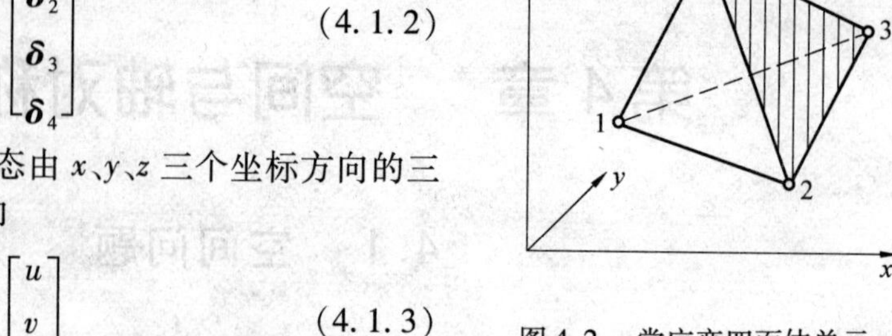

图 4.2　常应变四面体单元

单元内任一点的位移状态由 x、y、z 三个坐标方向的三个位移分量 u、v、w 所确定，即

$$\boldsymbol{d} = \begin{bmatrix} u \\ v \\ w \end{bmatrix} \tag{4.1.3}$$

在平面三角形单元中，按线性变化的位移是由它的 3 个结点位移确定；与其类似，在四面体单元中，线性变化的位移是由它 4 个结点位移确定。由此可设单元内任一点的位移为

$$u = \alpha_1 + \alpha_2 x + \alpha_3 y + \alpha_4 z \tag{4.1.4}$$

$$v = \alpha_5 + \alpha_6 x + \alpha_7 y + \alpha_8 z \tag{4.1.5}$$

$$w = \alpha_9 + \alpha_{10} x + \alpha_{11} y + \alpha_{12} z \tag{4.1.6}$$

设结点 1、2、3、4 的坐标分别为 (x_1, y_1, z_1)、(x_2, y_2, z_2)、(x_3, y_3, z_3)、(x_4, y_4, z_4)，将结点坐标代入式(4.1.4)，并令右端分别为各结点的 x 方向位移值，得如下方程

$$\begin{cases} u_1 = \alpha_1 + \alpha_2 x_1 + \alpha_3 y_1 + \alpha_4 z_1 \\ u_2 = \alpha_1 + \alpha_2 x_2 + \alpha_3 y_2 + \alpha_4 z_2 \\ u_3 = \alpha_1 + \alpha_2 x_3 + \alpha_3 y_3 + \alpha_4 z_3 \\ u_4 = \alpha_1 + \alpha_2 x_4 + \alpha_3 y_4 + \alpha_4 z_4 \end{cases} \tag{4.1.7}$$

解联立方程组(4.1.7)得 α_1、α_2、α_3、α_4 后，再代回式(4.1.4)。若应用行列式形式，u 的表达式可写成与平面问题类似的形式

$$u = \frac{1}{6V}[(a_1 + b_1 x + c_1 y + d_1 z)u_1 + (a_2 + b_2 x + c_2 y + d_2 z)u_2 + (a_3 + b_3 x + c_3 y + d_3 z)u_3 + (a_4 + b_4 x + c_4 y + d_4 z)u_4] \tag{4.1.8}$$

式中

$$a_{i=1} = a_1 = (-1)^{i-1}\begin{vmatrix} x_2 & y_2 & z_2 \\ x_3 & y_3 & z_3 \\ x_4 & y_4 & z_4 \end{vmatrix}, \quad b_{i=1} = b_1 = (-1)^{i}\begin{vmatrix} 1 & y_2 & z_2 \\ 1 & y_3 & z_3 \\ 1 & y_4 & z_4 \end{vmatrix}$$

$$c_{i=1} = c_1 = (-1)^{i}\begin{vmatrix} x_2 & 1 & z_2 \\ x_3 & 1 & z_3 \\ x_4 & 1 & z_4 \end{vmatrix}, \quad d_{i=1} = d_1 = (-1)^{i-1}\begin{vmatrix} x_2 & y_2 & 1 \\ x_3 & y_3 & 1 \\ x_4 & y_4 & 1 \end{vmatrix}$$

其他系数按 1、2、3、4 的顺序循环置换下标即可确定。

$$V = \frac{1}{6}\begin{vmatrix} 1 & x_1 & y_1 & z_1 \\ 1 & x_2 & y_2 & z_2 \\ 1 & x_3 & y_3 & z_3 \\ 1 & x_4 & y_4 & z_4 \end{vmatrix}$$

当V非负时,它是四面体的体积。为了不使V为负值,单元的4个结点编码应按一定规则编排,即:在右手坐标系中,如果从最后一个结点看去,前3个结点的顺序为逆时针。若编号任意编排时,则需将式中的V改为$|V|$。

式(4.1.8)也可写为

$$u = N_1 u_1 + N_2 u_2 + N_3 u_3 + N_4 u_4 \tag{4.1.9}$$

其中
$$N_i = \frac{1}{6V}(a_i + b_i x + c_i y + d_i z)\ (i = 1,2,3,4) \tag{4.1.10}$$

$N_i (i = 1,2,3,4)$称为形函数,具有与平面问题类似的性质。对式(4.1.5)、式(4.1.6)也有同样的式子

$$v = N_1 v_1 + N_2 v_2 + N_3 v_3 + N_4 v_4 \tag{4.1.11}$$

$$w = N_1 w_1 + N_2 w_2 + N_3 w_3 + N_4 w_4 \tag{4.1.12}$$

将式(4.1.9)、式(4.1.11)、式(4.1.12)合并写成矩阵形式

$$\boldsymbol{d} = \begin{bmatrix} u \\ v \\ w \end{bmatrix} = [N_1\boldsymbol{I}_3 \quad N_2\boldsymbol{I}_3 \quad N_3\boldsymbol{I}_3 \quad N_4\boldsymbol{I}_3]\boldsymbol{\delta}_e = \boldsymbol{N}\boldsymbol{\delta}_e \tag{4.1.13}$$

由于位移函数$\boldsymbol{d}$是线性的,它能使各单元交界面上的位移保持连续,所以常应变四面体单元是协调单元。

4.1.1.2　应变矩阵、应力矩阵

在空间问题分析中,应变分量有6个,由第一章(或弹性力学)几何方程可知应变分量为

$$\boldsymbol{\varepsilon} = \begin{bmatrix} \varepsilon_x \\ \varepsilon_y \\ \varepsilon_z \\ \gamma_{xy} \\ \gamma_{yz} \\ \gamma_{zx} \end{bmatrix} = \begin{bmatrix} \frac{\partial u}{\partial x} \\ \frac{\partial v}{\partial y} \\ \frac{\partial w}{\partial z} \\ \frac{\partial u}{\partial y} + \frac{\partial v}{\partial x} \\ \frac{\partial v}{\partial z} + \frac{\partial w}{\partial y} \\ \frac{\partial w}{\partial x} + \frac{\partial u}{\partial z} \end{bmatrix} = \boldsymbol{A}^{\mathrm{T}}\boldsymbol{d} \tag{4.1.14}$$

其中微分算子矩阵$\boldsymbol{A}$为

$$\boldsymbol{A} = \begin{bmatrix} \frac{\partial}{\partial x} & 0 & 0 & \frac{\partial}{\partial y} & 0 & \frac{\partial}{\partial z} \\ 0 & \frac{\partial}{\partial y} & 0 & \frac{\partial}{\partial x} & \frac{\partial}{\partial z} & 0 \\ 0 & 0 & \frac{\partial}{\partial z} & 0 & \frac{\partial}{\partial y} & \frac{\partial}{\partial x} \end{bmatrix} \tag{4.1.15}$$

将式(4.1.13)代入式(4.1.14),得

$$\boldsymbol{\varepsilon} = [\boldsymbol{B}_1 \quad \boldsymbol{B}_2 \quad \boldsymbol{B}_3 \quad \boldsymbol{B}_4]\boldsymbol{\delta}_e = \boldsymbol{B}\boldsymbol{\delta}_e \tag{4.1.16}$$

其中

$$\boldsymbol{B}_r = \begin{bmatrix} \frac{\partial N_r}{\partial x} & 0 & 0 \\ 0 & \frac{\partial N_r}{\partial y} & 0 \\ 0 & 0 & \frac{\partial N_r}{\partial z} \\ \frac{\partial N_r}{\partial y} & \frac{\partial N_r}{\partial x} & 0 \\ 0 & \frac{\partial N_r}{\partial z} & \frac{\partial N_r}{\partial y} \\ \frac{\partial N_r}{\partial z} & 0 & \frac{\partial N_r}{\partial x} \end{bmatrix} = \frac{1}{6V}\begin{bmatrix} b_r & 0 & 0 \\ 0 & c_r & 0 \\ 0 & 0 & d_r \\ c_r & b_r & 0 \\ 0 & d_r & c_r \\ d_r & 0 & b_r \end{bmatrix} \quad (r = 1,2,3,4) \tag{4.1.17}$$

上式表明，应变矩阵 $\boldsymbol{B}$ 中元素均为常量，单元中应变也为常量，故称常应变单元。

将式(4.1.16)代入物理方程，得

$$\boldsymbol{\sigma} = [\sigma_x \quad \sigma_y \quad \sigma_z \quad \tau_{xy} \quad \tau_{yz} \quad \tau_{zx}]^{\mathrm{T}} = \boldsymbol{DB\delta}_e = \boldsymbol{ST\delta}_e \tag{4.1.18}$$

对于各向同性材料，弹性矩阵 $\boldsymbol{D}$ 由下式决定

$$\boldsymbol{D} = \frac{E(1-\mu)}{(1+\mu)(1-2\mu)}\begin{bmatrix} 1 & \frac{\mu}{1-\mu} & \frac{\mu}{1-\mu} & 0 & 0 & 0 \\ & 1 & \frac{\mu}{1-\mu} & 0 & 0 & 0 \\ & & 1 & 0 & 0 & 0 \\ & & & \frac{1-2\mu}{2(1-\mu)} & 0 & 0 \\ & \text{对称} & & & \frac{1-2\mu}{2(1-\mu)} & 0 \\ & & & & & \frac{1-2\mu}{2(1-\mu)} \end{bmatrix} \tag{4.1.19}$$

式(4.1.18)中 $\boldsymbol{ST}$ 应力矩阵为

$$\boldsymbol{ST} = \boldsymbol{DB} = [\boldsymbol{ST}_1 \quad \boldsymbol{ST}_2 \quad \boldsymbol{ST}_3 \quad \boldsymbol{ST}_4] \tag{4.1.20}$$

式中

$$\boldsymbol{ST}_r = \boldsymbol{DB}_r = \frac{6A_3}{V}\begin{bmatrix} b_r & A_1 c_r & A_1 d_r \\ A_1 b_r & c_r & A_1 d_r \\ A_1 b_r & A_1 c_r & d_r \\ A_2 c_r & A_2 d_r & 0 \\ 0 & A_2 d_r & A_2 c_r \\ A_2 d_r & 0 & A_2 b_r \end{bmatrix} (r = 1,2,3,4) \tag{4.1.21}$$

其中，$A_1 = \frac{\mu}{1-\mu}$；$A_2 = \frac{1-2\mu}{2(1-\mu)}$；$A_3 = \frac{E(1-\mu)}{36(1+\mu)(1-2\mu)}$。

显然应力矩阵也为常数矩阵，单元中应力也为常数。

4.1.1.3　单元刚度矩阵、单元等效结点荷载

由势能原理或虚位移原理可得单元刚度矩阵

$$\boldsymbol{k}_e = \int_{V_e} \boldsymbol{B}^{\mathrm{T}}\boldsymbol{D}\boldsymbol{B}\mathrm{d}V = \boldsymbol{B}^{\mathrm{T}}\boldsymbol{D}\boldsymbol{B}V = \begin{bmatrix} \boldsymbol{k}_{11} & \boldsymbol{k}_{12} & \boldsymbol{k}_{13} & \boldsymbol{k}_{14} \\ \boldsymbol{k}_{21} & \boldsymbol{k}_{22} & \boldsymbol{k}_{23} & \boldsymbol{k}_{24} \\ \boldsymbol{k}_{31} & \boldsymbol{k}_{32} & \boldsymbol{k}_{33} & \boldsymbol{k}_{34} \\ \boldsymbol{k}_{41} & \boldsymbol{k}_{42} & \boldsymbol{k}_{43} & \boldsymbol{k}_{44} \end{bmatrix} \tag{4.1.22}$$

式中任一分块子矩阵 $\boldsymbol{k}_{rs}$ 为

$$\boldsymbol{k}_{rs} = \boldsymbol{B}_r^{\mathrm{T}}\boldsymbol{D}\boldsymbol{B}_s V = \frac{A_3}{V}\begin{bmatrix} b_r b_s + A_2(c_r c_s + d_r d_s) & A_1 b_r c_s + A_2 c_r b_s & A_1 b_r d_s + A_2 d_r b_s \\ A_1 c_r b_s + A_2 b_r c_s & c_r c_s + A_2(d_r d_s + b_r b_s) & A_1 c_r d_s + A_2 d_r c_s \\ A_1 d_r d_s + A_2 b_r d_s & A_1 d_r c_s + A_2 c_r d_s & d_r d_s + A_2(b_r b_s + c_r c_s) \end{bmatrix}$$

$$(r,s = 1,2,3,4) \tag{4.1.23}$$

单元等效结点荷载列阵为

$$\boldsymbol{F}_{\mathrm{E}}^e = \int_{V_e} \boldsymbol{N}^{\mathrm{T}}\boldsymbol{F}_{\mathrm{b}}\mathrm{d}V + \int_{S_\sigma} \boldsymbol{N}^{\mathrm{T}}\boldsymbol{F}_{\mathrm{S}}\mathrm{d}S = [\boldsymbol{F}_{\mathrm{E},1}^{\mathrm{T}} \quad \boldsymbol{F}_{\mathrm{E},2}^{\mathrm{T}} \quad \boldsymbol{F}_{\mathrm{E},3}^{\mathrm{T}} \quad \boldsymbol{F}_{\mathrm{E},4}^{\mathrm{T}}]^{\mathrm{T}} \tag{4.1.24}$$

下面给出体积力和线性分布面积力的等效结点荷载：

设体积力为

$$\boldsymbol{F}_{\mathrm{be}} = [F_{\mathrm{b}x} \quad F_{\mathrm{b}y} \quad F_{\mathrm{b}z}]^{\mathrm{T}}$$

$F_{\mathrm{b}x}$、$F_{\mathrm{b}y}$、$F_{\mathrm{b}z}$ 为常数,则单元上体积力的等效结点荷载由式(4.1.24)积分可得

$$\boldsymbol{F}_{\mathrm{E},r} = \begin{bmatrix} F_{\mathrm{E},x} \\ F_{\mathrm{E},y} \\ F_{\mathrm{E},z} \end{bmatrix}^r = \frac{V}{4}\begin{bmatrix} F_{\mathrm{b}x} \\ F_{\mathrm{b}y} \\ F_{\mathrm{b}z} \end{bmatrix} \quad (r = 1,2,3,4)$$

设单元 e 的 123 面为边界面,其上作用有线性分布荷载 $\boldsymbol{F}_{\mathrm{S}}$,它在 1、2、3 结点处的集度分别为$[F_{\mathrm{S}x}^1 \quad F_{\mathrm{S}y}^1 \quad F_{\mathrm{S}z}^1]^{\mathrm{T}}$、$[F_{\mathrm{S}x}^2 \quad F_{\mathrm{S}y}^2 \quad F_{\mathrm{S}z}^2]^{\mathrm{T}}$、$[F_{\mathrm{S}x}^3 \quad F_{\mathrm{S}y}^3 \quad F_{\mathrm{S}z}^3]^{\mathrm{T}}$,则单元等效结点荷载为

$$\boldsymbol{F}_{\mathrm{E},1} = \frac{1}{6}\Delta_{123}\begin{bmatrix} F_{\mathrm{S}x}^1 + \frac{1}{2}F_{\mathrm{S}x}^2 + \frac{1}{2}F_{\mathrm{S}x}^3 \\ F_{\mathrm{S}y}^1 + \frac{1}{2}F_{\mathrm{S}y}^2 + \frac{1}{2}F_{\mathrm{S}y}^3 \\ F_{\mathrm{S}z}^1 + \frac{1}{2}F_{\mathrm{S}z}^2 + \frac{1}{2}F_{\mathrm{S}z}^3 \end{bmatrix} \quad (1 \to 2 \to 3)$$

$$\boldsymbol{F}_{\mathrm{E},4} = \boldsymbol{O}$$

其中,Δ_{123} 为边界面 123 的面积。

4.1.1.4　形成四面体的对角线划分法

把一个平面划分成一系列三角形单元,在单元划分和结点编码时不会有什么困难。但要把一空间区域分成若干个四面体时,有时却难以进行。这是由于空间形象难以想像,以至造成单元结点编码错误或发生漏掉单元等情况。为了避免发生这些错误,可先将空间区域分成若干个八角六面体砖形单元,如用一些平行截面切割一个空间物体得到一系列六面体,如图 4.3 所示,然后再将每个六面体按一定规则划分成四面体。

将一个六面体划分成四面体有两种方法，一种方法是将一个六面体划分成 5 个四面体；另一种方法是先将六面体分割成两个五面体，再将每个五面体各分成 3 个四面体。

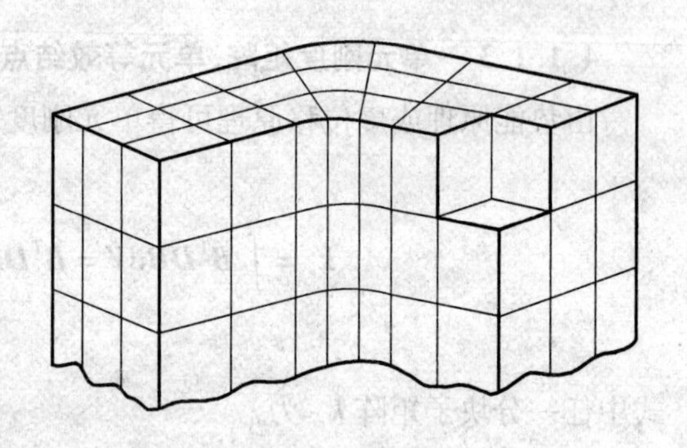
图 4.3　空间物体分成若干六面体

1. 将六面体划分成 5 个四面体

先将物体用界面分割成六面体集合，然后用“三对”对角线将六面体分割成 5 个四面体，有二种型式：A_5 型与 B_5 型，它们对应二组对角顶点间彼此用对角线（界面上）相连的分离，其共同点是两相对面的对角线空间交叉。图 4.4 为 A_5 型离散示意，图 4.5 为 B_5 型离散示意。

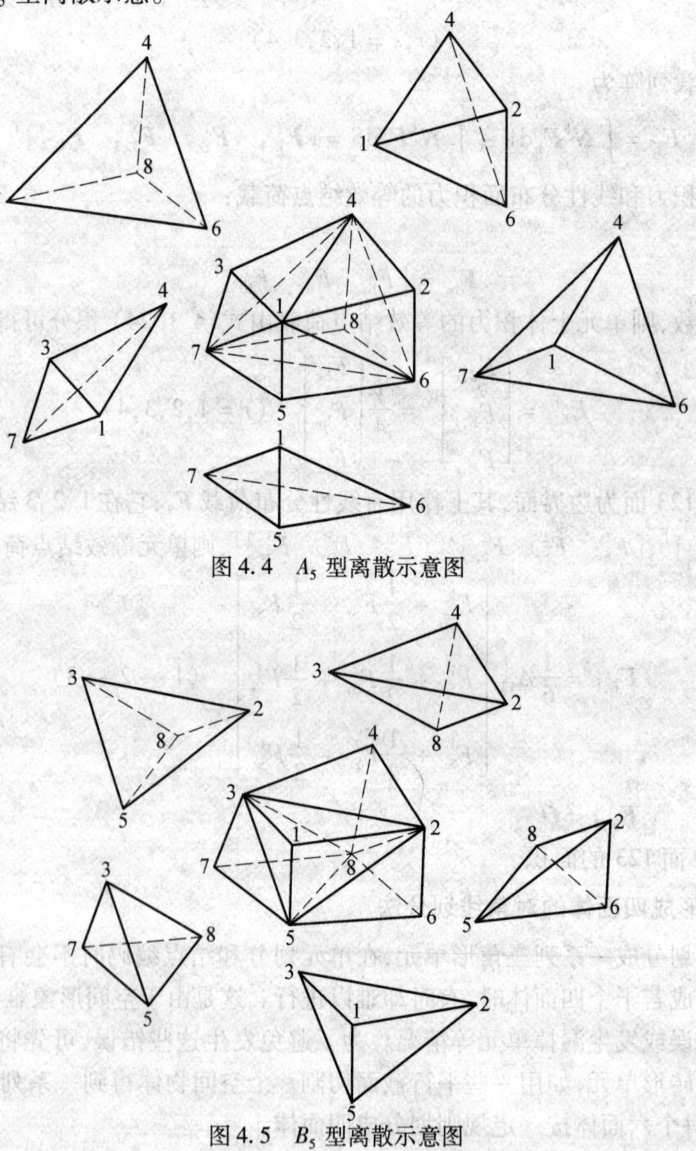
图 4.4　A_5 型离散示意图

图 4.5　B_5 型离散示意图

为使两个相邻六面体用对角线划分后有公共的边线，由图4.4和图4.5可知，这两个相邻六面体一个用A_5型离散时另一个必用B_5型离散（也即一个局部结点码1467间连6根对角线，另一个局部结点码2358间连6条对角线）。

2. 将六面体划分成6个四面体

首先将六面体划分成2个五面体，再进一步分成四面体。也有两种分法A_6和B_6型，如图4.6所示。其共同点是两对面的划分对角线不交叉。

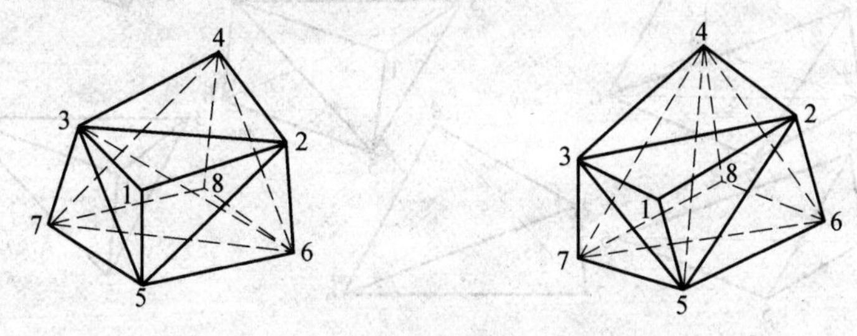

图4.6　六面体划分为六个四面体

A_6型以36作为划分线分成2个五面体，具体有两种分法，一种是以2367面划分，另一种是以3456面划分，结果是相同的。图4.7是以2367面划分的结果，图4.8是以3456面划分的结果。

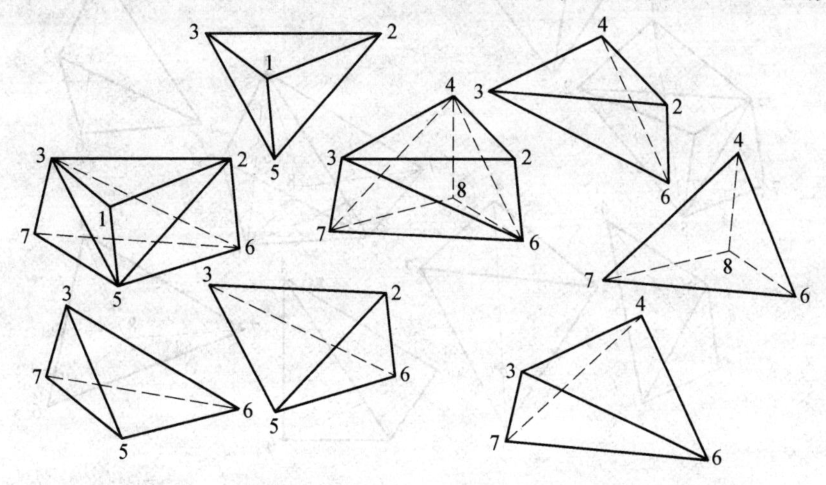

图4.7　A_6型划分，以折面2367为两个“三棱柱”的分界面

B_6型以45为划分线，也有两种分法，即以2457面和以1458面划分，划分的结果也是相同的，图4.9所示为以2457面划分的结果。

取A_6型还是B_6型决定了所分得的6个四面体的角点编号与六面体角点编号的关系。

设计程序时，如果将六面体的8个角点的整体编码置于一个数组$D[1:8]$中，数组下标看成是六面体角点的局部编码，那么以上划分意味着每次从D中按一定规律取4个元素形成1个四面体的角点编码数组。对于A_6和A_5型划分可按下列公式形成四面体的结点编码

$$\begin{cases} D\{m[1+3(I-1)J]+(1-m)(I+J)\} \\ D\{m(3I+J-1)+(1-m)[1+I+J(J+1)/2]\} \\ D\{m[2(1+I-J)+J(I+J)]+(1-m)(2+I)+J(5-J)/2\} \\ D\{m[5+I+J(3-J)/2]+(1-m)(4+I+J)\} \end{cases} \tag{4.1.25}$$

$$(I=1,2\quad J=0,1,2\quad m=0,1)$$

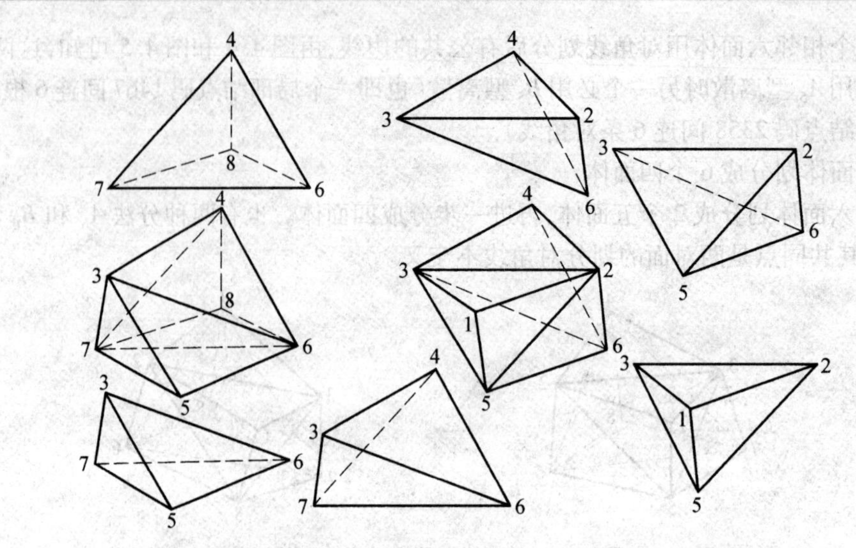

图 4.8　A_6 型划分,以折面 3456 为两个“三棱柱”的分界面

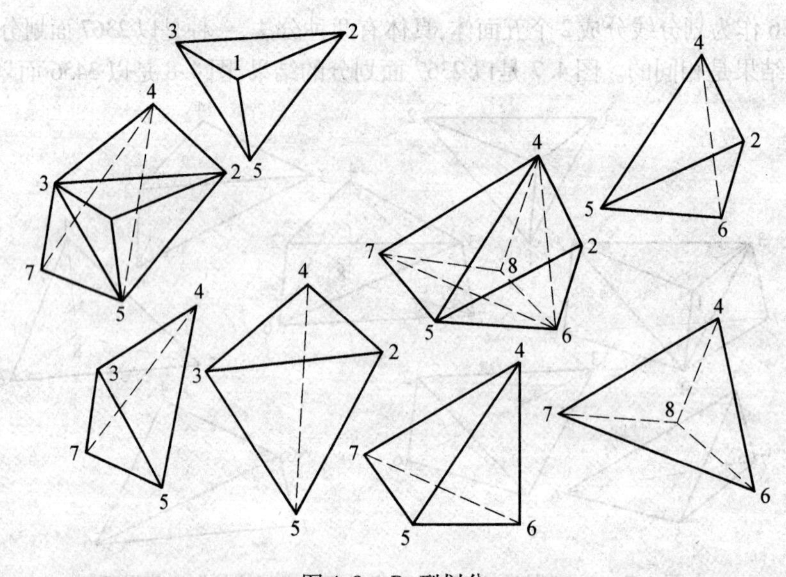

图 4.9　B_6 型划分

上式中,$m=0$ 对应 A_6 型划分,$m=1$ 对应 A_5 型划分。例如,对于 A_6 型划分 $m=0$,取 $I=1$ 和 $J=0$,则有

$$\begin{cases} m[1+3(I-1)J]+(1-m)(I+J)=1 \\ m(3I+J-1)+(1-m)[1+I+J(J+1)/2]=2 \\ m[2(1+I-J)+J(I+J)]+[(1-m)(2+I+J)(5-J)]/2=3 \\ m[5+I+J(3-J)/2]+(1-m)(4+I+J)=5 \end{cases}$$

1、2、3、5 即为其中 1 个四面体的 4 个角点编码,如图 4.7 所示。

对于 B_5 及 B_6 型划分,可以找出与式(4.1.25)类似的公式。

计算结构刚度矩阵时,对六面体循环,在循环体中对六面体所分成的四面体循环求单元刚度矩阵,累加入结构刚度矩阵中。也可以把六面体看成是一个组合单元,先由组成六面体的四面体单元刚度矩阵累加得到六面体组合单元的单元刚度矩阵,再由六面体单元刚度矩阵累加形成结构刚度矩阵。

当求出四面体的应力后,将组成六面体的四面体的平均应力作为六面体的应力。如果采用不同剖分方案,将结果进行平均会对结果的精度稍有改善。

4.1.2　其他单元形式及形函数

空间问题可能有的几何形状比平面问题要多许多,除前面介绍的常用的四面体外还有五面体、六面体等。

4.1.2.1　四面体单元

1. 体积坐标

与面积坐标一样,体积坐标的引入将简化四面体单元的分析过程。

从图 4.10 所示四面体单元中取一点 $P(x,y,z)$ 向 4 个顶点连接线段,这时四面体单元被分割成 4 个小四面体

V_1 = 四面体 $243P$,　V_2 = 四面体 $341P$

V_3 = 四面体 $142P$,　V_4 = 四面体 $123P$

若记

$$L_l = \frac{V_l}{V} \quad (l = 1,2,3,4) \qquad (4.1.26)$$

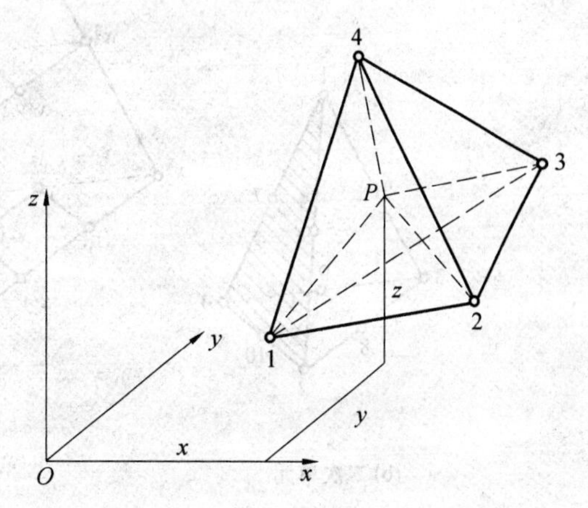

图 4.10　常应变单元、体积坐标

式中　V—— 四面体 1234 的体积;

V_l—— 小四面体的体积。

则 P 点位置可用 $L_1 \sim L_4$ 中的任 3 个无量纲量来确定,因此 $L_l(l = 1,2,3,4)$ 称做**体积坐标**。

从体积坐标定义可见,它们具有与面积坐标相似的性质,特别是

$$\sum_{i=1}^{4} L_i = 1 \qquad (4.1.27)$$

因此,4 个体积坐标仅 3 个是独立的,其他性质不再赘述。

这里为了不使体积为负值,四面体顶点顺序应遵循 4.1.1 节中所述的规则。

求体积坐标的幂函数在四面体上的积分时,可应用下面公式

$$\iiint_V L_1^a L_2^b L_3^c L_4^d \mathrm{d}x\mathrm{d}y\mathrm{d}z = 6V \frac{a!\ b!\ c!\ d!}{(a+b+c+d+3)!} \qquad (4.1.28)$$

2. 常应变四结点单元

在节 4.1 中已对其做了较详细的介绍,下面只给出由体积坐标表示的形函数,即

$$N_i = L_i \quad (i = 1,2,3,4) \qquad (4.1.29)$$

3. 高阶四面体单元

采用与平面三角形单元相类似的方法可建立高阶四面体单元的形函数。

四面体单元如图 4.11 所示。十结点四面体二次单元(图 4.11(b))角结点有

$$N_i = (2L_i - 1)L_i \quad (i = 1,2,3,4) \qquad (4.1.30)$$

边中结点有

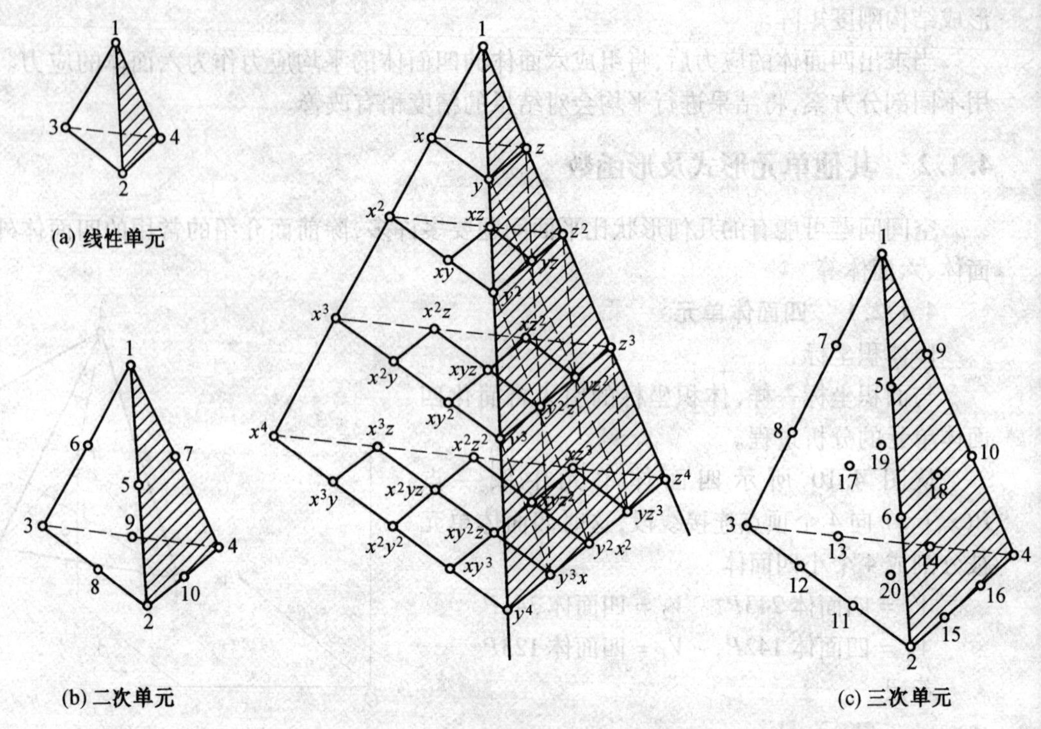

图 4.11　四面体单元

$$
\begin{cases}
N_5 = 4L_1L_2 & N_6 = 4L_1L_3 \\
N_7 = 4L_1L_4 & N_8 = 4L_2L_3 \\
N_9 = 4L_3L_4 & N_{10} = 4L_2L_4
\end{cases}
\tag{4.1.31}
$$

二十结点四面体三次单元(图 4.11(c))角结点有

$$
N_i = \frac{1}{2}(3L_i - 1)(3L_i - 2)L_i \quad (i = 1,2,3,4)
\tag{4.1.32}
$$

边中结点有

$$
\begin{cases}
N_5 = \frac{9}{2}L_1L_2(3L_1 - 1) & N_6 = \frac{9}{2}L_1L_2(3L_2 - 1) \\
N_7 = \frac{9}{2}L_2L_3(3L_2 - 1) & N_8 = \frac{9}{2}L_1L_3(3L_2 - 1) \\
N_9 = \frac{9}{2}L_1L_3(3L_3 - 1) & N_{10} = \frac{9}{2}L_1L_3(3L_1 - 1) \\
N_{11} = \frac{9}{2}L_1L_4(3L_1 - 1) & N_{12} = \frac{9}{2}L_2L_4(3L_2 - 1) \\
N_{13} = \frac{9}{2}L_3L_4(3L_3 - 1) & N_{14} = \frac{9}{2}L_1L_4(3L_4 - 1) \\
N_{15} = \frac{9}{2}L_2L_4(3L_4 - 1) & N_{16} = \frac{9}{2}L_3L_4(3L_4 - 1)
\end{cases}
\tag{4.1.33}
$$

面上结点有

$$
\begin{cases}
N_{17} = 27L_1L_2L_3 & N_{18} = 27L_1L_2L_4 \\
N_{19} = 27L_1L_3L_4 & N_{20} = 27L_2L_3L_4
\end{cases}
\tag{4.1.34}
$$

4.1.2.2　六面体单元

六面体单元与平面矩形单元类似也存在"Serendipity"(索氏)和"Lagrange"(拉氏)两族单元。空间拉氏族单元在实际应用时一般效果不好,因此,这里只给出索氏族单元。

1. 八结点线性单元

图 4.12 所示八结点单元的形函数为

$$\begin{cases} N_i = \dfrac{1}{8}(1+\xi_0)(1+\eta_0)(1+\zeta_0) \\ \xi_0 = \xi_i\xi \\ \eta_0 = \eta_i\eta \quad (i=1,2,\cdots,8) \\ \zeta_0 = \zeta_i\zeta \end{cases} \tag{4.1.35}$$

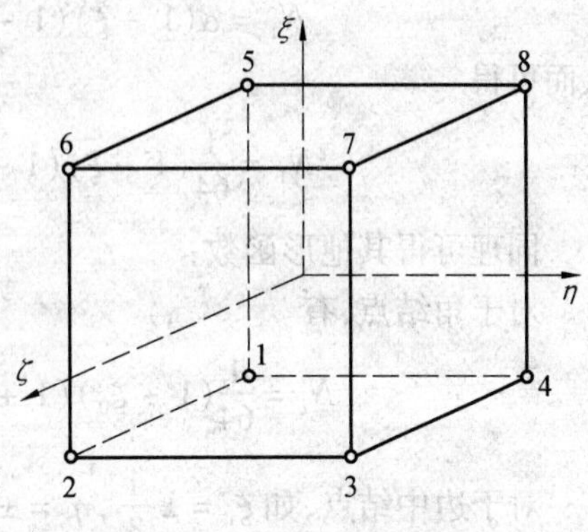

图 4.12　八结点六面体单元

2. 二十结点二次单元及三十二结点三次单元

二次及三次六面体规则坐标下的单元如图 4.13 所示。

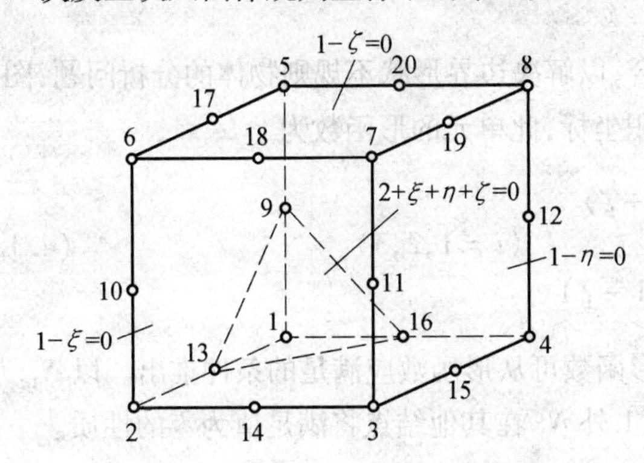

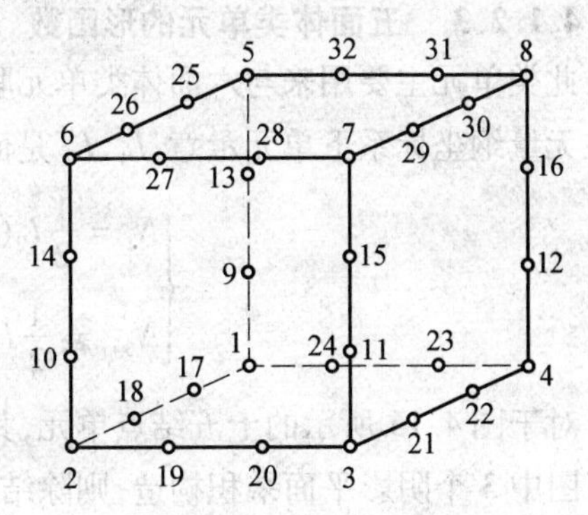

图 4.13　规则坐标下二次及三次单元示意图

二次元试凑角点形函数时取三个坐标面和一个三角形平面,例如,N_1 如图 4.13 所示可取作

$$N_1 = \alpha(1-\xi)(1-\eta)(1-\zeta)(2+\xi+\eta+\zeta)$$

从而可得

$$N_1 = -\frac{1}{8}(1-\xi)(1-\eta)(1-\zeta)(2+\xi+\eta+\zeta) \tag{4.1.36}$$

同理可得其他形函数:

角结点有

$$N_i = \frac{1}{8}(1+\xi_0)(1+\eta_0)(1+\zeta_0)(\xi_0+\eta_0+\zeta_0-2) \tag{4.1.37}$$

对于边中结点,如 $\xi_i = 0, \eta_i = \pm 1, \zeta_i = \pm 1$,则

$$N_i = \frac{1}{4}(1+\xi^2)(1+\eta_0)(1+\zeta_0) \tag{4.1.38}$$

三次元角点形函数取三个坐标面和半径为 $\sqrt{19}/3$(也即球心在原点通过全部边点)的球面,例如 N_1 取为

$$N_1 = \alpha(1-\xi)(1-\eta)(1-\zeta)[9(\xi^2+\eta^2+\zeta^2)-19]$$

从而可得

$$N_1 = \frac{1}{64}(1-\xi)(1-\eta)(1-\zeta)[9(\xi^2+\eta^2+\zeta^2)-19] \tag{4.1.39}$$

同理可得其他形函数:

对于角结点,有

$$N_i = \frac{1}{64}(1+\xi_0)(1+\eta_0)(1+\zeta_0)[9(\xi^2+\eta^2+\zeta^2)-19] \tag{4.1.40}$$

对于边中结点,如 $\xi_i = \pm\frac{1}{3}, \eta_i = \pm 1, \zeta_i = \pm 1$,则有

$$N_i = \frac{9}{64}(1-\xi^2)(1+9\xi_0)(1+\eta_0)(1+\zeta_0) \tag{4.1.41}$$

形成这类单元的形函数的方法与平面索氏单元是一样的,当然建立过渡单元形函数也与平面问题相同。

4.1.2.3　五面体类单元的形函数

此类单元主要用来与六面体类单元联合,以解决边界形状不规则物体的分析问题,图4.14为在无量纲坐标系下单元示意,L_1、L_2 是面积坐标,此单元的形函数为

$$\begin{cases} N_i = \frac{1}{2}L_i(1+\zeta) \\ N_{3+i} = \frac{1}{2}L_i(1-\zeta) \end{cases} \quad (i=1,2,3) \tag{4.1.42}$$

对于图4.15所示的十五结点单元,其形函数可从形函数应满足的条件推出。以 N_1 为例,若以图中3个阴影平面乘积构造,则除结点1外 N_1 在其他结点将满足值为零的性质。

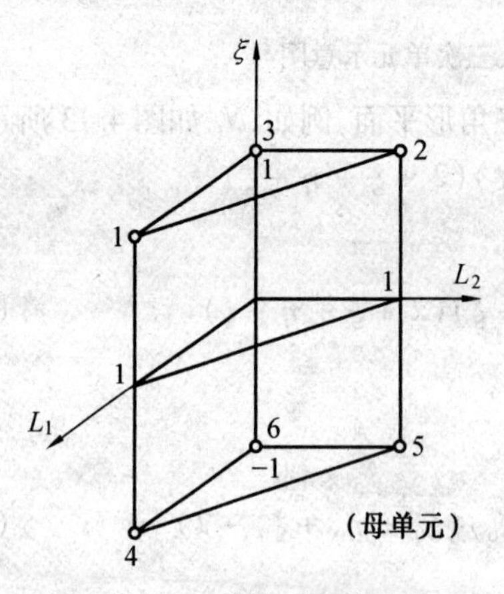

图4.14　六结点五面体单元

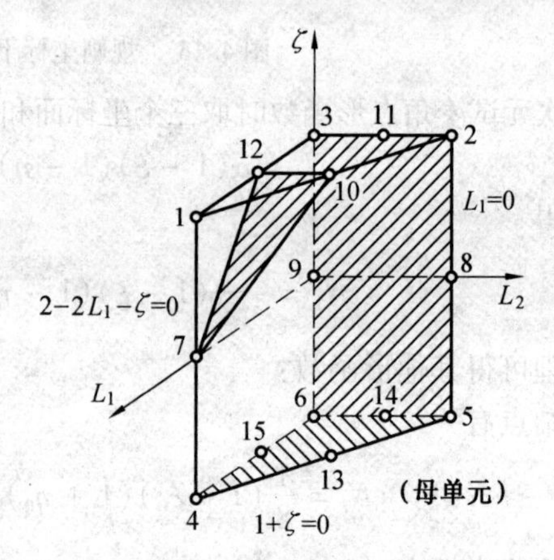

图4.15　十五结点五面体单元

设平面7、10、12的方程为

$$\zeta = a + bL_1 + cL_2$$

代入7、10、12点的坐标得

$$0 = a + b$$
$$1 = a + \frac{b}{2} + \frac{c}{2}$$
$$1 = a + \frac{b}{2}$$

由此可解得

$$a = 2 \quad b = -2 \quad c = 0$$

从而可得

$$N_1 = \frac{1}{2}L_1(1 + \zeta)(2L_1 + \zeta - 2) \tag{4.1.43}$$

其余形函数可类似导出，它们为角点

$$\begin{cases} N_i = \frac{1}{2}L_i(1 + \zeta)(2L_i + \zeta - 2) \\ N_{3+i} = \frac{1}{2}L_i(1 - \zeta)(2L_i - \zeta - 2) \end{cases} \quad (i = 1,2,3) \tag{4.1.44}$$

三角形边中点

$$\begin{cases} N_{10} = 2L_1L_2(1 + \zeta) \\ N_{11} = 2L_2L_3(1 + \zeta) \\ N_{12} = 2L_1L_3(1 + \zeta) \\ N_{13} = 2L_1L_3(1 - \zeta) \\ N_{14} = 2L_2L_3(1 - \zeta) \\ N_{15} = 2L_1L_3(1 - \zeta) \end{cases} \tag{4.1.45}$$

矩形边中点

$$N_{6+i} = L_i(1 - \zeta^2) \quad (i = 1,2,3) \tag{4.1.46}$$

4.1.3　三维等参元单元分析

在选定单元形式后，可由形函数 N_i 构成单元位移模式

$$\boldsymbol{d} = [N_1\boldsymbol{I}_3 \quad N_2\boldsymbol{I}_3 \quad \cdots] \begin{bmatrix} \boldsymbol{\delta}_1 \\ \boldsymbol{\delta}_2 \\ \vdots \end{bmatrix} = \boldsymbol{N\delta} \tag{4.1.47}$$

和从母单元向子单元的映射(单元形状描述)

$$\boldsymbol{x} = \boldsymbol{N}\boldsymbol{x}_e \tag{4.1.48}$$

即从式(4.1.47)和式(4.1.48)中可得

$$\boldsymbol{d} = [u \quad v \quad w]^{\mathrm{T}} \tag{4.1.49(a)}$$
$$\boldsymbol{x}_e = [x_1 \quad y_1 \quad z_1 \quad x_2 \quad y_2 \quad z_2 \quad \cdots]^{\mathrm{T}} \tag{4.1.49(b)}$$
$$\boldsymbol{x} = [x \quad y \quad z]^{\mathrm{T}} \tag{4.1.49(c)}$$

对于三维问题，由求导法则可得

$$\begin{bmatrix} \frac{\partial}{\partial \xi} \\ \frac{\partial}{\partial \eta} \\ \frac{\partial}{\partial \zeta} \end{bmatrix} = \begin{bmatrix} \frac{\partial x}{\partial \xi} & \frac{\partial y}{\partial \xi} & \frac{\partial z}{\partial \xi} \\ \frac{\partial x}{\partial \eta} & \frac{\partial y}{\partial \eta} & \frac{\partial z}{\partial \eta} \\ \frac{\partial x}{\partial \zeta} & \frac{\partial y}{\partial \zeta} & \frac{\partial z}{\partial \zeta} \end{bmatrix} \begin{bmatrix} \frac{\partial}{\partial x} \\ \frac{\partial}{\partial y} \\ \frac{\partial}{\partial z} \end{bmatrix} = \frac{\partial}{\partial \boldsymbol{\psi}} \tag{4.1.50}$$

雅可比行列式为

$$\det \boldsymbol{J} = \begin{vmatrix} \frac{\partial x}{\partial \xi} & \frac{\partial y}{\partial \xi} & \frac{\partial z}{\partial \xi} \\ \frac{\partial x}{\partial \eta} & \frac{\partial y}{\partial \eta} & \frac{\partial z}{\partial \eta} \\ \frac{\partial x}{\partial \zeta} & \frac{\partial y}{\partial \zeta} & \frac{\partial z}{\partial \zeta} \end{vmatrix} \tag{4.1.51}$$

由式(4.1.50)可求得

$$\begin{bmatrix} \frac{\partial}{\partial x} \\ \frac{\partial}{\partial y} \\ \frac{\partial}{\partial z} \end{bmatrix} = \boldsymbol{J}^{-1} \begin{bmatrix} \frac{\partial}{\partial \xi} \\ \frac{\partial}{\partial \eta} \\ \frac{\partial}{\partial \zeta} \end{bmatrix} = \begin{bmatrix} \sum_i \frac{\partial N_i}{\partial \xi} x_i & \sum_i \frac{\partial N_i}{\partial \xi} y_i & \sum_i \frac{\partial N_i}{\partial \xi} z_i \\ \sum_i \frac{\partial N_i}{\partial \eta} x_i & \sum_i \frac{\partial N_i}{\partial \eta} y_i & \sum_i \frac{\partial N_i}{\partial \eta} z_i \\ \sum_i \frac{\partial N_i}{\partial \zeta} x_i & \sum_i \frac{\partial N_i}{\partial \zeta} y_i & \sum_i \frac{\partial N_i}{\partial \zeta} z_i \end{bmatrix}^{-1} \begin{bmatrix} \frac{\partial}{\partial \xi} \\ \frac{\partial}{\partial \eta} \\ \frac{\partial}{\partial \zeta} \end{bmatrix} =$$

$$\hat{\boldsymbol{J}} \begin{bmatrix} \frac{\partial}{\partial \xi} \\ \frac{\partial}{\partial \eta} \\ \frac{\partial}{\partial \zeta} \end{bmatrix} = \hat{\boldsymbol{J}} \frac{\partial}{\partial \boldsymbol{\Psi}} \tag{4.1.52}$$

其中，$\hat{\boldsymbol{J}}$ 为雅可比矩阵的逆，记为

$$\hat{\boldsymbol{J}} = \begin{bmatrix} J'_{11} & J'_{12} & J'_{13} \\ J'_{21} & J'_{22} & J'_{23} \\ J'_{31} & J'_{32} & J'_{33} \end{bmatrix} = \begin{bmatrix} \boldsymbol{J}'_1 \\ \boldsymbol{J}'_2 \\ \boldsymbol{J}'_3 \end{bmatrix} \tag{4.1.53}$$

由此对于三维问题

$$\boldsymbol{A}^{\mathrm{T}} = \begin{bmatrix} \frac{\partial}{\partial x} & 0 & 0 & \frac{\partial}{\partial y} & 0 & \frac{\partial}{\partial z} \\ 0 & \frac{\partial}{\partial y} & 0 & \frac{\partial}{\partial x} & \frac{\partial}{\partial z} & 0 \\ 0 & 0 & \frac{\partial}{\partial z} & 0 & \frac{\partial}{\partial y} & \frac{\partial}{\partial x} \end{bmatrix}^{\mathrm{T}} = \begin{bmatrix} \boldsymbol{J}_1' \frac{\partial}{\partial \boldsymbol{\psi}} & 0 & 0 \\ 0 & \boldsymbol{J}_2' \frac{\partial}{\partial \boldsymbol{\psi}} & 0 \\ 0 & 0 & \boldsymbol{J}_3' \frac{\partial}{\partial \boldsymbol{\psi}} \\ \boldsymbol{J}_2' \frac{\partial}{\partial \boldsymbol{\psi}} & \boldsymbol{J}_1' \frac{\partial}{\partial \boldsymbol{\psi}} & 0 \\ 0 & \boldsymbol{J}_3' \frac{\partial}{\partial \boldsymbol{\psi}} & \boldsymbol{J}_2' \frac{\partial}{\partial \boldsymbol{\psi}} \\ \boldsymbol{J}_3' \frac{\partial}{\partial \boldsymbol{\psi}} & 0 & \boldsymbol{J}_1' \frac{\partial}{\partial \boldsymbol{\psi}} \end{bmatrix} = \bar{\boldsymbol{A}} \tag{4.1.54}$$

利用上式可得单元应变

$$\boldsymbol{\varepsilon} = \bar{\boldsymbol{A}}\boldsymbol{N}\boldsymbol{\delta}_e = \boldsymbol{B}\boldsymbol{\delta}_e \tag{4.1.55}$$

式中

$$\boldsymbol{B} = \bar{\boldsymbol{A}}\boldsymbol{N} = \boldsymbol{B}(\xi,\eta,\zeta) = [\boldsymbol{B}_1 \quad \boldsymbol{B}_1 \quad \cdots] \tag{4.1.56}$$

其中

$$\boldsymbol{B}_i = \bar{\boldsymbol{A}}N_i\boldsymbol{I}_3 \quad (i = 1,2,\cdots) \tag{4.1.57}$$

对于各向同性弹性体其弹性矩阵 $\boldsymbol{D}$ 为

$$\boldsymbol{D} = \begin{bmatrix} \boldsymbol{D}_1 & 0 \\ 0 & \boldsymbol{D}_2 \end{bmatrix} \tag{4.1.58}$$

式中

$$\begin{cases} \boldsymbol{D}_1 = \dfrac{E(1-\mu)}{(1+\mu)(1-2\mu)} \begin{bmatrix} 1 & \dfrac{\mu}{1-\mu} & \dfrac{\mu}{1-\mu} \\ \dfrac{\mu}{1-\mu} & 1 & \dfrac{\mu}{1-\mu} \\ \dfrac{\mu}{1-\mu} & \dfrac{\mu}{1-\mu} & 1 \end{bmatrix} \\ \boldsymbol{D}_2 = \dfrac{E}{2(1+\mu)}\boldsymbol{I}_3 \end{cases} \tag{4.1.59}$$

由此可得单元应力

$$\boldsymbol{\sigma} = \boldsymbol{D}\boldsymbol{\varepsilon} = \boldsymbol{D}\boldsymbol{B}\boldsymbol{\delta}_e = \boldsymbol{ST}\boldsymbol{\delta}_e = [\boldsymbol{ST}_1 \quad \boldsymbol{ST}_2 \quad \cdots]\boldsymbol{\delta}_e \tag{4.1.60}$$

式中

$$\boldsymbol{ST}_i = \boldsymbol{D}\boldsymbol{B}_i = \boldsymbol{D}\bar{\boldsymbol{A}}N_i\boldsymbol{I}_3 \tag{4.1.61}$$

由图 4.16 可见

$$\boldsymbol{r} = x\boldsymbol{i} + y\boldsymbol{j} + z\boldsymbol{k} \tag{1}$$

因此，

$$\mathrm{d}\boldsymbol{\xi} = \mathrm{d}\boldsymbol{r}\,|_{\eta,\zeta=\text{常数}} = \left(\frac{\partial x}{\partial \xi}\boldsymbol{i} + \frac{\partial y}{\partial \xi}\boldsymbol{j} + \frac{\partial z}{\partial \xi}\boldsymbol{k}\right)\mathrm{d}\xi$$

同理

$$\mathrm{d}\boldsymbol{\eta} = \left(\frac{\partial x}{\partial \eta}\boldsymbol{i} + \frac{\partial y}{\partial \eta}\boldsymbol{j} + \frac{\partial z}{\partial \eta}\boldsymbol{k}\right)\mathrm{d}\eta$$

$$\mathrm{d}\boldsymbol{\zeta} = \left(\frac{\partial x}{\partial \zeta}\boldsymbol{i} + \frac{\partial y}{\partial \zeta}\boldsymbol{j} + \frac{\partial z}{\partial \zeta}\boldsymbol{k}\right)\mathrm{d}\zeta$$

图示微元体体积

$$\mathrm{d}\boldsymbol{V} = \mathrm{d}\boldsymbol{\xi}\cdot(\mathrm{d}\boldsymbol{\eta}\times\mathrm{d}\boldsymbol{\zeta}) = \det\ \boldsymbol{J}\mathrm{d}\xi\mathrm{d}\eta\mathrm{d}\zeta \tag{4.1.62}$$

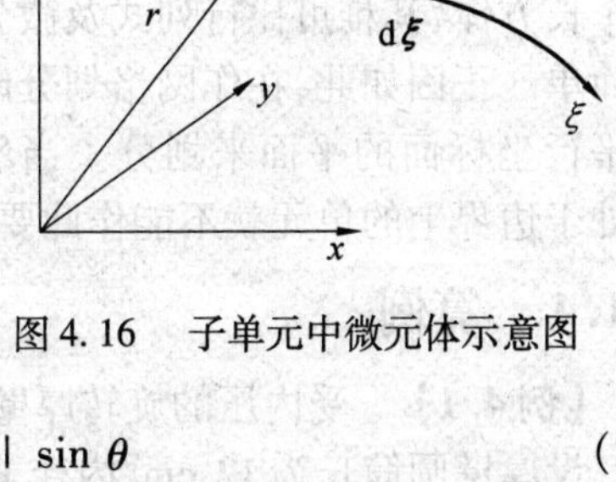

图 4.16　子单元中微元体示意图

微元体侧面积

$$\mathrm{d}S_{\xi\eta} = |\,\mathrm{d}\boldsymbol{\xi}\times\mathrm{d}\boldsymbol{\eta}\,| = |\,\mathrm{d}\boldsymbol{\xi}\,|\cdot|\,\mathrm{d}\boldsymbol{\eta}\,|\sin\theta \tag{2}$$

因为

$$\mathrm{d}\boldsymbol{\xi}\cdot\mathrm{d}\boldsymbol{\eta} = \left(\frac{\partial x}{\partial \xi}\frac{\partial x}{\partial \eta} + \frac{\partial y}{\partial \xi}\frac{\partial y}{\partial \eta} + \frac{\partial z}{\partial \xi}\frac{\partial z}{\partial \eta}\right)\mathrm{d}\xi\mathrm{d}\eta = |\,\mathrm{d}\boldsymbol{\xi}\,|\cdot|\,\mathrm{d}\boldsymbol{\eta}\,|\cos\theta \tag{3}$$

若记

$$\frac{\partial x}{\partial \xi}\frac{\partial x}{\partial \eta} + \frac{\partial y}{\partial \xi}\frac{\partial y}{\partial \eta} + \frac{\partial z}{\partial \xi}\frac{\partial z}{\partial \eta} = \alpha_{\xi\eta} \tag{4.1.63}$$

则
$$\cos\theta=\frac{\alpha_{\xi\eta}\mathrm{d}\xi\mathrm{d}\eta}{|\mathrm{d}\boldsymbol{\xi}|\cdot|\mathrm{d}\boldsymbol{\eta}|}$$

又因
$$\begin{cases}|\mathrm{d}\boldsymbol{\xi}|=\left[\left(\frac{\partial x}{\partial\xi}\right)^2+\left(\frac{\partial y}{\partial\xi}\right)^2+\left(\frac{\partial z}{\partial\xi}\right)^2\right]^{1/2}\mathrm{d}\xi=\alpha_\xi^{1/2}\mathrm{d}\xi\\|\mathrm{d}\boldsymbol{\eta}|=\left[\left(\frac{\partial x}{\partial\eta}\right)^2+\left(\frac{\partial y}{\partial\eta}\right)^2+\left(\frac{\partial z}{\partial\eta}\right)^2\right]^{1/2}\mathrm{d}\eta=\alpha_\eta^{1/2}\mathrm{d}\eta\end{cases}\tag{4.1.64}$$

最终可得
$$\mathrm{d}S_{\xi\eta}=\sqrt{\alpha_\xi\alpha_\eta-\alpha_{\xi\eta}^2}\,\mathrm{d}\xi\mathrm{d}\eta\tag{4.1.65}$$

其他侧面显然可由下面脚标互换规律得到
$$\xi\to\eta\to\zeta\to\xi$$

利用以上所得结果,三维问题等参元的单刚和等效单荷可由虚位移或势能原理列式得到
$$\boldsymbol{k}_e=\int_{-1}^{+1}\int_{-1}^{+1}\int_{-1}^{+1}\boldsymbol{B}^{\mathrm{T}}\boldsymbol{D}\boldsymbol{B}\det\boldsymbol{J}\mathrm{d}\xi\mathrm{d}\eta\mathrm{d}\zeta=\begin{bmatrix}\boldsymbol{k}_{11}&\boldsymbol{k}_{12}&\cdots\\\boldsymbol{k}_{21}&\boldsymbol{k}_{22}&\cdots\\\vdots&\vdots&\end{bmatrix}^e\tag{4.1.66}$$

式中
$$\boldsymbol{k}_{rs}^e=\int_{-1}^{+1}\int_{-1}^{+1}\int_{-1}^{+1}\boldsymbol{B}_r^{\mathrm{T}}\boldsymbol{D}\boldsymbol{B}_s\det\boldsymbol{J}\mathrm{d}\xi\mathrm{d}\eta\mathrm{d}\zeta\quad(r,s=1,2,\cdots)\tag{4.1.67}$$

$$\boldsymbol{F}_{\mathrm{E}}^e=\int_{-1}^{+1}\int_{-1}^{+1}\int_{-1}^{+1}\boldsymbol{N}^{\mathrm{T}}\boldsymbol{F}\det\boldsymbol{J}\mathrm{d}\xi\mathrm{d}\eta\mathrm{d}\zeta+\sum\int_{-1}^{+1}\int_{-1}^{+1}\boldsymbol{N}^{\mathrm{T}}\boldsymbol{F}_{\mathrm{S}ij}\sqrt{a_ia_j-a_{ij}^2}\,\mathrm{d}i\mathrm{d}j\tag{4.1.68}$$

其中,$i,j=\xi,\eta,\zeta;i\neq j$。

单元刚度方程为
$$\boldsymbol{k}_e\boldsymbol{\delta}_e=\boldsymbol{S}_e+\boldsymbol{F}_{\mathrm{E}}^e\tag{4.1.69}$$

必须注意,上述推导是对六面体等参元进行的,对四面体和五面体等参元将稍有修改,其思路与二维问题的修改相仿,这里不再赘述。

式(4.1.67)和式(4.1.68)一般均需用高斯积分来计算,关于积分阶次的选择见上一章。

对于空间问题,为了减少计算工作量,若使子单元的结点位于长方体的边线上,则 $\boldsymbol{Nx}_e$ 映射后子单元就是一个长方体,其雅可比行列式及微分算子矩阵 $\bar{\boldsymbol{A}}$ 都变得很简单。正因如此,在作网格划分时对内部单元尽可能以平行坐标面的平面来划分。当然为了拟合曲面边界对处于边界上的单元就不能作此要求了。

4.1.4　算例

【例 4.1】　受内压的旋转厚壁筒。

设厚壁圆筒长为 12 cm,内径 10 cm,外径 20 cm,两端自由,承受内压 $p=1.2\times10^8$ Pa 并以角速度 $\omega=209$ rad/s 绕中心轴转动。材料的弹性模量 $E=2\times10^{11}$ N/m³,泊桑比 $\mu=0.3$,容重 $\gamma=0.78\times10^5$ N/m³。

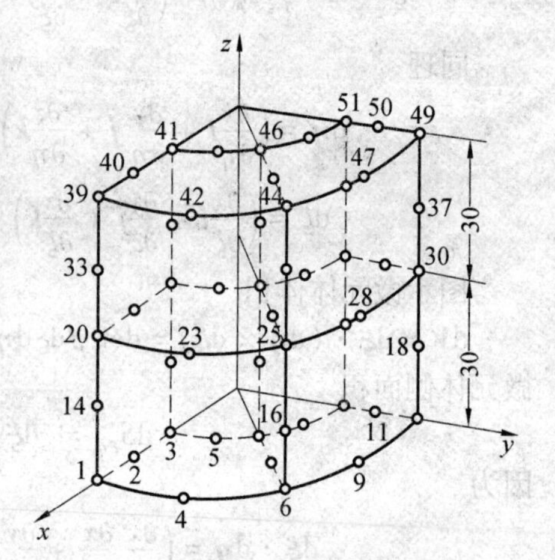

图 4.17　厚壁圆筒的单元和结点

【解】　取中央横截面为 xy 坐标平面,由对称性取 1/8 分析,采用二十结点六面体等参元分析,单元划分见图 4.17,共 4 个单元 51 个结点,采用 3 × 3 × 3 阶高斯积分。由有限元法计算出的结点 1、2、3 的径向位移分别为

$$u_1 = 0.039\,34\ \text{mm}, u_2 = 0.044\,36\ \text{mm}, u_3 = 0.058\,10\ \text{mm}$$

而精确值为

$$u_1 = 0.040\,00\ \text{mm}, u_2 = 0.045\,17\ \text{mm}, u_3 = 0.058\,10\ \text{mm}$$

相对误差均在 2% 以下。

在 3 个积分点上，应力 $\sigma_\theta|_{r\approx 5.55\ \text{cm}} = 17\,999 \times 10^4$ Pa，$\sigma_\theta|_{r\approx 7.48\text{cm}} = 10\,562 \times 10^4$ Pa，$\sigma_\theta|_{r\approx 9.36\ \text{cm}} = 8\,801 \times 10^4$ Pa。比精确值分别大 7%、小 6% 和大 3%。

4.2　轴对称问题

工程中有一类结构，它们的几何形状、约束条件及作用的荷载都对称于某一固定轴（可视作子午面内平面物体绕轴旋转一周的结果）。烟囱在只受重力作用时即为一例（图 4.18）。这种情况下，结构所产生的位移、应变、应力也对称于该轴，该轴称为对称轴，这类问题称为轴对称问题。它是工程中常遇到的应力问题之一。若按空间问题对其分析，存在未知量庞大的问题，利用轴对称特点，可将其转化为平面问题求解。

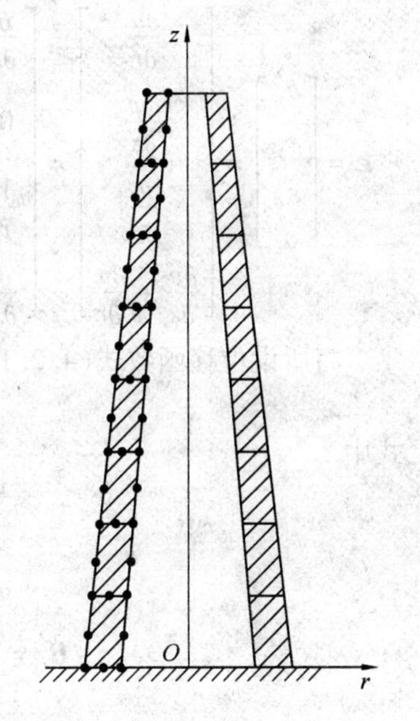

图 4.18　烟囱柱坐标剖面单元离散示意图

为了方便讨论，一般取柱坐标系 $Or\theta z$，对称轴为 z 轴，径向为 r 轴，环向为 θ 轴。由对称性可知位移、应变、应力都与 θ 无关，只与 r、z 有关。任一点位移只有 r、z 方向分量即 u、w，而 θ 方向位移分量为零，即 $v = 0$。因此可以只研究坐标 r、z 平面上的截面部分，这时分析方法就与平面问题类似了。

若几何形状轴对称，荷载不是轴对称，则可以将荷载在 θ 方向展开成傅氏级数，利用物体的对称性，可使问题的求解简化。

4.2.1　离散化

因为轴对称物体是由子午面内几何图形绕 Oz 轴旋转而成，在通过对称轴的任一平截面内的两个位移分量 u、w 完全确定了物体的应变、应力状态，所以可在子午面内进行网格划分，分析所用单元是子午面平面单元图形绕 Oz 轴旋转所成的一系列圆环，单元之间的结点则形成环状的铰链。网络划分的方法同平面问题相同，图4.18 为烟囱以八结点圆环单元离散的示意。

4.2.2　三角形环单元

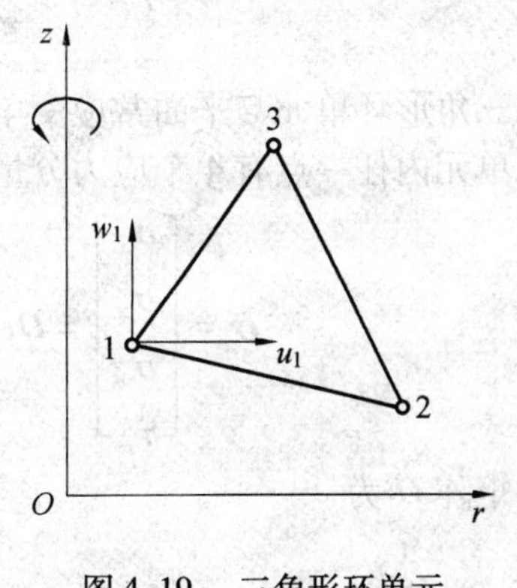

图 4.19　三角形环单元

下面以三角形环单元为例说明单元分析的方法步骤，其他单元形式与它在方法上完全是一致的。

4.2.2.1　位移函数

如图 4.19 所示，三角形环单元的单位位移场由第 3 章可知

$$\boldsymbol{d} = [N_1\boldsymbol{I}_2 \quad N_2\boldsymbol{I}_2 \quad N_3\boldsymbol{I}_2]\boldsymbol{\delta}_e \qquad (4.2.1)$$

式中

$$N_i = \frac{1}{2\Delta}(a_i + b_i r + c_i z) = L_i \quad (i = 1,2,3) \tag{4.2.2}$$

L_i 为面积坐标

$$a_1 = r_2 z_3 - r_3 z_2 \quad b_1 = z_2 - z_3 \quad c_1 = -r_2 + r_3 \quad 1 \to 2 \to 3 \to 1 \tag{4.2.3}$$

$$2\Delta = \Delta 123 \text{ 面积} = \begin{vmatrix} 1 & r_1 & z_1 \\ 1 & r_2 & z_2 \\ 1 & r_3 & z_3 \end{vmatrix}$$

4.2.2.2　应变、应力

在轴对称变形情况下共有4个非零应变分量，如图4.20所示。由弹性力学可知，在柱坐标系下的几何方程为

$$\boldsymbol{\varepsilon} = \begin{bmatrix} \varepsilon_r \\ \varepsilon_z \\ \varepsilon_\theta \\ \gamma_{rz} \end{bmatrix} = \begin{bmatrix} \dfrac{\partial u}{\partial r} \\ \dfrac{\partial w}{\partial z} \\ \dfrac{u}{r} \\ \dfrac{\partial u}{\partial z} + \dfrac{\partial w}{\partial r} \end{bmatrix} = \begin{bmatrix} \dfrac{\partial}{\partial r} & 0 \\ 0 & \dfrac{\partial}{\partial z} \\ \dfrac{1}{r} & 0 \\ \dfrac{\partial}{\partial z} & \dfrac{\partial}{\partial r} \end{bmatrix} \begin{bmatrix} u \\ w \end{bmatrix} \tag{4.2.4}$$

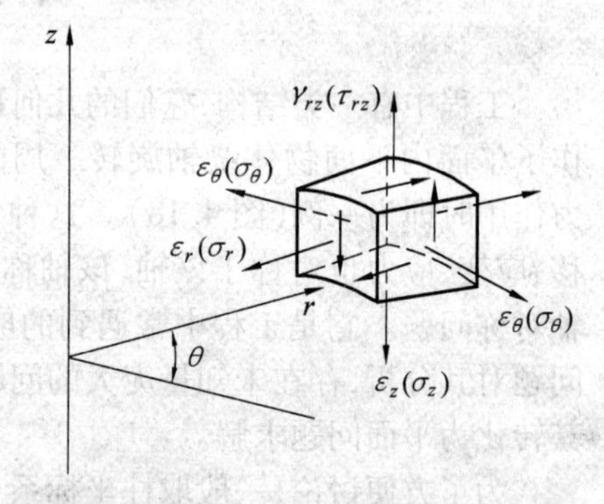

图4.20　轴对称弹性体的应力与应变

将所设位移函数式(4.2.1)代入，得

$$\boldsymbol{\varepsilon} = \boldsymbol{B}\boldsymbol{\delta}_e = [\boldsymbol{B}_1 \quad \boldsymbol{B}_2 \quad \boldsymbol{B}_3]\boldsymbol{\delta}_e \tag{4.2.5}$$

式中

$$\boldsymbol{B}_i = \begin{bmatrix} \dfrac{\partial N_i}{\partial r} & 0 \\ 0 & \dfrac{\partial N_i}{\partial z} \\ \dfrac{N_i}{r} & 0 \\ \dfrac{\partial N_i}{\partial z} & \dfrac{\partial N_i}{\partial r} \end{bmatrix} = \frac{1}{2\Delta} \begin{bmatrix} b_i & 0 \\ 0 & c_i \\ g_i & 0 \\ c_i & b_i \end{bmatrix} \quad (i = 1,2,3) \tag{4.2.6}$$

其中

$$g_i = \frac{a_i}{r} + b_i + \frac{c_i z}{r} = g_i(r,z) \tag{4.2.7}$$

可见三角形环单元与平面常应变单元不同，$\boldsymbol{B}_i$ 现在不是常数矩阵。

单元内任一点有4个应力分量，将单元应变代入物理方程，得

$$\boldsymbol{\sigma} = \begin{bmatrix} \sigma_r \\ \sigma_z \\ \sigma_\theta \\ \tau_{rz} \end{bmatrix} = \boldsymbol{D}\boldsymbol{\varepsilon} = \boldsymbol{D}\boldsymbol{B}\boldsymbol{\delta}_e = \boldsymbol{S}\boldsymbol{T}\boldsymbol{\delta}_e = [\boldsymbol{ST}_1 \quad \boldsymbol{ST}_2 \quad \boldsymbol{ST}_3]\boldsymbol{\delta}_e \tag{4.2.8}$$

弹性矩阵 $\boldsymbol{D}$ 为

$$\boldsymbol{D}=\frac{E(1-\mu)}{(1+\mu)(1-2\mu)}\begin{bmatrix}1 & \frac{\mu}{1-\mu} & \frac{\mu}{1-\mu} & 0\\ & 1 & \frac{\mu}{1-\mu} & 0\\ & & 1 & 0\\ & 对称 & & \frac{1-2\mu}{2(1-\mu)}\end{bmatrix}\tag{4.2.9}$$

应力矩阵 $\boldsymbol{ST}$ 中子块 $\boldsymbol{ST}_i$ 为

$$\boldsymbol{ST}_i=\frac{E(1-\mu)}{2\Delta(1+\mu)(1-2\mu)}\begin{bmatrix}b_i+A_1g_i & A_1c_i\\ A_1(b_i+g_i) & c_i\\ A_1b_i+g_i & A_1c_i\\ A_2c_i & A_2b_i\end{bmatrix}\tag{4.2.10}$$

式中

$$A_1=\frac{\mu}{1-\mu},A_2=\frac{1-2\mu}{2(1-\mu)}\tag{4.2.11}$$

由式(4.2.10)可见，除 τ_{rz} 为常数外，其他应力均不是常数。

4.2.2.3　单元刚度矩阵

单元刚度矩阵仍按前面介绍的方法计算，只是体积分应在整个圆环上进行。

$$\boldsymbol{k}_e=2\pi\int_\Delta\boldsymbol{B}^{\mathrm{T}}\boldsymbol{DB}r\mathrm{d}A=\begin{bmatrix}\boldsymbol{k}_{11} & \boldsymbol{k}_{12} & \boldsymbol{k}_{13}\\ \boldsymbol{k}_{21} & \boldsymbol{k}_{22} & \boldsymbol{k}_{23}\\ \boldsymbol{k}_{31} & \boldsymbol{k}_{32} & \boldsymbol{k}_{33}\end{bmatrix}\tag{4.2.12}$$

其中

$$\boldsymbol{k}_{rs}=2\pi\int_\Delta\boldsymbol{B}_r^{\mathrm{T}}\boldsymbol{DB}_s r\mathrm{d}A\quad(r,s=1,2,3)\tag{4.2.13}$$

由于 $\boldsymbol{B}$ 中含有坐标变量，所以积分运算比平面问题复杂，关于精确积分计算可参阅有关文献（如监克维奇的《有限单元法》等），实践表明，采用近似方法得到的单元刚度矩阵和以精确积分求等效单荷，有限元分析所得到的结果是十分令人满意的。因此，这里仅介绍近似单元刚度矩阵的计算。此时用单元形心处坐标 $\bar{r}=\frac{1}{3}(r_1+r_2+r_3)$；$\bar{z}=\frac{1}{3}(z_1+z_2+z_3)$ 代替 $\boldsymbol{B}$ 中的坐标变量，式(4.2.13)变为

$$\begin{aligned}\boldsymbol{k}_{rs}&=2\pi\boldsymbol{B}_r^{\mathrm{T}}\boldsymbol{DB}_s\bar{r}\Delta=\frac{\pi E(1-\mu)\bar{r}}{2\Delta(1+\mu)(1-2\mu)}\times\\ &\begin{bmatrix}b_rb_s+\bar{g}_r\bar{g}_s+m_1(b_r\bar{g}_s+b_s\bar{g}_r)+m_2c_rc_s & m_1(b_rc_s+\bar{g}_rc_s)+m_2c_rb_s\\ m_1(c_rb_s+c_r\bar{g}_s)+m_2b_rb_s & c_rc_s+m_2b_rb_s\end{bmatrix}\\ &(r,s=1,2,3,4)\end{aligned}\tag{4.2.14}$$

式中　$m_1=\dfrac{\mu}{1-\mu}$；

$m_2=\dfrac{1-2\mu}{2(1-\mu)}$；

$\bar{g}_i=\dfrac{a_i}{\bar{r}}+b_i+\dfrac{c_i\bar{z}}{\bar{r}}$。

为了使近似方法得到的结果更好一些,可以将单元分成4个相等的三角形(图4.21),在单元上的积分应为此4个三角形区域内积分之和,在每个小三角形区域内的积分可用前述方法计算,即用小三角形面积形心坐标代替坐标变量作积分。

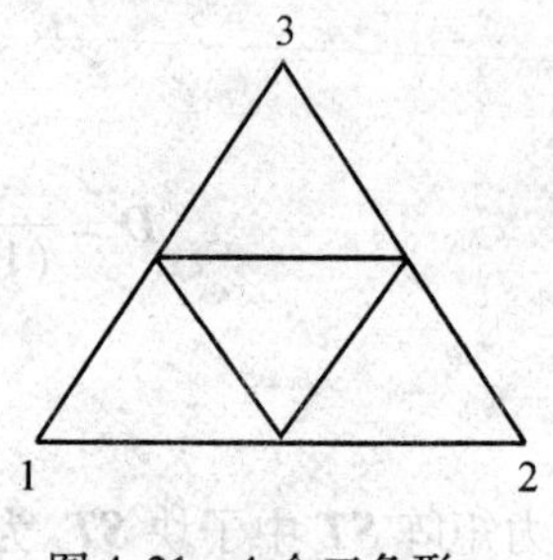

图4.21　4个三角形

4.2.2.4　单元等效结点荷载

与平面问题一样,等效结点荷载也是由作用于单元上的表面力、体积力移置到结点上得到的,不同的是,积分应在环形域上进行,即

$$F_{E}^{e}=2\pi\int N^{T}F_{S}r\mathrm{d}l+2\pi\int_{\Delta}N^{T}F_{b}r\mathrm{d}A \qquad (4.2.15)$$

式中第一项为环单元表面力的等效结点力,当环单元为体系表面时该项存在;第二项为单元体积力的等效结点力。下面推导几种常见荷载的等效结点力。

1. 自重

若物体的对称轴垂直于地面,则重力只有 z 方向的分量。设单位体积为 γ,则体积力为

$$F_{b}=\begin{bmatrix}0\\-1\end{bmatrix}\gamma$$

将上式代入式(4.2.15)得

$$F_{E}^{e}=\begin{bmatrix}F_{E}^{1}\\F_{E}^{2}\\F_{E}^{3}\end{bmatrix}=\iint_{\Delta}N^{T}\gamma\begin{bmatrix}0\\-1\end{bmatrix}r\mathrm{d}A$$

因为

$$r=L_{1}r_{1}+L_{2}r_{2}+L_{3}r_{3}\quad N_{i}=L_{i}\quad (i=1,2,3)$$

所以

$$(F_{E,w}^{1})^{e}=-2\pi\gamma\int_{\Delta}N_{1}\begin{bmatrix}0\\1\end{bmatrix}(L_{1}r_{1}+L_{2}r_{2}+L_{3}r_{3})\mathrm{d}A=$$

$$-2\pi\gamma\begin{bmatrix}0\\1\end{bmatrix}\int_{\Delta}L_{1}(L_{1}r_{1}+L_{2}r_{2}+L_{3}r_{3})\mathrm{d}A \qquad (4.2.16)$$

利用下面积分公式

$$\int_{\Delta}L_{i}^{\alpha}L_{j}^{\beta}L_{k}^{\gamma}\mathrm{d}A=2\Delta\frac{\alpha!\,\beta!\,\gamma!}{(\alpha+\beta+\gamma+2)!} \qquad (4.2.17)$$

$$\int_{L_{ij}}L_{i}^{\alpha}L_{j}^{\beta}\mathrm{d}l=l_{ij}\frac{\alpha!\,\beta!}{(\alpha+\beta+1)!}\quad ij\rightarrow jk\rightarrow ki \qquad (4.2.18)$$

式(4.2.16)可积分得

$$(F_{E,w}^{1})^{e}=-4\pi\Delta\gamma\begin{bmatrix}0\\1\end{bmatrix}\left(\frac{2!}{4!}r_{1}+\frac{1}{4!}r_{2}+\frac{1}{4!}r_{3}\right)=$$

$$-\frac{\pi\Delta\gamma}{6}(3\bar{r}+r_{1})\begin{bmatrix}0\\1\end{bmatrix} \qquad (4.2.19)$$

同理有

$$(F_{E}^{2})^{e}=-\frac{\pi\Delta\gamma}{6}(3\bar{r}+r_{2})\begin{bmatrix}0\\1\end{bmatrix}$$

$$(\boldsymbol{F}_{\mathrm{E}}^{3})^{e}=-\frac{\pi\Delta\gamma}{6}(3\bar{r}+r_3)\begin{bmatrix}0\\1\end{bmatrix}$$

2. 匀速转动的离心力

此时体积力矩阵(设绕 Oz 轴匀速转动)为

$$\boldsymbol{F}_{\mathrm{b}}=\begin{bmatrix}\gamma\omega^2 r/g\\0\end{bmatrix}$$

式中　ω—— 转动角速度;

g—— 重力加速度。

$$\boldsymbol{F}_{\mathrm{E},I}^{t}=\frac{2\pi\gamma\omega^2}{g}\int_{\Delta}\begin{bmatrix}L_t(L_1r_1+L_2r_2+L_3r_3)^2\\0\end{bmatrix}\mathrm{d}A=$$

$$\frac{\pi\gamma\omega^2\Delta}{15g}\begin{bmatrix}9\bar{r}^2+2r_t^2-r_ur_v\\0\end{bmatrix}\quad\begin{pmatrix}t,u,v=1,2,3\\t\neq u\neq v\end{pmatrix}\tag{4.2.20}$$

3. 表面力作用

不失一般性,设在单元 23 边上作用有径向表面力,如图 4.22 所示,此时表面力矩阵

$$\boldsymbol{F}_{\mathrm{S}}=\begin{bmatrix}q_2^rL_2+q_3^rL_3\\0\end{bmatrix}$$

式(4.2.15) 改写为

$$\boldsymbol{F}_{\mathrm{E},s}^{e}=2\pi\int_{l_{23}}\boldsymbol{N}^{\mathrm{T}}\boldsymbol{F}_{\mathrm{S}}\boldsymbol{r}\mathrm{d}l$$

因为在 l_{23} 上

$$L_1\equiv 0$$

所以

$$\boldsymbol{F}_{\mathrm{E},s}^{e}=[0\quad 0\quad \boldsymbol{F}_{\mathrm{E},s}^{2\mathrm{T}}\quad \boldsymbol{F}_{\mathrm{E},s}^{3\mathrm{T}}]_e^{\mathrm{T}}$$

$$\boldsymbol{F}_{\mathrm{E},s}^{ie}=2\pi\int_{l_{23}}L_i\begin{bmatrix}q_2^rL_2+q_3^rL_3\\0\end{bmatrix}(r_2L_2+r_3L_3)\mathrm{d}l=$$

$$\frac{\pi l_{23}}{6}\begin{bmatrix}(3r_i+r_j)q_i^r+(r_i+r_j)q_j^r\\0\end{bmatrix}\quad\begin{pmatrix}i,j=2,3\\i\neq j\end{pmatrix}\tag{4.2.21}$$

当在 jk 边上有图 4.23 所示一般表面力作用时,读者可自行仿照径向表面力情况写出其精确的等效单荷显式(积分时利用式(4.2.18) 结果)。

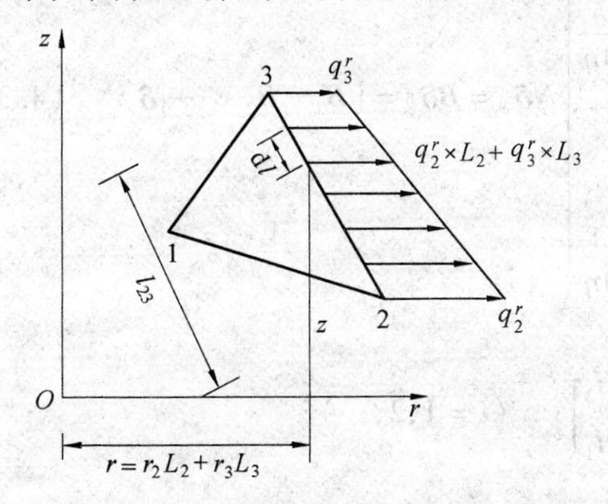

图 4.22　径向表面力作用示意图(23 边上 $L_1=0$)

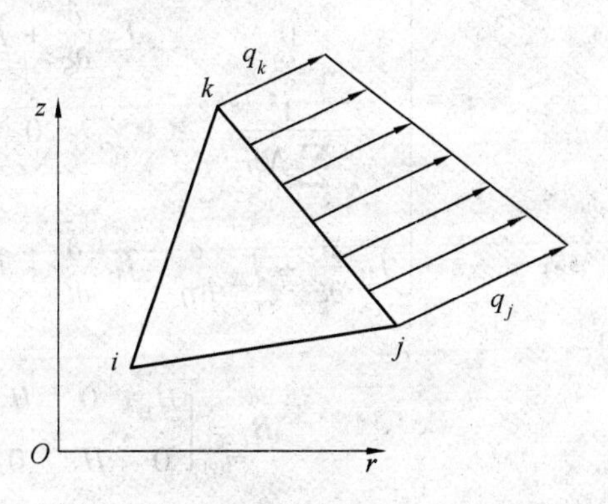

图 4.23　一般表面力作用示意图(jk 边上 $L_i\equiv0$)

4.3 轴对称问题的等参元分析

受轴对称荷载作用的轴对称问题，也可用各种等参元进行分析，此时

$$d = N\boldsymbol{\delta}_e$$

$$N = [N_1 I_2 \quad N_2 I_2 \quad \cdots]$$

$$r = \begin{bmatrix} r \\ z \end{bmatrix} = N r_e$$

$$r_e = [r_1 \quad z_1 \quad r_2 \quad z_2 \quad \cdots]^{\mathrm{T}}$$

雅可比矩阵 J 为

$$J = \begin{bmatrix} \frac{\partial r}{\partial \xi} & \frac{\partial z}{\partial \xi} \\ \frac{\partial r}{\partial \eta} & \frac{\partial z}{\partial \eta} \end{bmatrix} \begin{bmatrix} \sum_i \frac{\partial N_i}{\partial \xi} r_i & \sum_i \frac{\partial N_i}{\partial \xi} z_i \\ \sum_i \frac{\partial N_i}{\partial \eta} r_i & \sum_i \frac{\partial N_i}{\partial \eta} z_i \end{bmatrix} \tag{4.3.1}$$

由此可得

$$\det J = \left(\sum_i \frac{\partial N_i}{\partial \xi} r_i \right) \left(\sum_i \frac{\partial N_i}{\partial \eta} z_i \right) - \left(\sum_i \frac{\partial N_i}{\partial \xi} z_i \right) \left(\sum_i \frac{\partial N_i}{\partial \eta} r_i \right) \tag{4.3.2}$$

$$\hat{J} = J^{-1} = (\det J)^{-1} \begin{bmatrix} \sum_i \frac{\partial N_i}{\partial \eta} z_i & -\sum_i \frac{\partial N_i}{\partial \xi} z_i \\ -\sum_i \frac{\partial N_i}{\partial \eta} r_i & \sum_i \frac{\partial N_i}{\partial \xi} r_i \end{bmatrix} = \begin{bmatrix} \hat{J}_{11} & \hat{J}_{12} \\ \hat{J}_{21} & \hat{J}_{22} \end{bmatrix} \tag{4.3.3}$$

$$\begin{bmatrix} \frac{\partial}{\partial r} \\ \frac{\partial}{\partial z} \end{bmatrix} = \hat{J} \begin{bmatrix} \frac{\partial}{\partial \xi} \\ \frac{\partial}{\partial \eta} \end{bmatrix} = \begin{bmatrix} \hat{J}_{11} \frac{\partial}{\partial \xi} + \hat{J}_{12} \frac{\partial}{\partial \eta} \\ \hat{J}_{21} \frac{\partial}{\partial \xi} + \hat{J}_{22} \frac{\partial}{\partial \eta} \end{bmatrix} \tag{4.3.4}$$

由式(4.2.4)则单元应变 $\boldsymbol{\varepsilon}$ 为

$$\boldsymbol{\varepsilon} = \begin{bmatrix} \hat{J}_{11} \frac{\partial}{\partial \xi} + \hat{J}_{12} \frac{\partial}{\partial \eta} & 0 \\ 0 & \hat{J}_{21} \frac{\partial}{\partial \xi} + \hat{J}_{22} \frac{\partial}{\partial \eta} \\ \frac{1}{\sum_i N_i r_i} & 0 \\ \hat{J}_{21} \frac{\partial}{\partial \xi} + \hat{J}_{22} \frac{\partial}{\partial \eta} & \hat{J}_{11} \frac{\partial}{\partial \xi} + \hat{J}_{12} \frac{\partial}{\partial \eta} \end{bmatrix} N\boldsymbol{\delta}_e = B\boldsymbol{\delta}_e = [B_1 \quad B_2 \quad \cdots]\boldsymbol{\delta}_e \tag{4.3.5}$$

式中

$$B_i = \begin{bmatrix} H_1 & 0 & H_3 & H_2 \\ 0 & H_2 & 0 & H_1 \end{bmatrix}^{\mathrm{T}} \quad (i = 1, 2, \cdots)$$

其中

$$\begin{cases} H_1 = \hat{J}_{11}\dfrac{\partial N_i}{\partial \xi} + \hat{J}_{12}\dfrac{\partial N_i}{\partial \eta} \\ H_2 = \hat{J}_{21}\dfrac{\partial N_i}{\partial \xi} + \hat{J}_{22}\dfrac{\partial N_i}{\partial \eta} \\ H_3 = \dfrac{N_i}{\sum\limits_i N_i r_i} \end{cases} \tag{4.3.6}$$

由此可得单刚的子矩阵

$$\boldsymbol{k}_{ij}^e = 2\pi\int_{-1}^{+1}\int_{-1}^{+1}\boldsymbol{B}_i^{\mathrm{T}}\boldsymbol{D}\boldsymbol{B}_j\sum_i N_i r_i \det\ \boldsymbol{J}\mathrm{d}\xi\mathrm{d}\eta \quad (i,j=1,2,\cdots) \tag{4.3.7}$$

等效单荷的子矩阵 $\boldsymbol{F}_{\mathrm{E},i}^e$ 为

$$\begin{aligned}\boldsymbol{F}_{\mathrm{E},i}^e &= 2\pi\int_{-1}^{+1}\int_{-1}^{+1}N_i\boldsymbol{P}(r,z)\sum_i N_i r_i \det\ \boldsymbol{J}\mathrm{d}\xi\mathrm{d}\eta = \\ &2\pi\int_{-1}^{+1}\int_{-1}^{+1}N_i\boldsymbol{P}\Big(\sum_i N_i r_i,\sum_i N_i z_i\Big)\cdot\sum_i N_i r_i\cdot\det\ \boldsymbol{J}\mathrm{d}\xi\mathrm{d}\eta\end{aligned} \tag{4.3.8}$$

【例 4.2】　受内压的厚壁圆筒。

【解】　现将 4.1.4 节中的厚壁圆筒按轴对称问题求解，取一半长度作为计算结构，单元划分见图4.24，采用 3 × 3 高斯积分，计算结果见表 4.1。在 $z = 60$ mm 平面上轴向位移的解析解是 $w = -0.0072$ mm。

表 4.1　受内压的厚壁圆筒的部分应力和位移

坐标	$z = 0$			$z = 60$ mm
r/mm	$\sigma_r/10^4$Pa	$\sigma_\theta/10^4$Pa	$u/10^{-5}$ mm	$w/10^{-8}$ mm
50	− 11 568	20 184	5 900	− 721 184
55	− 9 415	17 141	5 497	− 719 795
60	− 6 829	15 232	5 173	− 720 387
65	− 5 565	13 425	4 910	− 719 834
70	− 4 013	12 227	4 694	− 720 190
75	− 3 167	11 087	4 517	− 719 894
80	− 2 162	10 287	4 370	− 720 099
85	− 1 570	9 622	4 249	− 719 923
90	− 884	8 961	4 149	− 720 052
95	− 454	8 423	4 067	− 719 951
100	40	8 017	4 000	− 720 073

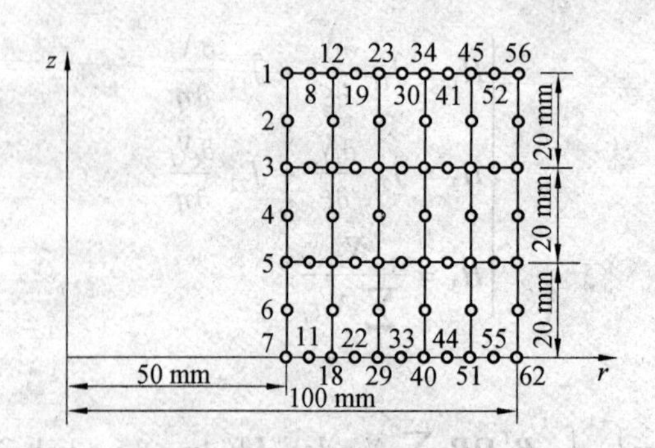

图 4.24　厚壁圆筒的轴对称单元划分和结点编号

4.4　非轴对称荷载

如果轴对称体上作用有一般性荷载,如烟囱上作用的风荷载及地震力等,位移、应变、应力将不再是轴对称的,这时应按空间问题求解。但是若按空间问题求解,求解费用将大大增加,有时问题的规模也超出了计算机的能力。因此,一般总是希望建立减少工作量的方法。下面采用的方法称为半解析有限元,它可以将一些空间问题化为平面问题求解。这里只介绍用它求解非轴对称荷载作用下的轴对称体问题。

设轴对称体上作用有一般性荷载 $P(r,z,\theta)$,将其沿 r、z、θ 三个坐标方向分解为三个分量,即 $R(r,z,\theta)$、$Z(r,z,\theta)$、$T(r,z,\theta)$。将它们沿 θ 方向展成傅里叶(Fourier) 级数。

$$\begin{cases} R(r,z,\theta) = R_0(r,z) + \sum_{i=1}^{n} R_i(r,z)\cos i\theta + \sum_{i=1}^{n} \bar{R}_i(r,z)\sin i\theta \\ Z(r,z,\theta) = Z_0(r,z) + \sum_{i=1}^{n} Z_i(r,z)\cos i\theta + \sum_{i=1}^{n} \bar{Z}_i(r,z)\sin i\theta \\ T(r,z,\theta) = T_0(r,z) + \sum_{i=1}^{n} T_i(r,z)\sin i\theta + \sum_{i=1}^{n} \bar{T}_i(r,z)\cos i\theta \end{cases} \tag{4.4.1}$$

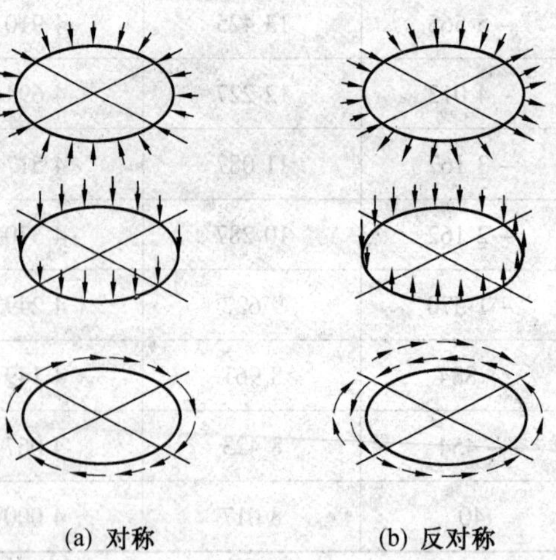

图 4.25　轴对称体的荷载及位移分量

其中,R_0 和 Z_0 是与 θ 无关的 r、z 方向的荷载,即为轴对称荷载;T_0 也与 θ 无关,但它是 θ 方向的荷载,实为扭转荷载;$R_i(r,z)\cos i\theta$、$Z_i(r,z)\cos i\theta$、$T_i(r,z)\cos i\theta$ 是关于 $\theta=0$ 平面的对称荷载;$\bar{R}_i(r,z)\sin i\theta$、$\bar{Z}_i(r,z)\sin i\theta$、$\bar{T}_i(r,z)\cos i\theta$ 是关于 $\theta=0$ 平面的反对称荷载,如图 4.25 所示。

$$\begin{cases} u(r,z,\theta)=u_0(r,z)+\sum_{i=1}^{n}u_i(r,z)\cos i\theta+\sum_{i=1}^{n}\bar{u}_i(r,z)\sin i\theta \\ w(r,z,\theta)=w_0(r,z)+\sum_{i=1}^{n}w_i(r,z)\cos i\theta+\sum_{i=1}^{n}\bar{w}_i(r,z)\sin i\theta \\ v(r,z,\theta)=v_0(r,z)+\sum_{i=1}^{n}v_i(r,z)\sin i\theta+\sum_{i=1}^{n}\bar{v}_i(r,z)\cos i\theta \end{cases} \tag{4.4.2}$$

式中　u_0、w_0—— 轴对称位移;

v_0—— 扭转位移;

$w_i(r,z)\cos i\theta$、$u_i(r,z)\cos i\theta$、$v_i(r,z)\sin i\theta$—— 关于 $\theta=0$ 平面对称的位移;

$\bar{u}_i(r,z)\sin i\theta$、$\bar{w}_i(r,z)\sin i\theta$、$\bar{v}_i(r,z)\cos i\theta$—— 关于 $\theta=0$ 平面反对称的位移。

分别计算轴对称体在对称荷载、反对称荷载、轴对称荷载和扭转荷载作用下的位移、应变、应力,然后将结果叠加在一起即为轴对称体在一般荷载 $P(r,z,\theta)$ 作用下的结果。

首先分析轴对称体在对称荷载作用下的情况,这时荷载为

$$\boldsymbol{P}_{对}(r,z,\theta)=\sum_{i=1}^{n}\begin{bmatrix} R_i\cos i\theta \\ Z_i\cos i\theta \\ T_i\sin i\theta \end{bmatrix}=\sum_{i=1}^{n}\begin{bmatrix} \cos i\theta & 0 & 0 \\ 0 & \cos i\theta & 0 \\ 0 & 0 & \sin i\theta \end{bmatrix}\begin{bmatrix} R_i \\ Z_i \\ T_i \end{bmatrix}=\sum_{i=1}^{n}\boldsymbol{\Phi}_i\boldsymbol{P}_i=$$

$$[\boldsymbol{\Phi}_1 \quad \boldsymbol{\Phi}_2 \quad \cdots \quad \boldsymbol{\Phi}_n]\begin{bmatrix} \boldsymbol{P}_1 \\ \boldsymbol{P}_1 \\ \vdots \\ \boldsymbol{P}_n \end{bmatrix}=\boldsymbol{\Phi}\boldsymbol{P} \tag{4.4.3}$$

对称荷载引起的位移是对称的,即

$$\boldsymbol{u}=\begin{bmatrix} u \\ w \\ v \end{bmatrix}=\sum_{i=1}^{n}\begin{bmatrix} u_i(r,z)\cos i\theta \\ w_i(r,z)\cos i\theta \\ v_i(r,z)\sin i\theta \end{bmatrix} \tag{4.4.4}$$

将轴对称体作 4.2.1 节所述的离散,即一系列圆环单元。单元位移可由式(4.2.33)表达。将式中的傅氏系数用单元结点的“位移”值插值构造。若单元有 m 个结点,则

$$u_i(r,z)=\sum_{j=1}^{m}N_ju_j^i$$

$$w_i(r,z)=\sum_{j=1}^{m}N_jw_j^i$$

$$v_i(r,z)=\sum_{j=1}^{m}N_jv_j^i$$

式中　u_j^i、w_j^i、v_j^i—— 单元的 j 结点在第 i 组荷载 $\boldsymbol{P}_i$ 作用下引起的位移幅值;

m—— 单元结点个数;

N_j—— 形函数,由单元所取的形式确定,与平面问题相同。

单元内任一点位移可表示为

$$\boldsymbol{u}=\sum_{i=1}^{n}\begin{bmatrix}\cos i\theta & 0 & 0\\ 0 & \cos i\theta & 0\\ 0 & 0 & \sin i\theta\end{bmatrix}\begin{bmatrix}u_i(r,z)\\ w_i(r,z)\\ v_i(r,z)\end{bmatrix}=\sum_{i=1}^{n}\boldsymbol{\Phi}_i[N_1\boldsymbol{I}_3 \quad N_2\boldsymbol{I}_3 \quad \cdots \quad N_m\boldsymbol{I}_3]\begin{bmatrix}u_1^i\\ w_1^i\\ v_1^i\\ \vdots\\ u_m^i\\ w_m^i\\ v_m^i\end{bmatrix}=$$

$$\sum_{i=1}^{n}[N_1\boldsymbol{\Phi}_i \quad N_2\boldsymbol{\Phi}_i \quad \cdots \quad N_m\boldsymbol{\Phi}_i]\boldsymbol{\delta}_e^i=\sum_{i=1}^{n}\boldsymbol{N}_i\boldsymbol{\delta}_e^i=\boldsymbol{N}_\varphi\boldsymbol{\delta}_e \tag{4.4.5}$$

由于荷载非轴对称，在柱坐标系下其几何方程为

$$\boldsymbol{\varepsilon}=\begin{bmatrix}\varepsilon_r\\ \varepsilon_z\\ \varepsilon_\theta\\ \gamma_{rz}\\ \gamma_{z\theta}\\ \gamma_{\theta r}\end{bmatrix}=\begin{bmatrix}\dfrac{\partial u}{\partial r}\\ \dfrac{\partial w}{\partial z}\\ \dfrac{u}{r}+\dfrac{1}{r}\dfrac{\partial v}{\partial\theta}\\ \dfrac{\partial u}{\partial z}+\dfrac{\partial w}{\partial r}\\ \dfrac{\partial v}{\partial z}+\dfrac{1}{r}\dfrac{\partial w}{\partial\theta}\\ \dfrac{1}{r}\dfrac{\partial u}{\partial\theta}+\dfrac{\partial v}{\partial r}-\dfrac{v}{r}\end{bmatrix}=\boldsymbol{A}^{\mathrm{T}}\boldsymbol{u} \tag{4.4.6}$$

其中微分算子矩阵为

$$\boldsymbol{A}^{\mathrm{T}}=\begin{bmatrix}\dfrac{\partial}{\partial r} & 0 & 0\\ 0 & \dfrac{\partial}{\partial z} & 0\\ \dfrac{1}{r} & 0 & \dfrac{1}{r}\dfrac{\partial}{\partial\theta}\\ \dfrac{\partial}{\partial z} & \dfrac{\partial}{\partial r} & 0\\ 0 & \dfrac{1}{r}\dfrac{\partial}{\partial\theta} & \dfrac{\partial}{\partial z}\\ \dfrac{1}{r}\dfrac{\partial}{\partial\theta} & 0 & \dfrac{\partial}{\partial r}-\dfrac{1}{r}\end{bmatrix}$$

将式(4.4.5)代入式(4.4.6)，得

$$\boldsymbol{\varepsilon}=\boldsymbol{A}^{\mathrm{T}}\boldsymbol{N}_\varphi\boldsymbol{\delta}_e=\boldsymbol{B}\boldsymbol{\delta}_e \tag{4.4.7}$$

其中

$$\boldsymbol{B}=\boldsymbol{A}^{\mathrm{T}}\boldsymbol{N}_\varphi=[\boldsymbol{A}^{\mathrm{T}}\boldsymbol{N}_{\varphi1} \quad \boldsymbol{A}^{\mathrm{T}}\boldsymbol{N}_{\varphi2} \quad \cdots \quad \boldsymbol{A}^{\mathrm{T}}\boldsymbol{N}_{\varphi n}]=[\boldsymbol{B}_1 \quad \boldsymbol{B}_2 \quad \cdots \quad \boldsymbol{B}_n] \tag{4.4.8}$$

式中

$$\boldsymbol{B}_i=\boldsymbol{A}^{\mathrm{T}}\boldsymbol{N}_{\varphi i}=\boldsymbol{A}^{\mathrm{T}}[N_1\boldsymbol{\Phi}_i \quad N_2\boldsymbol{\Phi}_i \quad \cdots \quad N_m\boldsymbol{\Phi}_i]=[\boldsymbol{B}_{1i} \quad \boldsymbol{B}_{2i} \quad \cdots \quad \boldsymbol{B}_{mi}] \tag{4.4.9}$$

式(4.4.9)中

$$\boldsymbol{B}_{ri} = \boldsymbol{A}^{\mathrm{T}} N_r \boldsymbol{\Phi}_i = \begin{bmatrix} \frac{\partial N_r}{\partial r}\cos i\theta & 0 & 0 \\ 0 & \frac{\partial N_r}{\partial z}\cos i\theta & 0 \\ \frac{N_r}{r}\cos i\theta & 0 & -\frac{iN_r}{r}\cos i\theta \\ \frac{\partial N_r}{\partial z}\cos i\theta & \frac{\partial N_r}{\partial r}\sin i\theta & 0 \\ 0 & -\frac{iN_r}{r}\sin i\theta & \frac{\partial N_r}{\partial z}\cos i\theta \\ -\frac{iN_r}{r}\sin i\theta & 0 & \left(\frac{\partial N_r}{\partial r} - \frac{N_r}{r}\right)\cos i\theta \end{bmatrix} \quad (r = 1,2,\cdots,m) \tag{4.4.10}$$

由虚位移原理或势能原理可得单元的刚度矩阵为

$$\boldsymbol{k}_e = \int_V \boldsymbol{B}^{\mathrm{T}}\boldsymbol{D}\boldsymbol{B}\mathrm{d}V = \begin{bmatrix} \boldsymbol{k}_{11} & \boldsymbol{k}_{12} & \cdots & \boldsymbol{k}_{1n} \\ \boldsymbol{k}_{21} & \boldsymbol{k}_{22} & \cdots & \boldsymbol{k}_{2n} \\ \vdots & \vdots & & \vdots \\ \boldsymbol{k}_{n1} & \boldsymbol{k}_{n2} & \cdots & \boldsymbol{k}_{nn} \end{bmatrix} \tag{4.4.11}$$

其中

$$\boldsymbol{k}_{st} = \int_V \boldsymbol{B}_s^{\mathrm{T}}\boldsymbol{D}\boldsymbol{B}_t\mathrm{d}V = \int_V \begin{bmatrix} \boldsymbol{B}_{1s}^{\mathrm{T}} \\ \boldsymbol{B}_{2s}^{\mathrm{T}} \\ \vdots \\ \boldsymbol{B}_{ms}^{\mathrm{T}} \end{bmatrix} \boldsymbol{D}\begin{bmatrix} \boldsymbol{B}_{1t} & \boldsymbol{B}_{2t} & \cdots & \boldsymbol{B}_{mt} \end{bmatrix}\mathrm{d}V =$$

$$\begin{bmatrix} \boldsymbol{k}_{11}^{st} & \boldsymbol{k}_{12}^{st} & \cdots & \boldsymbol{k}_{1m}^{st} \\ \vdots & \vdots & & \vdots \\ \boldsymbol{k}_{m1}^{st} & \boldsymbol{k}_{m2}^{st} & \cdots & \boldsymbol{k}_{mm}^{st} \end{bmatrix} \quad (s,t = 1,2,\cdots,n) \tag{4.4.12}$$

式中

$$\boldsymbol{k}_{ij}^{st} = \int_V \boldsymbol{B}_{is}^{\mathrm{T}}\boldsymbol{D}\boldsymbol{B}_{jt}\mathrm{d}V \tag{4.4.13}$$

式(4.4.13) 中包含下列积分

$$I_1 = \int_0^{\pi} \sin s\theta \cdot \sin t\theta \mathrm{d}\theta$$

$$I_2 = \int_0^{\pi} \cos s\theta \cdot \cos t\theta \mathrm{d}\theta$$

由三角函数的正交性,有

$$I_1 = I_2 = 0 \quad (s \neq t)$$

因此在 $s \neq t$ 时,$\boldsymbol{k}_{ij}^{st} = \boldsymbol{0}$,从而 $\boldsymbol{k}_{st} = \boldsymbol{0}$。这时式(4.4.11) 成为

$$\boldsymbol{k}_e = \begin{bmatrix} \boldsymbol{k}_{11} & & & \boldsymbol{0} \\ & \boldsymbol{k}_{22} & & \\ & & \ddots & \\ \boldsymbol{0} & & & \boldsymbol{k}_{nn} \end{bmatrix}$$

即单元刚度矩阵是一个分块对角矩阵。其主子块的计算式(4.4.12) 可知为

$$\boldsymbol{k}_{ss} = \int_V \boldsymbol{B}_s^{\mathrm{T}} \boldsymbol{D} \boldsymbol{B}_s \mathrm{d}V = \begin{bmatrix} \boldsymbol{k}_{11}^{ss} & \boldsymbol{k}_{12}^{ss} & \cdots & \boldsymbol{k}_{1m}^{ss} \\ \boldsymbol{k}_{21}^{ss} & \boldsymbol{k}_{22}^{ss} & \cdots & \boldsymbol{k}_{2m}^{ss} \\ \vdots & \vdots & & \vdots \\ \boldsymbol{k}_{m1}^{ss} & \boldsymbol{k}_{m2}^{ss} & \cdots & \boldsymbol{k}_{mm}^{ss} \end{bmatrix} \quad (s = 1,2,\cdots,n) \tag{4.4.14}$$

式中

$$\boldsymbol{k}_{ij}^{ss} = \int_V \boldsymbol{B}_{is}^{\mathrm{T}} \boldsymbol{D} \boldsymbol{B}_{js} \mathrm{d}V$$

单元的等效结点荷载为

$$\boldsymbol{F}_{\mathrm{E}}^{e} = \int_V \boldsymbol{N}_{\varphi}^{\mathrm{T}} \boldsymbol{F}_{\mathrm{S}} \boldsymbol{P} \mathrm{d}V = [\boldsymbol{F}_{\mathrm{E}}^{1\mathrm{T}} \quad \boldsymbol{F}_{\mathrm{E}}^{2\mathrm{T}} \quad \cdots \quad \boldsymbol{F}_{\mathrm{E}}^{n\mathrm{T}}]^{\mathrm{T}} \tag{4.4.15}$$

其中

$$\boldsymbol{F}_{\mathrm{E}}^{s} = \int_V \boldsymbol{N}_{\varphi s}^{\mathrm{T}} \boldsymbol{\Phi} \boldsymbol{P} \mathrm{d}V = \int_V \begin{bmatrix} N_1 \boldsymbol{\Phi}_s^{\mathrm{T}} \\ N_2 \boldsymbol{\Phi}_s^{\mathrm{T}} \\ \vdots \\ N_m \boldsymbol{\Phi}_s^{\mathrm{T}} \end{bmatrix} [\boldsymbol{\Phi}_1 \quad \boldsymbol{\Phi}_2 \quad \cdots \quad \boldsymbol{\Phi}_n] \boldsymbol{P} \mathrm{d}V =$$

$$\int_V \begin{bmatrix} N_1 \boldsymbol{\Phi}_s^{\mathrm{T}} \boldsymbol{\Phi}_s \boldsymbol{P}_s \\ N_2 \boldsymbol{\Phi}_s^{\mathrm{T}} \boldsymbol{\Phi}_s \boldsymbol{P}_s \\ \vdots \\ N_m \boldsymbol{\Phi}_s^{\mathrm{T}} \boldsymbol{\Phi}_s \boldsymbol{P}_s \end{bmatrix} \mathrm{d}V = \begin{bmatrix} \boldsymbol{F}_{\mathrm{E},1}^{s} \\ \boldsymbol{F}_{\mathrm{E},2}^{s} \\ \vdots \\ \boldsymbol{F}_{\mathrm{E},m}^{s} \end{bmatrix} \quad (s = 1,2,\cdots,n) \tag{4.4.16}$$

式(4.4.16) 中

$$\boldsymbol{F}_{\mathrm{E},i}^{s} = \int_V N_i \begin{bmatrix} R_s \cos s\theta \\ Z_s \cos s\theta \\ T_s \cos s\theta \end{bmatrix} \mathrm{d}V \quad (i = 1,2,\cdots,m) \tag{4.4.17}$$

单元的刚度方程为

$$\begin{bmatrix} \boldsymbol{k}_{11} & & & \boldsymbol{0} \\ & \boldsymbol{k}_{22} & & \\ & & \ddots & \\ \boldsymbol{0} & & & \boldsymbol{k}_{nn} \end{bmatrix} \begin{bmatrix} \boldsymbol{\delta}_e^{1} \\ \boldsymbol{\delta}_e^{2} \\ \vdots \\ \boldsymbol{\delta}_e^{n} \end{bmatrix} = \begin{bmatrix} \boldsymbol{F}_{\mathrm{E}}^{1} \\ \boldsymbol{F}_{\mathrm{E}}^{2} \\ \vdots \\ \boldsymbol{F}_{\mathrm{E}}^{n} \end{bmatrix} + \boldsymbol{S}_e^{s} \tag{4.4.18}$$

即 $$\boldsymbol{k}_{ss} \boldsymbol{\delta}_e^{s} = \boldsymbol{F}_{\mathrm{E}}^{s} + \boldsymbol{S}_e^{s} \quad (s = 1,2,\cdots,n)$$

从式(4.2.11) 可见,对称荷载下轴对称体分析,可由荷载的每一级数项分别计算然后叠

加来得到,因此每一级数项对应的求解,在形式上是求解一个二维问题。

在上面的分析过程中,当 $i=0$ 时即得到轴对称荷载的情况;若将以上各式中的 $\cos i\theta$ 换成 $\sin i\theta$,$\sin i\theta$ 换成 $\cos i\theta$ 则得到反对称荷载情况;若在反对称荷载情况中令 $i=0$ 则得到扭转荷载情况。

当荷载状态复杂必须考虑傅氏级数的许多项时,采用这种方法并不能减少多少工作量,有时甚至会超过直接按空间问题求解所花费的工作量。通常的荷载情况,一般只需取少数几项即可。

习　题

4.1　证明常应变四面体单元是完备协调单元。

4.2　计算图 4.26 示单元在自重作用下的等效结点荷载。

4.3　将图 4.27 示六面体按 A_5 型划分为四面体。

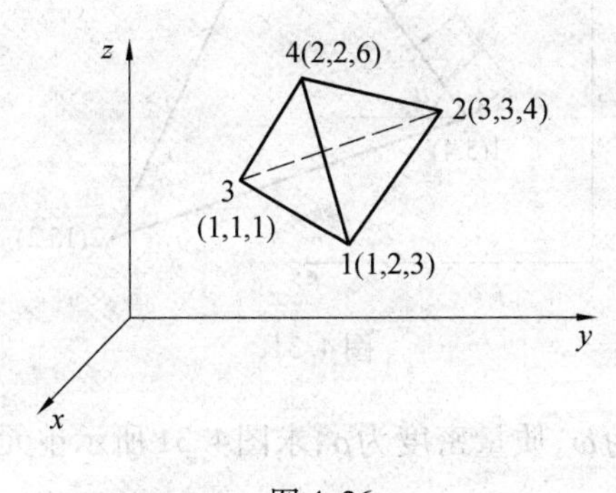

图 4.26

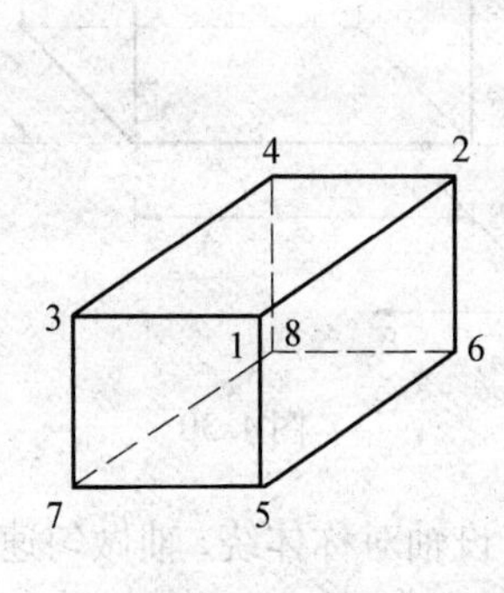

图 4.27

4.4　试推出按 B_6 型划分时六面体的角点编码与各四面体角点的关系式。

4.5　试建立图 4.28 所示六面体过渡单元的形函数。

4.6　建立图 4.29 所示五面体单元的形函数。

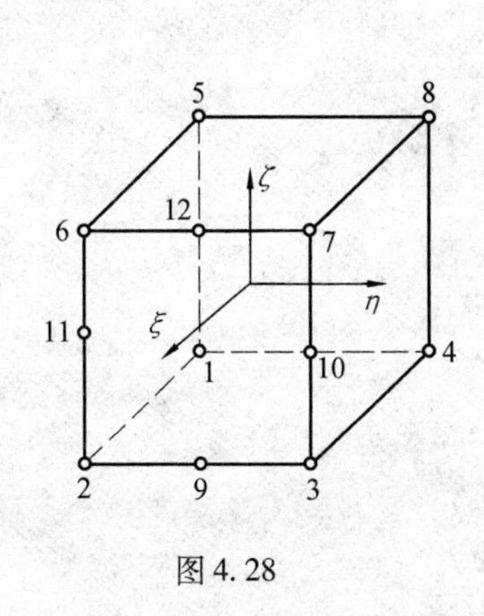

图 4.28

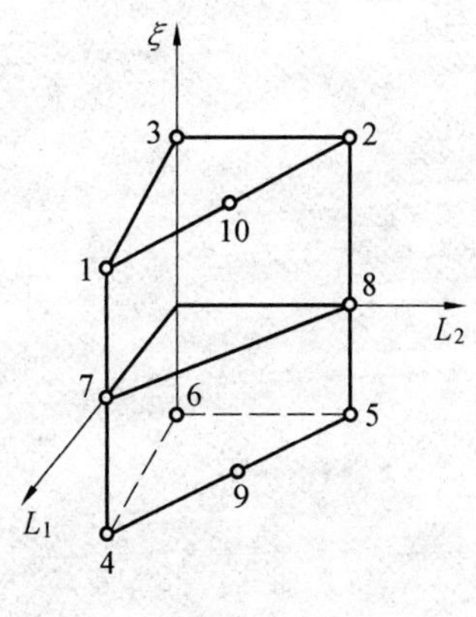

图 4.29

4.7　证明常应变四面体单元是等参元。

4.8　图 4.30 所示为八结点等参元的子元，求在下列荷载作用下的单元等效结点荷载。

(1) 在 $\xi=1$ 面上作用有分布力，$\eta=-1$ 为 0，$\eta=1$ 处集度为 q_0，沿 ζ 方向不变，方向为 x 方向。

(2) 在 $\xi=1$ 面上作用均布荷载，分布集度为 q_0，方向指向单元。

(3) 在 z 向有均匀体积力，集度为 q_0，方向向下。

4.9　对于图 4.30 所示二十结点等参元的子元，作用有同 4.8 题相同荷载，求其等效结点荷载。

4.10　试确定图 4.30 所示八结点和二十结点单元的优化积分方案和精确积分方案的积分阶次。

4.11　求图 4.31 所示轴对称单元在图示荷载作用下的等效结点荷载。

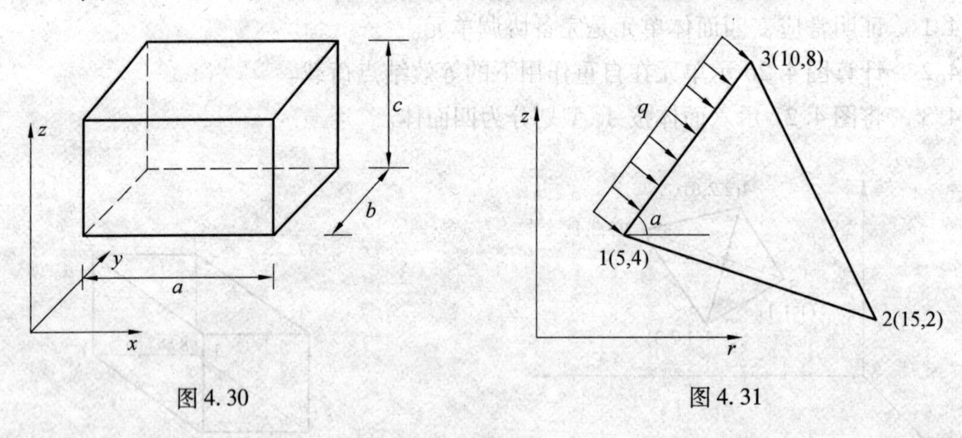

图 4.30　　图 4.31

4.12　设轴对称体绕 z 轴做匀速转动，角速度为 ω，质量密度为 ρ，求图 4.31 所示单元的等效结点荷载。

第5章　板壳有限元

板壳结构是工程中广为采用的一种结构型式，用有限元法进行板壳结构的受力分析的研究，自有限元产生开始直至目前仍在继续，因此资料之丰富可想而知。本书当然不可能将各种方法及各有效单元均作介绍，本章主要将对位移元解板壳问题的一些基本内容做些介绍，为读者进一步查阅文献资料打下必要的基础。此外，龙驭球教授等建立了方便、有效的广义协调元，对其基本思路也将作简单介绍。

5.1　12自由度矩形薄板弯曲单元(R. J. Melosh单元)

5.1.1　弹性力学薄板弯曲概述

所谓薄板系指板厚 h 与板面最小尺寸 b 的比值在下列范围内的平板

$$\left(\frac{1}{80} \sim \frac{1}{100}\right) < \frac{h}{b} < \left(\frac{1}{5} \sim \frac{1}{8}\right)$$

平分板厚度 h 的平面称为中面(中平面)(图5.1)。在板的挠度(w) 小于厚度 h 时有克希霍夫(G·kirchhoff) 假设:

(1) 板的中面没有变形，也即在弯曲时中面是中性曲面；

(2) 弯曲前板内垂直于中面的直线段在弯曲后仍保持为直线，并垂直于中性曲面，这直线段的长度不变；

(3) 忽略应力 σ_z 及应变 ε_z。

根据以上假设可得:

由 $\varepsilon_z = 0$ 可推知 $w = w(x, y)$；

由 $\gamma_{xz} = 0$ 可推知 $u = -z\dfrac{\partial w}{\partial x} + f_1(x, y)$；

由 $\gamma_{yz} = 0$ 可推知 $v = -z\dfrac{\partial w}{\partial y} + f_2(x, y)$。

因为假设中面无变形，也即 $z = 0$ 时

$$u = v = 0$$

所以最终可得

$$u = -z\frac{\partial w}{\partial x}$$

$$v = -z\frac{\partial w}{\partial y}$$

综上可知，薄板分析主要是求解挠度 w，它是(x, y) 的函数。
由此可得，薄板的其余应变分量为

$$\varepsilon_x = -z\frac{\partial^2 w}{\partial x^2}$$

$$\varepsilon_y = -z\frac{\partial^2 w}{\partial y^2}$$

$$\gamma_{xy} = -2z\frac{\partial^2 w}{\partial x \partial y}$$

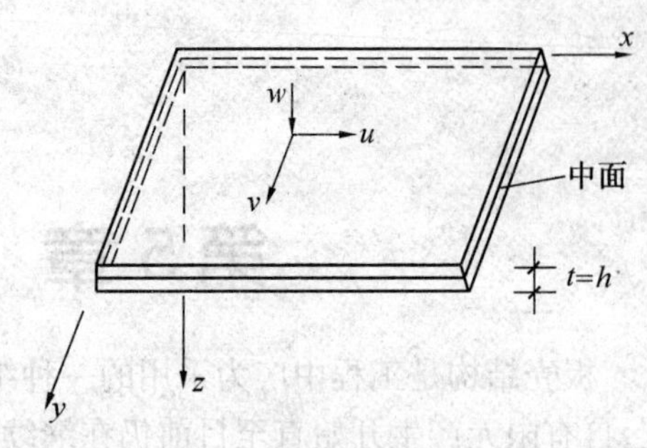

图 5.1　薄板及坐标示意图

在小变形情况下 $-\frac{\partial^2 w}{\partial x^2}$、$-\frac{\partial^2 w}{\partial y^2}$、$-\frac{\partial^2 w}{\partial x \partial y}$ 分别为 x 方向弹性曲面的曲率，y 方向弹性曲面的曲率以及 x、y 方向的扭率，它们完全确定了板内各点的应变，故称如下矩阵为板的形变矩阵，记为 $\boldsymbol{\kappa}$。

$$\boldsymbol{\kappa} = \left[-\frac{\partial^2 w}{\partial x^2} \quad -\frac{\partial^2 w}{\partial y^2} \quad -2\frac{\partial^2 w}{\partial x \partial y}\right]^{\mathrm{T}} \tag{5.1.1}$$

由此可见**薄板的应变矩阵**为

$$\boldsymbol{\varepsilon} = z\boldsymbol{\kappa} \tag{5.1.2}$$

与此应变矩阵相应的各向同性体的弹性矩阵为

$$\boldsymbol{D}' = \frac{E}{1-\mu^2}\begin{bmatrix} 1 & \mu & 0 \\ \mu & 1 & 0 \\ 0 & 0 & \frac{1-\mu}{2} \end{bmatrix}$$

薄板应力矩阵为

$$\boldsymbol{\sigma} = \boldsymbol{D}'z\boldsymbol{\kappa} \tag{5.1.3}$$

根据图 5.2 示意可得内力为

$$M_x = \int_{-t/2}^{+t/2} (\sigma_x \mathrm{d}y\mathrm{d}z) \cdot z$$

$$M_{xy} = \int_{-t/2}^{+t/2} (\tau_{xy} \mathrm{d}y\mathrm{d}z) \cdot z = M_{yx}$$

$$M_y = \int_{-t/2}^{+t/2} (\sigma_y \mathrm{d}x\mathrm{d}z) \cdot z$$

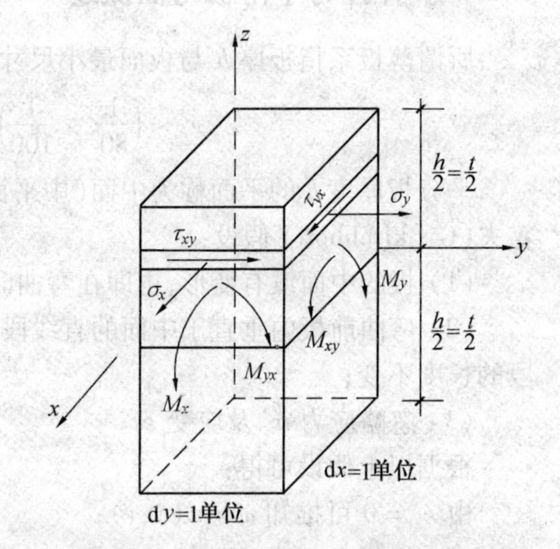

图 5.2　应力合成内力示意图

考虑到式(5.1.3)则内力与形变间的关系为

$$[M_x \quad M_y \quad M_{xy}]^{\mathrm{T}} = \boldsymbol{M} = \boldsymbol{D}\boldsymbol{\kappa} \tag{5.1.4}$$

式中　$\boldsymbol{D}$—— 薄板的弹性矩阵。

对各向同性体

$$\boldsymbol{D} = \frac{t^3}{12}\boldsymbol{D}' = \frac{Et^3}{12(1-\mu^2)}\begin{bmatrix} 1 & \mu & 0 \\ \mu & 1 & 0 \\ 0 & 0 & \frac{1-\mu}{2} \end{bmatrix} \tag{5.1.5}$$

对正交各向异性体

$$\boldsymbol{D} = \begin{bmatrix} D_x & D_1 & 0 \\ D_1 & D_y & 0 \\ 0 & 0 & D_{xy} \end{bmatrix} \tag{5.1.6}$$

式中

$$\begin{cases} D_x = \dfrac{E_x t^3}{12(1-\mu_1\mu_2)} \\ D_y = \dfrac{E_y t^3}{12(1-\mu_1\mu_2)} \\ D_{xy} = \dfrac{Gt^3}{12} \\ D_1 = \mu_2 D_z \end{cases} \tag{5.1.7}$$

从式(5.1.2) 和式(5.1.3) 可得薄板应变能为

$$U = \frac{1}{2}\int_V \boldsymbol{\sigma}^{\mathrm{T}}\boldsymbol{\varepsilon}\mathrm{d}V = \frac{1}{2}\int_A\int_{-t/2}^{+t/2}\boldsymbol{\varepsilon}^{\mathrm{T}}\boldsymbol{D}'\boldsymbol{\varepsilon}\mathrm{d}z\mathrm{d}A =$$

$$\frac{1}{2}\int_A \boldsymbol{\kappa}^{\mathrm{T}}\boldsymbol{D}\boldsymbol{\varepsilon}\mathrm{d}A = \frac{1}{2}\int_A \boldsymbol{M}^{\mathrm{T}}\boldsymbol{\kappa}\mathrm{d}A \tag{5.1.8}$$

对于受垂直薄板中面分布荷载集度 $q(x,y)$ 作用的板弯曲问题,外力势能 P_{f} 为

$$P_{\mathrm{f}} = -\int_A q(x,y)w(x,y)\mathrm{d}A \tag{5.1.9}$$

由此可得线弹性小变形的薄板势能为

$$\Pi = \frac{1}{2}\int_A \boldsymbol{\kappa}^{\mathrm{T}}\boldsymbol{D}\boldsymbol{\kappa}\mathrm{d}A - \int_A q(x,y)w(x,y)\mathrm{d}A \tag{5.1.10}$$

5.1.2　矩形(12 自由度) 薄板单元分析

5.1.2.1　位移模式

设薄板被离散成若干矩形单元的集合,单元的结点位移与结点力(正向) 如图5.3 所示。若引入如下矩阵符号

$$\boldsymbol{\delta}_i = [w_i \quad \theta_{xi} \quad \theta_{yi}]^{\mathrm{T}} \quad (i=1,2,3,4)$$

$$\boldsymbol{S}_i = [Q_i \quad M_{xi} \quad M_{yi}]^{\mathrm{T}} \quad (i=1,2,3,4)$$

则单元结点位移矩阵为

$$\boldsymbol{\delta}_e = [\boldsymbol{\delta}_1^{\mathrm{T}} \quad \boldsymbol{\delta}_2^{\mathrm{T}} \quad \boldsymbol{\delta}_3^{\mathrm{T}} \quad \boldsymbol{\delta}_4^{\mathrm{T}}]^{\mathrm{T}} \tag{5.1.11}$$

单元结点力矩阵为

$$\boldsymbol{S}_e = [\boldsymbol{S}_1^{\mathrm{T}} \quad \boldsymbol{S}_2^{\mathrm{T}} \quad \boldsymbol{S}_3^{\mathrm{T}} \quad \boldsymbol{S}_4^{\mathrm{T}}]^{\mathrm{T}} \tag{5.1.12}$$

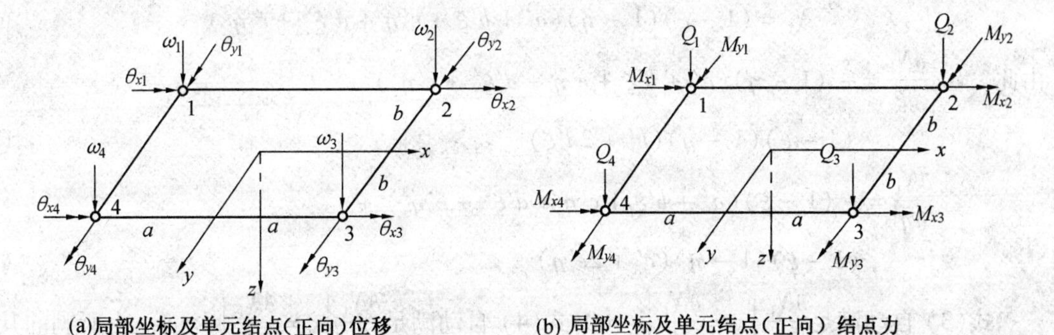

图5.3　矩形单元结点位移与结点力示意图

因为单元结点位移参数(每结点的挠度和绕两坐标轴的转角) 总计有12 个(故称12 自由度),所以从广义坐标法角度来说位移模式可取为

$$w = \alpha_1 + \alpha_2 x + \alpha_3 y + \alpha_4 x^2 + \alpha_5 xy + \alpha_6 y^2 + \alpha_7 x^3 + \alpha_8 x^2 y + \alpha_9 xy^2 + \alpha_{10} y^3 + \alpha_{11} x^3 y + \alpha_{12} xy^3 \tag{5.1.13}$$

式中四次项所以取 x^3y 和 xy^3 是为了保证坐标的不变性和曲率、扭率具有相同幂次(后面还将说明)。由式(5.1.13) 求导可得

$$\theta_x = \frac{\partial w}{\partial y} = \alpha_3 + \alpha_5 x + 2\alpha_6 y + \alpha_8 x^2 + 2\alpha_9 xy + 3\alpha_{10} y^2 + \alpha_{11} x^3 + 3\alpha_{12} xy^2 \tag{5.1.14}$$

$$-\theta_y = \frac{\partial w}{\partial x} = \alpha_2 + 2\alpha_4 x + \alpha_5 y + 3\alpha_7 x^2 + 2\alpha_8 xy + \alpha_9 y^2 + 3\alpha_{11} x^2 y + \alpha_{12} y^3 \tag{5.1.15}$$

利用式(5.1.13)、式(5.1.14) 和式(5.1.15) 及4个结点的位移条件即可确定全部待定常数 $\alpha_1 \sim \alpha_{12}$,将所得系数代回式(5.1.13) 并经整理后即可得形函数如下

$$N_i = (1 + \xi_0)(1 + \eta_0)(2 + \xi_0 + \eta_0 - \xi^2 - \eta^2)/8 \tag{5.1.16(a)}$$

$$N_{xi} = -b\eta_i(1 + \xi_0)(1 + \eta_0)(1 - \eta^2)/8 \tag{5.1.16(b)}$$

$$N_{yi} = a\xi_i(1 + \xi_0)(1 + \eta_0)(1 - \xi^2)/8 \tag{5.1.16(c)}$$

其中,$i = 1,2,3,4$。

式中

$$\begin{cases} \xi = \dfrac{x}{a} \\ \eta = \dfrac{y}{b} \end{cases} \tag{5.1.17}$$

$$\begin{cases} \xi_0 = \xi_i \xi \\ \eta_0 = \eta_i \eta \end{cases} \tag{5.1.18}$$

当然上述形函数也可由试凑法得到,由于篇幅所限,这里仅仅以 N_1 为例加以说明。

由形函数性质可知 N_1 应满足如下条件

$$\begin{cases} N_1(1) = 1 \\ N_1(j) = 0 \quad (j = 2,3,4) \\ \dfrac{\partial N_1}{\partial x} = \dfrac{\partial N_1}{a\partial \xi}\bigg|_j = 0 \quad \dfrac{\partial N_1}{\partial y} = \dfrac{\partial N_1}{b\partial \eta}\bigg|_j = 0 \quad (j = 1,2,3,4) \end{cases} \tag{1}$$

式中1、j 分别表示在结点1、j 处的值。

为自动满足 $N_1(j) = 0$,而且考虑到式(5.1.13) 中没有 $\xi^2\eta^2$ 项,ξ、η 的最高次为3,因此可设

$$N_1 = (1 - \xi)(1 - \eta)(a' + b'\xi + c'\eta + d'\xi^2 + e'\eta^2) \tag{2}$$

由此

$$\frac{\partial N_1}{\partial \xi} = -(1 - \eta)(a' + b'\xi + c'\eta + d'\xi^2 + e'\eta^2) + (1 - \xi)(1 - \eta)(b' + 2d'\xi) \tag{3}$$

$$\frac{\partial N_1}{\partial \eta} = -(1 - \xi)(a' + b'\xi + c'\eta + d'\xi^2 + e'\eta^2) + (1 - \xi)(1 - \eta)(c' + 2e'\eta) \tag{4}$$

式(3) 自动满足$\dfrac{\partial N_1}{\partial \xi}\bigg|_3 = \dfrac{\partial N_1}{\partial \xi}\bigg|_4 = 0$;式(4) 自动满足$\dfrac{\partial N_1}{\partial \eta}\bigg|_2 = \dfrac{\partial N_1}{\partial \eta}\bigg|_3 = 0$。由所剩的其他导数条件可得

$$\frac{\partial N_1}{\partial \xi}\bigg|_1 = -2(a' - b' - c' + d' + e') + 4(b' - 2d') = 0 \tag{5}$$

$$\left.\frac{\partial N_1}{\partial \xi}\right|_2 = -2(a' + b' - c' + d' + e') = 0 \tag{6}$$

$$\left.\frac{\partial N_1}{\partial \eta}\right|_1 = -2(a' - b' - c' + d' + e') + 4(c' - 2e') = 0 \tag{7}$$

$$\left.\frac{\partial N_1}{\partial \eta}\right|_4 = -2(a' - b' + c' + d' + e') = 0 \tag{8}$$

由式(6) 与式(8) 可得　$b' = c'$　(9)

在式(9) 下由式(5) 和式(7) 可得　$d' = e'$　(10)

式(10) 代入式(6)(或式(7) 可得)　$a' = -2d'$　(11)

将式(9)、式(10)、式(11) 代回式(5) 可得　$b' = d'$　(12)

综上分析可得

$$N_1 = -d'(1-\xi)(1-\eta)(2-\xi-\eta-\xi^2-\eta^2) \tag{13}$$

由 $N_1(1) \equiv 1$ 可得 $-d' = \dfrac{1}{8}$　(14)

最终得到

$$N_1 = \frac{1}{8}(1-\xi)(1-\eta)(2-\xi-\eta-\xi^2-\eta^2)$$

显然与式(5.1.16(a)) 结果完全相同。其他形函数可用相似思路来建立，这里不再赘述。但必须强调这种除函数本身外还有函数导数作位移参数的试凑法建立形函数的思路，也可用于二维问题，从而建立少结点高阶的一些单元。

一经获得形函数，则形函数矩阵 $\boldsymbol{N}$ 为

$$\boldsymbol{N} = [\boldsymbol{N}_1 \quad \boldsymbol{N}_2 \quad \boldsymbol{N}_3 \quad \boldsymbol{N}_4]$$

$$\boldsymbol{N}_i = [N_i \quad N_{xi} \quad N_{yi}] \quad (i = 1,2,3,4) \tag{5.1.19}$$

单元的挠度 $w(x,y) = w(\xi,\eta)$ 可写为

$$w = \boldsymbol{N\delta}_e \tag{5.1.20}$$

5.1.2.2　位移的协调性检验

1. 严格的数学检验

从式(5.1.13) 可见，由于势能 Π 中最高阶导数 $p = 2$，因此，单元位移模式满足收敛的完备性准则。下面来检验一下收敛的协调性准则是否也满足。

以图 5.4 两相邻单元为例，34 边是两单元的公共边界，在此边上因 $1 - \xi^2 = 0$，所以 $N_{yi} \equiv 0$。

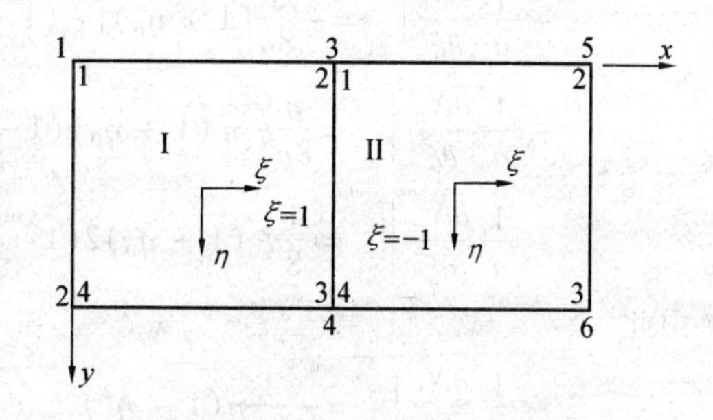

图 5.4　协调性检验的单元示意图

对单元 Ⅰ，边 34 是局部坐标 23 边，由形函数式(5.1.16) 可得 23 边挠度 w_{23} 为

$$w_{23}^{\mathrm{I}} = N_2(1,\eta)w_2^{\mathrm{I}} + N_{x2}(1,\eta)\theta_{x2}^{\mathrm{I}} + N_3(1,\eta)w_3^{\mathrm{I}} + N_{x3}(1,\eta)\theta_{x3}^{\mathrm{I}} \tag{15}$$

(因为$(1+\xi_0)$ 在 1,4 点为零)

同理可得单元 Ⅱ 的 41 边挠度 w_{14} 为

$$w_{14}^{\mathrm{II}} = N_1(-1,\eta)w_1^{\mathrm{II}} + N_{x1}(-1,\eta)\theta_{x1}^{\mathrm{II}} + N_4(-1,\eta)w_4^{\mathrm{II}} + N_{x4}(-1,\eta)\theta_{x4}^{\mathrm{II}} \tag{16}$$

(因为$(1+\xi_0)$ 在 2,3 点为零)

由于结点位移的协调性

$$\begin{gathered} w_2^{\mathrm{I}} = w_1^{\mathrm{II}} \quad w_3^{\mathrm{I}} = w_4^{\mathrm{II}} \\ \theta_{x2}^{\mathrm{I}} = \theta_{x1}^{\mathrm{II}} \quad \theta_{x3}^{\mathrm{I}} = \theta_{x4}^{\mathrm{II}} \end{gathered} \tag{17}$$

由式(5.1.16)立即可证

$$w_{23}^{\mathrm{I}} = w_{14}^{\mathrm{II}} \tag{5.1.21}$$

但是由于势能 Π 中 $p=2$,因此还必须检验一阶导数的协调性(所以称 C^1 级协调问题)。为此求得

$$\begin{cases} \theta_{x23}^{\mathrm{I}} = \dfrac{1}{b}\left(\dfrac{\partial N_2}{\partial \eta} w_2^{\mathrm{I}} + \dfrac{\partial N_{x2}}{\partial \eta}\theta_{x2}^{\mathrm{I}} + \dfrac{\partial N_3}{\partial \eta} w_3^{\mathrm{I}} + \dfrac{\partial N_{x3}}{\partial \eta}\theta_{x3}^{\mathrm{I}}\right)\Bigg|_{\eta=\eta}^{\xi=1} \\ \theta_{x14}^{\mathrm{II}} = \dfrac{1}{b}\left(\dfrac{\partial N_1}{\partial \eta} w_1^{\mathrm{II}} + \dfrac{\partial N_{x1}}{\partial \eta}\theta_{x1}^{\mathrm{II}} + \dfrac{\partial N_4}{\partial \eta} w_4^{\mathrm{II}} + \dfrac{\partial N_{x4}}{\partial \eta}\theta_{x4}^{\mathrm{II}}\right)\Bigg|_{\xi=-1}^{\eta=\eta} \end{cases} \tag{18}$$

(因为$\dfrac{\partial N_{yi}}{b\partial \eta}$中含$(1-\xi^2)$,$\dfrac{\partial N_i}{b\partial \eta}$和$\dfrac{\partial N_{xi}}{b\partial \eta}$中含$(1+\xi_0)$项)

类似挠度协调性由结点位移协调及式(5.1.16)可证

$$\theta_{x23}^{\mathrm{I}} = \theta_{x14}^{\mathrm{II}} \tag{5.1.22}$$

对于 θ_y 来说,由于

$$-\frac{1}{a}\frac{\partial N_i}{\partial \xi} = -\frac{1}{8a}(1+\eta_0)[\xi_i(2+\xi_0+\eta_0-\xi^2-\eta^2)+(1+\xi_0)(\xi_i-2\xi)]$$

$$-\frac{1}{a}\frac{\partial N_{xi}}{\partial \xi} = \frac{b}{8a}\xi_i\eta_i(1+\eta_0)(1-\eta^2)$$

$$-\frac{1}{a}\frac{\partial N_{yi}}{\partial \xi} = -\frac{1}{8}\xi_i(1+\eta_0)[\xi_i(1-\xi^2)-2\xi(1+\xi_0)]$$

在 I 单元23边上($\xi=1,\eta=\eta$)

$$-\frac{1}{a}\frac{\partial N_i}{\partial \xi}\bigg|_{23} = -\frac{1}{8a}(1+\eta_0)[\xi_i(1+\xi_i+\eta_0-\eta^2)+(1+\xi_i)(\xi_i-2)]$$

$$-\frac{1}{a}\frac{\partial N_{xi}}{\partial \xi}\bigg|_{23} = \frac{b}{8a}\xi_i\eta_i(1+\eta_0)(1-\eta^2)$$

$$-\frac{1}{a}\frac{\partial N_{yi}}{\partial \xi}\bigg|_{23} = \frac{1}{8}\xi_i(1+\eta_0)2(1+\xi_i)$$

由此

$$-\frac{1}{a}\frac{\partial N_1}{\partial \xi}\bigg|_{23} = -\frac{1}{8a}\eta(1-\eta^2)$$

$$-\frac{1}{a}\frac{\partial N_2}{\partial \xi}\bigg|_{23} = \frac{1}{8a}\eta(1-\eta^2)$$

$$-\frac{1}{a}\frac{\partial N_3}{\partial \xi}\bigg|_{23} = -\frac{1}{8a}\eta(1-\eta^2)$$

$$-\frac{1}{a}\frac{\partial N_4}{\partial \xi}\bigg|_{23} = \frac{1}{8a}\eta(1-\eta^2)$$

$$\vdots$$

可见在23边上

$$\theta_{y23}^{\mathrm{I}} = -\frac{1}{8a}\eta(1-\eta^2)(w_1^{\mathrm{I}} - w_2^{\mathrm{I}} + w_3^{\mathrm{I}} - w_4^{\mathrm{I}}) + \cdots$$

由于不同单元非公共边上结点位移没有协调关系,所以一般

$$\theta_{y23}^{\mathrm{I}} \neq \theta_{y14}^{\mathrm{II}} \tag{5.1.23}$$

由以上推证可见,式(5.1.20)所构造的位移场不能完全满足收敛性的协调性准则(挠度及切向转角跨单元协调,法向转角跨单元不协调),因此它不是一个完全协调单元。

2. 简单说明

实际上,单元间的协调性也可由以下叙述来说明

在 $\xi=\pm1$(相邻单元公共边)时,w 将是 y(或 η)的三次多项式,4 个常数可由边两端结点的 w 和 $\frac{\partial w}{\partial y}$ 唯一地确定,因此公共边上挠度与切向转角必协调(若式(5.1.13)中四次项取 x^4 和 y^4,如上分析,其协调性更差)。

由式(5.1.13)可见,在 $\xi=\pm1$ 时 $\frac{\partial w}{\partial x}$ 也是 y(或 η)的三次多项式,此时却只有边两端结点的 $\frac{\partial w}{\partial x}$,显然据此不可能惟一地确定此边 $\frac{\partial w}{\partial x}$,因此法向转角将不协调。

5.1.2.3　非完全协调元的收敛性准则

对于结点位移参数包含导数,要求达到 C^1 级连续性的单元统称做**拟协调单元**。对拟协调元艾恩斯(Irons)指出:

对于不能完全满足协调性准则的单元来说,若对任意小片的几个单元集合施加与任一常应变状态相应的结点位移,如果能在无外部荷载作用下满足结点平衡条件并且获得常力状态,则称此单元能通过小片(分片)检验。而且已经证明,小片检验所要求的条件是保证非协调任意(二维、三维等)单元收敛性的充分条件。

对某种薄板单元位移模式进行小片检验的具体步骤如下:

(1) 取某一单元小片,使在小片的边界上给出对应于完全二次多项式的边界条件;

(2) 按此位移模式进行(在无荷载作用下的)单元、整体分析,并在上述位移边界条件下求解;

(3) 若所求得的结点位移构造的小片上的挠度为一完全二次多项式,则单元的位移模式能通过分片检验。

当薄板程序不能解已知边界支承位移时,也可按如下步骤进行小片检验:

(1) 取某一单元小片,对小片的每一结点给以对应于完全二次多项式的结点位移;

(2) 每一单元按 $\boldsymbol{S}_e=\boldsymbol{k}_e\boldsymbol{\delta}_e$ 求单元结点力,式中 $\boldsymbol{k}_e$ 为对应所考察位移模式的单元刚度矩阵;

(3) 检验小片内部结点处是否均满足

$$\sum_e \boldsymbol{S}_j^e = \boldsymbol{0}\quad(交于\,j\,结点各单元结点力自平衡)$$

若条件均成立,则单元位移模式能通过小片检验。

例如,如图5.5所示单元小片,取

$$w = 1 + x + y + x^2 + xy + y^2$$

则

$$\begin{cases}\theta_x = 1 + x + 2y \\ \theta_y = -1 - 2x + y\end{cases}$$

按上述式子给每结点以位移后,可求得

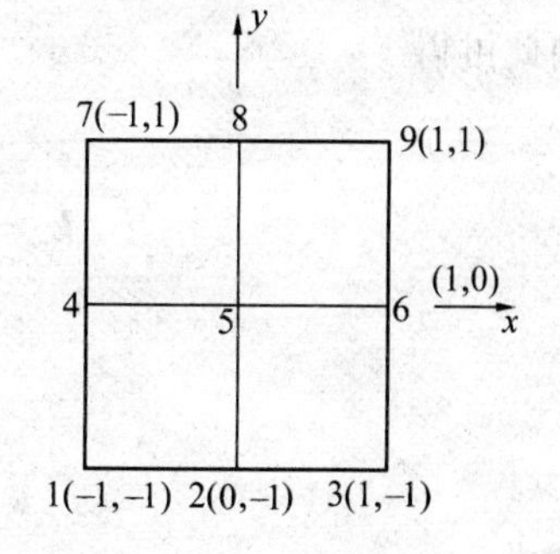

图5.5　单元小片

$$S_5^{(1)} = \begin{bmatrix} 0.269\ 23 \\ 0.25 \\ -0.25 \end{bmatrix} \qquad S_5^{(2)} = \begin{bmatrix} -0.269\ 23 \\ 0.25 \\ 0.25 \end{bmatrix}$$

$$S_5^{(3)} = \begin{bmatrix} -0.269\ 23 \\ -0.25 \\ -0.25 \end{bmatrix} \qquad S_5^{(4)} = \begin{bmatrix} 0.269\ 23 \\ -0.25 \\ 0.25 \end{bmatrix}$$

显然

$$\sum_{(i)=1}^{4} S_5^{(i)} \equiv \mathbf{0}$$

说明矩形 12 自由度单元的 N 在上述网格划分形式下能通过小片检验。

本章所讨论的非完全协调的板单元在正常网格划分下均已通过分片检验，所以都是收敛的。

5.1.2.4 单元分析列式

因为单元挠度为

$$w = N\boldsymbol{\delta}_e$$

根据式(5.1.1)可得单元形变 $\boldsymbol{\kappa}$ 为

$$\boldsymbol{\kappa} = \left[-\frac{\partial^2 N^{\mathrm{T}}}{\partial x^2} \quad -\frac{\partial^2 N^{\mathrm{T}}}{\partial y^2} \quad -2\frac{\partial^2 N^{\mathrm{T}}}{\partial x \partial y} \right]^{\mathrm{T}} \boldsymbol{\delta}_e =$$

$$\left[-\frac{1}{a^2}\frac{\partial^2 N^{\mathrm{T}}}{\partial \xi^2} \quad -\frac{1}{b^2}\frac{\partial^2 N^{\mathrm{T}}}{\partial \eta^2} \quad -\frac{2}{ab}\frac{\partial^2 N^{\mathrm{T}}}{\partial \xi \partial \eta} \right]^{\mathrm{T}} \boldsymbol{\delta}_e =$$

$$B\boldsymbol{\delta}_e = [B_1 \quad B_2 \quad B_3 \quad B_4] \tag{5.1.24}$$

式中

$$B_i = \left[-\frac{1}{a^2}\frac{\partial^2 N_i^{\mathrm{T}}}{\partial \xi^2} \quad -\frac{1}{b^2}\frac{\partial^2 N_i^{\mathrm{T}}}{\partial \eta^2} \quad -\frac{2}{ab}\frac{\partial^2 N_i^{\mathrm{T}}}{\partial \xi \partial \eta} \right]^{\mathrm{T}} =$$

$$\frac{1}{4ab}\begin{bmatrix} 3\dfrac{b}{a}\xi_0(1+\eta_0) & 0 & b\xi_i(1+3\xi_0)(1+\eta_0) \\ 3\dfrac{a}{b}\eta_0(1+\xi_0) & -a\eta_i(1+\xi_0)(1+3\eta_0) & 0 \\ \xi_i\eta_i(3\xi^2+3\eta^2-4) & -b\xi_i(3\eta^2+2\eta_0-1) & a\eta_i(3\xi^2+2\xi_0-1) \end{bmatrix}$$

$$(i = 1,2,3,4) \tag{5.1.25}$$

单元势能 Π 为

$$\Pi = \frac{1}{2}\boldsymbol{\delta}_e^{\mathrm{T}}\int_A B^{\mathrm{T}}DB\mathrm{d}A\boldsymbol{\delta}_e - \int_A q(x,y)N\mathrm{d}A\boldsymbol{\delta}_e \tag{5.1.26}$$

由此可得

$$k_e = \int_A B^{\mathrm{T}}DB\mathrm{d}A = \begin{bmatrix} k_{11} & k_{12} & k_{13} & k_{14} \\ & k_{22} & k_{23} & k_{24} \\ & & k_{33} & k_{34} \\ & \text{对称} & & k_{44} \end{bmatrix} \tag{5.1.27}$$

$$F_{\mathrm{E}}^{e} = \int_A N^{\mathrm{T}}q(x,y)\mathrm{d}A \tag{5.1.28}$$

式中

$$k_{ij} = \int_A B_i^{\mathrm{T}}DB_j\mathrm{d}A \tag{5.1.29}$$

对于线弹性各向同性体 $\boldsymbol{k}_{ij}$ 的显式为

$$\boldsymbol{k}_{ij} = [a_{rs}]_{3\times3} \quad (i,j=1,2,3,4) \tag{5.1.30}$$

$$\begin{cases} a_{11} = 3H\left[15\left(\dfrac{b^3}{a^2}\bar{\xi}_0 + \dfrac{a^2}{b^2}\bar{\eta}_0\right) + \left(14 - 4\mu + 5\dfrac{b^2}{a^2} + 5\dfrac{a^2}{b^2}\right)\bar{\xi}_0\bar{\eta}_0\right] \\ a_{12} = -3Hb\left[\left(2 + 3\mu + 5\dfrac{a^2}{b^2}\right)\bar{\xi}_0\eta_i + 15\dfrac{a^2}{b^2}\eta_i + 5\mu\bar{\xi}_0\eta_j\right] \\ a_{13} = 3Ha\left[\left(2 + 3\mu + \dfrac{b^2}{a^2}\right)\xi_i\bar{\eta}_0 + 15\dfrac{b^2}{a^2}\xi_i + 5\mu\xi_j\bar{\eta}_0\right] \\ a_{21} = -3Hb\left[\left(2 + 3\mu + 5\dfrac{a^2}{b^2}\right)\bar{\xi}_0\eta_i + 15\dfrac{a^2}{b^2}\eta_i + 5\mu\bar{\xi}_0\eta_j\right] \\ a_{22} = Hb^2\left[2(1-\mu)\bar{\xi}_0(3 + 5\bar{\eta}_0) + 5\dfrac{a^2}{b^2}(3 + \bar{\xi}_0)(3 + \bar{\eta}_0)\right] \\ a_{23} = -15H\mu ab(\xi_i + \xi_j)(\eta_i + \eta_j) \\ a_{31} = 3Ha\left[\left(2 + 3\mu + 5\dfrac{b^2}{a^2}\right)\xi_j\eta_0 + 15\dfrac{b^2}{a^2}\xi_j + 5\mu\xi_i\bar{\eta}_0\right] \\ a_{32} = -15H\mu ab(\xi_i + \xi_j)(\eta_i + \eta_j) \\ a_{33} = Ha^2\left[2(1-\mu)\bar{\eta}_0(3 + 5\bar{\xi}_0) + 5\dfrac{b^2}{a^2}(3 + \bar{\xi}_0)(3 + \bar{\eta}_0)\right] \end{cases} \tag{5.1.31}$$

式中

$$\begin{cases} H = \dfrac{Et^3}{720ab(1-\mu^2)} \\ \bar{\xi}_0 = \xi_i\xi_j \\ \bar{\eta}_0 = \eta_i\eta_j \end{cases} \quad (i,j=1,2,3,4) \tag{5.1.32}$$

对于均布横向荷载 $q(x,y) = q_0$

$$\boldsymbol{F}_{\mathrm{E}}^e = [\boldsymbol{F}_{\mathrm{b1}}^{\mathrm{T}} \quad \boldsymbol{F}_{\mathrm{b2}}^{\mathrm{T}} \quad \boldsymbol{F}_{\mathrm{b3}}^{\mathrm{T}} \quad \boldsymbol{F}_{\mathrm{b4}}^{\mathrm{T}}]^{\mathrm{T}} \tag{5.1.33}$$

$$\boldsymbol{F}_{\mathrm{b}i}^e = \left[q_0ab \quad -\frac{q_0ab^2}{3}\eta_i \quad \frac{q_0a^2b}{3}\xi_i\right]^{\mathrm{T}} \quad (i=1,2,3,4)$$

由式(5.1.4)可得

$$\begin{aligned} \boldsymbol{M} = [M_x \quad M_y \quad M_{xy}]^{\mathrm{T}} = \boldsymbol{D\kappa} = \boldsymbol{DB\delta}_e = \boldsymbol{ST}\,\boldsymbol{\delta}_e = \\ [\boldsymbol{ST}_1 \quad \boldsymbol{ST}_2 \quad \boldsymbol{ST}_3 \quad \boldsymbol{ST}_4]\boldsymbol{\delta}_e \end{aligned} \tag{5.1.34}$$

式中

$$\boldsymbol{ST}_i = \frac{Et^3}{96ab(1-\mu^2)} \times$$

$$\begin{bmatrix} 6\dfrac{b}{a}\xi_0(1+\eta_0) + 6\mu\dfrac{a}{b}\eta_0(1+\xi_0) & -2\mu a\eta_i(1+\xi_0)(1+3\eta_0) & 2b\xi_i(1+3\xi_0)(1+\eta_0) \\ 6\mu\dfrac{b}{a}\xi_0(1+\eta_0) + 6\dfrac{a}{b}\eta_0(1+\xi_0) & -2a\eta_i(1+\xi_0)(1+3\eta_0) & 2\mu b\xi_i(1+3\xi_0)(1+\eta_0) \\ (1-\mu)\xi_i\eta_i(3\xi^2 + 3\eta^2 - 4) & -(1-\mu)b\xi_i(3\eta^2 + 2\eta_0 - 1) & (1-\mu)a\eta_i(3\xi^2 + 2\xi_0 - 1) \end{bmatrix}$$

$$(i=1,2,3,4) \tag{5.1.35}$$

5.1.3　实例计算

【例 5.1】　边界支承的正方板。

【解】　设图 5.5 所示的薄板受中点集中力 P 作用，当以图 5.6(a) 取一个单元（相当于整板取 2 × 2 网格）时对于四边固定板，进行边界条件处理后可得刚度方程为

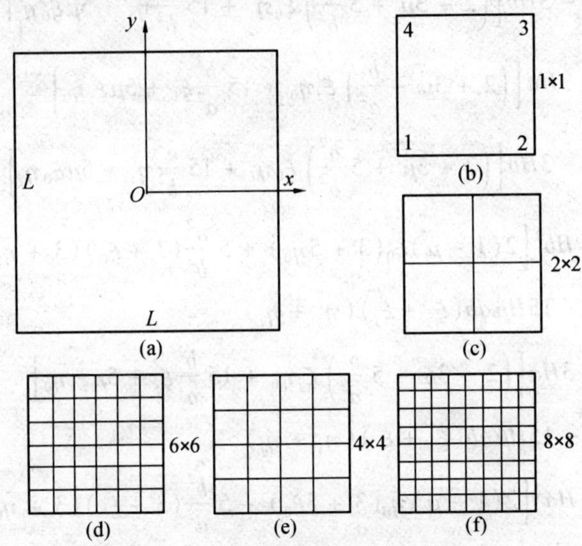

图 5.6　正方形薄板及 1/4 的单元划分

$$3H[15 \times 2 + (14 - 4\mu + 10)]w = \frac{P}{4}$$

由此求得

$$w = \frac{5}{16(54 - 4\mu)} \frac{PL^2}{D}$$

当 $\mu = 0.3$ 时，则

$$w = 0.005\ 918 \frac{PL^2}{D} \tag{19}$$

由式(5.1.34)可得

$$\begin{bmatrix} M_x \\ M_y \\ M_{xy} \end{bmatrix} = \frac{Et^3}{6(1 - \mu^2)L^2} \begin{bmatrix} -6\xi(1 - \eta) - 6\mu\eta(1 - \xi) \\ -6\mu\xi(1 - \eta) - 6\mu(1 - \xi) \\ (1 - \mu)(3\xi^2 + 3\eta^2 - 4) \end{bmatrix} w$$

$$M_{x,2} = \frac{24D}{L^2} w = \frac{15}{2(54 - 4\mu)} P$$

当 $\mu = 0.3$ 时，则

$$M_{x,2} = 0.142P \tag{20}$$

式(19)与式(20)与弹性力学级数解的误差分别为 6% 和 13%，可见，在很粗的网格下结果还是不错的。

对于图 5.6 所示四边简支、四边固定薄板承受均布荷载和中点集中力时各种网格的结果见表 5.1。

表5.1　边界支承方板的最大挠度

单元数(1/4板)	四边固定		四边简支	
	均布荷载 α/N	集中荷载 β/N	均布荷载 α/N	集中荷载 β/N
1×1	0.001 48	0.005 92	0.003 45	0.013 8
2×2	0.001 40	0.006 13	0.003 94	0.012 3
4×4	0.001 30	0.005 80	0.004 03	0.011 8
6×6	0.001 28	0.005 71	0.004 05	0.011 7
8×8	0.001 27	0.005 67	0.004 06	0.011 6
级数解	0.001 26	0.005 60	0.004 06	0.011 6

表中的$\alpha=\dfrac{Dw_{\max}}{qL^4}$,$\beta=\dfrac{Dw_{\max}}{PL^2}$。

【例5.2】　四角点支承的薄板。

【解】　四角点支承在靠近角点处将产生应力集中,是不容易得到精确解答的。即便如此,表5.2表明,在均布荷载作用下方板挠度与弯矩即使在网格较疏情况下结果也是能令人满意的。

表5.2　角点支承方形薄板挠度及弯矩

单元数(1/4板)	边界中点		薄板中心	
	$wD\cdot q^{-1}\cdot L^{-4}$/cm	$M\cdot q^{-1}\cdot L^{-2}$/(kN·m)	$wD\cdot q^{-1}\cdot L^{-4}$/cm	$M\cdot q^{-1}\cdot L^{-2}$/(kN·m)
1×1	0.012 6	0.139	0.017 6	0.095
2×2	0.016 5	0.149	0.023 2	0.108
3×3	0.017 3	0.150	0.024 4	0.109
级数解	0.017 0	0.140	0.026 5	0.109

从以上两算例表明本节单元虽不是完全协调的单元,因此没有下限性,但收敛速度与精度是令人满意的。

5.2　9自由度三角形薄板弯曲单元

为了适应复杂的(例如曲线)边界条件,矩形单元就不理想了,因此本节再介绍三角形薄板单元(图5.7),它也是一种非完全协调的单元。

5.2.1　位移模式问题

5.2.1.1　直角坐标下的位移模式方案

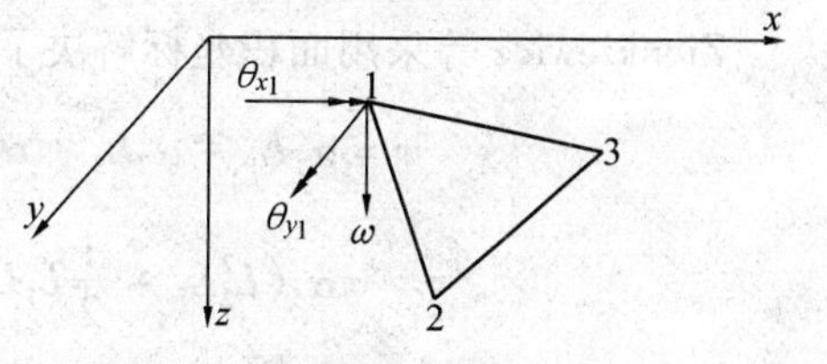

图5.7　三角形薄板单元示意图

为保证挠度w为坐标的全三次多项式,从帕斯卡三角形可知必须要有10项,但三角形3个结点只能有9个自由度,若舍去三次项中的任一项,显然都无

法保证对坐标的不变性,为此 Tocher 提出了一种解决方案如下

$$w = \alpha_1 + \alpha_2 x + \alpha_3 y + \alpha_4 x^2 + \alpha_5 xy + \alpha_6 y^2 + \alpha_7 x^3 + \alpha_8 (x^2 y + xy^2) + \alpha_9 y^3 \quad (5.2.1)$$

但是,当三角形的二边分别平行坐标 x 轴、y 轴时,从式(5.2.1) 无法通过结点的位移条件来确定广义坐标参数 $\boldsymbol{\alpha}$,为此必须在离散化时设法避免边界(内部) 单元不出现上述现象,分析结果表明,此位移模式对应的单元能得到很好的结果。

另一种解决方案是 Adini 提出的

$$w = \alpha_1 + \alpha_2 x + \alpha_3 y + \alpha_4 x^2 + \alpha_5 y^2 + \alpha_6 x^3 + \alpha_7 x^2 y + \alpha_8 xy^2 + \alpha_9 y^3 \quad (5.2.2)$$

此方案由于舍去了二次项 xy,故常扭率$\frac{\partial^2 w}{\partial x \partial y}$无法得到保证,结果导致过刚的单元,从而位移偏小,精度很差。这也可以从挠曲函数的台劳级数展开来说明,由于不包含完全二次项,故只能有一阶精确度。

还有一种 Bell 提出的解决方案,他对三角形单元除 3 个角点作为结点外,增加形心点挠度作为位移参数,从而取位移模式为全三次多项式

$$w = \alpha_1 + \alpha_2 x + \alpha_3 y + \alpha_4 x^2 + \alpha_5 xy + \alpha_6 y^2 + \alpha_7 x^3 + \alpha_8 x^2 y + \alpha_9 xy^2 + \alpha_{10} y^3 \quad (5.2.3)$$

利用 10 个位移参数条件确定广义坐标参数 $\boldsymbol{\alpha}$,通过分析建立起单元刚度、等效结点荷载矩阵,在整体分析之前采取如下措施消去内点自由度

单元刚度方程

$$\begin{bmatrix} \boldsymbol{k}_{11} & \boldsymbol{k}_{12} \\ \boldsymbol{k}_{21} & \boldsymbol{k}_{22} \end{bmatrix} \begin{bmatrix} \boldsymbol{\delta}_1 \\ \delta_{10} \end{bmatrix} = \begin{bmatrix} \boldsymbol{S}_1 \\ 0 \end{bmatrix} + \begin{bmatrix} \boldsymbol{F}_{\mathrm{E},1} \\ F_{\mathrm{E},10} \end{bmatrix} \quad (5.2.4)$$

式中 $\boldsymbol{\delta}_1 = [w_1 \quad \theta_{x1} \quad \theta_{y1} \quad w_2 \quad \theta_{x2} \quad \theta_{y2} \quad w_3 \quad \theta_{x3} \quad \theta_{y3}]^{\mathrm{T}}$

从式(5.2.4) 的第二个方程可解出

$$\delta_{10} = w_c = k_{22}^{-1}(F_{\mathrm{E},10} - \boldsymbol{k}_{21}\boldsymbol{\delta}_1) \quad (21)$$

将式(21) 代回式(5.2.4) 第一个方程并进行整理,可得

$$(\boldsymbol{k}_{11} - \boldsymbol{k}_{12}k_{22}^{-1}\boldsymbol{k}_{21})\boldsymbol{\delta}_1 = \boldsymbol{S}_1 + (\boldsymbol{F}_{\mathrm{E},1} - \boldsymbol{k}_{12}k_{22}^{-1}F_{\mathrm{E},10}) \quad (22)$$

令单刚

$$\boldsymbol{k}_e = \boldsymbol{k}_{11} - \boldsymbol{k}_{12}k_{22}^{-1}\boldsymbol{k}_{21}$$

等效单荷

$$\boldsymbol{F}_{\mathrm{E}} = \boldsymbol{F}_{\mathrm{E},1} - \boldsymbol{k}_{12}k_{22}^{-1}F_{\mathrm{E},10} \quad (5.2.5)$$

则单元刚度方程为

$$\boldsymbol{k}_e\boldsymbol{\delta}_1 = \boldsymbol{S}_1 + \boldsymbol{F}_{\mathrm{E}} \quad (5.2.6)$$

上述处理方法(消去内部自由度) 称做**静力凝聚**。通过静力凝聚最后获得了 9 自由度的三角形单元。但是 Zienkiewicz 曾指出这样所得到的单元不能保证收敛性。

5.2.1.2 面积坐标下的位移模式

Zienkiewicz 等采用面积坐标解决了直角坐标下所产生的困难,提出了如下的位移模式

$$\begin{aligned} w = {} & \alpha_1 L_1 + \alpha_2 L_2 + \alpha_3 L_3 + \alpha_4 (L_1^2 L_2 + \frac{1}{2}L_1 L_2 L_3) + \\ & \alpha_5 (L_2^2 L_1 + \frac{1}{2}L_1 L_2 L_3) + \alpha_6 (L_2^2 L_3 + \frac{1}{2}L_1 L_2 L_3) + \\ & \alpha_7 (L_3^2 L_2 + \frac{1}{2}L_1 L_2 L_3) + \alpha_8 (L_3^2 L_1 + \frac{1}{2}L_1 L_2 L_3) + \end{aligned}$$

$$\alpha_9(L_1^2L_3 + \frac{1}{2}L_1L_2L_3) \tag{23}$$

利用结点的位移参数条件可以确定广义坐标参数 $\boldsymbol{\alpha}$，从而建立形函数（当然也可像5.1.2那样由形函数性质来确定）如下

$$\begin{cases} N_1 = L_1 + L_1^2L_2 + L_1^2L_3 - L_1L_2^2 - L_1L_3^2 \\ N_{x1} = -b_3(L_1^2L_2 + \frac{1}{2}L_1L_2L_3) + b_2(L_2L_1^2 + \frac{1}{2}L_1L_2L_3) \\ N_{y1} = -c_3(L_1^2L_2 + \frac{1}{2}L_1L_2L_3) + c_2(L_3L_1^2 + \frac{1}{2}L_1L_2L_3) \end{cases} \tag{5.2.7}$$

式中的脚标轮换规则为 $1 \to 2 \to 3 \to 1$；b_i、c_i 见式(3.2.16)。

如果注意到

$$L_1L_2L_3 = L_1L_2(1 - L_1 - L_2) = L_1L_3(1 - L_1 - L_3) = L_2L_3(1 - L_2 - L_3) \tag{24}$$

则式(23)可改写成

$$\begin{aligned} w = {} & \alpha_1L_1 + \alpha_2L_2 + \alpha_3L_3 + \alpha_4L_2L_3 + \alpha_5L_3L_1 + \alpha_6L_1L_2 + \\ & \alpha_7(L_2L_3^2 - L_3L_2^2) + \alpha_8(L_3L_1^2 - L_1L_3^2) + \alpha_9(L_1L_2^2 - L_2L_1^2) \end{aligned} \tag{25}$$

从式(25)出发，可按如下方法确定形函数。

5.2.1.3　两步法确定形函数

(1) 以 w、$\theta_1 = \dfrac{\partial w}{\partial L_1}$、$\theta_2 = \dfrac{\partial w}{\partial L_2}$ 作为结点自由度（位移参数），求对应它们的形函数；

(2) 利用关系式

$$\begin{bmatrix} \theta_1 \\ \theta_2 \end{bmatrix} = \begin{bmatrix} \dfrac{\partial w}{\partial L_1} \\ \dfrac{\partial w}{\partial L_2} \end{bmatrix} = \begin{bmatrix} c_2 & -b_2 \\ -c_1 & b_1 \end{bmatrix} \begin{bmatrix} \dfrac{\partial w}{\partial x} \\ \dfrac{\partial w}{\partial y} \end{bmatrix} = \begin{bmatrix} c_2 & -b_2 \\ -c_1 & b_1 \end{bmatrix} \begin{bmatrix} -\theta_y \\ \theta_x \end{bmatrix} \tag{26}$$

将式中的 θ_1、θ_2 变换成 θ_x、θ_y，然后进行合并整理即可得到对于(w，θ_x，θ_y)结点位移参数的形函数。

下面具体推导如下：

(1) 由 $w|_{L_1=1} = w_1$、$w|_{L_2=1} = w_2$、$w|_{L_3=1} = w_3$ 的位移条件可得

$$\alpha_1 = w_1 \quad \alpha_2 = w_2 \quad \alpha_3 = w_3 \tag{27}$$

(2) 对式(25)求导可得

$$\begin{aligned} \theta_1 = \frac{\partial w}{\partial L_1} = {} & w_1 - w_3 - \alpha_4L_2 + \alpha_5(L_3 - L_1) + \alpha_6L_2 + \alpha_7(L_2^2 - 2L_2L_3) + \\ & \alpha_8(4L_1L_3 - L_1^2 - L_3^2) + \alpha_9(L_2^2 - 2L_1L_2) \\ \theta_2 = \frac{\partial w}{\partial L_2} = {} & w_2 - w_3 + \alpha_4(L_3 - L_2) - \alpha_5L_1 + \alpha_6L_1 + \alpha_7(L_2^2 + L_3^2 - 4L_2L_3) + \\ & \alpha_8(2L_1L_3 - L_1^2) + \alpha_9(2L_1L_2 - L_1^2) \end{aligned} \tag{28}$$

(3) 建立如下位移条件

$$\theta_1|_{L_1=1} = \theta_{11} = w_1 - w_3 - \alpha_5 - \alpha_8$$

$$\theta_1|_{L_2=1} = \theta_{12} = w_1 - w_3 - \alpha_4 + \alpha_6 + \alpha_7 + \alpha_9$$

$$\theta_1|_{L_3=1} = \theta_{13} = w_1 - w_3 + \alpha_5 - \alpha_8$$

$$\theta_2 \mid_{L_1=1} = \theta_{21} = w_2 - w_3 - \alpha_5 + \alpha_6 - \alpha_8 - \alpha_9$$
$$\theta_2 \mid_{L_2=1} = \theta_{22} = w_2 - w_3 - \alpha_4 + \alpha_7$$
$$\theta_2 \mid_{L_3=1} = \theta_{23} = w_2 - w_3 + \alpha_4 + \alpha_7 \tag{29}$$

并由此求得

$$\begin{cases} \alpha_4 = \dfrac{1}{2}(\theta_{23} - \theta_{22}) \\ \alpha_5 = \dfrac{1}{2}(\theta_{13} - \theta_{11}) \\ \alpha_6 = \dfrac{1}{2}(\theta_{12} - \theta_{11} + \theta_{21} - \theta_{22}) \\ \alpha_7 = w_3 - w_2 + \dfrac{1}{2}(\theta_{22} + \theta_{23}) \\ \alpha_8 = w_1 - w_3 - \dfrac{1}{2}(\theta_{11} + \theta_{13}) \\ \alpha_9 = w_2 - w_1 + \dfrac{1}{2}(\theta_{11} + \theta_{12} - \theta_{21} - \theta_{22}) \end{cases} \tag{30}$$

(4) 将式(27) 和式(30) 代回式(24) 并整理,可得

$$w = N_1 w_1 + N_{11}\theta_{11} + N_{21}\theta_{21} + N_2 w_2 + N_{12}\theta_{12} + N_{22}\theta_{22} + N_3 w_3 + N_{13}\theta_{13} + N_{23}\theta_{23} \tag{31}$$

式中

$$\begin{cases} N_1 = L_1 + L_1^2 L_2 + L_1^2 L_3 - L_1 L_2^2 - L_1 L_3^2 \\ N_{11} = -\dfrac{1}{2}L_1 L_2 - \dfrac{1}{2}L_3 L_1 + \dfrac{1}{2}(L_1 L_2^2 - L_2 L_1^2) - \dfrac{1}{2}(L_3 L_1^2 - L_1 L_3^2) \\ N_{21} = \dfrac{1}{2}L_1 L_2 - \dfrac{1}{2}(L_1 L_2^2 - L_2 L_1^2) \\ \vdots \end{cases} \tag{32}$$

(5) 将式(26) 代入式(31) 并再整理即可得

$$\begin{cases} w = \boldsymbol{N}\boldsymbol{\delta}_e = [\boldsymbol{N}_1 \quad \boldsymbol{N}_2 \quad \boldsymbol{N}_3]\boldsymbol{\delta}_e \\ \boldsymbol{N}_i = [N_i \quad N_{xi} \quad N_{yi}] \quad (i = 1,2,3) \end{cases} \tag{5.2.8}$$

其中 $\begin{cases} N_{x1} = -b_2 N_{11} + b_1 N_{21} \\ N_{y1} = -c_2 N_{11} + c_1 N_{21} \end{cases}$ （第二脚标轮换）$1 \to 2 \to 3 \to 1$

不难验证,所得形函数与式(5.2.7) 完全相同。但这种推求方法显然比普通广义坐标法直接求 $\alpha_1 \sim \alpha_9$ 而后得形函数要方便得多。

5.2.2　单元分析列式

无论是以式(5.2.1) 还是用式(5.2.7)、式(5.2.8) 建立单元的挠度场,有了 w 就可用常规方法来进行单元列式,下面以面积坐标的形函数和式(5.2.8) 来推导并给出三角形单元的显式单元刚度矩阵等等。

注意到面积坐标 $L_1 + L_2 + L_3 \equiv 1$,设取 L_1、L_2 为独立坐标,则

$$\begin{bmatrix}\dfrac{\partial}{\partial x}\\ \dfrac{\partial}{\partial y}\end{bmatrix}=\frac{1}{2\Delta}\begin{bmatrix}b_1 & b_2\\ c_1 & c_2\end{bmatrix}\begin{bmatrix}\dfrac{\partial}{\partial L_1}\\ \dfrac{\partial}{\partial L_2}\end{bmatrix}\tag{5.2.9}$$

由此不难得到

$$\begin{bmatrix}\dfrac{\partial^2}{\partial x^2}\\ \dfrac{\partial^2}{\partial y^2}\\ 2\,\dfrac{\partial^2}{\partial x\partial y}\end{bmatrix}=\frac{1}{4\Delta^2}\boldsymbol{T}\begin{bmatrix}\dfrac{\partial^2}{\partial L_1^2}\\ \dfrac{\partial^2}{\partial L^2}\\ \dfrac{\partial^2}{\partial L_1\partial L_2}\end{bmatrix}\tag{5.2.10}$$

式中　$\boldsymbol{\Delta}$—— 三角形单元中面面积。

$$\boldsymbol{T}=\begin{bmatrix}b_1^2 & b_2^2 & 2b_1b_2\\ c_1^2 & c_2^2 & 2c_1c_2\\ 2b_1c_1 & 2b_2c_2 & 2(b_1c_2+b_2c_1)\end{bmatrix}\tag{5.2.11}$$

由式(5.1.1)可得形变矩阵为

$$\boldsymbol{\kappa}=-\begin{bmatrix}\dfrac{\partial^2}{\partial x^2}\\ \dfrac{\partial^2}{\partial y^2}\\ 2\,\dfrac{\partial^2}{\partial x\partial y}\end{bmatrix}w=-\frac{1}{4\Delta^2}\boldsymbol{T}\begin{bmatrix}\dfrac{\partial^2}{\partial L_1^2}\\ \dfrac{\partial^2}{\partial L_2^2}\\ \dfrac{\partial^2}{\partial L_1\partial L_2}\end{bmatrix}[\boldsymbol{N}_1\quad \boldsymbol{N}_2\quad \boldsymbol{N}_3]\boldsymbol{\delta}_e=[\boldsymbol{B}_1\quad \boldsymbol{B}_2\quad \boldsymbol{B}_3]\boldsymbol{\delta}_e=\boldsymbol{B}\boldsymbol{\delta}_e\tag{5.2.12}$$

式中

$$\boldsymbol{B}_i=-\frac{1}{4\Delta^2}\boldsymbol{T}\begin{bmatrix}\dfrac{\partial^2}{\partial L_1^2}\\ \dfrac{\partial^2}{\partial L_2^2}\\ \dfrac{\partial^2}{\partial L_1\partial L_2}\end{bmatrix}\boldsymbol{N}_i\quad (i=1,2,3)$$

因为 $\boldsymbol{N}_i(L_1,L_2)$ 是面积坐标三次式，因此 $\boldsymbol{B}_i$ 是面积坐标一次式。若记

$$\begin{cases}\boldsymbol{\varphi}=[L_1\quad L_2\quad L_3]\\ \boldsymbol{\Phi}=\begin{bmatrix}\boldsymbol{\varphi} & \boldsymbol{0} & \boldsymbol{0}\\ \boldsymbol{0} & \boldsymbol{\varphi} & \boldsymbol{0}\\ \boldsymbol{0} & \boldsymbol{0} & \boldsymbol{\varphi}\end{bmatrix}\end{cases}\tag{33}$$

则可得

$$\boldsymbol{B}_i=\frac{1}{4\Delta^2}\boldsymbol{T}\boldsymbol{\Phi}\boldsymbol{G}_i\tag{5.2.13}$$

式中

$$\boldsymbol{G}_i=[\boldsymbol{G}_{i1}^{\mathrm{T}}\quad \boldsymbol{G}_{i2}^{\mathrm{T}}\quad \boldsymbol{G}_{i3}^{\mathrm{T}}]^{\mathrm{T}}\tag{34}$$

$$G_{i1}=\begin{bmatrix}6(\xi_i-\zeta_i) & 2b_2(z\xi_i+\zeta_i) & 2c_2(z\xi_i+\zeta_i)\\ 6\eta_i-2 & b_3+b_2\xi_i-b_1\eta_i & c_3+c_2\xi_i-c_1\eta_i\\ -6(\xi_i-\zeta_i) & -2b_2(\xi_i+2\zeta_i) & -2c_2(\xi_i+z\zeta_i)\end{bmatrix} \tag{35}$$

$$G_{i2}=\begin{bmatrix}6\xi_i-2 & b_2+b_1\zeta_i-b_3\xi_i & c_2+c_1\zeta_i-c_3\xi_i\\ -6(\xi_i-\eta_i) & -2b_1(\zeta_i+2\eta_i) & -2c_1(\zeta_i+2\eta_i)\\ 6(\zeta_i-\eta_i) & 2b_1(2\zeta_i+\eta_i) & 2c_1(2\zeta_i+\eta_i)\end{bmatrix} \tag{36}$$

$$G_{i3}=\begin{bmatrix}2-6\zeta_i & \frac{1}{2}b_1(\zeta_i-2\eta_i-3\xi_i)+\frac{1}{2}b_2(3\zeta_i-\eta_i+2\xi_i) & \frac{1}{2}c_1(\zeta_i-2\eta_i-3\xi_i)+\frac{1}{2}c_2(3\zeta_i-\eta_i+2\xi_i)\\ 2-6\zeta_i & \frac{1}{2}b_1(\xi_i-2\eta_i-3\zeta_i)+\frac{1}{2}b_2(2\xi_i+3\eta_i-2\zeta_i) & \frac{1}{2}c_1(\xi_i-2\eta_i-3\zeta_i)+\frac{1}{2}c_2(2\xi_i+3\eta_i-\zeta_i)\\ 6\zeta_i-2 & \frac{1}{2}b_1(2\eta_i-\xi_i+3\zeta_i)+\frac{1}{2}b_2(\eta_i-3\zeta_i-2\xi_i) & \frac{1}{2}c_1(2\eta_i-\xi_i+3\zeta_i)+\frac{1}{2}c_2(\eta_i-3\zeta_i-2\xi_i)\end{bmatrix} \tag{37}$$

其中ξ_i,η_i,ζ_i为i结点的3个面积坐标，也即i结点的L_1、L_2和L_3。若将单元刚度矩阵写成分块子矩阵形式，则对各向同性薄板

$$\boldsymbol{k}_{ij}=D\int_\Delta \boldsymbol{B}_i^{\mathrm T}\begin{bmatrix}1 & \mu & 0\\ \mu & 1 & 0\\ 0 & 0 & \frac{1-\mu}{2}\end{bmatrix}\boldsymbol{B}_j\mathrm{d}A=\frac{D}{16\Delta^4}\boldsymbol{G}_i^{\mathrm T}\int_\Delta \boldsymbol{\Phi}^{\mathrm T}\boldsymbol{T}^{\mathrm T}\begin{bmatrix}1 & \mu & 0\\ \mu & 1 & 0\\ 0 & 0 & \frac{1-\mu}{2}\end{bmatrix}\boldsymbol{T\Phi}\mathrm{d}A\boldsymbol{G}_j=$$

$$\frac{D}{16\Delta^4}\boldsymbol{G}_i^{\mathrm T}\int_\Delta \boldsymbol{\Phi}^{\mathrm T}\boldsymbol{H}\boldsymbol{F}_{\mathrm S}\mathrm{d}A\boldsymbol{G}_j \tag{5.2.14}$$

式中

$$\begin{cases}D=\dfrac{Et^3}{12(1-\mu^2)}\\ \boldsymbol{H}=[H_{ij}]_{3\times3}\\ H_{11}=(b_1^2+c_1^2)^2\\ H_{12}=H_{21}=(b_1b_2+c_1c_2)^2+\mu(b_1c_2-b_2c_1)^2\\ H_{13}=H_{31}=2(b_1^2+c_1^2)(b_1b_2+c_1c_2)\\ H_{23}=H_{32}=2(b_2^2+c_2^2)(b_1b_2+c_1c_2)\\ H_{22}=(b_2^2+c_2^2)^2\\ H_{33}=2(b_1^2+c_1^2)(b_2^2+c_2^2)+2(b_1b_2+c_1c_2)^2-2\mu(b_1c_2-b_2c_1)^2\end{cases} \tag{38}$$

因为

$$\boldsymbol{\Phi}^{\mathrm{T}}\boldsymbol{H}\boldsymbol{\Phi}=\begin{bmatrix}H_{11}\bar{\boldsymbol{\varphi}} & H_{12}\bar{\boldsymbol{\varphi}} & H_{13}\bar{\boldsymbol{\varphi}}\\ H_{21}\bar{\boldsymbol{\varphi}} & H_{22}\bar{\boldsymbol{\varphi}} & H_{23}\bar{\boldsymbol{\varphi}}\\ H_{31}\bar{\boldsymbol{\varphi}} & H_{32}\bar{\boldsymbol{\varphi}} & H_{33}\bar{\boldsymbol{\varphi}}\end{bmatrix} \tag{39}$$

式中

$$\bar{\boldsymbol{\varphi}}=\boldsymbol{\varphi}^{\mathrm{T}}\boldsymbol{\varphi}=\begin{bmatrix}L_1^2 & L_1L_2 & L_1L_3\\ L_2L_1 & L_2^2 & L_2L_3\\ L_3L_1 & L_3L_2 & L_3^2\end{bmatrix} \tag{40}$$

利用

$$\int_{\Delta}L_1^{\alpha}L_2^{\beta}L_3^{\gamma}\mathrm{d}A=\frac{\alpha!\ \beta!\ \gamma!}{(\alpha+\beta+\gamma+2)!}2\Delta \tag{5.2.15}$$

并记

$$\boldsymbol{P}=\begin{bmatrix}2 & 1 & 1\\ 1 & 2 & 1\\ 1 & 1 & 2\end{bmatrix} \tag{5.2.16}$$

则单元刚度子矩阵 $\boldsymbol{k}_{ij}$ 为

$$\boldsymbol{k}_{ij}=\frac{D}{192\Delta^3}\left(\boldsymbol{G}_{i1}^{\mathrm{T}}\boldsymbol{P}\sum_{r=1}^{3}H_{1r}\boldsymbol{G}_{jr}+\boldsymbol{G}_{i2}^{\mathrm{T}}\boldsymbol{P}\sum_{r=1}^{3}H_{2r}\boldsymbol{G}_{jr}+\boldsymbol{G}_{i3}^{\mathrm{T}}\boldsymbol{P}\sum_{r=1}^{3}H_{3r}\boldsymbol{G}_{jr}\right) \tag{5.2.17}$$

若单元上受到垂直中面的分布荷载 $q(x,y)$ 作用,则等效结点荷载为

$$\boldsymbol{F}_{\mathrm{E}}=\int_{\Delta}\boldsymbol{N}^{\mathrm{T}}q(x,y)\mathrm{d}A=\int_{\Delta}\boldsymbol{N}^{\mathrm{T}}q\left(\sum_{i=1}^{3}L_ix_i,\sum_{i=1}^{3}L_iy_i\right)\mathrm{d}A \tag{5.2.18}$$

当 $q=$ 常数时

$$\boldsymbol{F}_{\mathrm{E}}=q\Delta\left[\frac{1}{3}\quad\frac{1}{24}(b_2-b_3)\quad\frac{1}{24}(c_2-c_3)\quad\frac{1}{3}\quad\frac{1}{24}(b_3-b_1)\quad\frac{1}{24}(c_3-c_1)\quad\frac{1}{3}\quad\frac{1}{24}(b_1-b_2)\quad\frac{1}{24}(c_1-c_2)\right]^{\mathrm{T}} \tag{5.2.19}$$

经推导,若记(各向同性时)

$$\boldsymbol{R}=\frac{Et^3}{48(1-\mu^2)\Delta^2}\begin{bmatrix}b_1^2+\mu c_1^2 & b_2^2+\mu c_2^2 & 2(b_1b_2+\mu c_1c_2)\\ \mu b_1^2+c_1^2 & \mu b_2^2+c_2^2 & 2(\mu b_1b_2+c_1c_2)\\ (1-\mu)b_1c_1 & (1-\mu)b_2c_2 & (1-\mu)(b_1c_2+b_2c_1)\end{bmatrix}=[R_{ij}]_{3\times3} \tag{5.2.20}$$

$$\boldsymbol{S}_i=\begin{bmatrix}\boldsymbol{\varphi}\sum_{r=1}^{3}R_{1r}\boldsymbol{G}_{ir}\\ \boldsymbol{\varphi}\sum_{r=1}^{3}R_{2r}\boldsymbol{G}_{ir}\\ \boldsymbol{\varphi}\sum_{r=1}^{3}R_{3r}\boldsymbol{G}_{ir}\end{bmatrix} \tag{5.2.21}$$

式中

$$\boldsymbol{\varphi}=[L_1\quad L_2\quad L_3]$$

则薄板内力矩阵可写为

$$\boldsymbol{M}=\sum_{i=1}^{3}\boldsymbol{S}_i\boldsymbol{\delta}_i=\sum_{i=1}^{3}\boldsymbol{S}_i[w_i\quad\theta_{xi}\quad\theta_{yi}]^{\mathrm{T}} \tag{5.2.22}$$

由此式可见，$\boldsymbol{S}_i$ 的每一列的物理意义为“单位位移引起板中任一点的内力（点位置取决于 L_1、L_2、L_3）”。

5.2.3 斜边界已知位移的处理

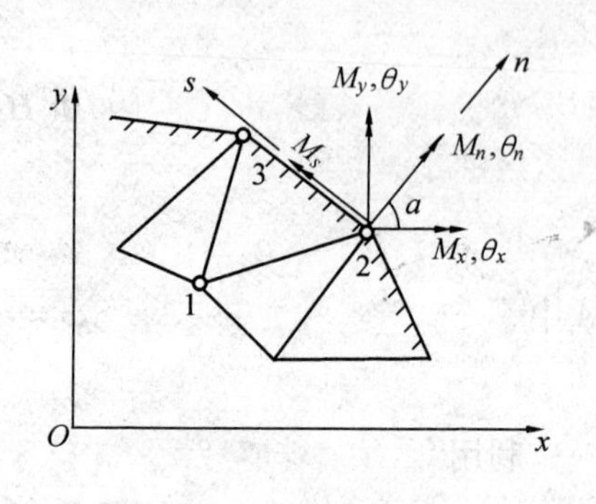

图 5.8 斜边界示意图

非矩形板计算时，将遇到图 5.8 所示斜边界情况。为处理斜边界已知位移，如图所示在 23 边上建立 ns 坐标系。由坐标变换可得

$$\begin{bmatrix}\theta_x\\ \theta_y\end{bmatrix}_i=\begin{bmatrix}\cos\alpha & -\sin\alpha\\ \sin\alpha & \cos\alpha\end{bmatrix}\begin{bmatrix}\theta_n\\ \theta_s\end{bmatrix}_i \qquad (i=2,3)$$

$$\begin{bmatrix}M_x\\ M_y\end{bmatrix}_i=\begin{bmatrix}\cos\alpha & -\sin\alpha\\ \sin\alpha & \cos\alpha\end{bmatrix}\begin{bmatrix}M_n\\ M_s\end{bmatrix}_i$$

若记 $\bar{\boldsymbol{\delta}}_e=[w_1\quad \theta_{x1}\quad \theta_{y1}\quad w_2\quad \theta_{n2}\quad \theta_{s2}\quad w_3\quad \theta_{n3}\quad \theta_{s3}]^{\mathrm{T}}$

$\bar{\boldsymbol{S}}_e=[Q_1\quad M_{x1}\quad M_{y1}\quad Q_2\quad M_{n2}\quad M_{s2}\quad Q_3\quad M_{n3}\quad M_{s3}]^{\mathrm{T}}$

$$\boldsymbol{T}^{\mathrm{T}}=\begin{bmatrix}1 & 0 & 0 & \cdots & & & & & 0\\ 0 & 1 & 0 & \cdots & & & & & 0\\ 0 & 0 & 1 & 0 & \cdots & & & & 0\\ 0 & 0 & 0 & 1 & 0 & \cdots & & & 0\\ 0 & \cdots & 0 & \cos\alpha & \sin\alpha & 0 & & & 0\\ 0 & \cdots & 0 & -\sin\alpha & \cos\alpha & 0 & & & 0\\ 0 & & & \cdots & & 0 & 1 & 0 & 0\\ 0 & & & \cdots & & & 0 & \cos\alpha & \sin\alpha\\ 0 & & & \cdots & & & 0 & -\sin\alpha & \cos\alpha\end{bmatrix}$$

则不难证明

$$\bar{\boldsymbol{S}}_e=\boldsymbol{T}^{\mathrm{T}}\boldsymbol{S}_e=\boldsymbol{T}^{\mathrm{T}}\boldsymbol{k}\boldsymbol{\delta}_e=\boldsymbol{T}^{\mathrm{T}}\boldsymbol{k}\boldsymbol{T}\bar{\boldsymbol{\delta}}_e$$

记斜边界处单元刚度矩阵为

$$\bar{\boldsymbol{k}}=\boldsymbol{T}^{\mathrm{T}}\boldsymbol{k}\boldsymbol{T}$$

则当按 $\bar{\boldsymbol{k}}$ 进行边界单元集装总刚度矩阵时，对 θ_n、θ_s 的边界位移处理，将与正边界上 θ_x、θ_y 的处理完全一样。

5.2.4 关于曲率修匀问题

A. Q. Razzaque 曾指出，对于不规则的网格划分计算精度很差，为改善计算结果，他提出进行所谓曲率修匀。由于挠度 w 是面积坐标为三次多项式，所以曲率将是面积坐标的一次式，类似 3.6.6 所介绍的应力修匀思路，可进行曲率修匀。A. Q. Razzaque 指出，经曲率修匀后即使计算网格不规则，也能取得满意的计算结果。

最后必须注意，上述三角形 9 自由度单元也是一种非完全协调的单元。已证明它是能通过分片检验的，故也是收敛的（划分要满足一定条件，否则不收敛）。但在网格不规则划分情况下，Argyris 提出下述处理办法：

设 $w'=\alpha_1L_1+\alpha_2L_2+\alpha_3L_3+\alpha_4L_1L_2+\alpha_5L_2L_3+\alpha_6L_3L_1=\boldsymbol{A}_1\boldsymbol{\alpha}_1$

$$w'' = \alpha_7(L_1^2L_2 - L_1L_2^2) + \alpha_8(L_2^2L_3 - L_2L_3^2) + \alpha_9(L_3^2L_1 - L_3L_1^2) = \boldsymbol{A}_2\boldsymbol{\alpha}_2$$

而单元位移模式仍同 Zienkiewicz 所取,即

$$w = w' + w'' = [\boldsymbol{A}_1 \quad \boldsymbol{A}_2]\begin{bmatrix}\boldsymbol{\alpha}_1\\ \boldsymbol{\alpha}_2\end{bmatrix}$$

若记广义坐标法所得结果为

$$\boldsymbol{\alpha} = \begin{bmatrix}\boldsymbol{\alpha}_1\\ \boldsymbol{\alpha}_2\end{bmatrix} = \boldsymbol{T}\boldsymbol{\delta}_e$$

则形变矩阵

$$\boldsymbol{\kappa} = [\boldsymbol{\kappa}_1 \quad \boldsymbol{\kappa}_2]\boldsymbol{T}\boldsymbol{\delta}_e$$

式中　$\boldsymbol{\kappa}_1$、$\boldsymbol{\kappa}_2$—— 由 w'、w'' 引起的形变矩阵。此时板单元应变能为

$$U = \frac{1}{2}\boldsymbol{\delta}_e^{\mathrm{T}}\boldsymbol{T}^{\mathrm{T}}\int_A\begin{bmatrix}\boldsymbol{\kappa}_1^{\mathrm{T}}\boldsymbol{D}\boldsymbol{\kappa}_1 & \boldsymbol{\kappa}_1^{\mathrm{T}}\boldsymbol{D}\boldsymbol{\kappa}_2\\ \boldsymbol{\kappa}_2^{\mathrm{T}}\boldsymbol{D}\boldsymbol{\kappa}_1 & \boldsymbol{\kappa}_2^{\mathrm{T}}\boldsymbol{D}\boldsymbol{\kappa}_2\end{bmatrix}\mathrm{d}A\cdot\boldsymbol{T}\boldsymbol{\delta}_e$$

Argyris 忽略非对角块矩阵的影响,取

$$\boldsymbol{k}_e = \boldsymbol{T}^{\mathrm{T}}\int_A\begin{bmatrix}\boldsymbol{\kappa}_1^{\mathrm{T}}\boldsymbol{D}\boldsymbol{\kappa}_1 & \boldsymbol{O}\\ \boldsymbol{O} & \boldsymbol{\kappa}_2^{\mathrm{T}}\boldsymbol{D}\boldsymbol{\kappa}_2\end{bmatrix}\mathrm{d}A\cdot\boldsymbol{T}$$

作为单元刚度矩阵,计算结果表明,对任意网格划分均能获得相当满意的结果。而且由于 $\boldsymbol{k}_e$ 是块对角矩阵,对计算也是有利的。

5.3　弹性地基板的分析

5.3.1　文克尔(Wenker)地基上的薄板

所谓文克尔地基系指地基表面所受的压力 q_w 与表面的沉降 w 成正比,也即

$$q_w = K_0 w \tag{5.3.1}$$

的地基。其中 K_0 称垫层系数(或基床系数、抗力系数),其单位为 t/m³ 或 kN/m³。

文克尔地基上的薄板有限元分析:因为薄板除受垂直中面的外荷载 q 外,还受有地基的反力 q_w,所以薄板单元的势能表达式为

$$\Pi_w^e = (\frac{1}{2}\boldsymbol{\delta}_e^{\mathrm{T}}\int_A\boldsymbol{B}^{\mathrm{T}}\boldsymbol{D}\boldsymbol{B}\mathrm{d}A - \boldsymbol{S}_e^{\mathrm{T}})\boldsymbol{\delta}_e - \int_A(q - \frac{1}{2}q_w)w\mathrm{d}A =$$

$$[\frac{1}{2}\boldsymbol{\delta}_e^{\mathrm{T}}\int_A\boldsymbol{B}^{\mathrm{T}}\boldsymbol{D}\boldsymbol{B}\mathrm{d}A - \boldsymbol{S}_e^{\mathrm{T}} - \int_A(q - \frac{1}{2}K_0\boldsymbol{\delta}_e^{\mathrm{T}}\boldsymbol{N}^{\mathrm{T}})\boldsymbol{N}\mathrm{d}A]\boldsymbol{\delta}_e \tag{5.3.2}$$

由式(5.3.2)可见,若记单元刚度矩阵 $\boldsymbol{k}_w$ 为

$$\boldsymbol{k}_w = \int_A\boldsymbol{B}^{\mathrm{T}}\boldsymbol{D}\boldsymbol{B}\mathrm{d}A + \int_A K_0\boldsymbol{N}^{\mathrm{T}}\boldsymbol{N}\mathrm{d}A \tag{5.3.3}$$

则其他分析与前两节相同。对于矩形单元

$$\int_A K_0\boldsymbol{N}^{\mathrm{T}}\boldsymbol{N}\mathrm{d}A = \frac{K_0ab}{6\,300}\begin{bmatrix}\boldsymbol{K}_{11} & \boldsymbol{K}_{21}^{\mathrm{T}}\\ \boldsymbol{K}_{21} & \boldsymbol{K}_{22}^{\mathrm{T}}\end{bmatrix}$$

$$
\left\{
\begin{aligned}
\boldsymbol{K}_{11} &= \begin{bmatrix}
A & & & & & \\
B & C & & & \text{对称} & \\
D & E & F & & & \\
a_1 & b_1 & c_1 & A & & \\
b_1 & d_1 & e_1 & B & C & \\
-c_1 & -e_1 & f_1 & -D & -E & F
\end{bmatrix} \\
\boldsymbol{K}_{22} &= \begin{bmatrix}
A & & & & & \\
-B & C & & & \text{对称} & \\
-D & E & F & & & \\
a_1 & -b_1 & -c_1 & A & & \\
-b_1 & d_1 & e_1 & -B & C & \\
c_1 & -e_1 & f_1 & D & -E & F
\end{bmatrix} \\
\boldsymbol{K}_{21} &= \begin{bmatrix}
a_3 & b_3 & c_3 & a_2 & b_2 & c_2 \\
-b_3 & d_3 & e_3 & -b_2 & d_2 & e_2 \\
-c_3 & e_3 & f_3 & c_2 & -e_2 & f_2 \\
a_2 & b_2 & -c_2 & a_3 & b_3 & -c_3 \\
-b_2 & d_2 & -e_2 & -b_3 & d_3 & -e_3 \\
-c_2 & e_2 & f_2 & c_3 & -e_3 & f_3
\end{bmatrix} = \int_A \boldsymbol{K}_0 \boldsymbol{N}^{\mathrm{T}} \boldsymbol{N} \mathrm{d}A
\end{aligned}
\right.
\tag{5.3.4}
$$

式中

$$
\left\{
\begin{array}{llll}
A = 3\,454 & a_1 = 1\,226 & a_2 = 1\,226 & a_3 = 394 \\
B = 922b & b_1 = 398b & b_2 = 548b & b_3 = 232b \\
C = 320b^2 & c_1 = -548a & c_2 = 398a & c_3 = -232a \\
D = -922a & d_1 = 160b^2 & d_2 = -240b^2 & d_3 = -120b^2 \\
E = -252ab & e_1 = -168ab & e_2 = -168ab & e_3 = 112ab \\
F = 320a^2 & f_1 = -240a^2 & f_2 = 160a^2 & f_3 = -120a^2
\end{array}
\right.
\tag{5.3.5}
$$

其中，a、b 分别为矩形单元 x、y 方向边长之半。

对于(5.2.7) 所示三角形面积坐标形函数，读者可以用式(3.1.50) 自行积出文克尔地基对单元刚度矩阵修正($\int_\Delta K_0 \boldsymbol{N}^{\mathrm{T}} \boldsymbol{N} \mathrm{d}A$) 的显表达式。这里不再赘述。

5.3.2　文克尔地基上薄板算例

【例 5.3】　边长 1 m，厚度 1 cm，$E = 2.0 \times 10^7$ kN/m^2，$\mu = 0.3$ 的四边固定方板，$q = 1$ kN/m^2，$K_0 = 5\,000$ kN/m^3。计算结果如表 5.3 所示(已用绕结点平均法整理)。

【例 5.4】　边长为 20 m，厚度为 2 m，$E = 1.8 \times 10^6$ kN/m^2，$\mu = 0.16$ 的四边简支方板，$q = 3$ kN/m^2，$K_0 = 750$ kN/m^3。计算结果经绕结点平均法整理后如表 5.4 所示。

表 5.3　四边固定方板

单元数	板中心挠度/cm	板中心弯矩/(N·cm)	边中点弯矩/(N·cm)
2×2	-0.025 1	-14.36	11.05
4×4	-0.021 0	-5.02	16.43
8×8	-0.020 5	-4.85	19.23
12×12	-0.020 5	-4.84	20.02
级数解	-0.020 5	-4.84	20.72

表 5.4　四边简支方板

单元数	板中心挠度/m	板中心弯矩/(kN·m)	边中点弯矩/(kN·m)	角点扭矩/(kN·m)
2×2	-0.001 027	-49.10	8.74	17.59
4×4	-0.001 202	-40.21	1.53	31.75
8×8	-0.001 245	-39.88	0.21	36.39
12×12	-0.001 251	-39.87	0.06	37.41
级数解	-0.001 257	-39.86	0.00	37.66

由以上算例可见,矩形单元收敛情况是很好的,计算结果的精度也是令人满意的。

5.3.3　弹性半空间上的板

把基础看成弹性半空间,弹性薄板用矩形单元来离散,薄板的每一结点处用一刚性链杆铅垂地与基础相连,计算模型如图 5.9 所示。

假设单元结点 i 相应的链杆中所受压力为 P_i,又假设链杆传给地基的压力在图示阴影面积上均匀分布,也即阴影面积上分布荷载集度为 $p_i = P_i/ab$(a、b 为单元两边的尺寸)。

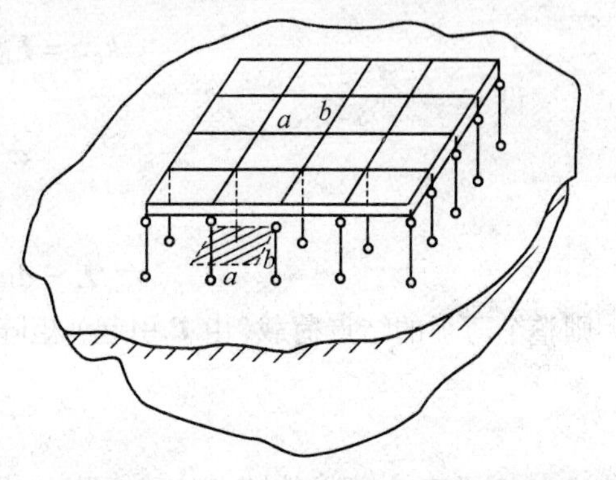

图 5.9　弹性半空间上薄板计算模型

由弹性力学的包辛涅斯克公式,作用在弹性半空间表面上 i 点的铅垂集中力 F,在表面上距 i 为 r 远的另一点 j 处产生的垂直位移为

$$w_{ji} = \frac{F(1-\mu_0^2)}{\pi E_0 r} \tag{5.3.6}$$

式中,E_0、μ_0 为弹性半空间基础的弹性常数。

利用式(5.3.6)在分布荷载 p_i 作用下地基上与单元 i 结点对应处的垂直位移可由如下积分计算

$$w_{ii} = 2\int_0^{a/2} 2\mathrm{d}\xi \int_0^{b/2} \frac{P_i(1-\mu_0^2)\mathrm{d}\eta}{ab\pi E_0(\xi^2+\eta^2)^{\frac{1}{2}}} = \frac{P_i(1-\mu_0^2)}{a\pi E_0} f_{ii} \tag{5.3.7}$$

式中,系数 f_{ii} 见表 5.5。

表 5.5 系数 f_{ii}

b/a	2/3	1	2	3	4	5
f_{ii}	4.265	3.525	2.406	1.867	1.543	1.322

对于 p_i 作用引起的阴影面积之外(也即其他结点) j 点的垂直位移 w_{ji} 当然也可进行积分来求,但一般用式(5.3.6)已足够精确。

在全部结点链杆压力 $\boldsymbol{P}=[P_1 \quad P_2 \quad \cdots \quad P_i \quad \cdots \quad P_n]^{\mathrm{T}}$ 作用下任一结点 r 对应点地基的垂直位移为

$$\begin{cases} w_r = \dfrac{1-\mu_0^2}{\pi E_0 a}[f_{r1} \quad f_{r2} \quad \cdots \quad f_{ri} \quad \cdots \quad f_{rr} \quad \cdots \quad f_{rn}]\boldsymbol{P} \\ f_{ri} = \dfrac{\alpha}{r_{ri}} \quad (r_{ri}\ \text{为}\ r\ \text{点与}\ i\ \text{点间距离}) \end{cases} \tag{5.3.8}$$

其中, f_{rr} 可由式(5.3.7)积分或查表5.5而得。

由此可得单元结点挠度列阵 $\boldsymbol{w}$ 为

$$\boldsymbol{w}=[w_1 \quad w_2 \quad \cdots \quad w_i \quad \cdots \quad w_n]^{\mathrm{T}}=\frac{1-\mu_0^2}{\pi E_0 \alpha}[f_{ij}]_{n\times n}\boldsymbol{P}=\frac{1-\mu_0^2}{\pi E_0 \alpha}\boldsymbol{F}_0\boldsymbol{P} \tag{5.3.9}$$

解方程(5.3.9)得

$$\boldsymbol{P}=\frac{\pi E_0 \alpha}{1-\mu_0^2}\boldsymbol{F}_0^{-1}\boldsymbol{w}=\frac{\pi E_0 \alpha}{1-\mu^2}\boldsymbol{k}_0\boldsymbol{w} \tag{5.3.10}$$

$$\boldsymbol{k}_0^{-1}=\boldsymbol{F}_0=[f_{ij}]_{n\times n} \tag{5.3.11}$$

设

$$\boldsymbol{\varphi}=[1 \quad 0 \quad 0]^{\mathrm{T}}$$

$$\boldsymbol{L}=\mathrm{diag}[\overbrace{\boldsymbol{\varphi} \quad \boldsymbol{\varphi} \quad \cdots \quad \boldsymbol{\varphi}}^{n\text{个}}] \tag{5.3.12}$$

则整个薄板的结点荷载(由 $\boldsymbol{P}$ 引起)矩阵 $\boldsymbol{F}_{\mathrm{b}}$ 为

$$\begin{cases} \boldsymbol{F}=\boldsymbol{L}\boldsymbol{P} \\ \boldsymbol{w}=\boldsymbol{L}^{\mathrm{T}}\boldsymbol{P} \end{cases} \tag{5.3.13}$$

式中, $\boldsymbol{U}$ 为整个薄板的结点位移矩阵,也即

$$\boldsymbol{U}=[w_1 \quad \theta_{x1} \quad \theta_{y1} \quad w_2 \quad \theta_{x2} \quad \theta_{y2} \quad \cdots]^{\mathrm{T}}$$

将式(5.3.10)左乘矩阵 $\boldsymbol{L}$,则可得

$$\boldsymbol{F}=\frac{\pi E_0 a}{1-\mu_0^2}\boldsymbol{L}\boldsymbol{k}_0\boldsymbol{L}^{\mathrm{T}}\boldsymbol{U}=\boldsymbol{K}_w\boldsymbol{U} \tag{5.3.14}$$

式中

$$\boldsymbol{K}_w=\frac{\pi E_0 a}{1-\mu_0^2}\boldsymbol{L}\boldsymbol{k}_0\boldsymbol{L}^{\mathrm{T}} \tag{5.3.15}$$

又因弹性薄板的总刚度方程为(考虑地基链杆反力)

$$\boldsymbol{R}-\boldsymbol{F}=\boldsymbol{K}\boldsymbol{U}$$

由此即可得

$$(\boldsymbol{K}+\boldsymbol{K}_w)\boldsymbol{U}=\boldsymbol{R} \tag{5.3.16}$$

式中　$\boldsymbol{K}$—— 薄板的总刚度矩阵；

$\boldsymbol{R}$—— 薄板的综合等效总荷载矩阵。

5.4　SAP 薄板弯曲单元

SAP(Structural Analysis Program) 程序是美国加州大学伯克利(Berkeley) 分校研制的"线性结构静动力有限元通用程序",在我国被广泛地使用。本节对 SAP 程序中的 SAP 板弯曲单元作一简单介绍。主要目的是向大家介绍建立协调单元的一种方法 —— 二次分片插值法。

5.4.1　线性曲率 12 自由度协调三角单元(LCCT - 12)

图 5.10 给出了 LCCT - 12 单元示意,Δ123 为 LCCT 单元,Δ023、Δ031、Δ012 称做子单元(分别记为子单元(1)、(2) 和(3)),O 点一般为 Δ123 的形心。

图中结点 0 ~ 3 的结点位移参数为

$$(w_i,\theta_{xi},\theta_{yi})\quad (i=0,1,2,3)$$

而结点 4 ~ 6 的位移参数仅 1 个

$$\left(\frac{\partial w}{\partial n}\right)_i\quad (i=4,5,6)$$

5.4.1.1　单元位移模式

以图 5.11 中子单元为例,可设

$$w^{(1)}=\alpha_1L_1^3+\alpha_2L_2^3+\alpha_3L_2^3+\alpha_4L_1^2L_2+\alpha_5L_1^2L_3+\alpha_6L_2^2L_3+\alpha_7L_1L_2^2+\alpha_8L_1L_3^2+\alpha_9L_2L_3^2+\alpha_{10}L_1L_2L_3 \tag{5.4.1}$$

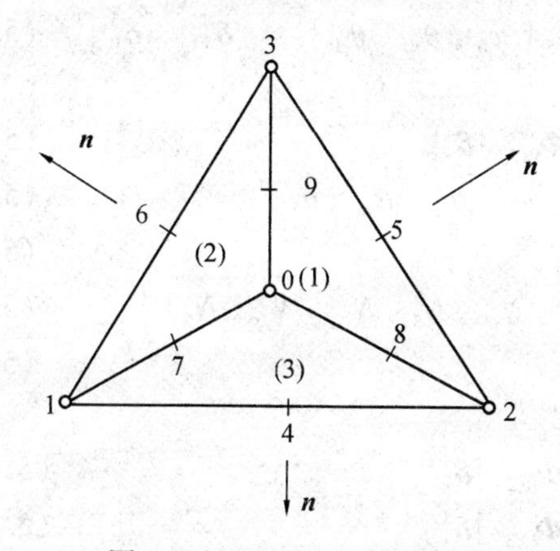

图 5.10　LCCT - 12 单元

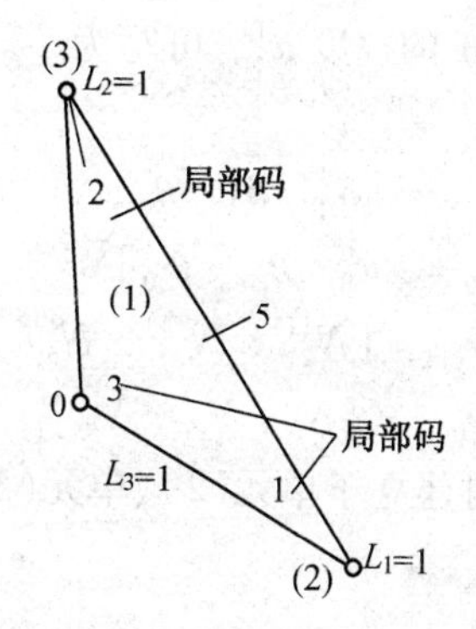

图 5.11　子单元(1)

用 5.2.2 节介绍的分两步求形函数的方法,读者不难自行利用 10 个结点位移参数建立起子单元的形函数矩阵。为便于读者练习,需要指出($\boldsymbol{i}_{12}=(c_3\boldsymbol{i}-b_3\boldsymbol{j})/l_3$,$\boldsymbol{i}_n=\boldsymbol{i}_{12}\times\boldsymbol{k}=-(b_3\boldsymbol{i}+c_3\boldsymbol{j})/l_3$)

$$\theta_5=\left.\frac{\partial w}{\partial n}\right|_{12中点}=\frac{-1}{2\Delta l_3}[(b_3b_1+c_3c_1)\theta_1+(b_3b_2+c_3c_2)\theta_2]\Big|_{12中点} \tag{41}$$

$$b_1=y_2-y_3\quad c_1=x_3-x_2\quad (1\to2\to3\to1) \tag{42}$$

其中,l_3 为 12 边边长,Δ 为子单元面积。

进一步考虑到图 5.12 的几何关系,式(41) 可改写为

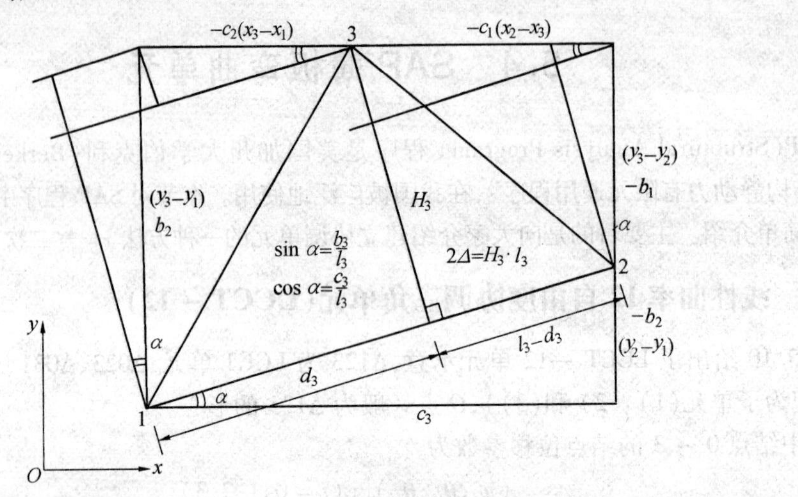

图 5.12　单元的几何关系

$$\theta_5=\frac{1}{H_3}\left[\left(1-\frac{d_3}{l_3}\right)\theta_1+\frac{d_3}{l_3}\theta_2\right]\Bigg|_{12\text{中点}}=\frac{1}{H_3}\left[\mu_3\theta_1+\lambda_3\theta_2\right]\Bigg|_{12\text{中点}}\tag{5.4.2}$$

式中

$$\begin{cases}\lambda_3=\dfrac{d_3}{l_3}\\ \mu_3=1-\lambda_3\quad(1\to2\to3\to1)\end{cases}\tag{5.4.3}$$

若记子单元(1) 的结点位移矩阵为

$$\boldsymbol{\delta}_e^{(1)}=[w_2\quad\theta_{x2}\quad\theta_{y2}\mid w_3\quad\theta_{x3}\quad\theta_{y3}\mid\theta_5\mid w_0\quad\theta_{x0}\quad\theta_{y0}]^{\mathrm{T}}=[\boldsymbol{\delta}_{(1)}^{\mathrm{T}}\quad\boldsymbol{\delta}_0^{\mathrm{T}}]^{\mathrm{T}}\tag{5.4.4}$$

则子单元(1) 的挠度 $w^{(1)}$ 可写为

$$w_{(1)}=[\boldsymbol{\Phi}_{(1)}\quad\boldsymbol{\Phi}_{0(1)}]\boldsymbol{\delta}_e^{(1)}\tag{5.4.5}$$

式中

$$\boldsymbol{\delta}_{(1)}=[\boldsymbol{\delta}_2^{\mathrm{T}}\quad\boldsymbol{\delta}_3^{\mathrm{T}}\quad\theta_5]^{\mathrm{T}}=[w_2\quad\theta_{x2}\quad\theta_{y2}\quad w_3\quad\theta_{x3}\quad\theta_{y3}\quad\theta_5]^{\mathrm{T}}\tag{5.4.6}$$

$$\boldsymbol{\delta}_0=[w_0\quad\theta_{x0}\quad\theta_{y0}]^{\mathrm{T}}\tag{5.4.7}$$

$$\boldsymbol{\Phi}_{(1)}=[\boldsymbol{N}_2^{(1)}\quad\boldsymbol{N}_3^{(1)}\quad\boldsymbol{N}_5^{(1)}]=[N_2\quad N_{x2}\quad N_{x3}\quad N_3\quad N_{y2}\quad N_{y3}\quad N_5]^{(1)}\tag{5.4.8}$$

$$\boldsymbol{\Phi}_{0(1)}=[N_0\quad N_{x0}\quad N_{y0}]_{(1)}=\boldsymbol{N}_0^{(1)}\tag{5.4.9}$$

同理,可建立子单元(2)、单元(3) 的位移模式

$$w_{(2)}=[\boldsymbol{\Phi}_{(2)}\quad\boldsymbol{\Phi}_{0(2)}]\boldsymbol{\delta}_e^{(2)}\tag{5.4.10}$$

$$w_{(3)}=[\boldsymbol{\Phi}_{(3)}\quad\boldsymbol{\Phi}_{0(3)}]\boldsymbol{\delta}_e^{(3)}\tag{5.4.11}$$

若记大单元(即 △123 单元) 的结点位移矩阵 $\boldsymbol{\delta}_e$ 为

$$\boldsymbol{\delta}_e=[\boldsymbol{\delta}_1^{\mathrm{T}}\quad\boldsymbol{\delta}_2^{\mathrm{T}}\quad\boldsymbol{\delta}_3^{\mathrm{T}}\quad\theta_4\quad\theta_5\quad\theta_6\mid\boldsymbol{\delta}_0^{\mathrm{T}}]^{\mathrm{T}}=[\boldsymbol{\delta}_e^{12T}\quad\boldsymbol{\delta}_0^{\mathrm{T}}]^{\mathrm{T}}\tag{5.4.12}$$

其中

$$\boldsymbol{\delta}_e^{12}=[w_1\quad\theta_{x1}\quad\theta_{y1}\quad w_2\quad\theta_{x2}\quad\theta_{y2}\quad w_3\quad\theta_{x3}\quad\theta_{y3}\quad\theta_4\quad\theta_5\quad\theta_6]^{\mathrm{T}}\tag{5.4.13}$$

$\boldsymbol{\delta}_e^{12}$ 即为 LCCT - 12 单元的结点位移矩阵,则由式(5.4.5)、式(5.4.10) 及式(5.4.11) 可得

$$\begin{bmatrix} w_{(1)} \\ w_{(2)} \\ w_{(3)} \end{bmatrix} = \left[\begin{array}{cccccc|c} \mathbf{0} & \boldsymbol{N}_2^{(1)} & \boldsymbol{N}_3^{(1)} & 0 & \boldsymbol{N}_5^{(1)} & 0 & \boldsymbol{N}_0^{(1)} \\ \boldsymbol{N}_1^{(2)} & \mathbf{0} & \boldsymbol{N}_2^{(2)} & 0 & 0 & \boldsymbol{N}_6^{(2)} & \boldsymbol{N}_0^{(2)} \\ \boldsymbol{N}_1^{(2)} & \boldsymbol{N}_2^{(2)} & \mathbf{0} & \boldsymbol{N}_4^{(3)} & 0 & 0 & \boldsymbol{N}_0^{(3)} \end{array}\right] \begin{bmatrix} \boldsymbol{\delta}_e^{12} \\ \boldsymbol{\delta}_0 \end{bmatrix} =$$

$$\left[\begin{array}{c|c} \boldsymbol{\Phi}_{12}^{(1)} & \boldsymbol{\Phi}_0^{(1)} \\ \boldsymbol{\Phi}_{12}^{(2)} & \boldsymbol{\Phi}_0^{(2)} \\ \boldsymbol{\Phi}_{12}^{(3)} & \boldsymbol{\Phi}_0^{(3)} \end{array}\right] \begin{bmatrix} \boldsymbol{\delta}_e^{12} \\ \boldsymbol{\delta}_0 \end{bmatrix} = [\boldsymbol{\Phi}_e^{12} \quad \boldsymbol{\Phi}_0^{e}] \begin{bmatrix} \boldsymbol{\delta}_e^{12} \\ \boldsymbol{\delta}_0 \end{bmatrix} \tag{5.4.14}$$

因为在上述对子单元建立位移模式时考虑了外边界中点的$\frac{\partial w}{\partial n}$位移参数，故可以证明由式(5.4.14)所确定的分区大单元位移保证了相邻大单元间位移和转角(切向、法向)的协调性，但在每一个大单元中，与以前一样，只能证明子单元间有位移与沿公共边切线方向导函数的协调性，跨子单元法向转角仍然不一定连续。

为解决大单元中子单元间跨单元的协调性，现考察图5.10中01内边界中点的法向转角

因为

$$\frac{\partial}{\partial n} = \cos(\widehat{nx})\frac{\partial}{\partial x} + \cos(\widehat{ny})\frac{\partial}{\partial y} = \frac{1}{2\Delta}[\cos(\widehat{nx}) \quad \cos(\widehat{ny})] \begin{bmatrix} b_1 & b_2 \\ c_1 & c_2 \end{bmatrix} \begin{bmatrix} \frac{\partial}{\partial L_1} \\ \frac{\partial}{\partial L_2} \end{bmatrix} \tag{5.4.15}$$

所以，对子单元(2)、子单元(3)分别可求得

$$\left.\frac{\partial w^{(2)}}{\partial n}\right|_7 = \left[\frac{\partial \boldsymbol{\Phi}_{12}^{(2)}}{\partial n} \quad \frac{\partial \boldsymbol{\Phi}_0^{(2)}}{\partial n}\right]_7 \boldsymbol{\delta}_e = [\boldsymbol{b}_{(2)7}^{12} \quad \boldsymbol{b}_{(2)7}^{0}]\boldsymbol{\delta}_e \tag{43}$$

$$\left.\frac{\partial w^{(3)}}{\partial n}\right|_7 = [\boldsymbol{b}_{(3)7}^{12} \quad \boldsymbol{b}_{(3)7}^{0}]\boldsymbol{\delta}_e \tag{44}$$

式中

$$b_{(i)7}^{m} = \left\{\frac{1}{2\Delta_i}[\cos(\widehat{nx}) \quad \cos(\widehat{ny})] \begin{bmatrix} b_1 & b_2 \\ c_1 & c_2 \end{bmatrix} \begin{bmatrix} \frac{\partial}{\partial L_1} \\ \frac{\partial}{\partial L_2} \end{bmatrix} \boldsymbol{\Phi}_m^{(i)}\right\} \quad (i = 2,3; m = 12,0) \tag{45}$$

同理可得子单元(3)、子单元(1)的

$$\left.\frac{\partial w^{(3)}}{\partial n}\right|_8, \quad \left.\frac{\partial w^{(1)}}{\partial n}\right|_8$$

和子单元(1)、子单元(2)的

$$\left.\frac{\partial w^{(1)}}{\partial n}\right|_9, \quad \left.\frac{\partial w^{(2)}}{\partial n}\right|_9$$

为了保持大单元中子单元间跨单元协调性，令(因相邻子单元外法线反向)

$$\begin{cases} \left.\frac{\partial w^{(2)}}{\partial n}\right|_7 = -\left.\frac{\partial w^{(3)}}{\partial n}\right|_7 \\ \left.\frac{\partial w^{(3)}}{\partial n}\right|_8 = -\left.\frac{\partial w^{(1)}}{\partial n}\right|_8 \\ \left.\frac{\partial w^{(2)}}{\partial n}\right|_9 = -\left.\frac{\partial w^{(2)}}{\partial n}\right|_9 \end{cases} \tag{5.4.16}$$

由此可得如下矩阵方程

$$\begin{bmatrix} \boldsymbol{b}_{(2)7}^{12} + \boldsymbol{b}_{(3)7}^{12} & \vdots & \boldsymbol{b}_{(2)7}^{0} + \boldsymbol{b}_{(3)7}^{0} \\ \boldsymbol{b}_{(3)8}^{12} + \boldsymbol{b}_{(1)8}^{12} & \vdots & \boldsymbol{b}_{(3)8}^{0} + \boldsymbol{b}_{(1)8}^{0} \\ \boldsymbol{b}_{(1)9}^{12} + \boldsymbol{b}_{(2)9}^{12} & \vdots & \boldsymbol{b}_{(1)9}^{0} + \boldsymbol{b}_{(2)9}^{0} \end{bmatrix} \begin{bmatrix} \boldsymbol{\delta}_e^{12} \\ \boldsymbol{\delta}_0 \end{bmatrix} = \boldsymbol{0} \tag{46}$$

或简记为

$$[\boldsymbol{B}_{12}^e \mid \boldsymbol{B}_0] \begin{bmatrix} \boldsymbol{\delta}_e^{12} \\ \boldsymbol{\delta}_0 \end{bmatrix} = \boldsymbol{0} \tag{5.4.17}$$

由此可见，若取 $\boldsymbol{\delta}_0$ 为

$$\boldsymbol{\delta}_0 = -\boldsymbol{B}_0^{-1}\boldsymbol{B}_{12}^e\boldsymbol{\delta}_e^{12} = \boldsymbol{L}\boldsymbol{\delta}_e^{12} \tag{5.4.18}$$

式中

$$\boldsymbol{L} = -\boldsymbol{B}_0^{-1}\boldsymbol{B}_{12}^e \tag{5.4.19}$$

则子单元间法向转角必将自动满足协调条件。

将式(5.4.18) 代入式(5.4.14) 则可得

$$\boldsymbol{w} = [\boldsymbol{\Phi}_e^{12} + \boldsymbol{\Phi}_0^e\boldsymbol{L}]\boldsymbol{\delta}_e^{12} = [\overline{\boldsymbol{\Phi}}_{(1)}^{\mathrm{T}} \quad \overline{\boldsymbol{\Phi}}_{(2)}^{\mathrm{T}} \quad \overline{\boldsymbol{\Phi}}_{(3)}^{\mathrm{T}}]^{\mathrm{T}}\boldsymbol{\delta}_e^{12} \tag{5.4.20}$$

式中

$$\begin{cases} \overline{\boldsymbol{\Phi}}_{(i)} = \overline{\boldsymbol{\Phi}}_{12}^{(i)} + \overline{\boldsymbol{\Phi}}_0^{(i)}\boldsymbol{L} \quad (i = 1,2,3) \\ w_{(i)} = \overline{\boldsymbol{\Phi}}_{(i)}\boldsymbol{\delta}_e^{12} \end{cases} \tag{5.4.21}$$

上述位移场就是 LCCT - 12 单元的位移模式。

综上所述，先将单元划分为若干子区域，设法建立子区域的协调位移场，而后由联合各子区域位移场得到单元的协调位移场。这种方法即所谓二次分片插值法。它是建立完全协调的拟协调元的一种有效方法。

5.4.1.2 LCCT - 12 单元的单刚分析

由子单元的位移式(5.4.21) 可得子单元形变矩阵

$$\boldsymbol{\kappa}_{(i)} = -\frac{1}{4\Delta^2}\boldsymbol{T}\begin{bmatrix} \dfrac{\partial^2}{\partial L_1^2} \\ \dfrac{\partial^2}{\partial L_2^2} \\ \dfrac{\partial^2}{\partial L_1 \partial L_2} \end{bmatrix} w_{(i)} = \boldsymbol{B}_{(i)}\boldsymbol{\delta}_e^{12} \quad (i = 1,2,3) \tag{5.4.22}$$

式中

$$\boldsymbol{B}_{(i)} = -\frac{1}{4\Delta^2}\boldsymbol{T}\begin{bmatrix} \dfrac{\partial^2}{\partial L_1^2} \\ \dfrac{\partial^2}{\partial L_2^2} \\ \dfrac{\partial^2}{\partial L_1 \partial L_2} \end{bmatrix} \overline{\boldsymbol{\Phi}}_{(i)} \tag{5.4.23}$$

对于各(子单元的) 角点由式(5.4.22) 可得

$$\boldsymbol{\kappa}_{(i)}^r = \boldsymbol{B}_{(i)}\mid_{L_r=1}\boldsymbol{\delta}_e^{12} = \boldsymbol{B}_{(i)}^r\boldsymbol{\delta}_e^{12} \quad (r = 1,2,3) \tag{5.4.24}$$

其中

$$\boldsymbol{B}_{(i)}^r = \boldsymbol{B}_{(i)}\mid_{L_r=1} \tag{5.4.25}$$

若记子单元(i)角点形变矩阵为$\boldsymbol{\kappa}^{e}_{(i)}$，则

$$\boldsymbol{\kappa}^{e}_{(i)}=[\boldsymbol{\kappa}^{1T}_{(i)}\quad \boldsymbol{\kappa}^{2T}_{(i)}\quad \boldsymbol{\kappa}^{3T}_{(i)}]^{\mathrm{T}}=\begin{bmatrix}\boldsymbol{B}^{1}_{(i)}\\ \boldsymbol{B}^{2}_{(i)}\\ \boldsymbol{B}^{3}_{(i)}\end{bmatrix}\boldsymbol{\delta}^{12}_{e}=\boldsymbol{\Psi}_{(i)}\boldsymbol{\delta}^{12}_{e} \tag{5.4.26}$$

式中

$$\boldsymbol{\Psi}_{(i)}=[\boldsymbol{B}^{1T}_{(i)}\quad \boldsymbol{B}^{2T}_{(i)}\quad \boldsymbol{B}^{3T}_{(i)}]^{\mathrm{T}} \tag{5.4.27}$$

因为$w_{(i)}$是坐标x、y的全三次多项式，因此曲率和扭率将是x、y的一次式，所以子单元的形变矩阵$\boldsymbol{\kappa}_{(i)}$可以由角点的形变（曲率、扭率）进行线性插值来得到

$$\boldsymbol{\kappa}_{(i)}=[L^{(i)}_{1}\boldsymbol{I}_{3}\quad L^{(i)}_{2}\boldsymbol{I}_{3}\quad L^{(i)}_{3}\boldsymbol{I}_{3}]\boldsymbol{\kappa}^{e}_{(i)}=\overline{\boldsymbol{F}}'_{\mathrm{S}(i)}\boldsymbol{\Psi}_{(i)}\boldsymbol{\delta}^{12}_{e} \tag{5.4.28}$$

其中

$$\overline{\boldsymbol{\Phi}}'_{(i)}=[L^{(i)}_{1}\boldsymbol{I}_{3}\quad L^{(i)}_{2}\boldsymbol{I}_{3}\quad L^{(i)}_{3}\boldsymbol{I}_{3}] \tag{5.4.29}$$

有了式(5.4.28)则子单元的应变能为

$$U_{(i)}=\frac{1}{2}\int_{\Delta(i)}\boldsymbol{\kappa}^{\mathrm{T}}_{(i)}\boldsymbol{D}\boldsymbol{\kappa}\,\mathrm{d}A=\frac{1}{2}\boldsymbol{\delta}^{12\mathrm{T}}_{e}\boldsymbol{\Psi}_{(i)}\int_{\Delta(i)}\overline{\boldsymbol{\Phi}}'^{\mathrm{T}}_{(i)}\boldsymbol{D}\overline{\boldsymbol{\Phi}}'_{(i)}\,\mathrm{d}A\boldsymbol{\Psi}_{(i)}\boldsymbol{\delta}^{12}_{e} \tag{5.4.30}$$

若记

$$\boldsymbol{G}^{(i)}=\int_{\Delta(i)}\overline{\boldsymbol{\Phi}}'^{\mathrm{T}}_{(i)}\boldsymbol{D}\overline{\boldsymbol{F}}'_{\mathrm{S}(i)}\,\mathrm{d}A=\begin{bmatrix}\boldsymbol{G}_{11}&\boldsymbol{G}_{12}&\boldsymbol{G}_{13}\\ \boldsymbol{G}_{21}&\boldsymbol{G}_{22}&\boldsymbol{G}_{23}\\ \boldsymbol{G}_{31}&\boldsymbol{G}_{32}&\boldsymbol{G}_{33}\end{bmatrix} \tag{5.4.31}$$

则由式(5.4.29)可得

$$\boldsymbol{G}^{(i)}_{lm}=\int_{\Delta i}(L^{(i)}_{l}\boldsymbol{I}_{3})^{\mathrm{T}}\boldsymbol{D}L^{(i)}_{m}\boldsymbol{I}_{3}\,\mathrm{d}A=\begin{cases}\dfrac{\Delta_{(i)}}{12}\boldsymbol{D} & l\neq m\\ \dfrac{\Delta_{(i)}}{6}\boldsymbol{D} & l=m\end{cases}\quad (l,m=1,2,3) \tag{5.4.32}$$

注：实际上，这样做的目的是把$\boldsymbol{B}_{(i)}$写成$\overline{\boldsymbol{\Phi}}'^{\mathrm{T}}_{(i)}\boldsymbol{\Psi}_{(i)}$，而由式(5.4.25)、式(5.4.27)可见$\boldsymbol{\Psi}_{(i)}$是常数矩阵，$\overline{\boldsymbol{\Phi}}'^{\mathrm{T}}_{(i)}$是十分简单（线性）的矩阵，从而可方便地建立子单元单刚显式。

将式(5.4.31)代回式(5.4.30)则可得子单元单刚为

$$\boldsymbol{k}_{(i)}=\boldsymbol{\Psi}^{\mathrm{T}}_{(i)}\boldsymbol{G}_{(i)}\boldsymbol{\Psi}_{(i)} \tag{5.4.33}$$

利用式(5.4.32)即可写出子单元单刚的显式。

一经求得各子单元$\boldsymbol{k}_{(i)}$，则LCCT－12单元的单元刚度矩阵可由求和而得

$$\boldsymbol{k}^{12}=\sum_{i=1}^{3}\boldsymbol{k}_{(i)} \tag{5.4.34}$$

5.4.2　任意四边形的Q－12单元

LCCT－12单元是完备而且协调的，因此收敛性得到保证，但由于边中点具有$\dfrac{\partial w}{\partial n}$位移参数，结果给程序设计带来麻烦，而且还增加了对内存容量的要求，为此做如下处理。

5.4.2.1　LCCT－9单元

图5.13中符号规定如下

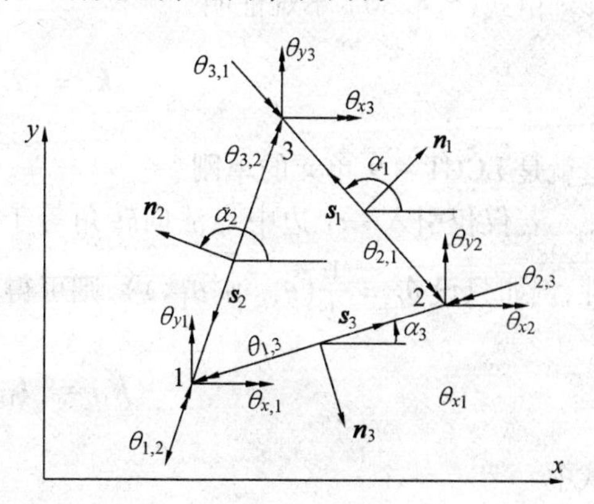

图5.13　推导LCCT－9示意图

$$\theta_{r,s} = \left(\frac{\partial w}{\partial n_s}\right)\Bigg|_{L_r=1} = \left[-\frac{c_s}{l_s}\quad \frac{b_s}{l_s}\right]\begin{bmatrix}\theta_{xr}\\ \theta_{yr}\end{bmatrix}\quad (r,s=1,2,3;r\neq s) \tag{5.4.35}$$

式中　$l_s=\sqrt{b_s^2+c_s^2}$,为 s 边边长；

$b_1=y_2-y_3$；

$c_1=-x_2+x_3\quad(1\to 2\to 3\to 1)$。

设

$$\begin{cases}\theta_4=\dfrac{1}{2}(\theta_{1,3}+\theta_{2,3})\\ \theta_5=\dfrac{1}{2}(\theta_{2,1}+\theta_{3,1})\\ \theta_6=\dfrac{1}{2}(\theta_{3,2}+\theta_{1,2})\end{cases} \tag{5.4.36}$$

若记

$$\boldsymbol{\delta}_9^e=[w_1\quad \theta_{x1}\quad \theta_{y1}\quad w_2\quad \theta_{x2}\quad \theta_{y2}\quad w_3\quad \theta_{x3}\quad \theta_{y3}]^{\mathrm{T}} \tag{5.4.37}$$

则 $\boldsymbol{\theta}=[\theta_4\quad \theta_5\quad \theta_6]^{\mathrm{T}}$ 可表示为

$$\boldsymbol{\theta}=\boldsymbol{H}_9\boldsymbol{\delta}_9^e \tag{5.4.38}$$

式中

$$\boldsymbol{H}_9=\frac{1}{2}\begin{bmatrix}0 & -\dfrac{c_3}{l_3} & \dfrac{b_3}{l_3} & 0 & -\dfrac{c_3}{l_3} & \dfrac{b_3}{l_3} & 0 & 0 & 0\\ 0 & 0 & 0 & 0 & -\dfrac{c_1}{l_1} & \dfrac{b_1}{l_1} & 0 & -\dfrac{c_1}{l_1} & \dfrac{b_1}{l_1}\\ 0 & -\dfrac{c_2}{l_2} & \dfrac{b_2}{l_2} & 0 & 0 & 0 & 0 & -\dfrac{c_2}{l_2} & \dfrac{b_2}{l_2}\end{bmatrix} \tag{5.4.39}$$

由此,LCCT－12 的结点位移矩阵 $\boldsymbol{\delta}_e^{12}$ 可写为

$$\boldsymbol{\delta}_e^{12}=\begin{bmatrix}\boldsymbol{I}_9\\ \boldsymbol{H}_9\end{bmatrix}\boldsymbol{\delta}_9^e \tag{47}$$

式中　$\boldsymbol{I}_9$——9 阶单位矩阵。

由式(5.4.30) 不难证明

$$\boldsymbol{k}^9=[\boldsymbol{I}_9\quad \boldsymbol{H}_9^{\mathrm{T}}]\boldsymbol{k}^{12}\begin{bmatrix}\boldsymbol{I}_9\\ \boldsymbol{H}_9\end{bmatrix} \tag{5.4.40}$$

这就是 LCCT－9 单元的单刚。

若仅仅引入一个边中点法向转角等于边两端角点法向转角的平均值的假设(不失一般性,例如只设 $\theta_6=\frac{1}{2}(\theta_{3,2}+\theta_{1,2})$),则可得

$$\boldsymbol{k}_{11}=[\boldsymbol{I}_{11}\quad \boldsymbol{H}_{11}^{\mathrm{T}}]\boldsymbol{k}^{12}\begin{bmatrix}\boldsymbol{I}_{11}\\ \boldsymbol{H}_{11}\end{bmatrix} \tag{5.4.41}$$

式中

$$\boldsymbol{H}_{11}=\frac{1}{2}\left[0\quad -\frac{c_2}{l_2}\quad \frac{b_2}{l_2}\quad 0\quad 0\quad 0\quad 0\quad -\frac{c_2}{l_2}\quad \frac{b_2}{l_2}\quad 0\quad 0\right] \tag{5.4.42}$$

这样就可得到 LCCT - 11 单元。

5.4.2.2 Q - 19 和 Q - 12 任意四边形单元

如图 5.14 将 4 个 LCCT - 11 单元拼凑成图(b) 所示的任意四边形,将每个 LCCT - 11 单元视做子单元,做类似 5.4.1 节的分析即可建立有 12 个外结点位移参数 7 个内结点位移参数的 Q - 19 单元。

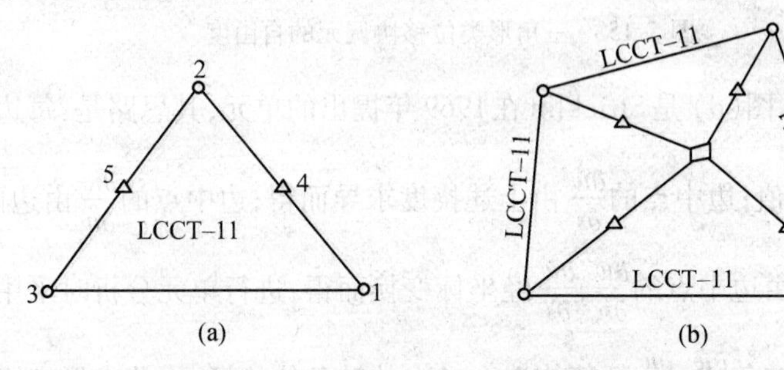

图 5.14 任意四边形线性协调单元形成示意图

在获得 Q - 19 单元的单刚 $\boldsymbol{k}_{19}$ 后,进行静力凝聚,消去内结点位移参数则可以获得任意四边形线性曲率、协调的 Q - 12 单元。

本节看起来很乱,但抓住其实质:"用二次分片插值,先构造子单元位移场,但由子单元组成的大单元间位移协调;后通过强行令子单元间边中点法向转角协调,将内点 O 处位移参数用大单元结点位移表示,并保证大单元内部位移也协调。" 就容易掌握了。

5.5 建立薄板弯曲协调元方法简介

在位移元中实现薄板单元协调性的方法有多种,本节摘其一部分做些简单介绍,想做进一步了解的读者尚需查阅有关文献。

5.5.1 三角形类薄板弯曲单元

为便于标记,引入以下几类具有不同结点位移参数的结点记号:

○ $(w,\theta_x=\dfrac{\partial w}{\partial y},\theta_y=-\dfrac{\partial w}{\partial x})$

□ $(w,\dfrac{\partial w}{\partial n},\dfrac{\partial^2 w}{\partial n\partial s})$ n,s 分别为边之法向和切向

◎ $(w,\theta_x,\theta_y,\dfrac{\partial^2 w}{\partial x^2},\dfrac{\partial^2 w}{\partial y^2},\dfrac{\partial^2 w}{\partial x\partial y})$

△ $(\dfrac{\partial w}{\partial n})$

× (θ_x,θ_y)

图 5.15 中单元均为被研究过的位移协调元。图(a) 是 Irons 在 1969 年提出的单元,通过增加结点及边中结点自由度达到构造高阶协调元的目的。图(b) 单元曾被许多人研究过,钱伟长教授给出了位移模式的形函数及单元刚度矩阵的有关公式。图(c) 单元是对图(b) 单元的一种改造,其出发点是:从 ◎ 的参数可求得$\dfrac{\partial w}{\partial u}$、$\dfrac{\partial^2 w}{\partial n\partial s}$ 的结点值,假设边中$\dfrac{\partial w}{\partial n}$ 由边两端的$\dfrac{\partial w}{\partial n}$、

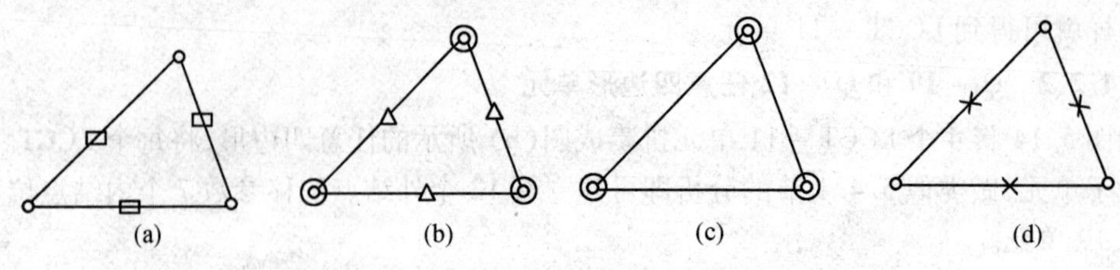

图 5.15　三角形类位移协调元的自由度

$\frac{\partial^2 w}{\partial n \partial s}$ 进行插值而得到。图(d)是 Stricklin 在 1969 年提出的单元,其思路是:每边挠度用三次多项式(用 $\frac{\partial w}{\partial s}$ 和 w)来插值;边中点的 $\frac{\partial w}{\partial s}$ 由上述挠度求导而得;边中点的 $\frac{\partial w}{\partial n}$ 由边两端 $\frac{\partial w}{\partial n}$ 线性插值而得;边中点 $\frac{\partial w}{\partial y}$、$\frac{\partial w}{\partial x}$ 由边中点的 $\frac{\partial w}{\partial n}$、$\frac{\partial w}{\partial s}$ 经坐标变换而得;进行单元分析时采用两种不同的位移场:求单刚时由结点转角 $\frac{\partial w}{\partial y}$、$\frac{\partial w}{\partial x}$ 插值构造全二次的转角位移场,由此求形变矩阵和单元刚度矩阵;求等效单元荷载时由角点挠度插值构造线性的挠度场分析而得。这种求单刚、单荷建立两种位移场的做法称做分项插值法。

5.5.2　矩形薄板弯曲单元

Bogner 曾提出每一结点 4 个位移参数(w, $\frac{\partial w}{\partial y}$, $-\frac{\partial w}{\partial x}$, $\frac{\partial^2 w}{\partial x \partial y}$)用埃尔米特多项式构造的位移模式(图 5.16),其建立方法可以看做是按如下步骤得形函数矩阵。

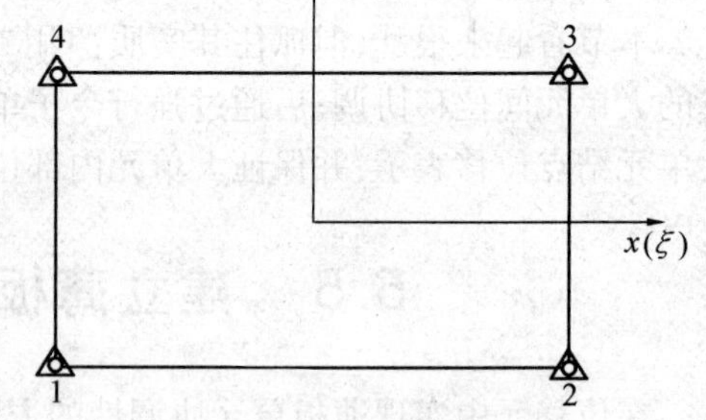

图 5.16　Bogner 单元示意图

$\triangle$　$(w, \theta_x, \theta_y, \frac{\partial^2 w}{\partial x \partial y})$

(1) 边 12、43 的挠度用(1、2)和(4、3)结点的 w、$-\frac{\partial w}{\partial x}$ 用埃尔米特多项式建立

$$w_{12} = H_{00}(\xi) w_1 - H_{10}(\xi) \theta_{y1} + H_{01}(\xi) w_2 - H_{11}(\xi) \theta_{y2} \tag{48}$$

$$w_{43} = H_{00}(\xi) w_4 - H_{13}(\xi) \theta_{y4} + H_{01}(\xi) w_3 - H_{11}(\xi) \theta_{y3} \tag{49}$$

(2) 边 12、43 绕 $x(\xi)$ 轴的转角 $\theta_{12}^x = \theta_{43}^x$,用(1,2)和(4,3)结点的 θ_x、$\frac{\partial^2 w}{\partial y \partial x}$ 埃氏多项式建立

$$\theta_{12}^x = H_{00}(\xi) \theta_{x1} - H_{10}(\xi) \left(\frac{\partial^2 w}{\partial y \partial x}\right)_1 + H_{01}(\xi) \theta_{x2} - H_{11}(\xi) \left(\frac{\partial^2 w}{\partial y \partial x}\right)_2 \tag{50}$$

$$\theta_{43}^x = H_{00}(\xi) \theta_{x4} - H_{10}(\xi) \left(\frac{\partial^2 w}{\partial y \partial x}\right)_4 + H_{01}(\xi) \theta_{x3} - H_{11}(\xi) \left(\frac{\partial^2 w}{\partial y \partial x}\right)_3 \tag{51}$$

(3) 由(w_{12}, θ_{12}^x)、(w_{43}, θ_{43}^x)用埃氏多项式(沿 $y(\eta)$ 方向插值)建立位移模式

$$w = H_{00}(\eta) w_{12} + H_{10}(\eta) \theta_{12}^x + H_{01}(\eta) w_{43} + H_{11}(\eta) \theta_{43}^x \tag{52}$$

将式(48)、式(49)代入式(52)即可得形函数矩阵。

1960 年 Birkhoff 等用二次分片插入方法建立了一种矩形单元,1961 年 Melosh 提出,后来 1976 年 Kikuchi 用分项插值建立的矩形单元等等(在胡海昌的《弹性力学的变分原理及其应用》一书中均可查到),因篇幅所限这里不再赘述。

5.5.3　离散法线法

1968年Wemper等指出，可以放松Kirchhoff直法线假设，也即并不要求在整个单元上满足

$$\theta_x = \frac{\partial w}{\partial y} \quad \theta_y = -\frac{\partial w}{\partial x} \tag{53}$$

而仅仅在一些指定点上满足式(53)。实际上，Stricklin等提出的分项插入三角形单元就是这样的。从所介绍的插值过程可见，式(53)仅仅在6个结点上得到满足，而在其他点上一般并不都满足。因此，常常将离散法线法看做是分项插值法的一种特殊应用，即对w、θ_x、θ_y分别进行(分项)插值，但在建立插值函数时应尽可能照顾式(53)的要求。

最后必须说明，本节一方面为大家提供一些可供使用的位移元的线索，更主要的是向大家介绍一些构造位移模式的思路。所介绍的协调元虽然有收敛性、下限性等性质，但因为未知量增多，或者单元列式(指机器计算单刚、单荷)等更费机时，或者对于原问题就是曲率不协调的，使用了过分协调元后效果反而更差等，所以，5.1和5.2节中介绍的最简单的非完全协调元反而用得更多。

5.6　考虑横向剪切影响的薄板弯曲单元

如前几节所述，构造薄板协调位移模式的困难在于要求单元间斜率的连续性。如果放弃Kirchhoff假定，考虑横向剪切变形(也即不认为γ_{yz}、$\gamma_{zx}=0$)就可能绕过这个困难。本节介绍最简单的一种考虑横向剪切变形的平板弯曲理论——汉盖(Hencky)理论。

一般来说变形前的中面法线在变形后成为曲线，一种最简单的近似处理就是认为中面法线变形后仍为直线，但不再是变形后中面的法线，也即分别表示中面法线变形后绕x、y轴的转角θ_x和θ_y在数值上不再等于斜率$\frac{\partial w}{\partial y}$和$-\frac{\partial w}{\partial x}$。除此之外，Kichhoff其他假设仍然采用。

根据上述Hencky假设，由图5.17可得板内任意一点(x,y,z)的位移为

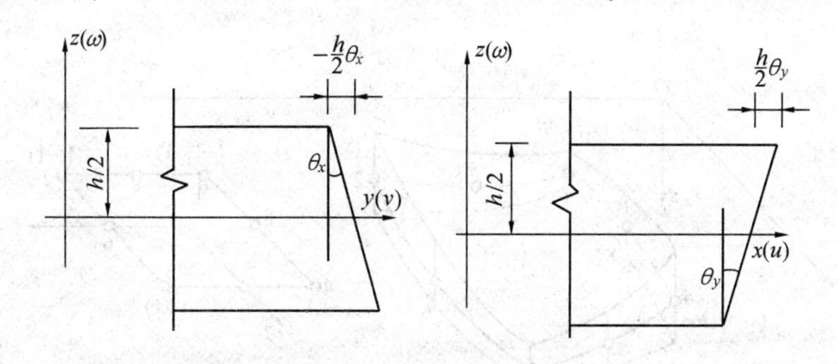

图5.17　转角与位移的关系

$$u = z\theta_y(x,y) \quad v = -z\theta_x(x,y) \quad w = w(x,y) \tag{5.6.1}$$

由此可得应变矩阵$\boldsymbol{\varepsilon}$为

$$\boldsymbol{\varepsilon} = \begin{bmatrix} \varepsilon_x \\ \varepsilon_y \\ \gamma_{xy} \\ \gamma_{yz} \\ \gamma_{zx} \end{bmatrix} = \begin{bmatrix} z\dfrac{\partial \theta_y}{\partial x} \\ -z\dfrac{\partial \theta_x}{\partial y} \\ z\left(\dfrac{\partial \theta_y}{\partial y} - \dfrac{\partial \theta_x}{\partial x}\right) \\ \dfrac{\partial w}{\partial y} - \theta_x \\ \dfrac{\partial w}{\partial x} + \theta_y \end{bmatrix} \tag{5.6.2}$$

若引入以下矩阵

$$\boldsymbol{d} = [w \quad \theta_x \quad \theta_y]^{\mathrm{T}} \tag{5.6.3}$$

$$\boldsymbol{A} = \begin{bmatrix} 0 & 0 & 0 & \dfrac{\partial}{\partial y} & \dfrac{\partial}{\partial x} \\ 0 & -z\dfrac{\partial}{\partial y} & -z\dfrac{\partial}{\partial x} & -1 & 0 \\ z\dfrac{\partial}{\partial x} & 0 & z\dfrac{\partial}{\partial y} & 0 & 1 \end{bmatrix} \tag{5.6.4}$$

则应变矩阵可表为

$$\boldsymbol{\varepsilon} = \boldsymbol{A}^{\mathrm{T}}\boldsymbol{d} \tag{5.6.5}$$

引入本构关系，则可得应力矩阵

$$\boldsymbol{\sigma} = [\sigma_x \quad \sigma_y \quad \tau_{xy} \quad \tau_{yz} \quad \tau_{zx}]^{\mathrm{T}} = \boldsymbol{D}\boldsymbol{\varepsilon} \tag{5.6.6}$$

有了这些基本理论，下面就可以来讨论考虑剪切变形影响的板单元了。

5.6.1　8 结点 Hencky 板单元的位移模式

对于图5.18所示的变厚度、中面为平面曲边四边形的8结点板单元，其中面形状和厚度可以用

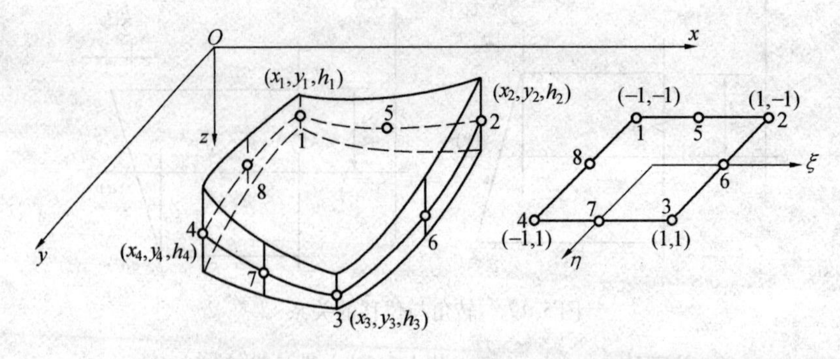

图5.18　变厚度中面为平面曲边四边形8结点板单元示意图

$$x = \sum_{i=1}^{8} N_i x_i \quad y = \sum_{i=1}^{8} N_i y_i \quad h = \sum_{i=1}^{8} N_i h_i \tag{5.6.7}$$

由母单元映射来近似，式(5.6.7) 中的形函数 N_i 为

$$N_i = \begin{cases} \frac{1}{4}(1+\xi_0)(1+\eta_0)(\xi_0+\eta_0-1) & (i=1,2,3,4) \\ \frac{1}{2}(1-\xi^2)(1+\eta_0) & (i=5,7) \\ \frac{1}{2}(1-\eta^2)(1+\xi_0) & (i=6,8) \end{cases}$$

式中，$\xi_0 = \xi_i\xi, \eta_0 = \eta_i\eta$。

由式(5.6.1)可见，单元任意一点的位移(u,v,w)由此处的挠度w和两个转角θ_x,θ_y决定，因此若设

$$w = \sum_{i=1}^{8} N_i w_i \quad \theta_x = \sum_{i=1}^{8} N_i \theta_{xi} \quad \theta_y = \sum_{i=1}^{8} N_i \theta_{yi} \tag{5.6.8}$$

也即由形函数插值构造则从式(5.6.1)可得

$$\boldsymbol{u} = [u \quad v \quad w]^{\mathrm{T}} = \sum_{i=1}^{8} \begin{bmatrix} 0 & 0 & zN_i \\ 0 & -zN_i & 0 \\ N_i & 0 & 0 \end{bmatrix} \begin{bmatrix} w_i \\ \theta_{xi} \\ \theta_{yi} \end{bmatrix} \tag{54}$$

若将式(5.6.8)写成矩阵形式则

$$\boldsymbol{d} = [w \quad \theta_x \quad \theta_y]^{\mathrm{T}} = [N_1\boldsymbol{I}_3 \quad N_2\boldsymbol{I}_3 \quad \cdots \quad N_8\boldsymbol{I}_3]\boldsymbol{\delta}_e \tag{5.6.9}$$

式中

$$\boldsymbol{\delta}_e = [\boldsymbol{d}_1^{\mathrm{T}} \quad \boldsymbol{d}_2^{\mathrm{T}} \quad \cdots \quad \boldsymbol{d}_8^{\mathrm{T}}]^{\mathrm{T}} = [w_1 \quad \theta_{x1} \quad \theta_{y1} \quad w_2 \quad \theta_{x2} \quad \theta_{y2} \quad \cdots]^{\mathrm{T}} \tag{5.6.10}$$

记形函数矩阵N为

$$\boldsymbol{N} = [N_1\boldsymbol{I}_3 \quad N_2\boldsymbol{I}_3 \quad \cdots \quad N_8\boldsymbol{I}_3]$$

则式(5.6.9)可改成

$$\boldsymbol{d} = \boldsymbol{N}\boldsymbol{\delta}_e \tag{5.6.11}$$

式(5.6.11)或式(54)即为所考察8结点板单元的位移模式，由3.5.5节可知，此位移模式是完备和协调的。为便于讨论，以下各小节均认为h = 常数(也即只讨论等厚板)。

5.6.2　8 结点板单元的列式

将式(5.6.11)代入式(5.6.2)或式(5.6.4)即可求得应变矩阵$\boldsymbol{\varepsilon}$为

$$\boldsymbol{\varepsilon} = \boldsymbol{A}^{\mathrm{T}}\boldsymbol{d} = \boldsymbol{A}^{\mathrm{T}}\boldsymbol{N}\boldsymbol{\delta}_e = \boldsymbol{B}\boldsymbol{\delta}_e \tag{5.6.12}$$

式中

$$\boldsymbol{B} = \boldsymbol{A}^{\mathrm{T}}\boldsymbol{N} = [\boldsymbol{B}_1 \quad \boldsymbol{B}_2 \quad \cdots \quad \boldsymbol{B}_8] \tag{5.6.13(a)}$$

$$\boldsymbol{B}_i = \boldsymbol{A}^{\mathrm{T}}\boldsymbol{N}_i = \begin{bmatrix} \begin{bmatrix} 0 & 0 & \frac{\partial N_i}{\partial x} \\ 0 & -\frac{\partial N_i}{\partial y} & 0 \\ 0 & -\frac{\partial N_i}{\partial x} & \frac{\partial N_i}{\partial y} \end{bmatrix} z \\ \begin{bmatrix} \frac{\partial N_i}{\partial y} & -N_i & 0 \\ \frac{\partial N_i}{\partial x} & 0 & N_i \end{bmatrix} \end{bmatrix} \quad (i=1,2,\cdots,8) \tag{5.6.13(b)}$$

$$\boldsymbol{B}_{i1}=\begin{bmatrix}0 & 0 & \frac{\partial N_i}{\partial x}\\ 0 & -\frac{\partial N_i}{\partial y} & 0\\ 0 & -\frac{\partial N_i}{\partial x} & \frac{\partial N_i}{\partial y}\end{bmatrix}\quad \boldsymbol{B}_{i2}=\begin{bmatrix}\frac{\partial N_i}{\partial y} & -N_i & 0\\ \frac{\partial N_i}{\partial x} & 0 & N_i\end{bmatrix}\tag{5.6.13(c)}$$

对于线弹性各向同性板,弹性矩阵 $\boldsymbol{D}$ 可写成

$$\boldsymbol{D}=\mathrm{diag}[\boldsymbol{E}_1\quad \boldsymbol{E}_2]$$

式中

$$\boldsymbol{E}_1=\frac{E}{1-\mu^2}\begin{bmatrix}1 & \mu & 0\\ \mu & 1 & 0\\ 0 & 0 & \frac{1-\mu}{2}\end{bmatrix}\quad \boldsymbol{E}_2=\frac{E}{2(1+\mu)}\boldsymbol{I}_2\tag{5.6.14}$$

因此,从式(5.6.5)可得应力矩阵 $\boldsymbol{\sigma}$ 为

$$\boldsymbol{\sigma}=\boldsymbol{D\varepsilon}=\boldsymbol{DB\delta}_e=\boldsymbol{ST\delta}_e\tag{5.6.15}$$

式中

$$\boldsymbol{ST}=\boldsymbol{DB}=[\boldsymbol{ST}_1\quad \boldsymbol{ST}_3\quad \cdots\quad \boldsymbol{ST}_8]$$

$$\boldsymbol{ST}_i=\boldsymbol{DB}_i=\begin{bmatrix}z\boldsymbol{E}_1\boldsymbol{B}_{i1}\\ \boldsymbol{E}_2\boldsymbol{B}_{i2}\end{bmatrix}\tag{5.6.16}$$

由式(5.6.15)即可按如下定义来计算内力,它们可表达如下

$$\begin{cases}M_x=\int_{-h/2}^{+h/2}\sigma_x z\mathrm{d}z=\sum_{i=1}^{8}\left(-D_2\frac{\partial N_i}{\partial y}\theta_{xi}+D_1\frac{\partial N_i}{\partial x}\theta_{yi}\right)\\ M_y=\int_{-h/2}^{+h/2}\sigma_y z\mathrm{d}z=\sum_{i=1}^{8}\left(-D_1\frac{\partial N_i}{\partial y}\theta_{xi}+D_2\frac{\partial N_i}{\partial x}\theta_{yi}\right)\\ M_{xy}=\int_{-h/2}^{+h/2}\tau_{xy}z\mathrm{d}z=D_3\sum_{i=1}^{8}\left(-\frac{\partial N_i}{\partial x}\theta_{xi}+\frac{\partial N_i}{\partial y}\theta_{yi}\right)\\ Q_y=\int_{-h/2}^{+h/2}\tau_{yz}\mathrm{d}z=D_4\sum_{i=1}^{8}\left(\frac{\partial N_i}{\partial y}w_i-N_i\theta_{xi}\right)\\ Q_x=\int_{-h/2}^{+h/2}\tau_{zx}\mathrm{d}z=D_4\sum_{i=1}^{8}\left(\frac{\partial N_i}{\partial x}w_i+N_i\theta_{yi}\right)\end{cases}\tag{5.6.17}$$

式中

$$\begin{cases}D_1=\frac{Eh^3}{12(1-\mu^2)}\quad D_2=\mu D_1\\ D_3=\frac{Eh^3}{24(1+\mu)}\quad D_4=\frac{Eh}{2(1+\mu)}\end{cases}\tag{5.6.18}$$

如果将单元刚度矩阵 $\boldsymbol{k}$ 写成$[\boldsymbol{k}_{ij}]_{8\times8}$ 的形式,则其中子矩阵 $\boldsymbol{k}_{ij}$ 可按下式计算

$$\begin{aligned}\boldsymbol{k}_{ij}&=\int_{-h/2}^{+h/2}\left(\int_{-1}^{+1}\int_{-1}^{+1}\boldsymbol{B}_i^{\mathrm{T}}\boldsymbol{DB}_j\det\ \boldsymbol{J}\mathrm{d}\xi\mathrm{d}\eta\right)\mathrm{d}z=\\ &\int_{-1}^{+1}\int_{-1}^{+1}\left(\int_{-h/2}^{+h/2}\boldsymbol{B}_i^{\mathrm{T}}\boldsymbol{DB}_j\mathrm{d}z\right)\det\ \boldsymbol{J}\mathrm{d}\xi\mathrm{d}\eta=\\ &\int_{-1}^{+1}\int_{-1}^{+1}\left(\frac{h^3}{12}\boldsymbol{B}_{i1}^{\mathrm{T}}\boldsymbol{E}_1\boldsymbol{B}_{j1}\right)+\left(h\boldsymbol{B}_{i2}^{\mathrm{T}}\boldsymbol{E}_2\boldsymbol{B}_{j2}\right)\det\ \boldsymbol{J}\mathrm{d}\xi\mathrm{d}\eta\\ &(i,j=1,2,\cdots,8)\end{aligned}\tag{5.6.19}$$

若令

$$\boldsymbol{H} = [H_{ij}]_{3\times3} = \frac{h^3}{12}\boldsymbol{B}_{i1}^{\mathrm{T}}\boldsymbol{E}_1\boldsymbol{B}_{j1} + h\boldsymbol{B}_{i2}^{\mathrm{T}}\boldsymbol{E}_2\boldsymbol{B}_{j2} \tag{5.6.20}$$

于是式(5.6.19)改写成

$$\boldsymbol{k}_{ij} = \int_{-1}^{+1}\int_{-1}^{+1}\boldsymbol{H}\det \boldsymbol{J}\mathrm{d}\xi\mathrm{d}\eta \tag{5.6.21}$$

根据式(5.6.13(c))和式(5.6.14)、式(5.6.18)经运算后可得式(5.6.20)矩阵$\boldsymbol{H}$的元素为

$$\begin{cases} H_{11} = D_4\left(\dfrac{\partial N_i}{\partial y}\dfrac{\partial N_j}{\partial y} + \dfrac{\partial N_i}{\partial x}\dfrac{\partial N_j}{\partial x}\right) \\ H_{12} = -D_4\dfrac{\partial N_i}{\partial y}N_j \\ H_{13} = D_4\dfrac{\partial N_i}{\partial x}N_j \\ H_{21} = -D_4\dfrac{\partial N_j}{\partial y}N_i \\ H_{22} = D_1\dfrac{\partial N_i}{\partial y}\dfrac{\partial N_j}{\partial y} + D_3\dfrac{\partial N_i}{\partial x}\dfrac{\partial N_j}{\partial x} + D_4N_iN_j \\ H_{23} = -D_2\dfrac{\partial N_i}{\partial y}\dfrac{\partial N_j}{\partial x} - D_3\dfrac{\partial N_i}{\partial x}\dfrac{\partial N_j}{\partial y} \\ H_{31} = D_4\dfrac{\partial N_j}{\partial x}N_i \\ H_{32} = -D_2\dfrac{\partial N_i}{\partial x}\dfrac{\partial N_j}{\partial y} - D_3\dfrac{\partial N_j}{\partial x}\dfrac{\partial N_i}{\partial y} \\ H_{33} = D_1\dfrac{\partial N_i}{\partial x}\dfrac{\partial N_j}{\partial x} + D_3\dfrac{\partial N_i}{\partial y}\dfrac{\partial N_j}{\partial y} + D_4N_iN_j \end{cases} \tag{5.6.22}$$

为了利用式(5.6.22)和式(5.6.21)积分得到子矩阵$\boldsymbol{k}_{ij}$,还必须利用3.5节中的如下导数关系

$$\begin{bmatrix} \dfrac{\partial}{\partial x} \\ \dfrac{\partial}{\partial y} \end{bmatrix} = (\det \boldsymbol{J})^{-1}\begin{bmatrix} \sum\limits_{i=1}^{8}\dfrac{\partial N_i}{\partial \eta}y_i & -\sum\limits_{i=1}^{8}\dfrac{\partial N_i}{\partial \xi}y_i \\ -\sum\limits_{i=1}^{8}\dfrac{\partial N_i}{\partial \eta}x_i & \sum\limits_{i=1}^{8}\dfrac{\partial N_i}{\partial \xi}x_i \end{bmatrix}\begin{bmatrix} \dfrac{\partial}{\partial \xi} \\ \dfrac{\partial}{\partial \eta} \end{bmatrix} \tag{5.6.23}$$

此外,单元的等效结点荷载矩阵不难理解在横向分布荷载作用下为

$$\boldsymbol{F}_{\mathrm{E}}^{e} = \int_{-1}^{+1}\int_{-1}^{+1}\boldsymbol{N}^{\mathrm{T}}\begin{bmatrix} q(x,y) \\ 0 \\ 0 \end{bmatrix}\det \boldsymbol{J}\mathrm{d}\eta\mathrm{d}\xi = $$

$$[\boldsymbol{F}_{\mathrm{E},1} \quad 0 \quad 0 \quad \boldsymbol{F}_{\mathrm{E},2} \quad 0 \quad 0 \quad \cdots \quad \boldsymbol{F}_{\mathrm{E},8} \quad 0 \quad 0]^{\mathrm{T}} \tag{5.6.24}$$

式中

$$\boldsymbol{F}_{\mathrm{E},i} = \int_{-1}^{+1}\int_{-1}^{+1}N_iq\left(\sum_{i=1}^{8}N_iy_i, \sum_{i=1}^{8}N_iy_i\right)\det \boldsymbol{J}\mathrm{d}\xi\mathrm{d}\eta \quad (i=1,2,\cdots,8) \tag{5.6.25}$$

对于板边缘作用有分布弯矩、扭矩、剪力的情况,读者可查阅如谢贻权等的文献,这里不再赘述。

计算实践表明，当采用2×2高斯积分时，本节单元亦可用于薄板分析，但太薄时将产生剪切闭锁现象，这是本单元的一个缺点。

5.6.3　算例

【例5.5】　等厚方板承受两种荷载：均布荷载集度 q_0；板中央集中力 P。在这两种边界条件下，当四边简支，四边固定情况下，表5.6 ～ 5.9给出了取1/4板进行用本节单元分析的结果，表中 h 为板厚；划分网格数为4×4；L 为方板边长，则

$$\alpha = \frac{Eh^3}{q_0 L^4} w \quad \beta = \frac{wD}{PL^2}$$

$$\alpha_1 = \frac{M}{q_0 L^2} \quad \beta_1 = \frac{M}{P}$$

表5.6　简支方板中心挠度系数

$\frac{h}{L}$	α		
	本节单元解	厚板解 *	薄板解
0.01	0.044 38	0.044 39	0.044 37
0.10	0.046 28	0.046 32	0.044 37
0.20	0.052 02	0.052 17	0.044 37
0.30	0.061 60	0.061 92	0.044 37
0.40	0.075 00	0.075 57	0.044 37

注：* 根据V. L. Salerno、M. A. Goldbery“考虑剪切变形的矩形板弯曲”中公式计算

表5.7　简支方板中心弯矩系数

$\frac{h}{L}$	α_1	
	本节单元解	薄板解
0.01		
0.10		
0.20	0.048 18	0.047 90
0.30		
0.40		

表5.8　固定方板中心挠度系数

$\frac{h}{L}$	α			β	
	本节解	厚板解*	薄板解	本节解	薄板解
0.01	0.013 7	—		0.005 559	
0.10	0.016 0	0.016 34		0.007 301	
0.20	0.022 1	0.023 31	0.013 8	0.012 318	0.005 60
0.30	0.032 0	—		0.020 584	
0.40	0.045 5	—		0.032 102	

表5.9　固定方板边界中点弯矩系数

$\frac{h}{L}$	α			β	
	本节解	厚板解*	薄板解	本节解	薄板解
0.01	-0.048 73	—		0.121 63	
0.10	-0.048 13	-0.049 29		-0.117 51	
0.20	-0.045 57	-0.045 36	-0.051 3	-0.108 85	-0.125 7
0.30	-0.043 67	—		-0.102 83	
0.40	-0.042 44	—		-0.099 25	

注：* 根据 S. Rinivas, A. K. Rao“厚矩形板的挠曲”

5.7　平面壳体单元

5.7.1　平面壳体单元分析

5.7.1.1　基本假定

设任何单曲或双曲的薄壳，在单元较小时均可用薄板单元组成一个单向或双向的折板体系来近似。

在小变形及上述假定的条件下，折板体系中的薄板单元受中面内所谓薄膜力和板弯曲的弯矩、扭矩等联合作用，但像梁那样中面内由薄膜力引起的变形不产生弯、扭的内力；弯曲变形又不产生中面内的薄膜力，也即平面应力与薄板弯曲两者将互不产生耦联（某状态的力在另一状态的位移上均不做功）。

5.7.1.2　单元分析（局部坐标）

1. 单元特性的具体推导

基于上述假定，薄板（平面壳体）单元上任一点(x,y,z)的位移为

$$\boldsymbol{d}=[u\quad v\quad w]^{\mathrm{T}}=[u^P\quad v^P\quad 0^P]^{\mathrm{T}}+[u^b\quad v^b\quad w^b]^{\mathrm{T}}=\begin{bmatrix}u^P-z\dfrac{\partial w^b}{\partial x}\\ v^P-z\dfrac{\partial w^b}{\partial y}\\ 0+w_b\end{bmatrix}=\boldsymbol{d}^P+\boldsymbol{d}^b \quad (5.7.1)$$

式中　u^P、v^P—— 中面内x、y方向位移，自然仅是x、y的函数；

w—— 板弯曲的中面挠度，也仅是x、y的函数。

由式(5.7.1)则可得单元应变矩阵为

$$\boldsymbol{\varepsilon}=\begin{bmatrix}\varepsilon_x\\ \varepsilon_y\\ \gamma_{xy}\end{bmatrix}=\begin{bmatrix}\dfrac{\partial u^P}{\partial x}-z\dfrac{\partial^2 w}{\partial x^2}\\ \dfrac{\partial v^P}{\partial y}-z\dfrac{\partial^2 w}{\partial y^2}\\ \left(\dfrac{\partial u^P}{\partial y}+\dfrac{\partial v^P}{\partial x}\right)-2z\dfrac{\partial^2 w}{\partial x\partial y}\end{bmatrix}=\boldsymbol{\varepsilon}^P+\boldsymbol{\varepsilon}^b \quad (5.7.2)$$

若取结点 i 位移列阵为

$$\boldsymbol{\delta}_i = [u_i \quad v_i \quad w_i \quad \theta_{xi} \quad \theta_{yi} \quad \theta_{zi}]^{\mathrm{T}} = [\boldsymbol{\delta}_i^{P\mathrm{T}} \quad \boldsymbol{\delta}_i^{b\mathrm{T}} \quad \theta_{zi}]^{\mathrm{T}}$$

结点力列阵为

$$\boldsymbol{S}_i = [S_{xi} \quad S_{yi} \quad S_{zi} \quad \boldsymbol{M}_{xi} \quad \boldsymbol{M}_{yi} \quad \boldsymbol{M}_{zi}]^{\mathrm{T}} = [\boldsymbol{S}_i^{P\mathrm{T}} \quad \boldsymbol{S}_i^{b\mathrm{T}} \quad \boldsymbol{M}_{zi}]^{\mathrm{T}} \tag{5.7.3}$$

则单元结点位移与结点力矩阵为

$$\begin{cases} \boldsymbol{\delta}_e = [\boldsymbol{\delta}_1^{\mathrm{T}} \quad \boldsymbol{\delta}_2^{\mathrm{T}} \quad \cdots]^{\mathrm{T}} \\ \boldsymbol{S}_e = [\boldsymbol{S}_1^{\mathrm{T}} \quad \boldsymbol{S}_2^{\mathrm{T}} \quad \cdots]^{\mathrm{T}} \end{cases} \tag{5.7.4}$$

在上述式中引入 $\theta_{zi}(M_{zi})$ 的目的是为了在5.7.2.2小节便于讨论坐标转换,仅从局部坐标单元分析来说是没有用处的。

根据选用的具体单元形式,由第3章及本章前面所述的内容则有

$$\begin{aligned} [u \quad v]_P^{\mathrm{T}} &= [N_1^P \boldsymbol{I}_2 \quad N_2^P \boldsymbol{I}_3 \quad \cdots][\boldsymbol{\delta}_1^{P\mathrm{T}} \quad \boldsymbol{\delta}_2^{P\mathrm{T}} \quad \cdots]^{\mathrm{T}} \\ w_b &= [\boldsymbol{N}_1^b \quad \boldsymbol{N}_2^b \quad \cdots][\boldsymbol{\delta}_1^{b\mathrm{T}} \quad \boldsymbol{\delta}_2^{b\mathrm{T}} \quad \cdots]^{\mathrm{T}} \end{aligned} \tag{55}$$

由式(5.7.1)可得

$$\boldsymbol{d} = \begin{bmatrix} u \\ v \\ w \end{bmatrix} = \sum_i \begin{bmatrix} N_i^P \boldsymbol{I}_2 & -z \begin{bmatrix} \dfrac{\partial}{\partial x} \\ \dfrac{\partial}{\partial y} \end{bmatrix} \boldsymbol{N}_i^b & \boldsymbol{0} \\ \boldsymbol{0} & \boldsymbol{N}_i^b & 0 \end{bmatrix} \begin{bmatrix} \boldsymbol{\delta}_i^P \\ \boldsymbol{\delta}_i^b \\ 0 \end{bmatrix} \tag{5.7.5}$$

若引入如下壳体单元形函数矩阵

$$\overline{\boldsymbol{N}}^s = [\overline{\boldsymbol{N}}_1^s \quad \overline{\boldsymbol{N}}_2^s \quad \cdots] \tag{5.7.6}$$

式中

$$\overline{\boldsymbol{N}}_i^s = \begin{bmatrix} N_i^P \boldsymbol{I}_2 & -z \begin{bmatrix} \dfrac{\partial}{\partial x} \\ \dfrac{\partial}{\partial y} \end{bmatrix} \boldsymbol{N}_i^b & \boldsymbol{0} \\ \boldsymbol{0} & \boldsymbol{N}_i^b & 0 \end{bmatrix} \quad (i = 1, 2, \cdots) \tag{5.7.7}$$

则式(5.7.5)改写为

$$\boldsymbol{d} = \overline{\boldsymbol{N}}^s \boldsymbol{\delta}_e \tag{5.7.8}$$

或者

$$\boldsymbol{N}^s = [\boldsymbol{N}_1^s \quad \boldsymbol{N}_2^s \quad \cdots] \tag{5.7.9}$$

$$\boldsymbol{N}_i^s = \begin{bmatrix} N_i^x \boldsymbol{I}_2 & -z \begin{bmatrix} \dfrac{\partial}{\partial x} \\ \dfrac{\partial}{\partial y} \end{bmatrix} \boldsymbol{N}_i^b & \boldsymbol{0} \end{bmatrix} (i = 1, 2, \cdots) \tag{5.7.10}$$

$$\boldsymbol{d}^s = \begin{bmatrix} u \\ v \end{bmatrix} = \boldsymbol{N}^s \boldsymbol{\delta}_e \tag{5.7.11}$$

基于式(5.7.11)或式(5.7.8)由几何方程可得

$$\boldsymbol{\varepsilon}=\begin{bmatrix}\frac{\partial}{\partial x} & 0\\ 0 & \frac{\partial}{\partial y}\\ \frac{\partial}{\partial y} & \frac{\partial}{\partial x}\end{bmatrix}\boldsymbol{d}^s=\begin{bmatrix}\frac{\partial}{\partial x} & 0\\ 0 & \frac{\partial}{\partial y}\\ \frac{\partial}{\partial y} & \frac{\partial}{\partial x}\end{bmatrix}\boldsymbol{N}^s\boldsymbol{\delta}_e=\boldsymbol{B}^s\boldsymbol{\delta}_e \tag{5.7.12}$$

式中

$$\boldsymbol{B}^s=[\boldsymbol{B}_1^s \quad \boldsymbol{B}_2^s \quad \cdots] \tag{5.7.13(a)}$$

$$\boldsymbol{B}_i^s=\begin{bmatrix}\frac{\partial}{\partial x} & 0\\ 0 & \frac{\partial}{\partial y}\\ \frac{\partial}{\partial y} & \frac{\partial}{\partial x}\end{bmatrix}\begin{bmatrix}N_i^P\boldsymbol{I}_2 & -z\begin{bmatrix}\frac{\partial}{\partial x}\\ \frac{\partial}{\partial y}\end{bmatrix}\boldsymbol{N}_i^b & \boldsymbol{0}\end{bmatrix}=[\boldsymbol{B}_i^P \quad z\boldsymbol{B}_i^b \quad \boldsymbol{0}] \tag{5.7.13(b)}$$

引入本构关系即可得单元应力,对于线弹性各向同性体弹性矩阵为

$$\boldsymbol{D}=\frac{E}{1-\mu^2}\begin{bmatrix}1 & \mu & 0\\ \mu & 1 & 0\\ 0 & 0 & \frac{1-\mu}{2}\end{bmatrix} \tag{5.7.14}$$

故应力矩阵为

$$\boldsymbol{\sigma}=\boldsymbol{D}\boldsymbol{\varepsilon}=\boldsymbol{D}\boldsymbol{B}^s\boldsymbol{\delta}_e=\boldsymbol{S}\boldsymbol{T}^s\boldsymbol{\delta}_e=[\boldsymbol{S}\boldsymbol{T}_1^{s\mathrm{T}} \quad \boldsymbol{S}\boldsymbol{T}_2^{s\mathrm{T}} \quad \cdots]\boldsymbol{\delta}_e \tag{5.7.15(a)}$$

式中

$$\boldsymbol{S}\boldsymbol{T}_i^{s\mathrm{T}}=\boldsymbol{D}\boldsymbol{B}_i^s=[\boldsymbol{D}\boldsymbol{B}_i^p \quad z\boldsymbol{D}\boldsymbol{B}_i^b \quad \boldsymbol{0}] \tag{5.7.15(b)}$$

显然,$\boldsymbol{D}\boldsymbol{B}_i^p$ 为平面应力部分子矩阵;$z\boldsymbol{D}\boldsymbol{B}_i^b$ 为平板弯曲部分子矩阵。

又若作用于单元中面的表面力矩阵为

$$\boldsymbol{q}=[q_x \quad q_y \quad q_z]^{\mathrm{T}} \tag{5.7.16}$$

则单元的势能 Π_e 不难写出为

$$\begin{aligned}\Pi_e=&\frac{1}{2}\iiint_V\boldsymbol{\sigma}^{\mathrm{T}}\boldsymbol{\varepsilon}\mathrm{d}V-\iiint_V\boldsymbol{q}^{\mathrm{T}}\boldsymbol{d}\mathrm{d}V-\boldsymbol{S}_s^{\mathrm{T}}\boldsymbol{\delta}_e=\\ &\frac{1}{2}\boldsymbol{\delta}_e^{\mathrm{T}}\iiint_V\boldsymbol{B}^{s\mathrm{T}}\boldsymbol{D}\boldsymbol{B}^s\mathrm{d}V\boldsymbol{\delta}_e-\iiint_V\boldsymbol{q}^{\mathrm{T}}\overline{\boldsymbol{N}}^s\mathrm{d}V\boldsymbol{\delta}_e-\boldsymbol{S}_s^{\mathrm{T}}\boldsymbol{\delta}_e\end{aligned} \tag{5.7.17}$$

由此立即可得单元刚度、等效结点荷载矩阵为

$$\boldsymbol{k}_s=\iiint_V\boldsymbol{B}^{s\mathrm{T}}\boldsymbol{D}\boldsymbol{B}^s\mathrm{d}V \tag{5.7.18}$$

$$\boldsymbol{F}_{\mathrm{E}}^s=\iiint_V\overline{\boldsymbol{N}}^{sT}\boldsymbol{q}\mathrm{d}V \tag{5.7.19}$$

2. 单元特性的讨论

因为平面应力与薄板弯曲互不耦联,若记

$$\boldsymbol{\delta}_e=[\boldsymbol{\delta}_1^{\mathrm{T}} \quad \boldsymbol{\delta}_2^{\mathrm{T}} \quad \cdots \quad \boldsymbol{\delta}_n^{\mathrm{T}}]^{\mathrm{T}} \quad (\text{三角形单元 } n=3,\text{矩形单元 } n=4)$$

$$\boldsymbol{\delta}_i=[u_i \quad v_i \quad w_i \quad \theta_{xi} \quad \theta_{yi} \quad \theta_{zi}]^{\mathrm{T}}$$

并将单元刚度矩阵分割为子矩阵,则 $\boldsymbol{k}_{ij}$ 子矩阵为

$$\boldsymbol{k}_{ij} = \iiint_V \boldsymbol{B}_i^{s\mathrm{T}} \boldsymbol{D} \boldsymbol{B}_j^s \mathrm{d}V = \begin{bmatrix} \boldsymbol{k}_{ij}^P & \boldsymbol{0} & \boldsymbol{0} \\ \boldsymbol{0} & \boldsymbol{k}_{ij}^b & \boldsymbol{0} \\ \boldsymbol{0} & \boldsymbol{0} & 0 \end{bmatrix} \quad (i,j = 1,2,\cdots) \tag{5.7.20}$$

式中，$\boldsymbol{B}_i^s$ 为平面壳体单元的应变矩阵（详见上小节）。

$$\begin{cases} \boldsymbol{k}_{ij}^P = h \iint_A \boldsymbol{B}_i^{P\mathrm{T}} \boldsymbol{D} \boldsymbol{B}_j^P \mathrm{d}A \\ \boldsymbol{k}_{ij}^b = \dfrac{h^3}{12} \iint_A \boldsymbol{B}_i^{b\mathrm{T}} \boldsymbol{D} \boldsymbol{B}_j^b \mathrm{d}A \end{cases} \tag{5.7.21}$$

分别为平面应力与平板弯曲相应之单元刚度矩阵的子阵。

同理，若将等效结点荷载也作分割，则子矩阵 $\boldsymbol{F}_{\mathrm{beq},i}$ 为

$$\boldsymbol{F}_{\mathrm{E},i} = \begin{bmatrix} \boldsymbol{F}_{\mathrm{E},i}^P \\ \boldsymbol{F}_{\mathrm{E},i}^b \\ 0 \end{bmatrix} \tag{5.7.22}$$

式中

$$\begin{cases} \boldsymbol{F}_{\mathrm{E},i}^P = h \iint_A N_i^P \begin{bmatrix} q_x \\ q_y \end{bmatrix} \mathrm{d}A \\ \boldsymbol{F}_{\mathrm{E},i}^b = \iint_A \boldsymbol{N}_i^b q_z \mathrm{d}A \end{cases} \tag{5.7.23}$$

分别为平面应力与平板弯曲相应的单元等效荷载的子阵。

由此可见，平面壳体单元的单元特性可根据单元结点位移矩阵元素的排列情况，由平面应力和平板弯曲问题相应的单元特性拼装而成，因此，利用第3章与本章前面所论单元即可得平面壳体单元的特性公式。

5.7.2 坐标转换问题

设单元局部坐标系和整体坐标系如图5.19所示，局部坐标系的量均以角标(L)标记，整体坐标系的量均以角标(G)标记，则如图所示局部坐标位移可由整体坐标位移表示如下

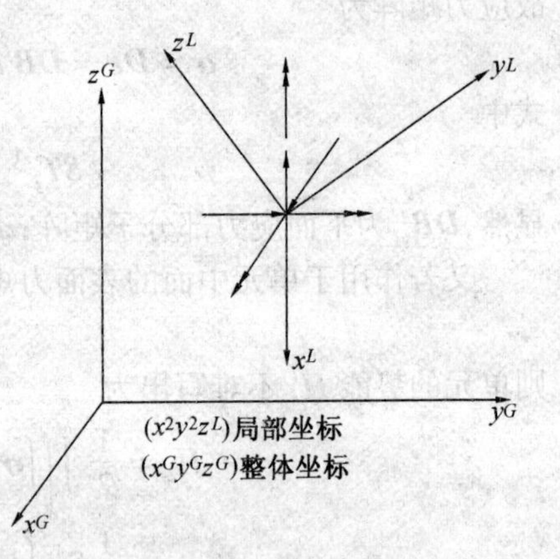

图5.19 坐标转换示意图

$$\boldsymbol{\delta}_i^L = \begin{bmatrix} \bar{\boldsymbol{\lambda}} & \boldsymbol{0} \\ \boldsymbol{0} & \bar{\boldsymbol{\lambda}} \end{bmatrix} \boldsymbol{\delta}_i^G = \boldsymbol{\lambda} \boldsymbol{\delta}_i^G \quad \boldsymbol{\lambda} = \begin{bmatrix} \bar{\boldsymbol{\lambda}} & \boldsymbol{0} \\ \boldsymbol{0} & \bar{\boldsymbol{\lambda}} \end{bmatrix} \tag{5.7.24}$$

式中

$$\bar{\boldsymbol{\lambda}} = \begin{bmatrix} \cos(\widehat{x^G, x^L}) & \cos(\widehat{y^G, x^L}) & \cos(\widehat{z^G, x^L}) \\ \cos(\widehat{x^G, y^L}) & \cos(\widehat{y^G, y^L}) & \cos(\widehat{z^G, y^L}) \\ \cos(\widehat{x^G, z^L}) & \cos(\widehat{y^G, z^L}) & \cos(\widehat{z^G, z^L}) \end{bmatrix} \tag{5.7.25}$$

整体坐标等效结点力可由局部坐标对应量表示如下

$$\boldsymbol{F}_{\mathrm{E},i}^{G}=\boldsymbol{\lambda}^{\mathrm{T}}\boldsymbol{F}_{\mathrm{E},i}^{L} \tag{5.7.26}$$

若记

$$\boldsymbol{T}_{e}=\operatorname{diag}[\boldsymbol{\lambda}\quad\boldsymbol{\lambda}\quad\cdots\quad\boldsymbol{\lambda}] \tag{5.7.27}$$

则整体坐标下的单元刚度方程为

$$\boldsymbol{R}_{e}^{G}=\boldsymbol{F}_{\mathrm{E}}^{G}+\boldsymbol{S}_{e}^{G}=\boldsymbol{T}_{e}^{\mathrm{T}}(\boldsymbol{F}_{\mathrm{E}}^{L}+\boldsymbol{S}_{e}^{L})=\boldsymbol{T}_{e}^{\mathrm{T}}\boldsymbol{k}_{e}^{L}\boldsymbol{\delta}_{e}^{L}=\boldsymbol{T}_{e}^{\mathrm{T}}\boldsymbol{k}_{e}^{L}\boldsymbol{T}_{e}\boldsymbol{\delta}_{e}^{G}=\boldsymbol{k}_{e}^{G}\boldsymbol{\delta}_{e}^{G} \tag{5.7.28}$$

也即整体坐标单元刚度矩阵 $\boldsymbol{k}_e^G$ 为

$$\boldsymbol{k}_{e}^{G}=\boldsymbol{T}_{e}^{\mathrm{T}}\boldsymbol{k}_{e}^{L}\boldsymbol{T}_{e} \tag{5.7.29}$$

对于不同的单元,坐标变换矩阵因局部坐标选取不同是不同的,下面简单介绍三角形及矩形平面壳体单元的 $\bar{\boldsymbol{\lambda}}$ 矩阵。

5.7.2.1　三角形单元的坐标转换

设三角形单元如图 5.20 所示,取局部坐标 x^L 轴与局部编码 ij 边重合,则有

$$\boldsymbol{i}_{L}=[(x_{j}-x_{i})\boldsymbol{i}_{G}+(y_{j}-y_{i})\boldsymbol{j}_{G}+(z_{j}-z_{i})\boldsymbol{k}_{G}]/l_{ij} \tag{5.7.30}$$

式中

$$l_{ij}=[(x_{j}-x_{i})^{2}+(y_{j}-y_{i})^{2}+(z_{j}-z_{i})^{2}]^{1/2} \tag{5.7.31}$$

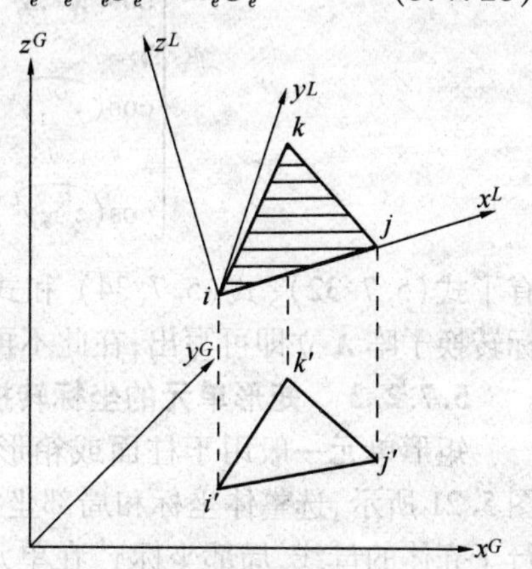

图 5.20　三角形单元坐标转换

由此可得

$$\begin{cases}\cos(\widehat{x^{G},x^{L}})=\dfrac{x_{j}-x_{i}}{l_{ij}}\\[2ex]\cos(\widehat{y^{G},x^{L}})=\dfrac{y_{j}-y_{i}}{l_{ij}}\\[2ex]\cos(\widehat{z^{G},x^{L}})=\dfrac{z_{j}-z_{i}}{l_{ij}}\end{cases} \tag{5.7.32}$$

又因矢量 $\boldsymbol{ik}$ 由图可知为

$$\boldsymbol{ik}=(x_{k}-x_{i})\boldsymbol{i}_{G}+(y_{k}-y_{i})\boldsymbol{j}_{G}+(z_{k}-z_{i})\boldsymbol{k}_{G} \tag{56}$$

所以,矢量 $\boldsymbol{ij}$ 与矢量 $\boldsymbol{ik}$ 的矢量积将为垂直三角形 ijk 的一个矢量,由矢量运算可得

$$\boldsymbol{ij}\times\boldsymbol{ik}=l_{ij}\boldsymbol{i}_{L}\times\boldsymbol{ik}=\begin{vmatrix}\boldsymbol{i}_{G}&\boldsymbol{j}_{G}&\boldsymbol{k}_{G}\\(x_{j}-x_{i})&(y_{j}-y_{i})&(z_{j}-z_{i})\\(x_{k}-x_{i})&(y_{k}-y_{i})&(z_{k}-z_{i})\end{vmatrix}=$$

$$A\boldsymbol{i}_{G}+B\boldsymbol{j}_{G}+C\boldsymbol{k}_{G}=2\Delta\boldsymbol{k}_{L} \tag{57}$$

式中

$$\begin{cases}A=(y_{j}-y_{i})(z_{k}-z_{i})-(z_{j}-z_{i})(y_{k}-y_{i})\\B=(x_{k}-x_{i})(z_{j}-z_{i})-(z_{k}-z_{i})(x_{j}-x_{i})\\C=(x_{j}-x_{i})(y_{k}-y_{i})-(y_{j}-y_{i})(x_{k}-x_{i})\end{cases} \tag{58}$$

$$\Delta=\Delta ijk\text{ 的面积}$$

由此可得

$$\boldsymbol{k}_{L}=\frac{A}{2\Delta}\boldsymbol{i}_{G}+\frac{B}{2\Delta}\boldsymbol{j}_{G}+\frac{G}{2\Delta}\boldsymbol{k}_{G} \tag{5.7.33}$$

$$\cos(\widehat{x^G,z^L})=\frac{A}{2\Delta}\quad \cos(\widehat{y^G,z^L})=\frac{B}{2\Delta}\quad \cos(\widehat{z^G,z^L})=\frac{C}{2\Delta} \tag{5.7.34}$$

一经建立了局部坐标单位矢量 $\boldsymbol{i}_L$、$\boldsymbol{k}_L$，则由矢量积即可得到 $\boldsymbol{j}_L$ 单位矢量，右手系时

$$\boldsymbol{j}_L=\boldsymbol{k}_L\times\boldsymbol{i}_L \tag{5.7.35}$$

$$\begin{cases}\cos(\widehat{x^G,y^L})=\dfrac{1}{2\Delta l_{ij}}[B(z_j-z_i)-C(y_j-y_i)]\\ \cos(\widehat{y^G,y^L})=\dfrac{1}{2\Delta l_{ij}}[C(x_j-x_i)-A(z_j-z_i)]\\ \cos(\widehat{z^G,y^L})=\dfrac{1}{2\Delta l_{ij}}[A(y_j-y_i)-B(x_j-x_i)]\end{cases} \tag{5.7.36}$$

有了式(5.7.32)、式(5.7.34) 和式(5.7.36) 坐标转换子阵 $\bar{\boldsymbol{\lambda}}$ 立即可写出，在此不再赘述。

5.7.2.2　矩形单元的坐标转换

矩形单元一般用于柱面或箱形薄壳，此时如图 5.21 所示，选整体坐标和局部坐标的 x 轴均平行于壳体的母线，局部坐标 y^L 在单元平面内，z^L 垂直于 x^Ly^L 平面，对于这样规定的局部坐标系，显然

$$\cos(\widehat{x^G,x^L})=1\quad \cos(\widehat{y^G,x^L})=\cos(\widehat{z^G,x^L})=0 \tag{5.7.37}$$

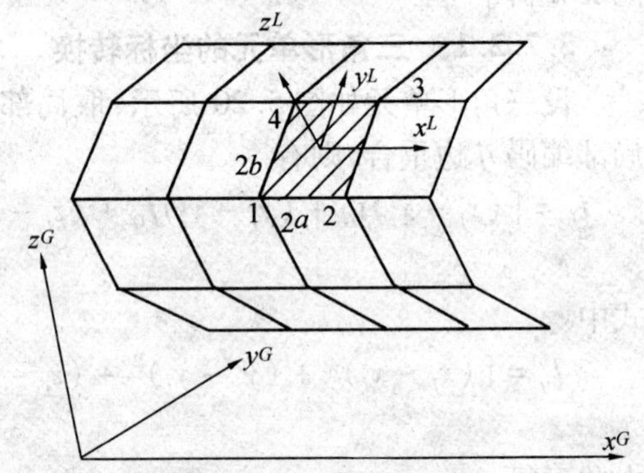

图 5.21　矩形单元坐标转换

又因为 14 边长度为 $2b$，所以

$$\frac{1}{2b}\mathbf{14}=\boldsymbol{j}_L=\frac{1}{2b}[(y_4-y_1)\boldsymbol{j}_G+(z_4-z_1)\boldsymbol{k}_G] \tag{59}$$

从而可得

$$\begin{cases}\cos(\widehat{x^G,y^L})=\cos(\widehat{y^G,y^L})=\dfrac{y_4-y_1}{2b}\\ \cos(\widehat{z^G,y^L})=\dfrac{z_4-z_1}{2b}\end{cases} \tag{5.7.38}$$

与三角形情况类似从式(5.7.37)、式(5.7.38) 立即可得

$$\begin{cases}\cos(\widehat{x^G,z^L})=0\\ \cos(\widehat{y^G,z^L})=-\dfrac{z_4-z_1}{2b}\\ \cos(\widehat{z^G,z^L})=\dfrac{y_4-y_1}{2b}\end{cases} \tag{5.7.39}$$

由上述三式立即可得 $\bar{\boldsymbol{\lambda}}$。

5.7.3　几点说明

5.7.3.1　用平面壳体单元进行壳体分析的步骤

1. 离散化(手工或自动) 并确定结点坐标

2. 做局部坐标下的单元分析

(1) 做平面应力单元分析；

（2）做平板弯曲单元分析；

（3）组成平面壳体单元特性公式。

3. 建立坐标变换矩阵 $\boldsymbol{T}_e$ 并求整体坐标下的单元特性

4. 按整体结点编码进行直接刚度法集装

5. 是否所有单元全集装完

（1）否，转回局部坐标下的单元分析。

（2）是，且为后处理法集装时引入约束条件（划零置1或乘大数），并检查相应 θ_z 的主对角线元素有否为零（当围绕某结点的各单元在同一平面内时，相应 θ_z 的主对角线元素将为零），若有的话，做置换成大数，从而保证总刚度矩阵非奇异。

6. 解总刚度方程得壳体结构结点位移

7. 计算各单元应力

（1）形成单元整体坐标结点位移矩阵；

（2）做坐标变换求局部坐标下结点位移矩阵；

（3）按第3章所述求平面应力问题应力；

（4）按平板弯曲求应力；

（5）叠加（3）、（4）的应力结果；

（6）检查是否全部单元求毕，若没有则转（1）。

8. 进行应力结果整理

9. 输出有关结果（或自动绘图并输出）

上述步骤实际上也就是用平面壳体单元进行壳体分析的程序粗流程，据此逐步展开即可得到壳体计算程序。

5.7.3.2　平面壳体单元的跨单元协调性问题

为便于说明问题，以图5.22矩形平面壳体单元为例，单元Ⅰ的43边和单元Ⅱ的12是公共边，根据上述分析可知。

$$\begin{cases} v_i^{\mathrm{I}(\mathrm{II})} = v_i\cos\Phi + w_i\sin\Phi \\ w_i^{\mathrm{I}(\mathrm{II})} = -v_i\sin\Phi + w_i\cos\Phi \\ \theta_{yi}^{\mathrm{I}(\mathrm{II})} = \theta_{yi}\cos\Phi + \theta_{zi}\sin\Phi \end{cases} \tag{60}$$

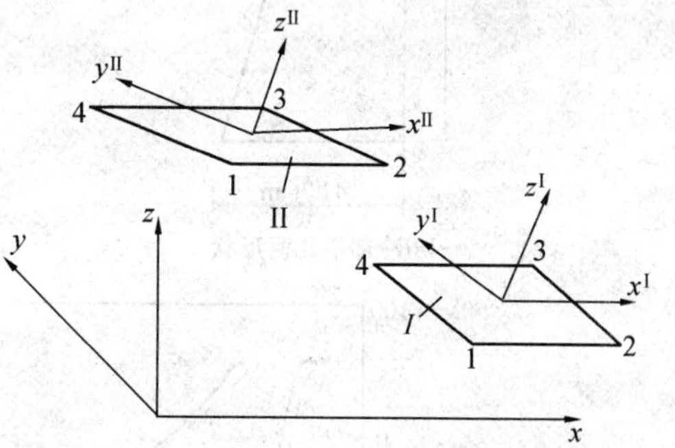

式中

$$\Phi = \begin{cases} \alpha（单元\ \mathrm{I}） \\ \beta（单元\ \mathrm{II}） \end{cases} \tag{61}$$

$$(\widehat{y^{\mathrm{I}}y}) = \alpha \quad (\widehat{y^{\mathrm{II}}y}) = \beta$$

图5.22　平面壳体单元协调性问题示意图

带角标Ⅰ或Ⅱ的位移表示单元局部坐标结点位移，无角标位移表示整体坐标结点位移，由式(60)根据形函数可以建立局部坐标下边线 ij（单元Ⅰ:$i=4,j=3$；单元Ⅱ:$i=1,j=2$）的位移如下

$$v_{ij}^r = (1-\xi)v_i^r + \xi v_j^r = (1-\xi)(v_i\cos\Phi + w_i\sin\Phi) + \xi(v_j\cos\Phi + w_j\sin\Phi) \tag{62}$$

$$\begin{aligned} w_{ij}^r = &N_i(\xi)w_i^r + N_{yi}(\xi)\theta_{yi}^r + N_j(\xi)w_j^r + N_{yj}(\xi)\theta_{yj}^r = \\ &N_i(\xi)(-v_i\sin\Phi + w_i\cos\Phi) + N_{yi}(\xi)(\theta_{yi}\cos\Phi + \theta_{zi}\sin\Phi) \\ &N_j(\xi)(-v_j\sin\Phi + w_j\cos\Phi) + N_{yj}(\xi)(\theta_{yj}\cos\Phi + \theta_{zj}\sin\Phi) \\ &(r = \mathrm{I}, \mathrm{II}) \end{aligned}$$

利用(62) 经坐标变换可得公共边界整体坐标 y 方向位移 $v_{公}^{r}$ 为

$$v_{公}^{r}=v_{ij}^{r}\cos\boldsymbol{\Phi}-w_{ij}^{r}\sin\boldsymbol{\Phi} \tag{63}$$

将式(62) 代入式(63) 可见,由于不同单元 $\boldsymbol{\Phi}$ 不同结果导致单元 Ⅰ、Ⅱ 的 $v_{公}^{\mathrm{I}}\neq v_{公}^{\mathrm{II}}$,同理 $w_{公}^{\mathrm{I}}\neq w_{公}^{\mathrm{II}}$。这说明用平面壳体单元来分析时位移的协调性是不能满足的,因此其收敛性是不能保证的。尽管如此,大量计算实践表明即使三角形(三结点) 的平面壳体单元用于分析壳体,其结果(精度) 是令人满意的。

5.7.3.3　算例

Parekh 采用三角形平面壳体单元计算了大量例子,现摘其中两个以说明平面壳体单元的精度和收敛性。

【例 5.6】　冷却塔。

【解】　显然此问题是一个轴对称问题,这里作壳体分析主要是要说明平面壳体单元的可用性。冷却塔几何形状如图 5.23(a) 所受非对称风荷载见图 5.23(b) 示意。图 5.24 给出了计算结果。

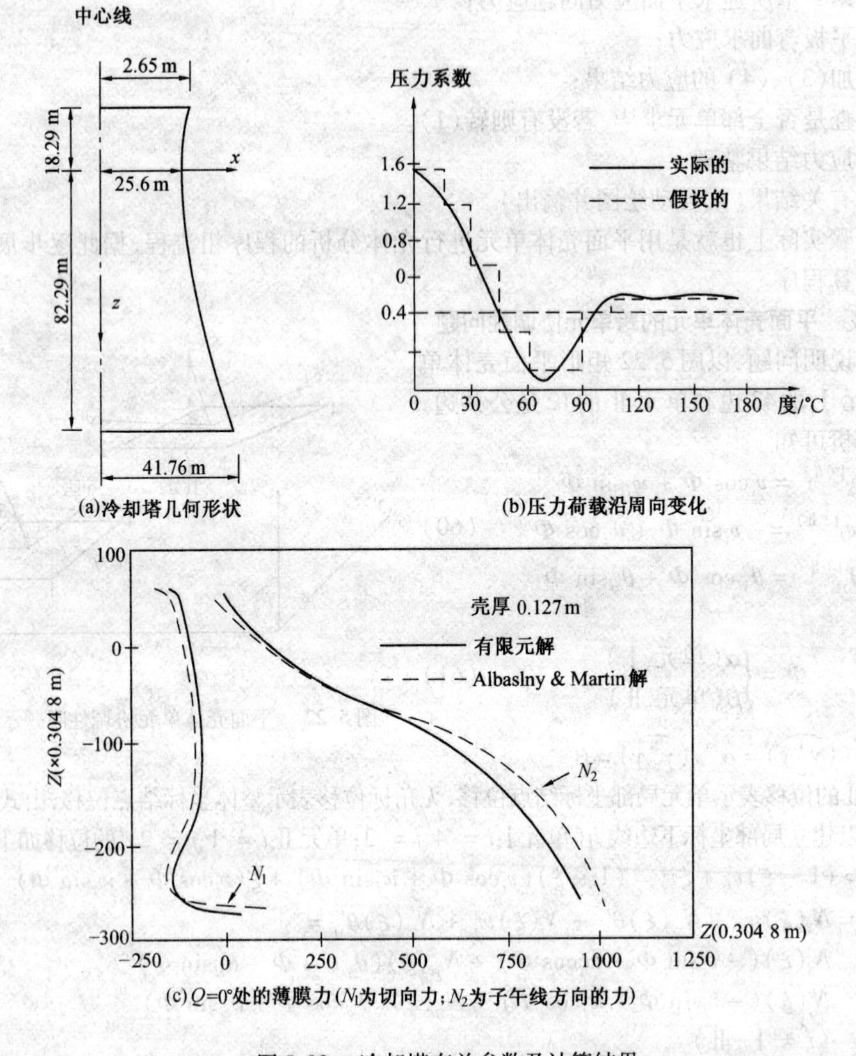

图 5.23　冷却塔有关参数及计算结果

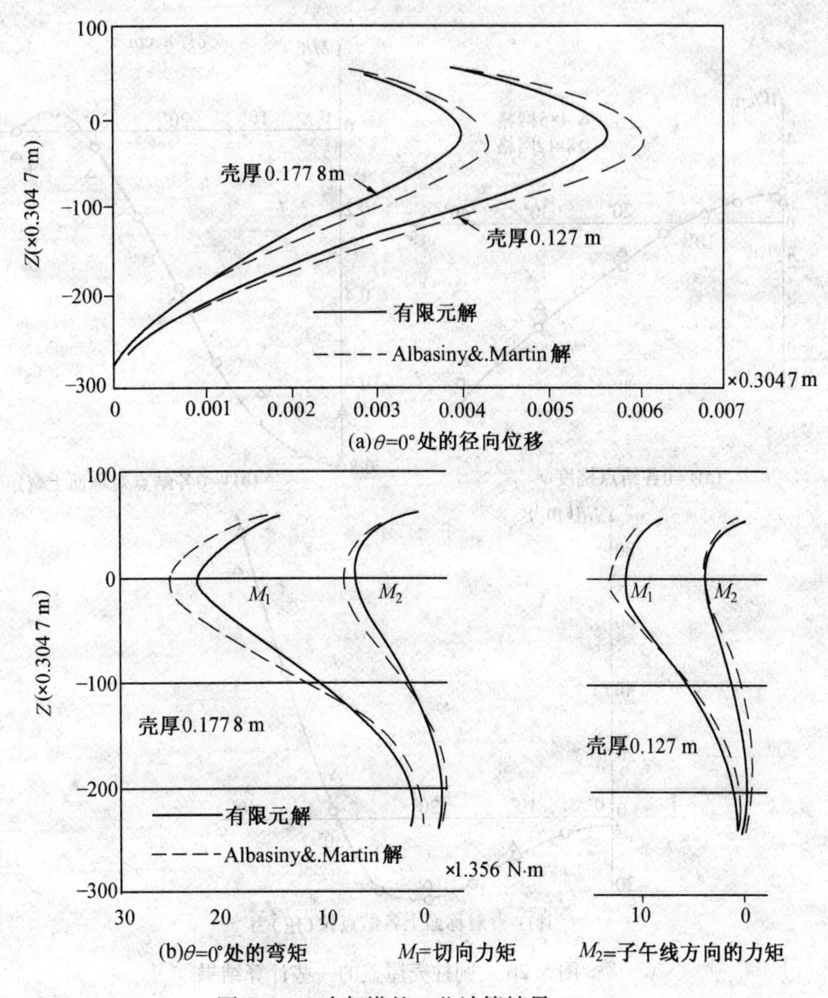

图 5.24　冷却塔的一些计算结果

【例 5.7】　圆柱壳屋盖。

【解】　有刚性端隔板受自重作用的圆柱壳屋盖，由于可以获得解析解，因此这问题常被用来检验各种壳体单元的计算精度，图 5.25 为利用对称性取出的 1/4 壳体部分 4 × 5 网格划分示意。计算中弹性模量取为 $E = 2\times10^6\ \mathrm{t/m^2}$，系数 $\mu = 0$ 铅垂自重荷载为 $0.4\ \mathrm{t/m^2}$，计算结果示如图5.26 所示，内力结果已作绕结点平均处理。

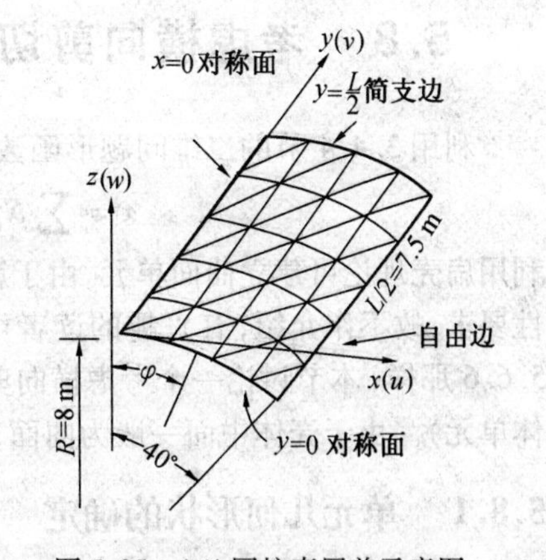

图 5.25　1/4 圆柱壳屋盖示意图

从两个算例可以看出，在网格增到一定程度后用平面壳体单元分析的结果是非常令人满意的。在 Zienkiewicz 的《有限单元法》中还给出了折板结构有限元解和实验结果的对比，在朱伯芳书中给出了双曲拱坝用三角形平面壳体单元计算与模型试验结果的对比，都说明虽存在位移不协调问题，但用平面壳体单元分析各种薄壳结构是可行的，精度也是满意的。

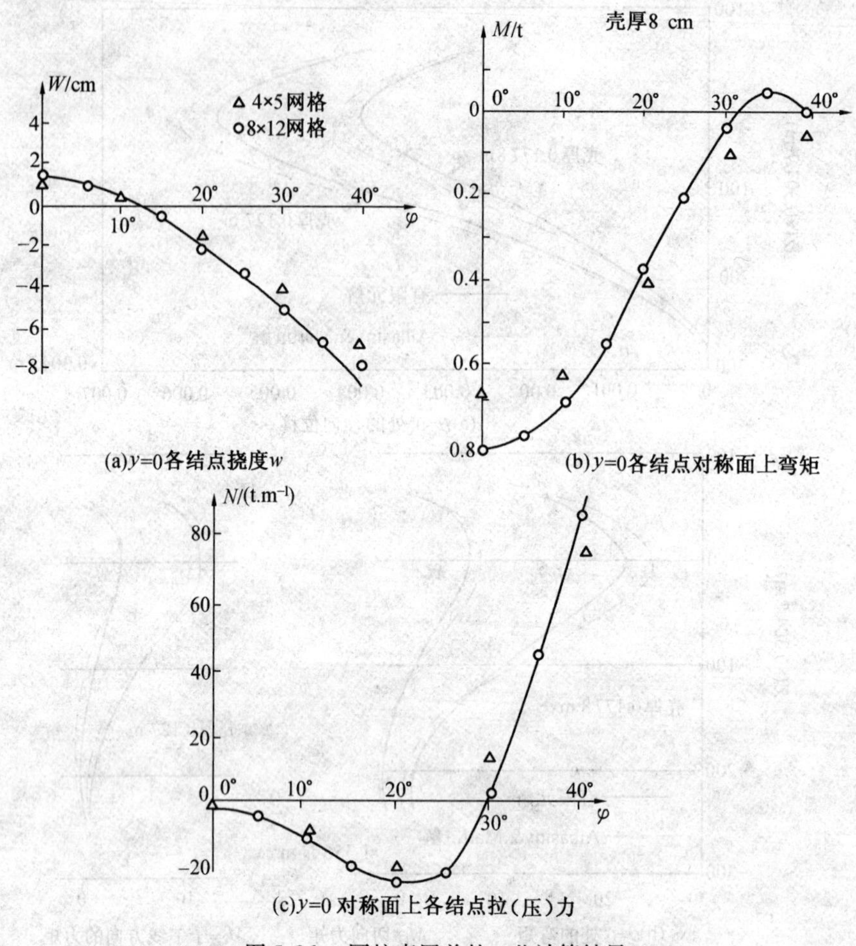

(a)y=0各结点挠度w　(b)y=0各结点对称面上弯矩

(c)y=0 对称面上各结点拉(压)力

图 5. 26　圆柱壳屋盖的一些计算结果

5.8　考虑横向剪切变形影响的壳体单元(曲面壳元)

利用 3. 4. 4 节的二维问题形函数,可以由母单元经如下映射获得中面为曲面的薄壳单元

$$x = \sum N_i x_i \quad y = \sum N_i y_i \quad z = \sum N_i z_i$$

利用扁壳理论可建立曲面单元,由于篇幅有限以及曲面壳体单元往往很难满足完备性和协调性要求,故不作介绍,有兴趣的读者可查阅有关资料。为了解决位移模式选择上的困难,像 5. 6. 6 那样,本节讨论一个考虑横向剪切变形影响的曲面壳体单元(8 结点 40 自由度的一般壳体单元)。由于壳体中面一般为曲面,因此分析比平板弯曲要复杂。下面分小节逐一说明。

5.8.1　单元几何形状的确定

图5. 27 给出了以中面上 8 个点为结点的一般壳体单元及坐标示意。过各结点作中面的法线与顶面和底面的交点称做结点的对点。第 i 结点的对点的整体坐标系中坐标值分别记为

$$\boldsymbol{x}_{i,1} = [x_i \quad y_i \quad z_i]^{\mathrm{T}}_{\zeta=1} \quad \boldsymbol{x}_{i,-1} = [x_i \quad y_i \quad z_i]^{\mathrm{T}}_{\zeta=-1} \tag{64}$$

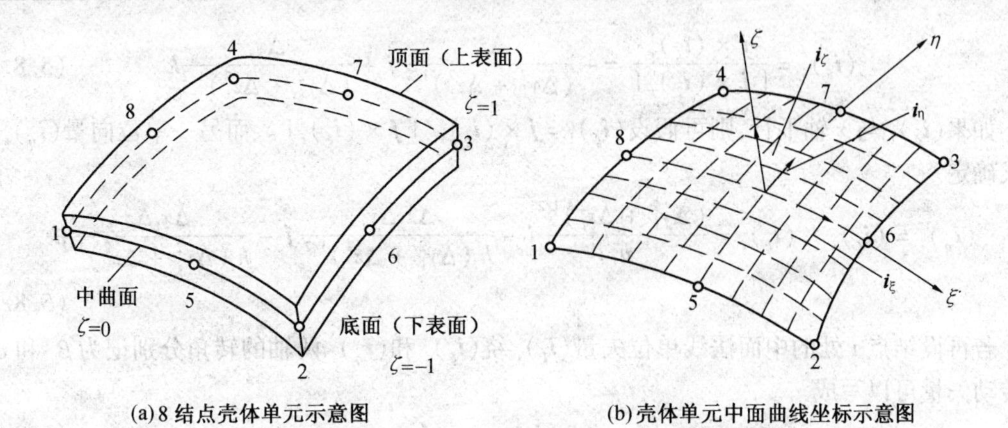

(a) 8 结点壳体单元示意图　　(b) 壳体单元中面曲线坐标示意图

图 5.27　8 结点一般壳体单元及坐标示意图

则中面上结点 i 的整体坐标值为

$$\boldsymbol{x}_{i,0}=[x_i\quad y_i\quad z_i]^{\mathrm{T}}=\frac{1}{2}(\boldsymbol{x}_{i,1}+\boldsymbol{x}_{i,-1})\tag{5.8.1}$$

由式(64) 可求得中面上结点 i 处法线在顶底面间的长度(也即壳在 i 点的厚度 h_i) 为

$$h_i=[(\boldsymbol{x}_{i,1}+\boldsymbol{x}_{i,-1})^{\mathrm{T}}(\boldsymbol{x}_{i,1}-\boldsymbol{x}_{i,-1})]^{1/2}=(\Delta\boldsymbol{x}_i^{\mathrm{T}}\Delta\boldsymbol{x}_i)^{1/2}\tag{5.8.2}$$

式中

$$\Delta\boldsymbol{x}_i=\boldsymbol{x}_{i,1}-\boldsymbol{x}_{i,-1}=[\Delta x_i\quad\Delta y_i\quad\Delta z_i]^{\mathrm{T}}\tag{5.8.3}$$

中面上结点 i 处法线单位矢量$(\boldsymbol{i}_\zeta)_i$ 为

$$(\boldsymbol{i}_\zeta)_i=\frac{1}{h_i}(\Delta x_i\boldsymbol{i}+\Delta y_i\boldsymbol{j}+\Delta z_i\boldsymbol{k})\tag{5.8.4}$$

基于上述分析,中面上结点 i 处法线上任一点(ξ_i,η_i,ζ) 的整体坐标值为

$$\boldsymbol{x}_\zeta^i=[x_i\quad y_i\quad z_i]^{\mathrm{T}}+\frac{\zeta}{2}[\Delta x_i\quad\Delta y_i\quad\Delta z_i]^{\mathrm{T}}=\boldsymbol{x}_{i,0}+\frac{\zeta}{2}\Delta\boldsymbol{x}_i\tag{65}$$

由中面各结点处法线上(ξ_i,η_i,ζ)8 个点利用式(3.4.24) 的形函数可得单元中 ζ 层曲面上任一点的坐标为

$$\boldsymbol{x}=[x\quad y\quad z]_\zeta^{\mathrm{T}}=\sum_{i=1}^{8}N_i(\xi,\eta)\boldsymbol{I}_3\boldsymbol{x}_\zeta^i=\sum_{i=1}^{8}N_i(\xi,\eta)(\boldsymbol{x}_{i,0}+\frac{\zeta}{2}\Delta\boldsymbol{x}_i)\tag{5.8.5}$$

这样,如果已知 8 对点的整体坐标值,则由式(5.8.1)、式(5.8.3) 和式(5.8.5) 就能由单元上、下表面间无限“层” 的叠合近似地确定单元的形状。当 $\zeta=\pm1$ 时为上、下表面,$\zeta=0$ 时可确定中面的形状,单元的侧面由中面法线(或近似的中面法线) 所构成。

5.8.2　位移模式

在假设中面法线变形后仍为直线但不再是变形后中面法线的前提下,单元 i 结点位移应由两部分组成:3 个直角坐标方向位移分量;绕与变形前中面法线垂直的两个相互垂直轴转动产生的位移。为此,要建立位移模式,首先应确定中面法线的转动轴。

对于壳体,因为中面是曲面,法线将随点而异,当然法线绕它转动的两正交轴也是随点而异的,不像平板那样处处均可用 θ_x 和 θ_y 描述。另一方面,设 i 结点处两转动轴的单位矢量分别记为$(\boldsymbol{i}_\xi)_i$ 和$(\boldsymbol{i}_\eta)_i$,仅从它们应垂直 i 点中面法线是无法唯一确定的。为此,可假设

$$(\boldsymbol{i}_\xi)_i = \frac{\boldsymbol{i} \times (\boldsymbol{i}_\zeta)_i}{|\boldsymbol{i} \times (\boldsymbol{i}_\zeta)_i|} = -\frac{\Delta z_i}{(\Delta y_i^2 + \Delta z_i^2)^{1/2}}\boldsymbol{j} + \frac{\Delta y_i}{(\Delta y_i^2 + \Delta z_i^2)^{1/2}}\boldsymbol{k} \tag{5.8.6}$$

如果$(\boldsymbol{i}_\zeta)_i$与x轴平行,则可假设$(\boldsymbol{i}_\zeta)_i = \boldsymbol{j} \times (\boldsymbol{i}_\zeta)_i / |\boldsymbol{j} \times (\boldsymbol{i}_\xi)_i|$。而另一单位向量$(\boldsymbol{i}_\eta)_i$由下式确定

$$(\boldsymbol{i}_\eta)_i = (\boldsymbol{i}_\zeta)_i \times (\boldsymbol{i}_\xi)_i = \frac{(\Delta y_i^2 + \Delta z_i^2)^{1/2}}{h_i}\boldsymbol{i} - \frac{\Delta x_i \Delta y_i}{h_i(\Delta y_i^2 + \Delta z_i^2)^{1/2}}\boldsymbol{j} - \frac{\Delta x_i \Delta z_i}{h_i(\Delta y_i^2 + \Delta z_i^2)^{1/2}}\boldsymbol{k} \tag{5.8.7}$$

若再设结点i处的中面法线单位矢量$(\boldsymbol{i}_\zeta)_i$绕$(\boldsymbol{i}_\xi)_i$和$(\boldsymbol{i}_\eta)_i$两轴的转角分别记为β_i和α_i,则转动矢量可以写成

$$\boldsymbol{\omega}_i = \beta_i(\boldsymbol{i}_\xi)_i + \alpha_i(\boldsymbol{i}_\eta)_i \tag{5.8.8}$$

如果结点i的位移值记为$\boldsymbol{u}_i$或位移矢量记为$\boldsymbol{u}_i$,则

$$\boldsymbol{u}_i = [u_i \quad v_i \quad w_i]^{\mathrm{T}} \quad 或 \quad \boldsymbol{u}_i = u_i\boldsymbol{i} + v_i\boldsymbol{j} + w_i\boldsymbol{k} \tag{5.8.9}$$

由此i结点法线上距结点ζ处的位移可由随结点i的平动部分$\boldsymbol{u}_i$和由转动矢量$\boldsymbol{\omega}_i$引起的转动部分相加而得到,根据运动学可得

$$\boldsymbol{u}_\zeta^i = \boldsymbol{u}_i + \boldsymbol{\omega}_i \times \frac{\zeta h_i}{2}(\boldsymbol{i}_\zeta)_i = \boldsymbol{u}_i + [\beta_i(\boldsymbol{i}_\xi)_i + \alpha_i(\boldsymbol{i}_\eta)_i] \times \frac{\zeta h_i}{2}(\boldsymbol{i}_\zeta)_i =$$

$$\boldsymbol{u}_i + \left[-\beta_i\frac{\zeta h_i}{2}(\boldsymbol{i}_\eta)_i + \alpha_i\frac{\zeta h_i}{2}(\boldsymbol{i}_\xi)_i\right] = \boldsymbol{u}_i + \frac{\zeta h_i}{2}[(\boldsymbol{i}_\xi)_i \; -(\boldsymbol{i}_\eta)_i]\begin{bmatrix}\alpha_i \\ \beta_i\end{bmatrix} \tag{66}$$

或

$$\boldsymbol{u}_\zeta^i = \begin{bmatrix}u_i \\ v_i \\ w_i\end{bmatrix} + \frac{\zeta h_i}{2}\begin{bmatrix}0 & l_\eta^i \\ m_\xi^i & m_\eta^i \\ n_\xi^i & n_\eta^i\end{bmatrix}\begin{bmatrix}\alpha_i \\ \beta_i\end{bmatrix} \tag{67}$$

式(67)中

$$\begin{cases} m_\xi^i = -\dfrac{\Delta z_i}{(\Delta y_i^2 + \Delta z_i^2)^{1/2}} \\ n_\xi^i = \dfrac{\Delta y_i}{(\Delta y_i^2 + \Delta z_i^2)^{1/2}} \\ l_\eta^i = -\dfrac{(\Delta y_i^2 + \Delta z_i^2)^{1/2}}{h_i} \\ m_\eta^i = \dfrac{\Delta x_i \Delta y_i}{h_i(\Delta y_i^2 + \Delta z_i^2)^{1/2}} \\ n_\eta^i = \dfrac{\Delta x_i \Delta z_i}{h_i(\Delta y_i^2 + \Delta z_i^2)^{1/2}} \end{cases} \tag{5.8.10}$$

由式(67)或式(66)出发,类似式(5.8.5)可用形函数插值构造单元内任意点的位移矩阵$\boldsymbol{u}$为

$$\boldsymbol{u} = [u \quad v \quad w]^{\mathrm{T}} = \sum_{i=1}^{8} N_i(\xi,\eta)\boldsymbol{I}_3\boldsymbol{u}_\zeta^i = \sum_{i=1}^{8} N_i(\xi,\eta)\left(\boldsymbol{u}_i + \zeta[\boldsymbol{\Phi}_\xi^i \quad \boldsymbol{\Phi}_\eta^i]\begin{bmatrix}\alpha_i \\ \beta_i\end{bmatrix}\right) \tag{5.8.11}$$

式中

$$\boldsymbol{\Phi}_{\xi}^{i} = [0 \quad \frac{h_i}{2}m_{\xi}^{i} \quad \frac{h_i}{2}n_{\xi}^{i}]^{\mathrm{T}} \tag{5.8.12}$$

$$\boldsymbol{\Phi}_{\eta}^{i} = \frac{h_i}{2}[l_{\eta}^{i} \quad m_{\eta}^{i} \quad n_{\eta}^{i}]^{\mathrm{T}}$$

若记单元结点 i 的结点位移矩阵为 $\boldsymbol{\delta}_i$

$$\boldsymbol{\delta}_i = [u_i \quad v_i \quad w_i \quad \boldsymbol{\alpha}_i \quad \boldsymbol{\beta}_i]^{\mathrm{T}} \tag{5.8.13}$$

单元结点位移矩阵为 $\boldsymbol{\delta}_e$

$$\boldsymbol{\delta}_e = [\boldsymbol{\delta}_1^{\mathrm{T}} \quad \boldsymbol{\delta}_2^{\mathrm{T}} \quad \cdots \quad \boldsymbol{\delta}_8^{\mathrm{T}}]^{\mathrm{T}} \tag{5.8.14}$$

单元形函数矩阵为 $\boldsymbol{N}$

$$\boldsymbol{N} = [\boldsymbol{N}_1 \quad \boldsymbol{N}_2 \quad \cdots \quad \boldsymbol{N}_8] \tag{5.8.15}$$

式中

$$\boldsymbol{N}_i = [N_i\boldsymbol{I}_3 \quad \zeta N_i\boldsymbol{\Phi}_{\xi}^{i} \quad \zeta N_i\boldsymbol{\Phi}_{\eta}^{i}]\ (i = 1,2,\cdots,8) \tag{5.8.16}$$

则式(5.8.1) 可改写成为标准形式如下

$$\boldsymbol{u} = \boldsymbol{N}\boldsymbol{\delta}_e \tag{5.8.17}$$

5.8.3　应变计算

5.8.3.1　整体坐标下应变计算

根据三维问题几何方程,由式(5.8.17) 可得整体坐标下应变 $\boldsymbol{\varepsilon}$ 为

$$\boldsymbol{\varepsilon} = \boldsymbol{A}^{\mathrm{T}}\boldsymbol{u} = \boldsymbol{A}^{\mathrm{T}}\boldsymbol{N}\boldsymbol{\delta}_e = \boldsymbol{B}\boldsymbol{\delta}_e \tag{5.8.18}$$

式中

$$\boldsymbol{B} = [\boldsymbol{B}_1 \quad \boldsymbol{B}_2 \quad \cdots \quad \boldsymbol{B}_8]$$

$$\boldsymbol{B}_i = \begin{bmatrix} \frac{\partial N_i}{\partial x} & 0 & 0 & 0 & \frac{h_i}{2}l_{\eta}^{i}\boldsymbol{\alpha}_{xi} \\ 0 & \frac{\partial N_i}{\partial y} & 0 & \frac{h_i}{2}m_{\xi}^{i}\boldsymbol{\alpha}_{yi} & \frac{h_i}{2}m_{\eta}^{i}\boldsymbol{\alpha}_{yi} \\ 0 & 0 & \frac{\partial N_i}{\partial z} & \frac{h_i}{2}n_{\xi}^{i}\boldsymbol{\alpha}_{xi} & \frac{h_i}{2}n_{\eta}^{i}\boldsymbol{\alpha}_{xi} \\ \frac{\partial N_i}{\partial y} & \frac{\partial N_i}{\partial x} & 0 & \frac{h_i}{2}m_{\xi}^{i}\boldsymbol{\alpha}_{xi} & \frac{h_i}{2}(l_{\eta}^{i}\boldsymbol{\alpha}_{yi} + m_{\eta}^{i}\boldsymbol{\alpha}_{xi}) \\ 0 & \frac{\partial N_i}{\partial z} & \frac{\partial N_i}{\partial y} & \frac{h_i}{2}(m_{\xi}^{i}\boldsymbol{\alpha}_{xi} + n_{\xi}^{i}\boldsymbol{\alpha}_{yi}) & \frac{h_i}{2}(m_{\eta}^{i}\boldsymbol{\alpha}_{xi} + n_{\eta}^{i}\boldsymbol{\alpha}_{yi}) \\ \frac{\partial N_i}{\partial z} & 0 & \frac{\partial N_i}{\partial x} & \frac{h_i}{2}n_{\xi}^{i}\boldsymbol{\alpha}_{xi} & \frac{h_i}{2}(n_{\eta}^{i}\boldsymbol{\alpha}_{xi} + l_{\eta}^{i}\boldsymbol{\alpha}_{xi}) \end{bmatrix} \tag{5.8.19}$$

$$\begin{cases} \boldsymbol{\alpha}_{xi} = N_i\frac{\partial \zeta}{\partial x} + \zeta\frac{\partial N_i}{\partial x} \\ \boldsymbol{\alpha}_{yi} = N_i\frac{\partial \zeta}{\partial y} + \zeta\frac{\partial N_i}{\partial y} \quad (i = 1,2,\cdots,8) \\ \boldsymbol{\alpha}_{zi} = N_i\frac{\partial \zeta}{\partial z} + \zeta\frac{\partial N_i}{\partial z} \end{cases} \tag{5.8.20}$$

因为

$$\begin{bmatrix} \frac{\partial}{\partial \xi} \\ \frac{\partial}{\partial \eta} \\ \frac{\partial}{\partial \zeta} \end{bmatrix} = \begin{bmatrix} \frac{\partial x}{\partial \xi} & \frac{\partial y}{\partial \xi} & \frac{\partial z}{\partial \xi} \\ \frac{\partial x}{\partial \eta} & \frac{\partial y}{\partial \eta} & \frac{\partial z}{\partial \eta} \\ \frac{\partial x}{\partial \zeta} & \frac{\partial y}{\partial \zeta} & \frac{\partial z}{\partial \zeta} \end{bmatrix} \begin{bmatrix} \frac{\partial}{\partial x} \\ \frac{\partial}{\partial y} \\ \frac{\partial}{\partial z} \end{bmatrix} = \boldsymbol{J} \begin{bmatrix} \frac{\partial}{\partial x} \\ \frac{\partial}{\partial y} \\ \frac{\partial}{\partial z} \end{bmatrix} \tag{5.8.21}$$

式中,雅可比矩阵 $\boldsymbol{J}$ 可由式(5.8.5)按定义求导得到。从而可得对直角坐标的导数可由雅可比逆矩阵与对自然坐标(ξ,η,ζ)导数相乘计算,即

$$\left[\frac{\partial}{\partial x} \quad \frac{\partial}{\partial y} \quad \frac{\partial}{\partial z}\right]^{\mathrm{T}} = \boldsymbol{J}^{-1}\left[\frac{\partial}{\partial \xi} \quad \frac{\partial}{\partial \eta} \quad \frac{\partial}{\partial \zeta}\right]^{\mathrm{T}}$$

另一方面,由复合函数求导

$$\begin{bmatrix} \frac{\partial}{\partial x} \\ \frac{\partial}{\partial y} \\ \frac{\partial}{\partial z} \end{bmatrix} = \begin{bmatrix} \frac{\partial \xi}{\partial x} & \frac{\partial \eta}{\partial x} & \frac{\partial \zeta}{\partial x} \\ \frac{\partial \xi}{\partial y} & \frac{\partial \eta}{\partial y} & \frac{\partial \zeta}{\partial y} \\ \frac{\partial \xi}{\partial z} & \frac{\partial \eta}{\partial z} & \frac{\partial \zeta}{\partial z} \end{bmatrix} \begin{bmatrix} \frac{\partial}{\partial \xi} \\ \frac{\partial}{\partial \eta} \\ \frac{\partial}{\partial \zeta} \end{bmatrix} = \bar{\boldsymbol{J}} \begin{bmatrix} \frac{\partial}{\partial \xi} \\ \frac{\partial}{\partial \eta} \\ \frac{\partial}{\partial \zeta} \end{bmatrix}$$

所以

$$\bar{\boldsymbol{J}} = \boldsymbol{J}^{-1} \tag{5.8.22}$$

据此可得

$$\begin{bmatrix} \frac{\partial N_i}{\partial x} \\ \frac{\partial N_i}{\partial y} \\ \frac{\partial N_i}{\partial z} \end{bmatrix} = \bar{\boldsymbol{J}} \begin{bmatrix} \frac{\partial N_i}{\partial \xi} \\ \frac{\partial N_i}{\partial \eta} \\ 0 \end{bmatrix}; \quad \begin{bmatrix} \frac{\partial \zeta}{\partial x} \\ \frac{\partial \zeta}{\partial y} \\ \frac{\partial \zeta}{\partial z} \end{bmatrix} = \begin{bmatrix} \bar{J}_{13} \\ \bar{J}_{23} \\ \bar{J}_{33} \end{bmatrix} = \boldsymbol{J}^{-1} \text{ 的第三列} \tag{5.8.23}$$

利用式(5.8.23)、式(5.8.20)、式(5.8.19)可求出整体坐标下的应变矩阵 $\boldsymbol{\varepsilon}$。

5.8.3.2　中面每点处局部坐标下的应变计算

像考虑剪切变形平板分析一样,我们假设中面法线上线段无伸缩变形,但又与平板不一样,现在中面法线在每一点处是不相同的,因此要实现假设的条件就必须“在中面各点处建立一个局部的正交坐标系 $O'x'y'z'$”,若 z' 轴为此点中面法线方向,那么上述假设条件就是 $\varepsilon_z = \frac{\partial w'}{\partial z'} = 0$,这里 w' 为 z' 方向的位移分量。

建立中面每点处局部坐标的方法可有两种,下面分别介绍。

方法一①

此法是通过单元各结点处中面法线的单位矢量$(\boldsymbol{i}_\zeta)_i$用形函数来插值构造 z' 轴的单位矢量,也即令

$$\boldsymbol{i}_{z'} = \frac{\sum_{i=1}^{8} N_i(\xi,\eta)(\boldsymbol{i}_\zeta)_i}{\left|\sum_{i=1}^{8} N_i(\xi,\eta)(\boldsymbol{i}_\zeta)_i\right|} = l_3\boldsymbol{i} + m_3\boldsymbol{j} + n_3\boldsymbol{k} \tag{5.8.24}$$

---

① 此法三机部628所在1977年“用曲面等参数壳体元素分析叶片振动问题”中首先提出。

然后用如下式子求局部坐标 x'、y' 轴的单位矢量

$$\boldsymbol{i}_{x'}=\frac{\boldsymbol{i}\times\boldsymbol{i}_{z'}}{|\boldsymbol{i}\times\boldsymbol{i}_{z'}|}=l_1\boldsymbol{i}+m_1\boldsymbol{j}+n_1\boldsymbol{k} \tag{5.8.25}$$

$$\boldsymbol{i}_{y'}=\boldsymbol{i}_{z'}\times\boldsymbol{i}_{x'}=l_2\boldsymbol{i}+m_2\boldsymbol{j}+n_2\boldsymbol{k} \tag{5.8.26}$$

式(5.8.25)和式(5.8.26)中方向余弦值均可用 $\boldsymbol{i}_{x'}$ 的方向余弦表示如下

$$l_1=0\quad m_1=-\frac{n_3}{a}\quad n_1=-\frac{m_3}{a}\quad \alpha=\sqrt{1-l_3^2} \tag{5.8.27}$$

$$l_2=a\quad m_2=-\frac{l_3m_3}{a}\quad n_2=-\frac{l_3n_3}{a} \tag{5.8.28}$$

于是，在 $O'x'y'z'$ 坐标系中的矢量都可以通过下列变换矩阵

$$\boldsymbol{\theta}=\begin{bmatrix}0 & -\dfrac{n_3}{a} & \dfrac{m_3}{a}\\ a & -\dfrac{l_3m_3}{a} & -\dfrac{l_3n_3}{a}\\ l_3 & m_3 & n_3\end{bmatrix} \tag{5.8.29}$$

变换为整体坐标系 $Oxyz$ 中的矢量。

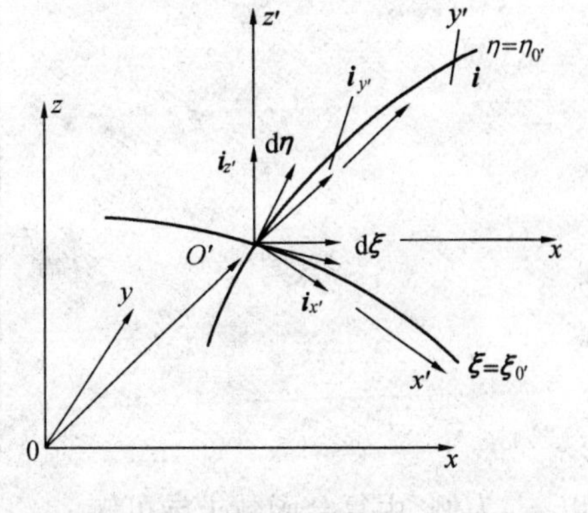

图5.28　局部坐标方法二示意图

方法二①

如图5.28设中面上 O' 点的矢径为 $\boldsymbol{r}$

$$\boldsymbol{r}=x\boldsymbol{i}+y\boldsymbol{j}+z\boldsymbol{k} \tag{68}$$

则图示 $\xi=\xi_{0'}$ 和 $\eta=\eta_{0'}$ 两空间曲线的切线矢量 $\mathrm{d}\boldsymbol{\xi}$ 和 $\mathrm{d}\boldsymbol{\eta}$ 分别可用下式表示

$$\begin{cases}\mathrm{d}\boldsymbol{\xi}=\left(\dfrac{\partial x}{\partial\xi}\boldsymbol{i}+\dfrac{\partial y}{\partial\xi}\boldsymbol{j}+\dfrac{\partial z}{\partial\xi}\boldsymbol{k}\right)\mathrm{d}\xi\\ \mathrm{d}\boldsymbol{\eta}=\left(\dfrac{\partial x}{\partial\eta}\boldsymbol{i}+\dfrac{\partial y}{\partial\eta}\boldsymbol{j}+\dfrac{\partial z}{\partial\eta}\boldsymbol{k}\right)\mathrm{d}\eta\end{cases} \tag{5.8.30}$$

由此可令

$$\boldsymbol{i}_{z'}=\frac{\mathrm{d}\boldsymbol{\xi}\times\mathrm{d}\boldsymbol{\eta}}{|\mathrm{d}\boldsymbol{\xi}\times\mathrm{d}\boldsymbol{\eta}|}=l_3\boldsymbol{i}+m_3\boldsymbol{j}+n_3\boldsymbol{k} \tag{5.8.31}$$

有了 $\boldsymbol{i}_{z'}$ 类似方法一可得

$$\boldsymbol{i}_{y'}=\frac{\boldsymbol{i}_{z'}\times\boldsymbol{i}}{|\boldsymbol{i}_{z'}\times\boldsymbol{i}|}=0\boldsymbol{i}+\frac{n_3}{a}\boldsymbol{j}-\frac{m_3}{a}\boldsymbol{k} \tag{5.8.32}$$

$$\boldsymbol{i}_{x'}=\boldsymbol{i}_{y'}\times\boldsymbol{i}_{z'}=a\boldsymbol{i}+\frac{l_3m_3}{a}\boldsymbol{j}-\frac{l_3n_3}{a}\boldsymbol{k} \tag{5.8.33}$$

$$a=\sqrt{1-l_3^2}=\sqrt{m_3^2+n_3^2} \tag{69}$$

式中

$$l_3=\frac{b_x}{H_3}\quad m_3=\frac{b_y}{H_3}\quad n_3=\frac{b_z}{H_3} \tag{70}$$

而

$$b_x=\left[\left(\sum_{i=1}^{8}\frac{\partial N_i}{\partial\xi}y_i\right)\left(\sum_{i=1}^{8}\frac{\partial N_i}{\partial\eta}z_i\right)-\left(\sum_{i=1}^{8}\frac{\partial N_i}{\partial\xi}z_i\right)\left(\sum_{i=1}^{8}\frac{\partial N_i}{\partial\eta}y_i\right)\right] \tag{71}$$

① 取自朱伯芳的书。

b_y、b_z 可由 $x \to y \to z \to x$ 循环轮换得到,即

$$H_3 = [b_x^2 + b_y^2 + b_z^2]^{1/2}$$

由此可得本方法的变换矩阵为

$$\boldsymbol{\theta} = \begin{bmatrix} a & \dfrac{l_3 m_3}{a} & -\dfrac{l_3 n_3}{a} \\ 0 & \dfrac{n_3}{a} & -\dfrac{m_3}{a} \\ l_3 & m_3 & n_3 \end{bmatrix}^{\mathrm{T}} \tag{5.8.34}$$

建立了变换矩阵 $\boldsymbol{\theta}$ 后,局部坐标系中的应变矩阵

$$\boldsymbol{\varepsilon}' = \begin{bmatrix} \dfrac{\partial u'}{\partial x'} \\ \dfrac{\partial v'}{\partial y'} \\ \dfrac{\partial u'}{\partial y'} + \dfrac{\partial v'}{\partial x'} \\ \dfrac{\partial v'}{\partial z'} + \dfrac{\partial w'}{\partial y'} \\ \dfrac{\partial w'}{\partial x'} + \dfrac{\partial u'}{\partial z'} \end{bmatrix} = \begin{bmatrix} \varepsilon_{x'} \\ \varepsilon_{y'} \\ \gamma_{x'y'} \\ \gamma_{y'z'} \\ \gamma_{z'x'} \end{bmatrix} \tag{5.8.35}$$

以 $\varepsilon_{x'}$ 为例,由复合函数求导可知

$$\varepsilon_{x'} = \frac{\partial u'}{\partial x'} = \frac{\partial u'}{\partial x}\frac{\partial x}{\partial x'} + \frac{\partial u'}{\partial y}\frac{\partial y}{\partial x'} + \frac{\partial u'}{\partial z}\frac{\partial z}{\partial x'} \tag{72}$$

由于

$$u' = ul_1 + vm_1 + wn_1 \tag{73}$$

$$\frac{\partial x}{\partial x'} = l_1 \quad \frac{\partial y}{\partial x'} = m_1 \quad \frac{\partial z}{\partial x'} = n_1 \tag{74}$$

将式(73)、式(74)代入式(72)并整理后可得

$$\varepsilon_{x'} = l_1^2\varepsilon_x + m_1^2\varepsilon_y + n_1^2\varepsilon_z + l_1 m_1\gamma_{xy} + m_1 n_1\gamma_{yz} + n_1 l_1\gamma_{zx} \tag{75}$$

仿此,局部坐标,应变矩阵 $\boldsymbol{\varepsilon}'$ 可表示为

$$\boldsymbol{\varepsilon}' = \boldsymbol{T}_\varepsilon \boldsymbol{\varepsilon} = \boldsymbol{T}_\varepsilon \boldsymbol{B}\boldsymbol{\delta}_e \tag{5.8.36}$$

式中

$$\boldsymbol{T}_\varepsilon = \begin{bmatrix} l_1^2 & m_1^2 & n_1^2 & l_1 m_1 & m_1 n_1 & n_1 l_1 \\ l_2^2 & m_2^2 & n_2^2 & l_2 m_2 & m_2 n_2 & n_2 l_2 \\ 2l_1 l_2 & 2m_1 m_2 & 2n_1 n_2 & l_1 m_2 + l_2 m_1 & m_1 n_2 + m_2 n_1 & n_1 l_2 + n_2 l_1 \\ 2l_2 l_3 & 2m_2 m_3 & 2n_2 n_3 & l_2 m_3 + l_3 m_2 & m_2 n_3 + m_3 n_2 & n_2 l_3 + n_3 l_2 \\ 2l_3 l_1 & 2m_3 m_1 & 2n_3 n_1 & l_3 m_1 + l_1 m_3 & m_3 n_1 + m_1 n_3 & n_3 l_1 + n_1 l_3 \end{bmatrix} \tag{5.8.37}$$

5.8.4 弹性矩阵的变换

因在壳体分析中还假设 $\sigma_{z'} = 0$,于是在局部坐标系中对线弹性各向同性体有如下的本构关系

$$\boldsymbol{\sigma}' = \boldsymbol{D}'\boldsymbol{\varepsilon}' \text{(或有初应变等时 } \boldsymbol{\sigma}' = \boldsymbol{D}'(\boldsymbol{\varepsilon}' - \boldsymbol{\varepsilon}'_0) + \boldsymbol{\sigma}'_0\text{)} \tag{5.8.38}$$

式中

$$\boldsymbol{\sigma}' = [\sigma_{x'} \quad \sigma_{y'} \quad \tau_{x'y'} \quad \tau_{y'z'} \quad \tau_{z'x'}]^{\mathrm{T}} \tag{76}$$

$$D' = \frac{E}{1-\mu^2}\begin{bmatrix} 1 & \mu & 0 & 0 & 0 \\ \mu & 1 & 0 & 0 & 0 \\ 0 & 0 & \frac{1-\mu}{2} & 0 & 0 \\ 0 & 0 & 0 & \frac{1-\mu}{2} & 0 \\ 0 & 0 & 0 & 0 & \frac{1-\mu}{2} \end{bmatrix} \tag{5.8.39}$$

在整体坐标系中此点的应力矩阵 $\boldsymbol{\sigma}$ 为

$$\boldsymbol{\sigma} = [\sigma_x \quad \sigma_y \quad \sigma_z \quad \tau_{xy} \quad \tau_{yz} \quad \tau_{zx}]^{\mathrm{T}} \tag{77}$$

若记整体坐标系下本构关系为

$$\boldsymbol{\sigma} = \boldsymbol{D\varepsilon} \tag{5.8.40}$$

则因为两种坐标系下 $\boldsymbol{\sigma}'$ 和 $\boldsymbol{\sigma}$ 是表示同一点的应力状态,因此在任意的虚位移上两坐标系中单位体积的应力总虚功必须相等,也即

$$\delta\boldsymbol{\varepsilon}^{\mathrm{T}}\boldsymbol{\sigma} \equiv \delta\boldsymbol{\varepsilon}'^{\mathrm{T}}\boldsymbol{\sigma}' \tag{5.8.41}$$

利用式(5.8.36) 和式(5.8.38) 可得(考虑 $\delta\boldsymbol{\varepsilon}$ 的任意性)

$$\boldsymbol{\sigma} = \boldsymbol{T}_{\varepsilon}^{\mathrm{T}}\boldsymbol{D}'\boldsymbol{T}_{\varepsilon}\boldsymbol{\varepsilon} \tag{78}$$

对比式(5.8.40) 可见,在整体坐标中弹性矩阵 $\boldsymbol{D}$ 为

$$\boldsymbol{D} = \boldsymbol{T}_{\varepsilon}^{\mathrm{T}}\boldsymbol{D}'\boldsymbol{T}_{\varepsilon} \tag{5.8.42}$$

5.8.5　应力计算

由于习惯上壳体应力是对于局部坐标系计算的,因此利用式(5.8.38) 和式(5.8.36) 可得

$$\boldsymbol{\sigma}' = \boldsymbol{D}'\boldsymbol{\varepsilon}' = \boldsymbol{D}'\boldsymbol{T}_{\varepsilon}\boldsymbol{\varepsilon} = \boldsymbol{D}'\boldsymbol{T}_{\varepsilon}\boldsymbol{B}\boldsymbol{\delta}_e \tag{5.8.43}$$

若记

$$\boldsymbol{ST} = \boldsymbol{D}'\boldsymbol{T}_{\varepsilon}\boldsymbol{B} = [\boldsymbol{ST}_1 \quad \boldsymbol{ST}_2 \quad \cdots \quad \boldsymbol{ST}_8] \tag{5.8.44}$$

$$\boldsymbol{ST}_i = \boldsymbol{D}'\boldsymbol{T}_{\varepsilon}\boldsymbol{B}_i = \boldsymbol{D}'\boldsymbol{B}'_i$$

则式(5.8.43) 改写为

$$\boldsymbol{\sigma}' = \boldsymbol{ST}\,\boldsymbol{\delta}_e \tag{5.8.45}$$

为了写出 $\boldsymbol{B}'_i = \boldsymbol{T}_{\varepsilon}\boldsymbol{B}_i$ 的显式,设

$$\boldsymbol{B}'_i = \begin{bmatrix} \boldsymbol{B}'_{i11} & \boldsymbol{B}'_{i12} \\ \boldsymbol{B}'_{i21} & \boldsymbol{B}'_{i22} \end{bmatrix} \tag{5.8.46}$$

则由式(5.8.19) 和式(5.8.37) 可得

$$\boldsymbol{B}'_{i11} = \begin{bmatrix} l_1 b_{i1} & m_1 b_{i1} & n_1 b_{i1} \\ l_2 b_{i2} & m_2 b_{i2} & n_2 b_{i2} \\ l_1 b_{i2} + l_2 b_{i1} & m_1 b_{i2} + m_2 b_{i1} & n_1 b_{i2} + n_2 b_{i1} \end{bmatrix}$$

$$\boldsymbol{B}'_{i12} = \begin{bmatrix} c_{i1} a_{i1} & d_{i1} a_{i1} \\ c_{i2} a_{i2} & d_{i2} a_{i2} \\ c_{i1} a_{i2} + c_{i2} a_{i1} & d_{i1} a_{i2} + d_{i2} a_{i1} \end{bmatrix} \tag{5.8.47}$$

$$\boldsymbol{B}'_{i21} = \begin{bmatrix} l_2 b_{i3} + l_3 b_{i2} & m_2 b_{i3} + m_3 b_{i2} & n_2 b_{i3} + n_3 b_{i2} \\ l_3 b_{i1} + l_1 b_{i3} & m_3 b_{i1} + m_1 b_{i3} & n_3 b_{i1} + n_1 b_{i3} \end{bmatrix}$$

$$\boldsymbol{B}'_{i22} = \begin{bmatrix} c_{i2} a_{i3} + c_{i3} a_{i2} & d_{i2} a_{i3} + d_{i3} a_{i2} \\ c_{i3} a_{i1} + c_{i1} a_{i3} & d_{i3} a_{i1} + d_{i1} a_{i3} \end{bmatrix}$$

其中

$$\begin{cases} a_{ij} = l_j a_{xi} + m_j a_{yi} + n_j a_{zi} \quad (a_{ri} \text{ 见式 5.8.20}) \\ b_{ij} = l_j \dfrac{\partial N_i}{\partial x} + m_j \dfrac{\partial N_i}{\partial y} + n_j \dfrac{\partial N_i}{\partial z} \\ c_{ij} = (m_j m_\xi^i + n_j n_\xi^i) \dfrac{h_i}{2} \\ d_{ij} = (l_j l_\eta^i + m_j m_\eta^i + n_j n_\eta^i) \dfrac{h_i}{2} \end{cases} \quad (j = 1,2,3) \tag{5.8.48}$$

若将弹性矩阵 $\boldsymbol{D}'$ 进行分块，即

$$\boldsymbol{D}' = \begin{bmatrix} \boldsymbol{E}'_1 & \boldsymbol{O} \\ \boldsymbol{O} & \boldsymbol{E}'_2 \end{bmatrix}$$

则

$$\boldsymbol{E}'_1 = \frac{E}{1-\mu^2} \begin{bmatrix} 1 & \mu & 0 \\ \mu & 1 & 0 \\ 0 & 0 & \dfrac{1-\mu}{2} \end{bmatrix} \qquad \boldsymbol{E}'_2 = \frac{E}{2(1+\mu)} \boldsymbol{I}_2 \tag{79}$$

由此式(5.8.44)可改写为

$$\boldsymbol{ST}_i = \begin{bmatrix} \boldsymbol{E}'_1 \boldsymbol{B}'_{i11} & \boldsymbol{E}'_1 \boldsymbol{B}'_{i12} \\ \boldsymbol{E}'_2 \boldsymbol{B}'_{i21} & \boldsymbol{E}'_2 \boldsymbol{B}'_{i22} \end{bmatrix} \tag{5.8.49}$$

在进行强度校核时，只要计算壳体上下表面($\zeta = \pm 1$)上的应力，即

$$[\boldsymbol{\sigma}_{x'} \quad \boldsymbol{\sigma}_{y'} \quad \boldsymbol{\tau}_{x'y'}]^{\mathrm{T}}_{\zeta=\pm 1} = \sum_{i=1}^{8} [\boldsymbol{E}'_1 \boldsymbol{B}'_{i11} \quad \boldsymbol{E}'_1 \boldsymbol{B}'_{i12}]_{\zeta=\pm 1} \boldsymbol{\delta}_i \tag{5.8.50}$$

由式(5.8.47)和式(79)读者可自行写出 $\boldsymbol{E}'_1 \boldsymbol{B}'_{i11}$ 和 $\boldsymbol{E}'_1 \boldsymbol{B}'_{i12}$ 的显式。

5.8.6 单元刚度矩阵

基于上述分析，用虚位移原理或势能原理列式，可得单元刚度矩阵 $\boldsymbol{k}_e$ 为

$$\boldsymbol{k}_e = \int_V \boldsymbol{B}^{\mathrm{T}} \boldsymbol{D} \boldsymbol{B} \mathrm{d}V = [\boldsymbol{k}_{ij}^e]_{8\times 8} \tag{5.8.51}$$

其中子阵 $\boldsymbol{k}_{ij}^e$ 是一个 5×5 的方阵，由上式可得

$$\boldsymbol{k}_{ij}^e = \int_V \boldsymbol{B}_i^{\mathrm{T}} \boldsymbol{D} \boldsymbol{B}_j \mathrm{d}V = \int_{-1}^{+1}\int_{-1}^{+1}\int_{-1}^{+1} \boldsymbol{B}_i^{\mathrm{T}} \boldsymbol{D} \boldsymbol{B}_j \det \boldsymbol{J} \mathrm{d}\xi \mathrm{d}\eta \mathrm{d}\zeta \tag{5.8.52}$$

利用式(5.8.42)和式(5.8.44)则上式可改写为

$$\boldsymbol{k}_{ij}^e = \int_{-1}^{+1}\int_{-1}^{+1}\int_{-1}^{+1} \boldsymbol{B}'^{\mathrm{T}}_i \boldsymbol{D}' \boldsymbol{B}'_j \det \boldsymbol{J} \mathrm{d}\xi \mathrm{d}\eta \mathrm{d}\zeta \tag{5.8.53}$$

利用式(5.8.46)和式(79)则可得

$$\boldsymbol{B'}_i^{\mathrm{T}}\boldsymbol{D'}\boldsymbol{B'}_j = \begin{bmatrix} \boldsymbol{B'}_{i11}^{\mathrm{T}}\boldsymbol{E'}_1\boldsymbol{B'}_{j11} + \boldsymbol{B'}_{i21}^{\mathrm{T}}\boldsymbol{E'}_2\boldsymbol{B'}_{j21} & \boldsymbol{B'}_{i11}^{\mathrm{T}}\boldsymbol{E'}_1\boldsymbol{B'}_{j12} + \boldsymbol{B'}_{i21}^{\mathrm{T}}\boldsymbol{E'}_2\boldsymbol{B'}_{j22} \\ \boldsymbol{B'}_{i12}^{\mathrm{T}}\boldsymbol{E'}_1\boldsymbol{B'}_{j11} + \boldsymbol{B'}_{i22}^{\mathrm{T}}\boldsymbol{E'}_2\boldsymbol{B'}_{j21} & \boldsymbol{B'}_{i12}^{\mathrm{T}}\boldsymbol{E'}_1\boldsymbol{B'}_{j12} + \boldsymbol{B'}_{i22}^{\mathrm{T}}\boldsymbol{E'}_2\boldsymbol{B'}_{j22} \end{bmatrix} \tag{5.8.54}$$

若再用式(5.8.47)和式(79),读者当不难写出式(5.8.54)的显式表示。

5.8.7　等效结点荷载的计算

假设对应于结点 i 处结点位移 $\boldsymbol{\delta}_i$ 的等效结点力矩阵记为 $\boldsymbol{F}_{\mathrm{E},i}$,即

$$\boldsymbol{F}_{\mathrm{E},i} = [F_{xi} \quad F_{yi} \quad F_{zi} \quad M_{\alpha i} \quad M_{\beta i}]^{\mathrm{T}} \tag{80}$$

则单元等效结点荷载矩阵 $\boldsymbol{F}_{\mathrm{E}}$ 为

$$\boldsymbol{F}_{\mathrm{E}} = [\boldsymbol{F}_{\mathrm{E},1}^{\mathrm{T}} \quad \boldsymbol{F}_{\mathrm{E},2}^{\mathrm{T}} \quad \cdots \quad \boldsymbol{F}_{\mathrm{E},8}^{\mathrm{T}}]^{\mathrm{T}} \tag{81}$$

5.8.7.1　体积力作用

若单元内作用的体积力为 $\boldsymbol{p} = [p_x \quad p_y \quad p_z]^{\mathrm{T}}$,则经单元列式可得

$$\boldsymbol{F}_{\mathrm{E},i} = \int_{-1}^{+1}\int_{-1}^{+1}\int_{-1}^{+1} \boldsymbol{N}_i^{\mathrm{T}}\boldsymbol{p}\det\ \boldsymbol{J}\mathrm{d}\xi\mathrm{d}\eta\mathrm{d}\zeta \tag{5.8.55}$$

式中 $\boldsymbol{N}_i$ 由式(5.8.16)给出。

5.8.7.2　表面力作用

若单元某表面上作用有分布表面力 $\boldsymbol{q} = [q_x \quad q_y \quad q_z]^{\mathrm{T}}$,则等效结点力为

$$\boldsymbol{F}_{\mathrm{beq},i} = \int_S \boldsymbol{N}_i^{\mathrm{T}}\boldsymbol{q}\mathrm{d}S \tag{5.8.56}$$

式中的曲面积分可参考 4.1 分析进行计算。

5.8.8　几点说明

在确定单元形状时使用了 8 对点的整体坐标,每双对点都在一条中面法线上。由于所有推导是在此基础上获得,因此在实际计算中必须满足这一要求。

由式(5.8.5)和式(5.8.11)可见,确定单元形状所用的参数多于确定位移所用的参数,因此 8 结点 40 自由度壳体单元是一种超参数单元。

实际计算和理论分析已证明,当使用 $2\times2\times2$ 的高斯积分(降阶或减缩积分)法则计算刚度矩阵式(5.8.53)时,上述壳体单元不仅适用于厚壳,而且适用于薄壳分析。

壳体应力都在积分点上进行计算,然后用外推法计算结点应力。

算例表明,本节壳体单元的精度要比三角形平面壳体单元好得多,在相同精度下,本节壳体单元可进行较粗网格划分。

5.9　轴对称变形的旋转壳体单元

旋转壳体当然可按轴对称问题来分析,因为壳体径向厚度很小,故可仿上节方法构造一种(轴对称变形的)旋转壳体单元。

5.9.1　单元几何形状的确定

对图 5.29 所示子午面内轴对称单元,在中面(子午面上为中轴线)上取 3 个结点,结点处中面法线分别为 $\xi = -1,0,1$ 的坐标线。

设结点 i(图中 $i=2$) 处单元厚度为 h_i，其柱坐标为 (r_i, z_i)，法线与径向坐标 r 间夹角(规定逆时针为正) 为 φ_i，则 i 点法线单位矢量为

$$(\boldsymbol{i}_\eta)_i = \cos\varphi_i \boldsymbol{i}_r + \sin\varphi_i \boldsymbol{i}_z \quad (i=1,2,3) \tag{5.9.1}$$

基于此，与8结点壳体单元相仿，i 结点距中面 $\boldsymbol{\eta}$ 处法线上点的柱坐标为

$$\begin{bmatrix} r_\eta \\ z_\eta \end{bmatrix}_i = \begin{bmatrix} r_i \\ z_i \end{bmatrix} + \frac{h_i}{2}\eta \begin{bmatrix} \cos\varphi_i \\ \sin\varphi_i \end{bmatrix} \tag{5.9.2}$$

或矢径

$$(\boldsymbol{r}_\eta)_i = \boldsymbol{r}_i + |\Delta \boldsymbol{r}_i| (\boldsymbol{i}_\eta)_i = \boldsymbol{r}_i + \frac{h_i}{2}\eta (\boldsymbol{i}_\eta)_i \tag{5.9.3}$$

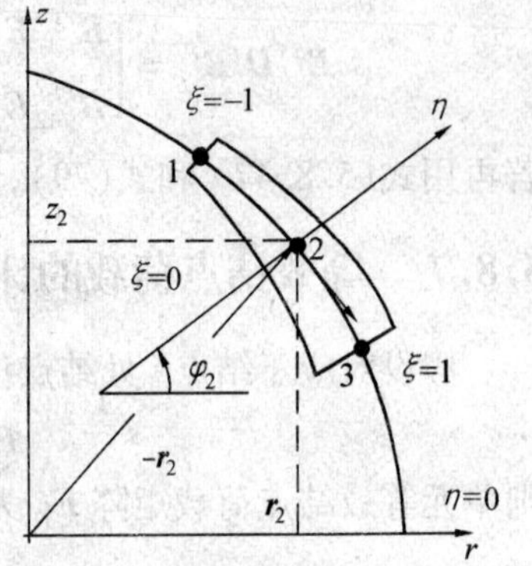

图 5.29　轴对称旋转壳(子午面) 单元示意图

有了结点处距中面 $\boldsymbol{\eta}$ 点坐标，与上节壳体单元相仿，单元几何形状可由下式近似确定

$$\begin{bmatrix} r \\ z \end{bmatrix} = \sum_{i=1}^{3} N_i \begin{bmatrix} r_\eta \\ z_\eta \end{bmatrix}_i = \sum_{i=1}^{3} N_i \left(\begin{bmatrix} r_i \\ z_i \end{bmatrix} + \frac{h_i}{2}\eta \begin{bmatrix} \cos\varphi_i \\ \sin\varphi_i \end{bmatrix} \right) \tag{5.9.4}$$

式中形函数 N_i 是

$$\begin{cases} N_1 = \xi(\xi - 1)/2 \\ N_2 = 1 - \xi^2 \\ N_3 = \xi(\xi + 1)/2 \end{cases} \tag{5.9.5}$$

实际上，式(5.9.4) 是曲线坐标(或称自然坐标)$\xi\eta$ 和柱坐标 rz 之间的一个坐标变换关系。

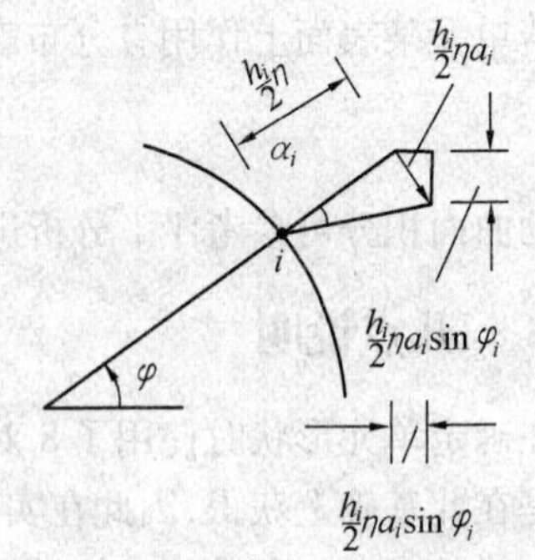

图 5.30　法线转动所引起位移部分示意图

5.9.2　位移模式

若设中面结点 i 处的法线变形后的转角如图 5.30 所示为 α_i(规定顺时针为正)，则仿上节可得坐标为 $(r_\eta, z_\eta)_i$ 处点的柱坐标下位移为

$$\begin{bmatrix} u_\eta \\ w_\eta \end{bmatrix}_i = \begin{bmatrix} u_i \\ w_i \end{bmatrix} + \frac{h_i}{2}\eta \begin{bmatrix} \sin\varphi_i \\ -\cos\varphi_i \end{bmatrix} \alpha_i \tag{5.9.6}$$

由此，单元中任一点(距中面为 $\boldsymbol{\eta}$) 的位移为

$$\boldsymbol{d} = \begin{bmatrix} u \\ w \end{bmatrix} = \sum_{i=1}^{3} N_i \begin{bmatrix} u_\eta \\ w_\eta \end{bmatrix}_i = \sum_{i=1}^{3} N_i \left(\begin{bmatrix} u_i \\ w_i \end{bmatrix} + \frac{h_i}{2}\eta \begin{bmatrix} \sin\varphi_i \\ -\cos\varphi_i \end{bmatrix} \alpha_i \right) \tag{5.9.7}$$

$$\begin{cases} \boldsymbol{\delta}_i = [u_i \quad w_i \quad \alpha_i]^{\mathrm{T}} \\ \boldsymbol{\delta}_e = [\boldsymbol{\delta}_1^{\mathrm{T}} \quad \boldsymbol{\delta}_2^{\mathrm{T}} \quad \boldsymbol{\delta}_3^{\mathrm{T}}]^{\mathrm{T}} \end{cases} \tag{5.9.8}$$

$$\begin{cases} \boldsymbol{N}_i = \left[N_i \boldsymbol{I}_2 \quad \dfrac{h_i}{2}\eta N_i \begin{bmatrix} \sin\varphi_i \\ -\cos\varphi_i \end{bmatrix} \right] \\ \boldsymbol{N} = [\boldsymbol{N}_1 \quad \boldsymbol{N}_2 \quad \boldsymbol{N}_3] \end{cases} \tag{5.9.9}$$

则任一点位移即可写成标准形式

$$\boldsymbol{d} = \boldsymbol{N}\boldsymbol{\delta}_e \tag{5.9.10}$$

5.9.3　应变计算(整体坐标)

旋转壳在整体柱坐标下的应变(同轴对称)为

$$\boldsymbol{\varepsilon}=\begin{bmatrix}\varepsilon_r\\ \varepsilon_z\\ \varepsilon_\theta\\ \gamma_{rz}\end{bmatrix}=\begin{bmatrix}\dfrac{\partial u}{\partial r}\\ \dfrac{\partial w}{\partial z}\\ \dfrac{u}{r}\\ \dfrac{\partial u}{\partial z}+\dfrac{\partial w}{\partial r}\end{bmatrix} \tag{82}$$

若记算子矩阵 $\boldsymbol{A}$ 为

$$\boldsymbol{A}=\begin{bmatrix}\dfrac{\partial}{\partial r} & 0 & \dfrac{1}{r} & \dfrac{\partial}{\partial z}\\ 0 & \dfrac{\partial}{\partial z} & 0 & \dfrac{\partial}{\partial r}\end{bmatrix} \tag{5.9.11}$$

则式(82)可写为

$$\boldsymbol{\varepsilon}=\boldsymbol{A}^{\mathrm{T}}\boldsymbol{d}=\boldsymbol{A}^{\mathrm{T}}\boldsymbol{N}\boldsymbol{\delta}_e=\boldsymbol{B}\boldsymbol{\delta}_e \tag{5.9.12}$$

式中

$$\boldsymbol{B}=[\boldsymbol{B}_1\quad \boldsymbol{B}_2\quad \boldsymbol{B}_3]$$

$$\boldsymbol{B}_i=\begin{bmatrix}\dfrac{\partial N_i}{\partial r} & 0 & \dfrac{h_i}{2}\sin\varphi_i\left(\dfrac{\partial N_i}{\partial r}\eta+N_i\dfrac{\partial\eta}{\partial r}\right)\\ 0 & \dfrac{\partial N_i}{\partial z} & -\dfrac{h_i}{2}\cos\varphi_i\left(\dfrac{\partial N_i}{\partial z}\eta+N_i\dfrac{\partial\eta}{\partial z}\right)\\ \dfrac{N_i}{r} & 0 & \dfrac{h_i}{2}\eta\sin\varphi_i\dfrac{N_i}{r}\\ \dfrac{\partial N_i}{\partial z} & \dfrac{\partial N_i}{\partial r} & \dfrac{h_i}{2}\sin\varphi_i\left(\dfrac{\partial N_i}{\partial z}\eta+N_i\dfrac{\partial\eta}{\partial z}\right)-\dfrac{h_i}{2}\cos\varphi_i\left(\dfrac{\partial N_i}{\partial r}\eta+N_i\dfrac{\partial\eta}{\partial r}\right)\end{bmatrix}$$

$$(i=1,2,3) \tag{5.9.13}$$

因为$\dfrac{\partial N_i}{\partial\eta}=0$,所以

$$\begin{bmatrix}\dfrac{\partial N_i}{\partial r}\\ \dfrac{\partial N_i}{\partial z}\end{bmatrix}=\frac{1}{|\boldsymbol{J}|}\begin{bmatrix}\dfrac{\partial z}{\partial\eta}\dfrac{\partial N_i}{\partial\xi}\\ -\dfrac{\partial r}{\partial\eta}\dfrac{\partial N_i}{\partial\xi}\end{bmatrix}=\frac{1}{|\boldsymbol{J}|}\begin{bmatrix}\left(\displaystyle\sum_1^3\dfrac{h_i}{2}\sin\varphi_i N_i\right)\dfrac{\partial N_i}{\partial\xi}\\ -\left(\displaystyle\sum_1^3\dfrac{h_i}{2}\cos\varphi_i N_i\right)\dfrac{\partial N_i}{\partial\xi}\end{bmatrix} \tag{5.9.14}$$

$$\begin{bmatrix}\dfrac{\partial\eta}{\partial r}\\ \dfrac{\partial\eta}{\partial z}\end{bmatrix}=\frac{1}{|\boldsymbol{J}|}\begin{bmatrix}-\dfrac{\partial z}{\partial\xi}\\ \dfrac{\partial r}{\partial\xi}\end{bmatrix}=\frac{1}{|\boldsymbol{J}|}\begin{bmatrix}-\displaystyle\sum_1^3\dfrac{\partial N_i}{\partial\xi}\left(z_i+\dfrac{h_i}{2}\eta\sin\varphi_i\right)\\ \displaystyle\sum_1^3\dfrac{\partial N_i}{\partial\xi}\left(r_i+\dfrac{h_i}{2}\eta\cos\varphi_i\right)\end{bmatrix} \tag{5.9.15}$$

有了上述4个导数,应变子矩阵 $\boldsymbol{B}_i$ 的计算就完全解决了。

5.9.4 坐标转换

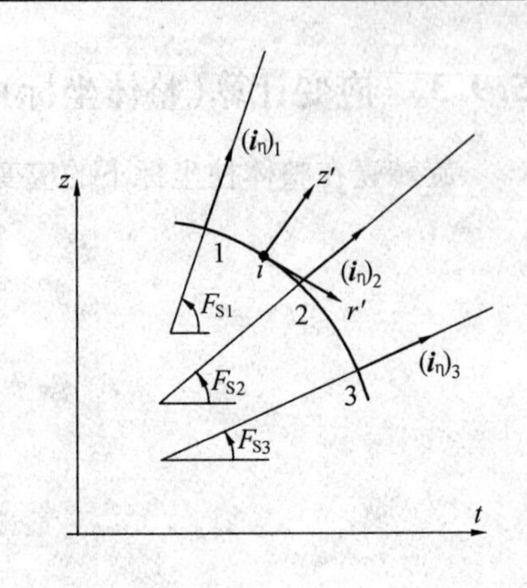

图 5.31　子午面中面法线示意图

仿 8 结点壳体单元,图 5.31 所示任一点 i 处局部坐标 z' 的单位矢量 $\boldsymbol{i}_\eta$ 可由结点 $(\boldsymbol{i}_\eta)_i(i=1,2,3)$ 内插得到,也即

$$\boldsymbol{i}_\eta = l_3\boldsymbol{i}_r + n_3\boldsymbol{i}_z = \frac{\sum_1^3 N_i(\boldsymbol{i}_\eta)_i}{\left|\sum_1^3 N_i(\boldsymbol{i}_\eta)_i\right|} \tag{5.9.16}$$

由此可知,子矢面上局部坐标 r' 的单位矢量 $\boldsymbol{i}_\xi$ 为

$$\boldsymbol{i}_\xi = l_1\boldsymbol{i}_r + n_1\boldsymbol{i}_z = N_3\boldsymbol{i}_r - l_3\boldsymbol{i}_z \tag{5.9.17}$$

若记 r' 和 z' 方向位移为 u' 和 w',则利用 $\varepsilon'_z = \sigma'_z = 0$ 的假设后,可得

$$\boldsymbol{\varepsilon}' = \begin{bmatrix} \frac{\partial u'}{\partial r'} & \frac{u}{r} & \frac{\partial u'}{\partial z'} + \frac{\partial w'}{\partial r'} \end{bmatrix}^{\mathrm{T}} = \boldsymbol{T}_\varepsilon \boldsymbol{\varepsilon} \tag{5.9.18}$$

式中

$$\boldsymbol{T}_\varepsilon = \begin{bmatrix} l_1^2 & 0 & n_1^2 & l_1 n_1 \\ 0 & 1 & 0 & 0 \\ 2l_1 l_3 & 0 & 2n_1 n_3 & (l_1 n_3 + l_3 n_1) \end{bmatrix} = \begin{bmatrix} n_3^2 & 0 & l_3^2 & -l_3 n_3 \\ 0 & 1 & 0 & 0 \\ 2l_3 n_3 & 0 & -2l_3 n_3 & (n_3^2 - l_3^2) \end{bmatrix} \tag{5.9.19}$$

在局部坐标系下的应力 $\boldsymbol{\sigma}'$ 由物理方程可得

$$\boldsymbol{\sigma}' = \frac{E}{1-\mu^2}\begin{bmatrix} 1 & \mu & 0 \\ \mu & 1 & 0 \\ 0 & 0 & 1 \end{bmatrix}\boldsymbol{\varepsilon}' = \boldsymbol{D}'\boldsymbol{\varepsilon}' \tag{5.9.20}$$

整体坐标系下应力应变关系为

$$\boldsymbol{\sigma} = \boldsymbol{D\varepsilon} \tag{5.9.21}$$

仿 8 结点壳体单元,可得

$$\boldsymbol{D} = \boldsymbol{T}_\varepsilon^{\mathrm{T}}\boldsymbol{D}'\boldsymbol{T}_\varepsilon \tag{5.9.22}$$

将式(5.9.18) 和式(5.9.12) 代入式(5.9.20),则可得

$$\boldsymbol{\sigma}' = \boldsymbol{D}'\boldsymbol{T}_\varepsilon\boldsymbol{B}\boldsymbol{\delta}_e = \boldsymbol{ST}'\boldsymbol{\delta}_e \tag{5.9.23}$$

式中

$$\boldsymbol{ST}' = [\boldsymbol{ST}'_1 \quad \boldsymbol{ST}'_2 \quad \boldsymbol{ST}'_3]$$

$$\boldsymbol{ST}'_i = \boldsymbol{D}'\boldsymbol{T}_\varepsilon\boldsymbol{B}_i = \boldsymbol{D}'\boldsymbol{B}'_i \tag{5.9.24}$$

$$\boldsymbol{B}'_i = \boldsymbol{T}_\varepsilon\boldsymbol{B}_i \tag{5.9.25}$$

利用式(5.9.19) 和式(5.9.13) 可写出式(5.9.25) 和式(5.9.24) 的显式表达。

有了应变和形函数,进行单元列式,可建立单元刚度及等效荷载的公式,由于推导较易,故不再赘述。

5.10　广义协调元简介

龙驭球教授及其同事们提出并发展了一类新的薄板单元——广义协调元,由于这类单元具有很多突出优点,故本节摘引介绍其基本思路。

5.10.1　概述

广义协调位移单元与常规位移单元的做法差别很小。例如对薄板来说,常规位移单元的做法是:

第一步 选定单元结点位移向量$\boldsymbol{\delta}$,并由帕斯卡三角形将单元内的挠度w设为多项式

$$w = a_1 + a_2x + a_3y + a_4x^2 + a_5xy + a_6y^2 + \cdots = \boldsymbol{Fa} \tag{5.10.1}$$

式中　$\boldsymbol{F} = [1 \quad x \quad y \quad x^2 \quad xy \quad y^2 \quad \cdots]$;

$\boldsymbol{a} = [a_1 \quad a_2 \quad a_3 \quad \cdots]^{\mathrm{T}}$为待定系数(广义坐标)。

第二步 从式(5.10.1)出发,建立$\boldsymbol{\delta}_e$与$\boldsymbol{a}$之间的关系(在结点处满足位移条件)

$$\boldsymbol{Aa} = \boldsymbol{\delta}_e \tag{5.10.2}$$

由此求得待定系数(广义坐标)

$$\boldsymbol{a} = \boldsymbol{A}^{-1}\boldsymbol{\delta}_e \tag{83}$$

将其代回式(5.10.1)可得

$$w = \boldsymbol{FA}^{-1}\boldsymbol{\delta}_e = \boldsymbol{N\delta}_e \tag{5.10.3}$$

第三步 根据曲率$\boldsymbol{\kappa}$与挠度的关系,得

$$\boldsymbol{\kappa} = \boldsymbol{B\delta}_e \tag{5.10.4}$$

从而可建立单元刚度矩阵

$$\boldsymbol{k}_e = \iint_{\mathrm{A}} \boldsymbol{B}^{\mathrm{T}}\boldsymbol{DB}\mathrm{d}A \tag{5.10.5}$$

式中,$\boldsymbol{D}$为薄板弹性矩阵。

在广义协调单元分析时,第一步和第三步与一般位移单元相同,仅第二步不同。此时建立$\boldsymbol{\delta}_e$与$\boldsymbol{a}$之间关系的条件是单元各边的平均位移$\boldsymbol{d}$——称做广义协调条件。由平均位移的定义,从式(5.10.1)可得

$$\boldsymbol{d} = \boldsymbol{Ca} \tag{84}$$

假设单元边界位移用结点位移表示,然后再由平均位移的定义可得

$$\boldsymbol{d} = \boldsymbol{G\delta}_e \tag{85}$$

从而求得

$$\boldsymbol{a} = \boldsymbol{C}^{-1}\boldsymbol{G\delta}_e \tag{86}$$

代回式(5.10.1)即得

$$w = \boldsymbol{FC}^{-1}\boldsymbol{G\delta}_e = \boldsymbol{N\delta}_e \tag{5.10.6}$$

由此看出,一般位移单元所实现的是结点位移协调,结果导致C^1类问题的边界上不能完全协调。而广义协调单元直接着眼于边界上选定的平均位移协调,从而保证了单元的收敛性。同时也可看出,建立广义协调单元的关键在于"合理选择广义协调条件,使$\boldsymbol{C}$和$\boldsymbol{G}$为可逆矩阵"。

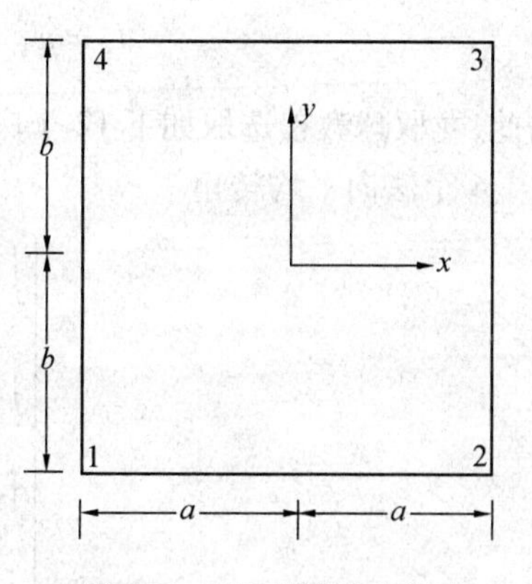

图5.32　矩形单元示意图

5.10.2　矩形薄板广义协调单元 RGC—12

图5.32所示12自由度矩形单元,单元结点位移$\boldsymbol{\delta}_e$为

$$\boldsymbol{\delta}_e = [\boldsymbol{\delta}_1^{\mathrm{T}} \quad \boldsymbol{\delta}_2^{\mathrm{T}} \quad \boldsymbol{\delta}_3^{\mathrm{T}} \quad \boldsymbol{\delta}_4^{\mathrm{T}}]^{\mathrm{T}}$$

$$\boldsymbol{\delta}_i^{\mathrm{T}} = [w_i \quad \theta_{xi} \quad \theta_{yi}]^{\mathrm{T}} \tag{5.10.7}$$

其符号含义同5.1节。若挠度 w 和5.1节相同取不完全四次多项式，也即($\xi = \dfrac{x}{a}, \eta = \dfrac{y}{b}$)

$$\begin{cases} \boldsymbol{F} = [1 \quad \xi \quad \eta \quad \xi^2 \quad \xi \quad \eta \quad \eta^2 \quad \xi^3 \quad \xi^2 \quad \eta \quad \xi \quad \eta^2 \quad \eta^3 \quad \xi^3 \quad \eta \quad \xi \quad \eta^3] \\ w = \boldsymbol{Fa} \end{cases} \tag{5.10.8}$$

若设每边的挠度为三次多项式，法向转角为一次多项式，例如12边

$$\begin{cases} \tilde{w}_{12} = \alpha_1 + \alpha_2\xi + \alpha_3\xi^2 + \alpha_4\xi^3 \\ \tilde{\Phi}_n^{12} = \beta_1 + \beta_2\xi \end{cases} \tag{87}$$

则由边两端位移条件可得

$$\begin{cases} \tilde{w}_{12} = N_1(\xi)w_1 + N_2(\xi)\theta_{y1} + N_3(\xi)w_2 + N_4(\xi)\theta_{y2} \\ \tilde{\Phi}_n^{12} = N_5(\xi)\theta_{x1} + N_6(\xi)\theta_{x2} \end{cases} \tag{5.10.9}$$

式中

$$\begin{cases} N_1(\xi) = (2 - 3\xi + \xi^2)/4 \\ N_2(\xi) = a(-1 + \xi + \xi^2 - \xi^3)/4 \\ N_3(\xi) = (2 + 3\xi - \xi^3)/4 \\ N_4(\xi) = a(1 + \xi - \xi^2 - \xi^3)/4 \\ N_5(\xi) = (1 - \xi)/2 \\ N_6(\xi) = (1 + \xi)/2 \end{cases} \tag{5.10.10}$$

仿此，不难得到各边的挠度及法向转角。

有了式(5.10.8)及式(5.10.9)，则可定义12边平均挠度 d_8 为

$$\int_{-1}^{+1} \boldsymbol{Fa}\Big|_{\eta=-1} \mathrm{d}\xi = d_8 = \int_{-1}^{+1} \tilde{w}_{12}\mathrm{d}\xi \tag{88}$$

可得

$$d_8 = 2a_1 - 2a_3 + \frac{2}{3}a_4 + 2a_6 - \frac{2}{3}a_8 - 2a_{10}\left(= \int_{-1}^{+1} \boldsymbol{Fa}\Big|_{\eta=-1} \mathrm{d}\xi\right) \tag{89}$$

$$d_8 = w_1 - \frac{a}{3}\theta_{z1} + w_2 + \frac{a}{3}\theta_{z2}\left(= \int_{-1}^{+1} \tilde{w}_{12}\mathrm{d}\xi\right) \tag{90}$$

仿此，龙驭球教授选取如下12个广义位移：

4个法向平均转角

$$\begin{cases} \int_{-1}^{+1} \left(\dfrac{\partial w}{\partial y}\right)_{12}\mathrm{d}\xi = d_1 = \int_{-1}^{+1} \tilde{\Phi}_n^{12}\mathrm{d}\xi \\ \int_{-1}^{+1} \left(\dfrac{\partial w}{\partial x}\right)_{23}\mathrm{d}\eta = d_2 = \int_{-1}^{+1} \tilde{\Phi}_n^{23}\mathrm{d}\eta \\ \int_{-1}^{+1} \left(\dfrac{\partial w}{\partial y}\right)_{43}\mathrm{d}\xi = d_3 = \int_{-1}^{+1} \tilde{\Phi}_n^{43}\mathrm{d}\xi \\ \int_{-1}^{+1} \left(\dfrac{\partial w}{\partial x}\right)_{14}\mathrm{d}\eta = d_4 = \int_{-1}^{+1} \tilde{\Phi}_n^{14}\mathrm{d}\eta \end{cases} \tag{5.10.11}$$

3 个切向平均转角

$$\begin{cases}\int_{-1}^{+1}\left(\frac{\partial w}{\partial \xi}\right)_{12}\mathrm{d}\xi = d_5 = \int_{-1}^{+1}\frac{\mathrm{d}\tilde{w}_{12}}{\mathrm{d}\xi}\mathrm{d}\xi \\ \int_{-1}^{+1}\left(\frac{\partial w}{\partial \eta}\right)_{12}\mathrm{d}\eta = d_6 = \int_{-1}^{+1}\frac{\mathrm{d}\tilde{w}_{23}}{\mathrm{d}\eta}\mathrm{d}\eta \\ \int_{-1}^{+1}\left(-\frac{\partial w}{\partial \xi}\right)_{43}\mathrm{d}\xi = d_7 = \int_{-1}^{+1}-\frac{\mathrm{d}\tilde{w}_{43}}{\mathrm{d}\xi}\mathrm{d}\xi\end{cases} \tag{5.10.12}$$

3 个平均挠度

$$\begin{cases}\int_{-1}^{+1} w_{12}\mathrm{d}\xi = d_8 = \int_{-1}^{+1}\tilde{w}_{12}\mathrm{d}\xi \\ \int_{-1}^{+1} w_{23}\mathrm{d}\eta = d_9 = \int_{-1}^{+1}\tilde{w}_{23}\mathrm{d}\eta \\ \int_{-1}^{+1} w_{43}\mathrm{d}\xi = d_{10} = \int_{-1}^{+1}\tilde{w}_{43}\mathrm{d}\xi\end{cases} \tag{5.10.13}$$

2 个结点转角

$$\begin{cases}\left(\frac{\partial w}{\partial x}\right)_1 = d_{11} = -\theta_{y1} \\ \left(\frac{\partial w}{\partial y}\right)_1 = d_{12} = \theta_{x1}\end{cases} \tag{5.10.14}$$

这里所以取式(5.10.14)是因为每边平均挠度、平均切向转角和平均法向转角 12 个关系中有 2 个恒等关系式,因此只有 10 个独立的平均位移。

由这 12 个关系可得

$$\boldsymbol{C} = \left[\begin{array}{c:cc:ccc:cccc:cc} 0 & 0 & \frac{2}{b} & 0 & 0 & -\frac{4}{b} & 0 & \frac{2}{(3b)} & 0 & \frac{6}{b} & 0 & 0 \\ 0 & \frac{2}{a} & 0 & \frac{4}{a} & 0 & 0 & \frac{6}{a} & 0 & \frac{2}{(3a)} & 0 & 0 & 0 \\ 0 & 0 & \frac{2}{b} & 0 & 0 & \frac{4}{b} & 0 & \frac{2}{(3b)} & 0 & \frac{6}{b} & 0 & 0 \\ 0 & \frac{2}{a} & 0 & -\frac{4}{a} & 0 & 0 & \frac{6}{a} & 0 & \frac{2}{(3a)} & 0 & 0 & 0 \\ \hdashline 0 & 2 & 0 & 0 & -2 & 0 & 2 & 0 & 2 & 0 & -2 & -2 \\ 0 & 0 & 2 & 0 & 2 & 0 & 0 & 2 & 0 & 2 & 2 & 2 \\ 0 & -2 & 0 & 0 & -2 & 0 & -2 & 0 & -2 & 0 & -2 & -2 \\ \hdashline 2 & 0 & -2 & \frac{2}{3} & 0 & 2 & 0 & \frac{-2}{3} & 0 & -2 & 0 & 0 \\ 2 & 2 & 0 & 2 & 0 & \frac{2}{3} & 2 & 0 & \frac{2}{3} & 0 & 0 & 0 \\ 2 & 0 & 2 & \frac{2}{3} & 0 & 2 & 0 & \frac{2}{3} & 0 & 2 & 0 & 0 \\ \hdashline 0 & \frac{1}{a} & 0 & \frac{-2}{a} & \frac{-1}{a} & 0 & \frac{3}{a} & \frac{2}{a} & \frac{1}{a} & 0 & \frac{-3}{a} & \frac{-1}{a} \\ 0 & 0 & \frac{1}{b} & 0 & \frac{-1}{b} & \frac{-2}{b} & 0 & \frac{1}{b} & \frac{2}{b} & \frac{3}{b} & \frac{-1}{b} & \frac{-3}{b} \end{array}\right]\begin{array}{l}\text{平均法向} \\ \text{平均切线} \\ \text{平均挠度} \\ \text{结点}\end{array} \tag{5.10.15}$$

0 次　1 次　2 次　3 次　4 次

$$
\boldsymbol{G}=\begin{bmatrix}
0 & 1 & 0 & 0 & 1 & 0 & 0 & 0 & 0 & 0 & 0 & 0\\
0 & 0 & 0 & 0 & 0 & -1 & 0 & 0 & -1 & 0 & 0 & 0\\
0 & 0 & 0 & 0 & 0 & 0 & 0 & 1 & 0 & 0 & 1 & 0\\
0 & 0 & -1 & 0 & 0 & 0 & 0 & 0 & 0 & 0 & 0 & -1\\
-1 & 0 & 0 & 1 & 0 & 0 & 0 & 0 & 0 & 0 & 0 & 0\\
0 & 0 & 0 & -1 & 0 & 0 & 1 & 0 & 0 & 0 & 0 & 0\\
0 & 0 & 0 & 0 & 0 & 0 & -1 & 0 & 0 & 1 & 0 & 0\\
1 & 0 & \dfrac{-a}{3} & 1 & 0 & \dfrac{a}{3} & 0 & 0 & 0 & 0 & 0 & 0\\
0 & 0 & 0 & 1 & \dfrac{b}{3} & 0 & 0 & \dfrac{-b}{3} & 0 & 0 & 0 & 0\\
0 & 0 & 0 & 0 & 0 & 0 & 1 & 0 & \dfrac{a}{3} & 1 & 0 & \dfrac{-a}{3}\\
0 & 0 & -1 & 0 & 0 & 0 & 0 & 0 & 0 & 0 & 0 & 0\\
0 & 1 & 0 & 0 & 0 & 0 & 0 & 0 & 0 & 0 & 0 & 0
\end{bmatrix} \tag{5.10.16}
$$

并且可证 $\boldsymbol{C}$、$\boldsymbol{G}$ 均可逆。

将式(5.10.8)、式(5.10.15) 和式(5.10.16) 代入式(5.10.6)，即可获得 12 自由度单元的形函数矩阵 $\boldsymbol{N}$，从而建立单刚与等效荷载。由于这些过程与 5.1 节相同，因此不再介绍。

5.10.3　算例

【例 5.8】　利用 RGC－12 对简支、固支方板在均布荷载 q、中心集中荷载 P 作用下进行了计算，表5.10 给出了薄板中心挠度系数，并与非协调 12 自由度单元作了对比，括号中数字表示相对误差。从表可见 RGC－12 的精度高于非协调元。在表 5.11 中给出了弯矩系数，精度也很好。

表 5.10　中心挠度系数

网格（整板）	四边简支板			
	α（均载）		β（集中荷载）	
	ACM	RGC－12	ACM	RGC－12
2×2	0.344 6（－15%）	0.400 3（－1.5%）	1.37 8（＋18.8%）	1.116（－3.8%）
4×4	0.393 9（－3%）	0.403 4（－0.7%）	1.233（＋6.3%）	1.146（－1.2%）
8×8	0.403 3（－0.7%）	0.405 3（－0.2%）	1.183（＋2%）	1.155（－0.4%）
16×16	0.405 6（－0.15%）	0.406 1（－0.02%）	1.167（＋0.6%）	1.159（－0.1%）
解析解	0.406 2		1.160	
网格（整板）	四边固定板			
	α（均载）		β（集中荷载）	
	ACM	RGC－12	ACM	RGC－12
2×2	0.148 0（＋17.5%）	0.147 9（＋17.4%）	0.591 9（＋5.7%）	0.591 8（＋5.7%）
4×4	0.140 3（＋11.3%）	0.122 8（－2.5%）	0.613 4（＋9.5%）	0.543 3（－3.0%）
8×8	0.130 4（＋3.5%）	0.125 3（－0.6%）	0.580 3（＋3.6%）	0.555 0（－0.9%）
16×16	0.127 5（＋1.2%）	0.126 2（＋0.2%）	0.567 2（＋1.3%）	0.559 6（－0.07%）
解析解	0.126 0		0.560 0	
附注	$\begin{cases} w_{\max}=\alpha\dfrac{ql^4}{D}\left(\dfrac{1}{100}\right)\text{（均载）}\\ w_{\max}=\beta\dfrac{Pl^2}{D}\left(\dfrac{1}{100}\right)\text{（集中荷载）}\end{cases}$			

表5.11　弯矩系数

网格(整板)	中心弯矩		边界中点弯矩	
	四边简支板	四边固定板	四边固定板	
	α_1(荷载 q)	α_1(荷载 q)	α_1(荷载 q)	β_1(荷载 p)
2×2	0.051 2(+8.8%)	0.046 2(+100%)	−0.035 5(+30.8%)	−0.142 0(−13.0%)
4×4	0.048 4(+1.0%)	0.023 9(+3.5%)	−0.043 8(+14.6%)	−0.115 6(+8.0%)
8×8	0.047 9(0%)	0.023 0(−0.4%)	−0.048 9(+4.7%)	−0.122 1(+2.9%)
16×16	0.047 9(0%)	0.023 0(−0.4%)	−0.050 6(+1.4%)	−0.124 5(+1.0%)
解析解	0.047 9	0.023 1	−0.051 3	−0.125 7
附注	$\begin{cases} M = \alpha_1 q l^2 & \text{(均载)} \\ M = \beta_1 P & \text{(集中荷载)} \end{cases}$			

习　　题

5.1　在薄板弯曲时,为什么能用中面挠度函数 w 来确定任一点的位移与应力?任一点位移与应力如何用 w 来表示?

5.2　矩形薄板单元(R_{12})挠度中的四次方项,在同样保证几何不变性条件下,可否取为

$$a_{11}x^4 + a_{12}y^4$$

为什么?

5.3　请用试凑法建立形函数 N_{x1} 和 N_{y1}。

5.4　试说明为什么能通过小片检验的单元,在单元细分时是收敛的。(提示:从解答的惟一性来考虑)

5.5　试从解答的界限性来说明,为什么一些非完全协调元有时反而精度更高?

5.6　试写出三角形9自由度与 w_i、θ_{1i} 和 θ_{2i} 相应的全部形函数。

5.7　试由题5.6的形函数写出 N_{xi} 和 N_{yi},并验证其结果与式(5.27)是否一致。

5.8　矩形板结构,受横向均布力作用,用有限元计算时,内部各点的荷载如何?边界上各点的荷载如何?

5.9　试验证式(5.2.17)的正确性。

5.10　试写出文克尔弹性地基板的程序框图。

5.11　试写出弹性半空间地基板分析程序的框图。

5.12　试概述建立SAP板单元的基本思路和构造步骤。

5.13　可有那些途径建立协调板单元?试述其基本思路。

5.14　试写出矩形8结点计剪切变形影响板单元在均布荷载下的等效结点荷载显式。

5.15　若已有一个能算12自由度和8结点计剪切板单元的程序,试说明应如何修改程序使其能用来解文克尔地基板。

5.16　8结点计剪切板单元分析一般内力是在高斯积分点处给出,要获得结点处的内力,应如何处理?

5.17　等厚方形简支板在均布荷载作用下,用三角形网格划分时可取板的几分之一计算？边界条件应如何处理?

5.18　等厚方形简支板在板中心集中荷载作用下,用方形单元作离散时,可取板的几分之一分析？此时边界条件是什么？所取计算简图相应整板中心处所受荷载是多少?

5.19　对变厚度板,用非协调元应如何分析?

5.20　为分析圆板的轴对称弯曲,可采用圆环板单元。如以内圆和外圆为结点(实际是节圆),试推导形函数、单元刚度矩阵和横向分布力作用时的单元等效结点荷载。

5.21　用平面壳体单元分析壳体时,单元的面内变形与中面的弯曲变形是不耦联的,集合成整个结构后,壳体中面面内变形与弯曲变形耦联否？为什么?

5.22　用平面壳体单元分析壳体有什么优缺点?

5.23　若有一矩形双线性平面问题程序和矩形12自由度的薄板程序,应如何改造使其既可算平面问题,又能算薄板,还能作平面壳体单元分析?

5.24　试概述计剪切变形影响壳体单元的分析步骤。

5.25　在确定了中面各点法线方向余弦矩阵的条件下,试验证式(5.8.36)和式(5.8.37)。

5.26　计剪切变形影响壳体单元分析时应注意什么问题?

5.27　试写出计算剪切壳体单元程序框图(尽可能细)。

5.28　用平面壳元分析时为什么要引入 θ_z？什么时候会因为它出问题？这时应如何解决?

5.29　试写出旋转壳单元程序框图(尽可能细些)。

5.30　试概述建立广义协调元的基本思路,并指出方法的关键是什么?

第6章　广义变分原理及其在有限元分析中的应用

在本章之前所介绍的均为以单元结点位移作为基本未知量，通过插值构造建立单元位移场，用虚位移或势能原理进行单元列式的有限元分析（简称位移元）。随着有限元的发展，除位移元外还提出了许多并非（或并非单一）用位移作未知量，也不是以虚位移或势能原理为依据的单元列式。为给读者打下学习、掌握其他有限元（如混合元、杂交元）的基础，本章先简要介绍广义变分原理有关内容，然后介绍基于广义变分原理的一些有限元应用。

6.1　虚力原理与余能原理

在弹性力学（或更广泛些，在变形体力学）中给虚功原理（也称散度定理、虚位移原理——显然此名容易导致概念混乱）以不同的限定条件，由它可得两个对偶的原理，在本书第1章中介绍了虚位移原理和与其等价的势能原理，本节则介绍其对偶的虚力与余能原理。

6.1.1　虚力原理

虚力原理（弹性力学范围）可叙述为：给定位移状态协调的充分必要条件是，对一切自平衡的虚应力，恒有如下虚功方程成立

$$\int_V \boldsymbol{\sigma}^{\mathrm{T}} \boldsymbol{D}^{-1} \delta \boldsymbol{\sigma} \mathrm{d}V = \int_{S_u} (\boldsymbol{L} \delta \boldsymbol{\sigma})^{\mathrm{T}} \bar{\boldsymbol{d}} \mathrm{d}S \tag{6.1.1}$$

下面我们简单证明它。

必要性证明　此时已知条件是位移状态协调，虚应力是任意自平衡的。要证明的是必有式（6.1.1）成立。

因为与 $\boldsymbol{\sigma}$ 相应的位移协调，所以

$$\boldsymbol{D}^{-1} \boldsymbol{\sigma} = \boldsymbol{A}^{\mathrm{T}} \boldsymbol{d} \tag{1}$$

式中的微分算子矩阵 $\boldsymbol{A}$ 见第1章。

由此可得

$$\int_V \boldsymbol{\sigma}^{\mathrm{T}} \boldsymbol{D}^{-1} \delta \boldsymbol{\sigma} \mathrm{d}V = \int_V (\boldsymbol{A}^{\mathrm{T}} \boldsymbol{d})^{\mathrm{T}} \delta \boldsymbol{\sigma} \mathrm{d}V \tag{2}$$

对（2）右部利用格林公式

$$\int_V (\boldsymbol{A}^{\mathrm{T}} \boldsymbol{d})^{\mathrm{T}} \delta \boldsymbol{\sigma} \mathrm{d}V \equiv \oint_S (\boldsymbol{L} \delta \boldsymbol{\sigma})^{\mathrm{T}} \boldsymbol{d} \mathrm{d}S - \int_V (\boldsymbol{A} \delta \boldsymbol{\sigma})^{\mathrm{T}} \boldsymbol{d} \mathrm{d}V \tag{6.1.2}$$

且根据已知条件（虚应力自平衡）

$$V:\quad \boldsymbol{A} \delta \boldsymbol{\sigma} = \boldsymbol{0}, \quad S_\sigma:\quad \boldsymbol{L} \delta \boldsymbol{\sigma} = \boldsymbol{0} \tag{3}$$

则可见

$$\int_V \boldsymbol{\sigma}^{\mathrm{T}} \boldsymbol{D}^{-1} \delta \boldsymbol{\sigma} \mathrm{d}V \equiv \int_{S_u} (\boldsymbol{L} \delta \boldsymbol{\sigma})^{\mathrm{T}} \bar{\boldsymbol{d}} \mathrm{d}S \tag{4}$$

充分性证明　此时已知条件是对一切自平衡的虚应力恒有式(6.1.1)成立,要证明的是与 $\boldsymbol{\sigma}$ 对应有一协调的位移。

因为已知

$$V:\ \boldsymbol{A}\delta\boldsymbol{\sigma} = \boldsymbol{0}$$

对一任意设定的待定位移 $\boldsymbol{\lambda} = [\lambda_1 \quad \lambda_2 \quad \lambda_3]^{\mathrm{T}}$($\lambda_i$ 可为任选函数)恒有

$$\int_V (\boldsymbol{A}\delta\boldsymbol{\sigma})^{\mathrm{T}} \boldsymbol{\lambda} \mathrm{d}V \equiv 0$$

根据格林公式,上式可写为

$$\int_V (\boldsymbol{A}\delta\boldsymbol{\sigma})^{\mathrm{T}} \boldsymbol{\lambda} \mathrm{d}V \equiv \oint_S (\boldsymbol{L}\delta\boldsymbol{\sigma})^{\mathrm{T}} \boldsymbol{\lambda} \mathrm{d}S - \int_V (\boldsymbol{A}^{\mathrm{T}}\boldsymbol{\lambda})^{\mathrm{T}} \delta\boldsymbol{\sigma} \mathrm{d}V \equiv 0 \tag{5}$$

因为 S_σ:$\boldsymbol{L}\delta\boldsymbol{\sigma} = \boldsymbol{0}$(自平衡已知条件),所以

$$\int_V (\boldsymbol{A}^{\mathrm{T}}\boldsymbol{\lambda})^{\mathrm{T}} \delta\boldsymbol{\sigma} \mathrm{d}V \equiv \int_{S_u} (\boldsymbol{L}\delta\boldsymbol{\sigma})^{\mathrm{T}} \boldsymbol{\lambda} \mathrm{d}S \tag{6}$$

将式(6.1.1)减式(6)则可得

$$\int_V (\boldsymbol{D}^{-1}\boldsymbol{\sigma} - \boldsymbol{A}^{\mathrm{T}}\boldsymbol{\lambda})^{\mathrm{T}} \delta\boldsymbol{\sigma} \mathrm{d}V + \int_{S_u} (\boldsymbol{L}\delta\boldsymbol{\sigma})^{\mathrm{T}} (\boldsymbol{\lambda} - \bar{\boldsymbol{d}}) \mathrm{d}S = 0 \tag{7}$$

由于 S_u:$\boldsymbol{L}\delta\boldsymbol{\sigma} = \delta\boldsymbol{F}_{\mathrm{S}}$ 为 S_u 上的虚约束反力,对一切 $\delta\boldsymbol{\sigma}$ 在 V:$\boldsymbol{A}\delta\boldsymbol{\sigma} = 0$ 的条件下,可以证明 $\delta\boldsymbol{F}_{\mathrm{S}}$ 是任意且独立的。

若记

$$\boldsymbol{\varepsilon}_s = \boldsymbol{D}^{-1}\boldsymbol{\sigma} = [\varepsilon_x \quad \varepsilon_y \quad \varepsilon_z \quad \gamma_{xy} \quad \gamma_{yz} \quad \gamma_{zx}]_s^{\mathrm{T}} \tag{8}$$

则式(7)可改写为

$$\begin{aligned} \int_V \{ & (\varepsilon_x^s - \frac{\partial \lambda}{\partial x})\delta\sigma_x + (\varepsilon_y^s - \frac{\partial \lambda_2}{\partial y})\delta\sigma_y + (\varepsilon_z^s - \frac{\partial \lambda^3}{\partial z})\delta\sigma_z + \\ & [\gamma_{xy}^s - (\frac{\partial \lambda_1}{\partial y} + \frac{\partial \lambda_2}{\partial x})]\delta\tau_{xy} + [\gamma_{yz}^s - (\frac{\partial \lambda_2}{\partial z} + \frac{\partial \lambda_3}{\partial y})]\delta\tau_{yz} + \\ & [\gamma_{zx}^s - (\frac{\partial \lambda_3}{\partial x} + \frac{\partial \lambda_1}{\partial z})]\delta\tau_{zx} \} \mathrm{d}V + \int_{S_u} (\boldsymbol{\lambda} - \bar{\boldsymbol{d}})^{\mathrm{T}} \delta\boldsymbol{F}_{\mathrm{S}} \mathrm{d}S \equiv 0 \end{aligned} \tag{9}$$

由于 V:$\boldsymbol{A}\delta\boldsymbol{\sigma} = \boldsymbol{0}$,所以6个应力分量中只有3个是任意、独立的,不失一般性,这里设3个剪应力是独立的,则 $\delta\sigma_x$、$\delta\sigma_y$ 和 $\delta\sigma_z$ 将由 $\boldsymbol{A}\delta\boldsymbol{\sigma} = \boldsymbol{0}$ 来确定。又因为 $\boldsymbol{\lambda}$ 是可任选的待定位移,因此若在 V 内选 $\boldsymbol{\lambda}$ 使其满足

$$\frac{\partial \lambda_1}{\partial x} = \varepsilon_x^s \quad \frac{\partial \lambda_2}{\partial y} = \varepsilon_y^s \quad \frac{\partial \lambda_3}{\partial z} = \varepsilon_z^s \tag{10}$$

则式(9)成为

$$\begin{aligned} \int_V \{ & [\gamma_{xy}^s - (\frac{\partial \lambda_1}{\partial y} + \frac{\partial \lambda_2}{\partial x})]\delta\tau_{xy} + [\gamma_{yz}^s - (\frac{\partial \lambda_2}{\partial z} + \frac{\partial \lambda_3}{\partial y})]\delta\tau_{yz} + \\ & [\gamma_{zx}^s - (\frac{\partial \lambda_3}{\partial x} + \frac{\partial \lambda_1}{\partial z})]\delta\tau_{zx} \} \mathrm{d}V + \int_{S_u} (\boldsymbol{\lambda} - \bar{\boldsymbol{d}})^{\mathrm{T}} \delta\boldsymbol{F}_{\mathrm{S}} \mathrm{d}S \equiv 0 \end{aligned} \tag{11}$$

由3个剪应力和 $\delta\boldsymbol{F}_{\mathrm{S}}$ 的任意、独立性,可得

$$V:\quad \frac{\partial \lambda_1}{\partial y} + \frac{\partial \lambda_2}{\partial x} = \gamma_{xy}^s \quad \frac{\partial \lambda_2}{\partial z} + \frac{\partial \lambda_3}{\partial y} = \gamma_{yz}^s \quad \frac{\partial \lambda_3}{\partial x} + \frac{\partial \lambda_1}{\partial z} = \gamma_{zx}^s \tag{12}$$

$$S_u:\quad \boldsymbol{\lambda} - \bar{\boldsymbol{d}} = \boldsymbol{0} \tag{13}$$

由式(10)、式(12) 和式(13) 可见，在选待定函数 $\boldsymbol{\lambda}$ 满足前 3 个几何方程条件下，是在式(6.1.1) 成立前提下，$\boldsymbol{\lambda}$ 必满足后 3 个几何方程和位移边界条件，也即

$$V:\ \boldsymbol{D}^{-1}\boldsymbol{\sigma} - \boldsymbol{A}^{\mathrm{T}}\boldsymbol{\lambda} = \boldsymbol{0}\quad S_u:\boldsymbol{\lambda} - \bar{\boldsymbol{d}} = \boldsymbol{0}$$

这就证明，可从 $\boldsymbol{\sigma}$ 获得协调位移。

6.1.2　余能原理

用类似推导虚位移原理的方法推导势能原理，由虚力原理可得

$$\delta\left[\frac{1}{2}\int_V \boldsymbol{\sigma}^{\mathrm{T}}\boldsymbol{D}^{-1}\boldsymbol{\sigma}\mathrm{d}V - \int_{S_u}\bar{\boldsymbol{d}}^{\mathrm{T}}(\boldsymbol{L}\boldsymbol{\sigma})\mathrm{d}S\right] = 0 \tag{14}$$

若记

$$\Pi_{\mathrm{c}} = \frac{1}{2}\int_V \boldsymbol{\sigma}^{\mathrm{T}}\boldsymbol{D}^{-1}\boldsymbol{\sigma}\mathrm{d}V - \int_{S_u}\bar{\boldsymbol{d}}^{\mathrm{T}}(\boldsymbol{L}\boldsymbol{\sigma})\mathrm{d}S \tag{6.1.3}$$

并称为**变形体的总余能**，则可得：在一切可能的静力平衡状态中，某应力状态为真实应力的充分必要条件是，变形体的总余能取驻值。对于线弹性材料，此驻值为最小值。

这就是余能原理。如果简单地说势能原理（虚位移原理）等价于平衡条件，则余能原理（虚力原理）等价于变形协调条件。它们是从虚功原理派生的一对对偶原理。

因为总势能 $\Pi_{\mathrm{p}}(\boldsymbol{d})$ 为

$$\Pi_{\mathrm{p}}(\boldsymbol{d}) = \frac{1}{2}\int_V \boldsymbol{\sigma}^{\mathrm{T}}\boldsymbol{\varepsilon}\mathrm{d}V - \int_V \boldsymbol{F}_{\mathrm{b}}^{\mathrm{T}}\boldsymbol{d}\mathrm{d}V - \int_{S_\sigma}\boldsymbol{F}_{\mathrm{S}}^{\mathrm{T}}\boldsymbol{d}\mathrm{d}S$$

总余能 $\Pi_{\mathrm{c}}(\boldsymbol{\sigma})$ 为

$$\Pi_{\mathrm{c}}(\boldsymbol{\sigma}) = \frac{1}{2}\int_V \boldsymbol{\varepsilon}^{\mathrm{T}}\boldsymbol{\sigma}\mathrm{d}V - \int_{S_u}(\boldsymbol{L}\boldsymbol{\sigma})^{\mathrm{T}}\bar{\boldsymbol{d}}\mathrm{d}S$$

用格林公式不难证明

$$\Pi_{\mathrm{p}}(\boldsymbol{d}) + \Pi_{\mathrm{c}}(\boldsymbol{\sigma}) \equiv 0 \tag{6.1.4}$$

6.2　泛函的变换格式

龙驭球教授在讨论广义变分原理时，为便于表述，对泛函所涉及的问题作了如下分类和命名：

1. 变量的分类

泛函中所显含的自变函数称泛函的**泛函变量**。

泛函中除泛函变量之外，对所讨论问题应包含的函数，称泛函的**增广变量**。

例如，势能泛函 $\Pi_{\mathrm{p}}(\boldsymbol{d})$（见上节），位移 $\boldsymbol{d}$ 是泛函变量，应力 $\boldsymbol{\sigma}$ 和应变 $\boldsymbol{\varepsilon}$ 是增广变量。

2. 泛函所满足条件的分类

泛函中泛函变量必须事先满足的条件，称**强制条件**。

由泛函的变分等于零所导出的条件（欧拉方程），称**自然条件**。

泛函中泛函变量与增广变量或两增广变量间应满足的条件，称**增广条件**。

仍以 $\Pi_{\mathrm{p}}(\boldsymbol{d})$ 为例，$S_u:\boldsymbol{d} - \bar{\boldsymbol{d}} = \boldsymbol{0}$ 为强制条件，$V:\boldsymbol{\varepsilon} - \boldsymbol{A}^{\mathrm{T}}\boldsymbol{d} = \boldsymbol{0}$ 和 $\boldsymbol{D}\boldsymbol{\varepsilon} - \boldsymbol{\sigma} = \boldsymbol{0}$ 为增广条件，

V:$\boldsymbol{A}(\boldsymbol{D}\boldsymbol{A}^{\mathrm{T}}\boldsymbol{d})+\boldsymbol{F}_{\mathrm{b}}=\boldsymbol{0}$ 与 S_σ:$\boldsymbol{F}_{\mathrm{S}}-\boldsymbol{L}\boldsymbol{\sigma}=\boldsymbol{0}$ 为自然条件。

3. 两泛函间关系的分类

两泛函所包含变量相同,但何为泛函变量彼此可以不同;两泛函所满足的全部条件(上述3类)相同,但全部条件如何划分强制条件、增广条件和自然条件则彼此可以不同。这样的两泛函称做**广义等价**。

若两广义等价的泛函其所包含变量对应且相同,所满足条件也对应且相同,则称此两泛函为**等价**。

若两等价的泛函间只相差一个比例系数,则称这两泛函为**互等**。

除此之外,由一泛函变成另一泛函有3种常用变换格式:放松格式、增广格式和等价格式,下面通过举例分3小节作一简单介绍。

6.2.1　放松格式——拉氏乘子法

余能原理的数学表示为

$$\Pi_{\mathrm{c}}(\boldsymbol{\sigma})=\int_V\frac{1}{2}\boldsymbol{\sigma}^{\mathrm{T}}\boldsymbol{D}^{-1}\boldsymbol{\sigma}\mathrm{d}V-\int_{S_u}\bar{\boldsymbol{d}}^{\mathrm{T}}\boldsymbol{L}\boldsymbol{\sigma}\mathrm{d}S=\min$$

其强制条件为

在 V 内
$$\boldsymbol{A}\boldsymbol{\sigma}+\boldsymbol{F}_{\mathrm{b}}=\boldsymbol{0} \tag{6.2.1}$$
在 S_σ 上
$$\boldsymbol{F}_{\mathrm{S}}-\boldsymbol{L}\boldsymbol{\sigma}=\boldsymbol{0}$$

显然,这是一个以变量 $\boldsymbol{\sigma}$ 为自变函数(单变量)的泛函条件驻值问题,借助拉氏(Lagrange)乘子可将式(6.2.1)后两式的条件加到式(6.2.1)第一式中,从而建立起一个新的泛函

$$\Pi_{\mathrm{c}}^*(\boldsymbol{\sigma},\boldsymbol{\lambda},\boldsymbol{\mu})=\int_V\left[\frac{1}{2}\boldsymbol{\sigma}^{\mathrm{T}}\boldsymbol{D}^{-1}\boldsymbol{\sigma}+\boldsymbol{\lambda}^{\mathrm{T}}(\boldsymbol{A}\boldsymbol{\sigma}+\boldsymbol{F}_{\mathrm{b}})\right]\mathrm{d}V+\int_{S_\sigma}\boldsymbol{\mu}^{\mathrm{T}}(\boldsymbol{F}_{\mathrm{S}}-\boldsymbol{L}\boldsymbol{\sigma})\mathrm{d}S-\int_{S_u}\bar{\boldsymbol{d}}^{\mathrm{T}}\boldsymbol{L}\boldsymbol{\sigma}\mathrm{d}S \tag{6.2.2}$$

式中
$$\boldsymbol{\lambda}=[\lambda_x\quad\lambda_y\quad\lambda_z]^{\mathrm{T}}\quad \boldsymbol{\mu}=[\mu_x\quad\mu_y\quad\mu_z]^{\mathrm{T}} \tag{6.2.3}$$
为拉氏乘子矩阵。对式(6.2.2)求一阶变分可得

$$\delta\Pi_{\mathrm{c}}^*(\boldsymbol{\sigma},\boldsymbol{\lambda},\boldsymbol{\mu})=\int_V[\boldsymbol{\sigma}^{\mathrm{T}}\boldsymbol{D}^{-1}\delta\boldsymbol{\sigma}+\delta\boldsymbol{\lambda}^{\mathrm{T}}(\boldsymbol{A}\boldsymbol{\sigma}+\boldsymbol{F}_{\mathrm{b}})+\boldsymbol{\lambda}^{\mathrm{T}}\boldsymbol{A}\delta\boldsymbol{\sigma}]\mathrm{d}V+\int_{S_\sigma}[\delta\boldsymbol{\mu}^{\mathrm{T}}(\boldsymbol{F}_{\mathrm{S}}-\boldsymbol{L}\boldsymbol{\sigma})-\boldsymbol{\mu}^{\mathrm{T}}\boldsymbol{L}\delta\boldsymbol{\sigma}]\mathrm{d}S-\int_{S_u}\bar{\boldsymbol{d}}^{\mathrm{T}}\boldsymbol{L}\delta\boldsymbol{\sigma}\mathrm{d}S \tag{15}$$

根据格林公式

$$\int_V\boldsymbol{\lambda}^{\mathrm{T}}\boldsymbol{A}\delta\boldsymbol{\sigma}\mathrm{d}V=\int_S\boldsymbol{\lambda}^{\mathrm{T}}\boldsymbol{L}\delta\boldsymbol{\sigma}\mathrm{d}S-\int_V(\boldsymbol{A}^{\mathrm{T}}\boldsymbol{\lambda})^{\mathrm{T}}\delta\boldsymbol{\sigma}\mathrm{d}V \tag{16}$$

则式(15)可改为

$$\delta\Pi_{\mathrm{c}}^*(\boldsymbol{\sigma},\boldsymbol{\lambda},\boldsymbol{\mu})=\int_V[(\boldsymbol{\sigma}^{\mathrm{T}}\boldsymbol{D}^{-1}-\boldsymbol{A}^{\mathrm{T}}\boldsymbol{\lambda})^{\mathrm{T}}\delta\boldsymbol{\sigma}+\delta\boldsymbol{\lambda}^{\mathrm{T}}(\boldsymbol{A}\boldsymbol{\sigma}+\boldsymbol{F}_{\mathrm{b}})]\mathrm{d}V+\int_{S_\sigma}[\delta\boldsymbol{\mu}^{\mathrm{T}}(\boldsymbol{F}_{\mathrm{S}}-L\sigma)+(\boldsymbol{\lambda}-\boldsymbol{\mu})^{\mathrm{T}}\boldsymbol{L}\delta\boldsymbol{\sigma}]\mathrm{d}S+\int_{S_u}(\boldsymbol{\lambda}-\bar{\boldsymbol{d}})^{\mathrm{T}}\boldsymbol{L}\delta\boldsymbol{\sigma}\mathrm{d}S \tag{6.2.4}$$

由式(6.2.4)可见,若选取拉氏乘子为

$$\boldsymbol{\lambda}=\boldsymbol{\mu}=\boldsymbol{d} \tag{6.2.5}$$

则式(6.2.4)改为

$$\delta \Pi_c^*(\boldsymbol{\sigma},\boldsymbol{d}) = \int_V [(\boldsymbol{\sigma}^T\boldsymbol{D}^{-1} - \boldsymbol{A}^T\boldsymbol{d})^T\delta\boldsymbol{\sigma} + \delta\boldsymbol{d}^T(\boldsymbol{A\sigma} + \boldsymbol{F}_b)]dV + \int_{S_\sigma}\delta\boldsymbol{d}^T(\boldsymbol{F}_S - \boldsymbol{L\sigma})dS + \int_{S_u}(\boldsymbol{d} - \bar{\boldsymbol{d}})^T\boldsymbol{L}\delta\boldsymbol{\sigma}dS \quad (6.2.6)$$

由式(6.2.6)不难证明，真实的应力和位移状态 $\boldsymbol{\sigma}$、$\boldsymbol{d}$ 使如下泛函取驻值。

$$\Pi_c^*(\boldsymbol{\sigma},\boldsymbol{d}) = \int_V \left[\frac{1}{2}\boldsymbol{\sigma}^T\boldsymbol{D}^{-1}\boldsymbol{\sigma} + \boldsymbol{d}^T(\boldsymbol{A\sigma} + \boldsymbol{F}_b)\right]dV - \int_{S_\sigma}\boldsymbol{d}^T(\boldsymbol{L\sigma} - \boldsymbol{F}_S)dS - \int_{S_u}\bar{\boldsymbol{d}}\boldsymbol{L\sigma}dS \quad (6.2.7)$$

这就是二变量的广义余能原理（也称 Hellinger - Reissner 原理），其数学表示为

$$\Pi_{HR} = \Pi_c^*(\boldsymbol{\sigma},\boldsymbol{d}) = \min \quad (6.2.8)$$

在 V 内 $\qquad \boldsymbol{\varepsilon} = \boldsymbol{D}^{-1}\boldsymbol{\sigma}$

这种利用拉氏乘子将强制条件吸收到泛函中的泛函变换，即为**放松格式**。

6.2.2　增广格式 —— 高阶拉氏乘子法

二变量的广义余能原理是一无条件泛函，其增广条件是

$$V: \quad \boldsymbol{\varepsilon} - \boldsymbol{D}^{-1}\boldsymbol{\sigma} = \boldsymbol{0} \quad (17)$$

用增广条件可以建立一正定二次型积分

$$Q = \int_V \frac{1}{2}(\boldsymbol{\varepsilon} - \boldsymbol{D}^{-1}\boldsymbol{\sigma})^T\boldsymbol{D}(\boldsymbol{\varepsilon} - \boldsymbol{D}^{-1}\boldsymbol{\sigma})dV \quad (18)$$

将此二次型乘一待定乘子 η 引入广义余能泛函 $\Pi_c^*(\boldsymbol{\sigma},\boldsymbol{d}) = \Pi_{HR}(\boldsymbol{\sigma},\boldsymbol{d})$，可得三变量新泛函

$$\Pi^+(\boldsymbol{d},\boldsymbol{\sigma},\boldsymbol{\varepsilon}) = \Pi_{HR}(\boldsymbol{\sigma},\boldsymbol{d}) + \int_V \frac{\eta}{2}(\boldsymbol{\varepsilon} - \boldsymbol{D}^{-1}\boldsymbol{\sigma})^T\boldsymbol{D}(\boldsymbol{\varepsilon} - \boldsymbol{D}^{-1}\boldsymbol{\sigma})dV = \int_V\left[\frac{1}{2}\boldsymbol{\sigma}^T\boldsymbol{D}^{-1}\boldsymbol{\sigma} + \boldsymbol{d}^T(\boldsymbol{A\sigma} + \boldsymbol{F}_b)\right]dV - \int_{S_\sigma}\boldsymbol{d}^T(\boldsymbol{L\sigma} - \boldsymbol{F}_S)dS - \int_{S_u}\bar{\boldsymbol{d}}^T\boldsymbol{L\sigma}dS + \int_V \frac{\eta}{2}(\boldsymbol{\varepsilon} - \boldsymbol{D}^{-1}\boldsymbol{\sigma})^T\boldsymbol{D}(\boldsymbol{\varepsilon} - \boldsymbol{D}^{-1}\boldsymbol{\sigma})dV \quad (6.2.9)$$

此泛函实际上就是钱伟长教授提出的 $\Pi_{G\lambda}$ **泛函**。

这种将增广条件做成二次型引入少变量无条件泛函，从而获得多变量无条件泛函的泛函变换，即为**增广格式**。

6.2.3　等价格式

这种格式与增广格式相仿，但二次型不是由增广条件建立，而是用自然条件构造。这种格式的特点是将无条件泛函变为含有可选参数的无条件泛函

例如，三变量胡海昌 - 鹫津久一郎泛函 Π_{HW} 为

$$\Pi_{HW}(\boldsymbol{d},\boldsymbol{\varepsilon},\boldsymbol{\sigma}) = \int_V\left[\frac{1}{2}\boldsymbol{\varepsilon}^T\boldsymbol{D\varepsilon} - \boldsymbol{\sigma}^T(\boldsymbol{\varepsilon} - \boldsymbol{A}^T\boldsymbol{d}) - \boldsymbol{F}_b^T\boldsymbol{d}\right]dV - \int_{S_\sigma}\boldsymbol{F}_S^T\boldsymbol{d}dS - \int_{S_u}(\boldsymbol{d} - \bar{\boldsymbol{d}})^T\boldsymbol{L\sigma}dS \quad (6.2.10)$$

用其自然条件 $V: \boldsymbol{\sigma} - \boldsymbol{D\varepsilon} = \boldsymbol{0}$ 构造正定二次型

$$Q = \int_V \frac{1}{2}(\boldsymbol{\sigma} - \boldsymbol{D\varepsilon})^T\boldsymbol{D}^{-1}(\boldsymbol{\sigma} - \boldsymbol{D\varepsilon})dV \quad (19)$$

则新泛函 Π_{L}

$$\Pi_{\mathrm{L}}(\boldsymbol{d},\boldsymbol{\varepsilon},\boldsymbol{\sigma}) = \Pi_{\mathrm{HW}} + \int_V \frac{\eta}{2}(\boldsymbol{\sigma} - \boldsymbol{D\varepsilon})^{\mathrm{T}}\boldsymbol{D}^{-1}(\boldsymbol{\sigma} - \boldsymbol{D\varepsilon})\,\mathrm{d}V \tag{6.2.11}$$

就是一个与 Π_{HW} 等价,含有一个可选参数的无条件泛函。实际上,式(6.2.11)就是钱伟长提出的 Π_{GN}。式(6.2.11)当 $\boldsymbol{\eta} = -1$ 时,由式(6.2.10)和式(6.2.11)可见,新泛函将由三变量的 Π_{HW}"退化"变成两变量的无条件泛函 $-\Pi_{\mathrm{HR}}(\boldsymbol{d},\boldsymbol{\sigma})$。

6.3 含可选参数的广义变分原理

从式(6.2.10)胡鹫泛函出发,建立如下14个二次型(均由自然条件构造)

$$\left\{\begin{aligned}
Q_1 &= \int_V \frac{1}{2}(\boldsymbol{\sigma} - \boldsymbol{D\varepsilon})^{\mathrm{T}}\boldsymbol{D}^{-1}(\boldsymbol{\sigma} - \boldsymbol{D\varepsilon})\,\mathrm{d}V \\
Q_2 &= \int_V \frac{1}{2}(\boldsymbol{\varepsilon} - \boldsymbol{A}^{\mathrm{T}}\boldsymbol{d})^{\mathrm{T}}\boldsymbol{D}(\boldsymbol{\varepsilon} - \boldsymbol{A}^{\mathrm{T}}\boldsymbol{d})\,\mathrm{d}V \\
Q_3 &= \int_V \frac{1}{2}(\boldsymbol{A\sigma} + \boldsymbol{F}_{\mathrm{b}})^{\mathrm{T}}(\boldsymbol{A\sigma} + \boldsymbol{F}_{\mathrm{b}})\,\mathrm{d}V \\
Q_4 &= \int_V (\boldsymbol{D\varepsilon} - \boldsymbol{\sigma})^{\mathrm{T}}(\boldsymbol{\varepsilon} - \boldsymbol{A}^{\mathrm{T}}\boldsymbol{d})\,\mathrm{d}V \\
Q_5 &= \int_V (\boldsymbol{A\sigma} + \boldsymbol{F}_{\mathrm{b}})^{\mathrm{T}}\boldsymbol{B}(\boldsymbol{\sigma} - \boldsymbol{D\varepsilon})\,\mathrm{d}V \\
Q_6 &= \int_V (\boldsymbol{A\sigma} + \boldsymbol{F}_{\mathrm{b}})^{\mathrm{T}}\boldsymbol{BD}(\boldsymbol{\varepsilon} - \boldsymbol{A}^{\mathrm{T}}\boldsymbol{d})\,\mathrm{d}V \\
Q_7 &= \int_{S_u} \frac{1}{2}(\boldsymbol{d} - \bar{\boldsymbol{d}})^{\mathrm{T}}(\boldsymbol{d} - \bar{\boldsymbol{d}})\,\mathrm{d}S \\
Q_8 &= \int_{S_u} (\boldsymbol{d} - \bar{\boldsymbol{d}})^{\mathrm{T}}\boldsymbol{L}(\boldsymbol{\sigma} - \boldsymbol{D\varepsilon})\,\mathrm{d}S \\
Q_9 &= \int_{S_u} (\boldsymbol{d} - \bar{\boldsymbol{d}})^{\mathrm{T}}\boldsymbol{LD}(\boldsymbol{\varepsilon} - \boldsymbol{A}^{\mathrm{T}}\boldsymbol{d})\,\mathrm{d}S \\
Q_{10} &= \int_{S_u} (\boldsymbol{d} - \bar{\boldsymbol{d}})^{\mathrm{T}}(\boldsymbol{A\sigma} + \boldsymbol{F}_{\mathrm{b}})\,\mathrm{d}S \\
Q_{11} &= \int_{S_\sigma} \frac{1}{2}(\boldsymbol{L\sigma} - \boldsymbol{F}_{\mathrm{S}})^{\mathrm{T}}(\boldsymbol{L\sigma} - \boldsymbol{F}_{\mathrm{S}})\,\mathrm{d}S \\
Q_{12} &= \int_{S_\sigma} (\boldsymbol{L\sigma} - \boldsymbol{F}_{\mathrm{S}})^{\mathrm{T}}\boldsymbol{L}(\boldsymbol{\sigma} - \boldsymbol{D\varepsilon})\,\mathrm{d}S \\
Q_{13} &= \int_{S_\sigma} (\boldsymbol{L\sigma} - \boldsymbol{F}_{\mathrm{S}})^{\mathrm{T}}\boldsymbol{LD}(\boldsymbol{\varepsilon} - \boldsymbol{A}^{\mathrm{T}}\boldsymbol{d})\,\mathrm{d}S \\
Q_{14} &= \int_{S_\sigma} (\boldsymbol{L\sigma} - \boldsymbol{F}_{\mathrm{S}})^{\mathrm{T}}(\boldsymbol{A\sigma} + \boldsymbol{F}_{\mathrm{b}})\,\mathrm{d}S
\end{aligned}\right. \tag{6.3.1}$$

则可以利用等价格式建立新泛函

$$\Pi_{\mathrm{L}}(\boldsymbol{d},\boldsymbol{\sigma},\boldsymbol{\varepsilon}) = \Pi_{\mathrm{HW}}(\boldsymbol{d},\boldsymbol{\sigma},\boldsymbol{\varepsilon}) + \sum_i \eta_i Q_i \tag{6.3.2}$$

在式(6.2.12)中 $\boldsymbol{B}$ 是一个元素可任选的 3×6 阶矩阵;在式(6.2.13)中 η_i 是满足图6.1

所示通路条件下的可任选的参数。

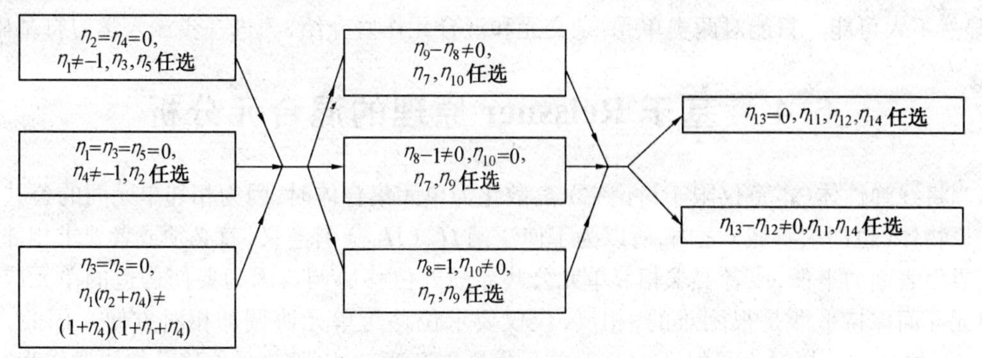

图6.1　参数选择方案通路图

可以证明,参数选择满足上述任一条通路时,由 $\delta\Pi_{\mathrm{L}}=0$ 可得到全部弹性力学方程,也即 Π_{L} 和 Π_{HW} 是等价的泛函。

为便于掌握弹性力学各变分原理间的关系,现以一图形显示。图6.2中所谓换元乘子系指:放松格式只能将强制条件吸收到新泛函中来,要想把增广条件吸收到新泛函中来,利用增广条件将(部分)增广变量换成泛函变量(或者说用增广条件使原泛函中增广变量变成新泛函泛函变量),因此原泛函的增广条件就变成新泛函的强制条件,然后再用放松格式吸收新强制条件到泛函中来。这种分两步:换元、放松。从而达到吸收增广条件入泛函的方法即为换元乘子法。

由图6.2可见,像位移元先插值构造位移场,然后用势能原理(或虚位移原理)进行位移元列式。显然可用余能(或虚力)原理建立应力元,从二变量或三变量的广义变分原理出发,

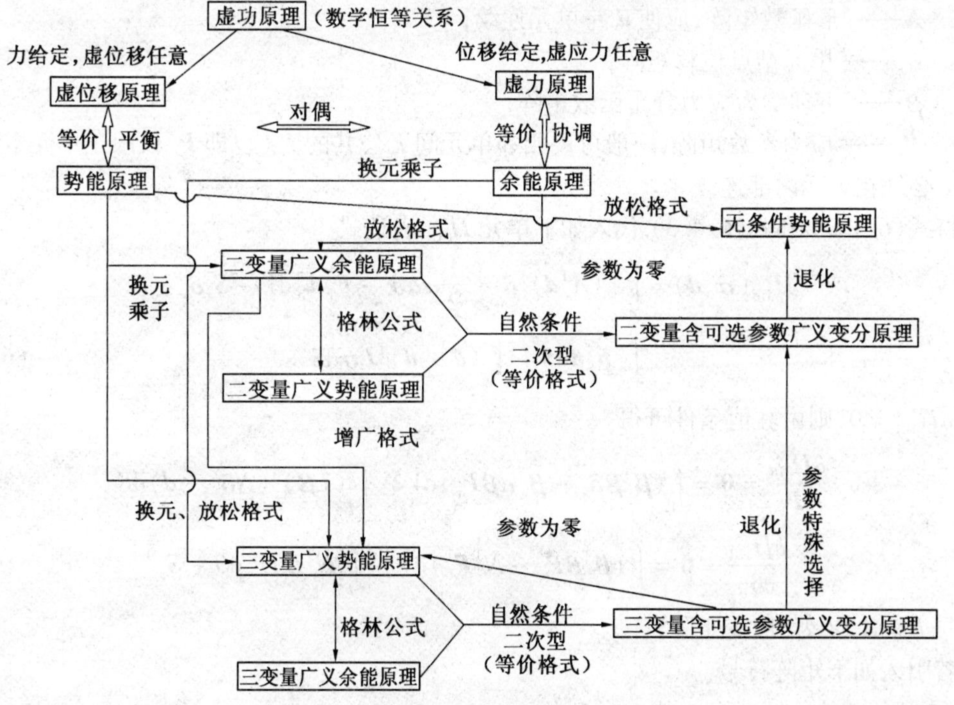

图6.2　弹性力学变分原理关系示意图

则可建立单元包含多个变量场的混合元。因此要全面介绍广义变分原理在有限元分析中应用,显然不太可能。只能对两类单元:杂交元和混合元作些介绍,为进一步深入学习打基础。

6.4 基于 Reissner 原理的混合元分析

当将线弹性体(本章仅限于讨论它)离散化为单元集合体时,因为相邻单元间的公共边界是在原物体(也即求解域)之内,所以为了使泛函$\Pi_2^*(\Pi_{\mathrm{HR}})$有意义,就必须或者要求相邻单元公共界面表面力平衡,或者要求相邻单元公共界面处位移协调。因为要使构造的单元应力$\boldsymbol{\sigma}$跨单元界面保持平衡是很困难的,相反,仅仅要求位移跨单元协调却相对方便。因此,在用 Reissner 原理作分析时为了保证Π_{HR}对单元集合体有意义,以跨单元位移必须协调作为"约束(强制)条件"。在此条件下,对整个单元集合体为

$$\Pi_{\mathrm{HR}}(\boldsymbol{\sigma},\boldsymbol{d}) = \sum_e\left\{\int_{V_e}\left[(\boldsymbol{A}^{\mathrm{T}}\boldsymbol{d})^{\mathrm{T}}\boldsymbol{\sigma} - \frac{1}{2}\boldsymbol{\sigma}\boldsymbol{D}^{-1}\boldsymbol{\sigma} - \boldsymbol{F}_{\mathrm{b}}^{\mathrm{T}}\boldsymbol{d}\right]\mathrm{d}V - \int_{S_\sigma^e}\boldsymbol{F}_{\mathrm{S}}^{\mathrm{T}}\boldsymbol{d}\mathrm{d}S - \int_{S_u^e}(\boldsymbol{d}-\bar{\boldsymbol{d}})^{\mathrm{T}}\boldsymbol{L}\boldsymbol{\sigma}\mathrm{d}S(-\boldsymbol{P}^{\mathrm{T}}\boldsymbol{U})\right\} \tag{6.4.1}$$

式中,$(-\boldsymbol{P}^{\mathrm{T}}\boldsymbol{U})$仅在有结点外荷作用时有,它为结点外荷的外力势。

6.4.1 单元列式

若对每一单元分析构造二个变量场(或称二种变量模式)如下

$$\boldsymbol{d} = \boldsymbol{N}\boldsymbol{\delta}_e \tag{6.4.2}$$

$$\boldsymbol{\sigma} = \boldsymbol{\beta}\boldsymbol{P}_e \tag{6.4.3}$$

式中　$\boldsymbol{N}$——形函数矩阵,应使$\boldsymbol{d}$跨单元连续;

$\boldsymbol{\delta}_e$——单元结点位移矩阵;

$\boldsymbol{\beta}$——可理解为应力分布函数矩阵;

$\boldsymbol{P}_e$——应力参数矩阵,一般可设相邻单元间无公共的$\boldsymbol{P}_e$(也即$\boldsymbol{P}_e$仅限于单元本身)。

$\boldsymbol{\sigma}$必须在单元内部连续。

将式(6.4.2)和式(6.4.3)代入如下单元Π_{HR}^e表达式

$$\Pi_{\mathrm{HR}}^e(\boldsymbol{\sigma},\boldsymbol{d}) = \int_{V_e}\left[(\boldsymbol{A}^{\mathrm{T}}\boldsymbol{d})^{\mathrm{T}}\boldsymbol{\delta} - \frac{1}{2}\boldsymbol{\sigma}\boldsymbol{a}\boldsymbol{\sigma} - \boldsymbol{F}_{\mathrm{b}}^{\mathrm{T}}\boldsymbol{d}\right]\mathrm{d}V - \boldsymbol{S}_e^{\mathrm{T}}\boldsymbol{\delta}_e - \int_{S_\sigma^e}\boldsymbol{F}_{\mathrm{S}}^{\mathrm{T}}\boldsymbol{d}\mathrm{d}S - \int_{S_u^e}(\boldsymbol{d}-\bar{\boldsymbol{d}})^{\mathrm{T}}\boldsymbol{L}\boldsymbol{\sigma}\mathrm{d}S \tag{6.4.4}$$

并令$\delta\Pi_{\mathrm{HR}}^e = 0$,则由驻值条件可得

$$\frac{\partial\Pi_{\mathrm{HR}}^e}{\partial\boldsymbol{P}_e} = \boldsymbol{0} = \int_{V_e}(\boldsymbol{\beta}^{\mathrm{T}}\boldsymbol{\beta}\boldsymbol{\delta}_e - \boldsymbol{\beta}^{\mathrm{T}}\boldsymbol{\alpha}\boldsymbol{\beta}\boldsymbol{P}_e)\mathrm{d}V - \int_{S_u^e}(\boldsymbol{L}\boldsymbol{\beta})^{\mathrm{T}}(\boldsymbol{N}\boldsymbol{\delta}_e - \bar{\boldsymbol{d}})\mathrm{d}S \tag{20}$$

$$\frac{\partial\Pi_{\mathrm{HR}}^e}{\partial\boldsymbol{\delta}_e} = \boldsymbol{0} = \int_{V_e}(\boldsymbol{\beta}^{\mathrm{T}}\boldsymbol{\beta}\boldsymbol{P}_e - \boldsymbol{N}^{\mathrm{T}}\boldsymbol{F}_{\mathrm{b}})\mathrm{d}V - \int_{S_u^e}\boldsymbol{N}^{\mathrm{T}}\boldsymbol{L}\boldsymbol{\beta}\boldsymbol{P}_e\mathrm{d}S - \boldsymbol{S}_e \tag{21}$$

式中　$\boldsymbol{B} = \boldsymbol{A}^{\mathrm{T}}\boldsymbol{N}$为"应变矩阵"。　(22)

若引入如下矩阵符号

$$\boldsymbol{H}_e = \int_{V_e}\boldsymbol{\beta}^{\mathrm{T}}\boldsymbol{\alpha}\boldsymbol{\beta}\mathrm{d}V \tag{6.4.5(a)}$$

$$H_{\sigma u}^{e} = \int_{V_e} \boldsymbol{\beta}^{\mathrm{T}} \boldsymbol{\beta} \mathrm{d}V - \int_{S_u^e} (\boldsymbol{L\beta})^{\mathrm{T}} \boldsymbol{N} \mathrm{d}S \tag{6.4.5(b)}$$

$$\boldsymbol{F}_{\mathrm{E}}^{e} = \int_{V_e} \boldsymbol{N}^{\mathrm{T}} \boldsymbol{F}_{\mathrm{b}} \mathrm{d}V + \int_{S_\sigma^e} \boldsymbol{N}^{\mathrm{T}} \boldsymbol{F}_{\mathrm{S}} \mathrm{d}S \tag{6.4.5(c)}$$

$$\boldsymbol{d}_{\mathrm{E}}^{e} = \int_{S_u^e} (\boldsymbol{L\beta})^{\mathrm{T}} \bar{\boldsymbol{d}} \mathrm{d}S \tag{6.4.5(d)}$$

则式(20)、式(21) 可改写为

$$\begin{cases} \boldsymbol{H}_{\sigma u}^{e} \boldsymbol{\delta}_e - \boldsymbol{H}_e \boldsymbol{P}_e + \boldsymbol{d}_{\mathrm{E}}^{e} = \boldsymbol{0} \\ \boldsymbol{H}_{\sigma u}^{e\mathrm{T}} \boldsymbol{P}_e - \boldsymbol{S}_e + \boldsymbol{F}_{\mathrm{E}}^{e} = \boldsymbol{0} \end{cases} \tag{6.4.6}$$

将其合并成一个矩阵方程则为

$$\begin{bmatrix} -\boldsymbol{H}^{e} & \boldsymbol{H}_{\sigma u}^{e} \\ \boldsymbol{H}_{\sigma u}^{e\mathrm{T}} & \boldsymbol{0} \end{bmatrix} \begin{bmatrix} \boldsymbol{P}_e \\ \boldsymbol{d}_e \end{bmatrix} = \begin{bmatrix} -\boldsymbol{d}_{\mathrm{E}}^{e} \\ \boldsymbol{S}_e + \boldsymbol{F}_{\mathrm{E}}^{e} \end{bmatrix} \tag{6.4.7}$$

若将式(6.4.2) 和式(6.4.3) 代入式(6.4.1),同时考虑到式(6.4.5) 矩阵符号,则可得

$$\Pi_{\mathrm{HR}}(\boldsymbol{\sigma}, \boldsymbol{d}) = \sum_e \left[\boldsymbol{\delta}_e^{\mathrm{T}} \boldsymbol{H}_{\sigma u}^{e\mathrm{T}} \boldsymbol{P}_e^{\mathrm{T}} - \frac{1}{2} \boldsymbol{P}_e^{\mathrm{T}} \boldsymbol{H}_e \boldsymbol{P}_e - \boldsymbol{F}_{\mathrm{E}}^{e\mathrm{T}} \boldsymbol{\delta}_e + \boldsymbol{d}_{\mathrm{E}}^{e\mathrm{T}} \boldsymbol{P}_e \right] - \boldsymbol{P}^{\mathrm{T}} \boldsymbol{U} \tag{6.4.8}$$

基于此式读者不难自行进行整体分析。

若对每单元使 $\boldsymbol{P}_e$ 仅局限于内部,则由式(20) 可得

$$\boldsymbol{P}_e = \boldsymbol{H}_e^{-1} (\boldsymbol{H}_{\sigma u}^{e} \boldsymbol{\delta}_e + \boldsymbol{d}_{\mathrm{E}}^{e}) \tag{23}$$

将式(22) 代回式(21) 可得

$$\boldsymbol{H}_{\sigma u}^{e\mathrm{T}} \boldsymbol{H}_e^{-1} \boldsymbol{H}_{\sigma u}^{e} \boldsymbol{\delta}_e + \boldsymbol{H}_{\sigma e}^{e\mathrm{T}} \boldsymbol{H}_e^{-1} \boldsymbol{d}_{\mathrm{E}}^{e} - (\boldsymbol{S}_e + \boldsymbol{F}_{\mathrm{E}}^{e}) = \boldsymbol{0} \tag{24}$$

进一步如果记

$$\boldsymbol{k}_e = \boldsymbol{H}_{\sigma u}^{e\mathrm{T}} \boldsymbol{H}_e^{-1} \boldsymbol{H}_{\sigma u}^{e} \tag{6.4.9}$$

$$\boldsymbol{R}_e = \boldsymbol{F}_{\mathrm{E}}^{e} - \boldsymbol{H}_{\sigma e}^{e\mathrm{T}} \boldsymbol{H}^{-1} \boldsymbol{d}_{\mathrm{E}}^{e} \tag{6.4.10}$$

则式(24) 可写为

$$\boldsymbol{k}_e \boldsymbol{\delta}_e = \boldsymbol{R}_{\mathrm{E}}^{e} + \boldsymbol{S}_e \tag{6.4.11}$$

此时 $\Pi_{\mathrm{HR}}^{e}(\boldsymbol{\sigma}, \boldsymbol{d})$ 可写为

$$\Pi_{\mathrm{HR}}^{e} = \frac{1}{2} \boldsymbol{\delta}_e^{\mathrm{T}} \boldsymbol{k}_e \boldsymbol{\delta}_e - (\boldsymbol{S}_e + \boldsymbol{R}_{\mathrm{E}}^{e})^{\mathrm{T}} \boldsymbol{\delta}_e - c_k \tag{6.4.12}$$

式中,c_k 为不包含结点位移参数的部分。

将式(6.4.11) 与位移元分析时以单元特性表达的势能相对比可见,此时整体分析和位移元完全一样,也即将式(6.4.8)、式(6.4.9) 分别理解作单元刚度矩阵和等效结点荷载矩阵时,则可利用已有的程序(在修改单刚、单荷载计算的条件下) 分析结构物。

6.4.2　说明

上述这种同时在一个区域内建立二种变量场 $\boldsymbol{\sigma}$、$\boldsymbol{d}$,然后用 Reissner 原理分析的有限元模型称做**混合元**。它和位移元不同,所设位移场虽要满足单元间 C^0 级连续,但在 S_u 表面上却不需要满足强制条件 $\boldsymbol{d} = \bar{\boldsymbol{d}}$。它和平衡元也不同,所设应力场可以任意,无须满足 V 和 S_σ 上的强制条件。这些强制条件均由 $\Pi_{\mathrm{HR}}(\boldsymbol{\sigma}, \boldsymbol{d})$ 的一阶变分为零而被近似地满足。

混合元可以直接求得应力,因此应力结果的精度较好。由于可以选 $\boldsymbol{P}_e$ 仅局限于单元,结

果导致形式上完全与位移元一样的结果,而且位移场的建立仅需 C^0 级连续,这给其应用带来了很大方便。

但因为混合元所依据的仅是驻值原理($\delta^2 \Pi_{HR}$ 或者大于等于零,或者小于等于零,或者大于小于零) 而不是极值原理,所以它的结果没有一致的趋向性(也即界限性),这对估计真实解是不利的。又由于混合元同时假设两种变量场,因此从 $\boldsymbol{\sigma}$ 由本构关系可以得到 $\boldsymbol{\varepsilon}_\sigma$,从 $\boldsymbol{d}$ 由几何方程也可以得到 $\boldsymbol{\varepsilon}_d$,而 $\boldsymbol{\sigma}$、$\boldsymbol{d}$ 是独立构造的二变量场,所以很可能 $\boldsymbol{\varepsilon}_\sigma$ 和 $\boldsymbol{\varepsilon}_d$ 是不一致的。为了取得合理的结果,$\boldsymbol{\varepsilon}_\sigma$ 和 $\boldsymbol{\varepsilon}_d$ 两者间应该有适当的配合,一般的做法是使 $\boldsymbol{\varepsilon}_\sigma$ 包括 $\boldsymbol{\varepsilon}_d$。

最后指出,当不是选 $\boldsymbol{P}_e$ 使仅局限于单元时整体方程和单元结果类似,方程组对角线元素有零值,在求解时必须注意进行处理。

由于混合元有上述说明的性能,因此在板壳分析中得到广泛应用。

6.5　薄板弯曲问题的混合元分析

薄板弯曲理论中的二变量广义变分原理是胡海昌在 1954 年提出的。其广义势能泛函为

$$\Pi_R = \int_A (\boldsymbol{M}^T \boldsymbol{\kappa} - \frac{1}{2}\boldsymbol{M}^T \boldsymbol{\alpha} \boldsymbol{M} - qw)\,dA - \int_{S_1+S_2} (\frac{\partial M_{ns}}{\partial S} + Q_n)(w - \bar{w})\,dS -$$
$$\int_{S_2} \bar{Q} w\,dS + \int_{S_1} M_n (\frac{\partial w}{\partial n} - \bar{\theta}_n)\,dS + \int_{S_1+S_2} \bar{M}_n \frac{\partial w}{\partial n} dS \tag{6.5.1}$$

$$\boldsymbol{M} = [M_x \quad M_y \quad M_{xy}]^T \tag{6.5.2(a)}$$

$$\boldsymbol{\kappa} = -[\frac{\partial^2 w}{\partial x^2} \quad \frac{\partial^2 w}{\partial y^2} \quad 2\frac{\partial^2 w}{\partial x \partial y}]^T \tag{6.5.2(b)}$$

$$\boldsymbol{a} = \frac{1}{E}\begin{bmatrix} 1 & -\mu & 0 \\ -\mu & 1 & 0 \\ 0 & 0 & 2(1+\mu) \end{bmatrix} \tag{6.5.2(c)}$$

式中　q、w—— 分别为垂直板中面的分布外荷和板的挠度;

S_1—— 板的固定边界,其边界条件为 $w = \bar{w}$,$\frac{\partial w}{\partial n} = \bar{\theta}_n$;

S_2—— 板的简支边界,其边界条件为 $w = \bar{w}$,$M_n = \bar{M}_n$;

S_3—— 板的自由边界,其边界条件为 $M_n = \bar{M}_n$,$M_{ns} = \bar{M}_{ns}$。

$Q_n = \bar{Q}_n$ 或者 $M_n = \bar{M}_n$,折算剪力为

$$\frac{\partial M_{ns}}{\partial s} + Q_n = \bar{Q}$$

从图 6.3 受力示意图不难推得

$$M_n = M_x \cos^2\theta + M_y \sin^2\theta + M_{xy} \sin 2\theta \tag{6.5.3(a)}$$

$$M_{ns} = (M_y - M_x)\sin\theta\cos\theta + M_{xy}\cos 2\theta \tag{6.5.3(b)}$$

边界面外法线单元向量为

$$\boldsymbol{n} = \cos\theta \boldsymbol{i} + \sin\theta \boldsymbol{j} = l\boldsymbol{i} + m\boldsymbol{j} \tag{6.5.3(c)}$$

从式(6.5.1) 出发在将板划分成单元情况下,设法构造二个变量场:$(\boldsymbol{M},\boldsymbol{\omega})$,即可建立薄

板混合元。由于 Π_R 中包含挠度 w 的二阶导数，因此为使泛函在整个区域有意义就必须使 w 是 C^1 级函数，而这正是位移元中的困难。为了降低对 w 连续性的要求，目前较受推荐的是 Herrmann 提出的方法。

6.5.1　薄板弯曲的 Herrmann 泛函

Herrmann 从薄板的 Reissner 泛函 Π_R 出发，提出对 $\int_A \boldsymbol{M}^T\boldsymbol{\kappa}\mathrm{d}A$ 进行如下改造

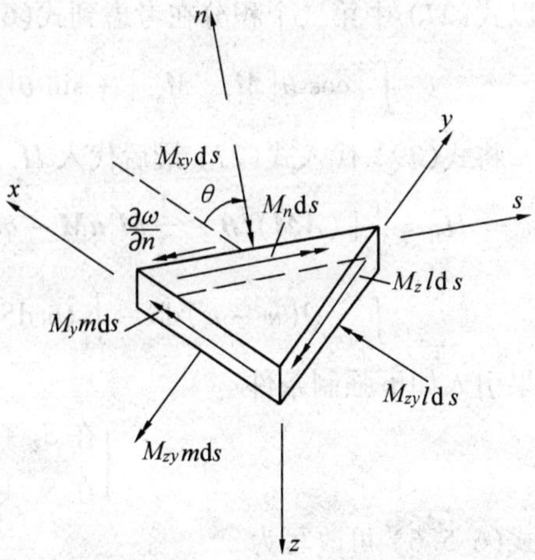

图 6.3　边界微元受力示意图

$$\int_A \boldsymbol{M}^T\boldsymbol{\kappa}\mathrm{d}A = -\int_A [M_x \frac{\partial^2 w}{\partial x^2} + M_y \frac{\partial^2 w}{\partial y^2} + 2M_{xy}\frac{\partial^2 w}{\partial x\partial y}]\mathrm{d}A =$$

$$\int_A \{[\frac{\partial M_x}{\partial x}\frac{\partial w}{\partial x} - \frac{\partial}{\partial x}(M_x\frac{\partial w}{\partial x})] + [\frac{\partial M_y}{\partial y}\frac{\partial w}{\partial y} - \frac{\partial}{\partial y}(M_y\frac{\partial w}{\partial y})] +$$
$$[\frac{\partial M_{xy}}{\partial x}\frac{\partial w}{\partial y} - \frac{\partial}{\partial x}(M_{xy}\frac{\partial w}{\partial y})] + [\frac{\partial M_{xy}}{\partial y}\frac{\partial w}{\partial x} - \frac{\partial}{\partial y}(M_{xy}\frac{\partial w}{\partial x})]\}\mathrm{d}A =$$
$$\int_A [(\frac{\partial M_x}{\partial x} + \frac{\partial M_{xy}}{\partial y})\frac{\partial w}{\partial x} + (\frac{\partial M_{xy}}{\partial x} + \frac{\partial M_y}{\partial y})\frac{\partial w}{\partial y}]\mathrm{d}A -$$
$$\int_A [\frac{\partial}{\partial x}(M_x\frac{\partial w}{\partial x} + M_{xy}\frac{\partial w}{\partial y}) + \frac{\partial}{\partial y}(M_{xy}\frac{\partial w}{\partial x} + M_y\frac{\partial w}{\partial y})]\mathrm{d}A \tag{25}$$

由高斯公式可知

$$\int_A \left(\frac{\partial P}{\partial x} + \frac{\partial Q}{\partial y}\right)\mathrm{d}A = \int_S [P\cos(\widehat{nx}) + Q\cos(\widehat{ny})]\mathrm{d}S \tag{6.5.4}$$

利用高斯公式对式(25)进行改写可得

$$\int_A \boldsymbol{M}^T\boldsymbol{\kappa}\mathrm{d}A = \int_A [(\frac{\partial M_x}{\partial x} + \frac{\partial M_{xy}}{\partial y})\frac{\partial w}{\partial x} + (\frac{\partial M_{xy}}{\partial x} + \frac{\partial M_y}{\partial y})\frac{\partial w}{\partial y}]\mathrm{d}A -$$
$$\int_S [(M_x\frac{\partial w}{\partial x} + M_{xy}\frac{\partial w}{\partial y})\cos\theta + (M_{xy}\frac{\partial w}{\partial x} + M_y\frac{\partial w}{\partial y})\sin\theta]\mathrm{d}S \tag{26}$$

若记

$$\boldsymbol{A} = \begin{bmatrix} \frac{\partial}{\partial x} & 0 & \frac{\partial}{\partial y} \\ 0 & \frac{\partial}{\partial y} & \frac{\partial}{\partial x} \end{bmatrix} \quad \boldsymbol{\theta} = \begin{bmatrix} \frac{\partial w}{\partial x} \\ \frac{\partial w}{\partial y} \end{bmatrix} \tag{6.5.5}$$

则式(26)可写为

$$\int_A \boldsymbol{M}^T\boldsymbol{\kappa}\mathrm{d}A = \int_A (\boldsymbol{AM})^T\boldsymbol{\theta}\mathrm{d}A - \int_S \{\cos\theta[M_x \quad M_{xy}]\boldsymbol{\theta} + \sin\theta[M_{xy} \quad M_y]\boldsymbol{\theta}\}\mathrm{d}S \tag{27}$$

又因为

$$\boldsymbol{\theta} = \begin{bmatrix} \frac{\partial w}{\partial x} \\ \frac{\partial w}{\partial y} \end{bmatrix} = \begin{bmatrix} \cos\theta & -\sin\theta \\ \sin\theta & \cos\theta \end{bmatrix} \begin{bmatrix} \frac{\partial}{\partial n} \\ \frac{\partial}{\partial s} \end{bmatrix} w \tag{28}$$

所以式(27) 中第二个积分在考虑到式(6.5.3) 关系后可得

$$\int_S \{\cos\theta[M_x \quad M_{xy}] + \sin\theta[M_{xy} \quad M_y]\boldsymbol{\theta}\}\mathrm{d}S = \int_S \left(M_n \frac{\partial w}{\partial n} + M_{ns}\frac{\partial w}{\partial s}\right)\mathrm{d}S \tag{29}$$

将式(29) 代入式(27) 最后代入 Π_{R} 后记为 Π_{H},则

$$\Pi_{\mathrm{H}} = \int_A \left[(\boldsymbol{AM})^{\mathrm{T}}\boldsymbol{\theta} - \frac{1}{2}\boldsymbol{M}^{\mathrm{T}}\boldsymbol{aM} - qw\right]\mathrm{d}A - \int_S M_{ns}\frac{\partial w}{\partial s}\mathrm{d}S - \int_{S_2+S_3}(M_n - \bar{M}_n)\frac{\partial w}{\partial n}\mathrm{d}S -$$

$$\int_{S_1+S_2} Q(w - \bar{w})\mathrm{d}S - \int_{S_3}\bar{Q}w\mathrm{d}S - \int_{S_1} M_n\bar{\theta}_n\mathrm{d}S \tag{6.5.6}$$

如果引入如下强制条件

$$\begin{cases} 在 S_2 + S_3 上: & M_n = \bar{M}_n \\ 在 S_1 + S_2 上: & w = \bar{w} \end{cases} \tag{6.5.7}$$

则式(6.5.6) 可改写为

$$\bar{\Pi}_{\mathrm{H}} = \int_A \left[(\boldsymbol{AM})^{\mathrm{T}}\boldsymbol{\theta} - \frac{1}{2}\boldsymbol{M}^{\mathrm{T}}\boldsymbol{aM} - qw\right]\mathrm{d}A -$$

$$\int_S M_{ns}\frac{\partial w}{\partial s}\mathrm{d}S - \int_{S_3}\bar{Q}w\mathrm{d}S - \int_{S_1} M_n\bar{\theta}_n\mathrm{d}S \tag{6.5.8}$$

式(6.5.8) 所表示的泛函就是 Herrmann 泛函。

6.5.2 薄板弯曲问题混合元列式

因为式(6.5.8) 泛函表达式中只有 $\boldsymbol{M}$ 和 w 的一阶导数,因此为保证 Herrmann 泛函在有限元分析中有意义,只要 $\boldsymbol{M}$、w 具有跨单元连接性即可。显然这是容易做到的。因此在板、壳分析中很受推荐。

设单元的挠度可由结点挠度经形函数矩阵插值构造

$$w = \boldsymbol{N}_w\boldsymbol{\delta}_e \tag{6.5.9}$$

由此可得

$$\boldsymbol{\theta} = \begin{bmatrix} \dfrac{\partial w}{\partial x} \\ \dfrac{\partial w}{\partial y} \end{bmatrix} = \begin{bmatrix} \dfrac{\partial \boldsymbol{N}_w}{\partial x} \\ \dfrac{\partial \boldsymbol{N}_w}{\partial y} \end{bmatrix}\boldsymbol{\delta}_e = \boldsymbol{N}'_w\boldsymbol{\delta}_e \tag{6.5.10}$$

式中

$$\boldsymbol{N}'_w = \left[\frac{\partial \boldsymbol{N}_w^{\mathrm{T}}}{\partial x} \quad \frac{\partial \boldsymbol{N}_w^{\mathrm{T}}}{\partial y}\right]^{\mathrm{T}} \tag{6.5.11}$$

因为

$$\begin{bmatrix} \dfrac{\partial w}{\partial n} \\ \dfrac{\partial w}{\partial s} \end{bmatrix} = \begin{bmatrix} \cos\theta & \sin\theta \\ -\sin\theta & \cos\theta \end{bmatrix}\begin{bmatrix} \dfrac{\partial w}{\partial x} \\ \dfrac{\partial w}{\partial y} \end{bmatrix} = \begin{bmatrix} \cos\theta & \sin\theta \\ -\sin\theta & \cos\theta \end{bmatrix}\boldsymbol{\theta} \tag{6.5.12}$$

所以

$$\frac{\partial w}{\partial s} = [-\sin\theta \quad \cos\theta]\boldsymbol{N}'_w\boldsymbol{\delta}_e = \boldsymbol{Z\delta}_e \tag{6.5.13}$$

式中

$$\boldsymbol{Z} = [-\sin\theta \quad \cos\theta]\boldsymbol{N}'_w \tag{6.5.14}$$

又设单元内的 $\boldsymbol{M}$ 可由插值函数矩阵构造

$$\boldsymbol{M} = \boldsymbol{N}_M \boldsymbol{M}_e \tag{6.5.15}$$

其中 $\boldsymbol{M}_e = [M_{x1} \quad M_{y1} \quad M_{xy1} \quad M_{x2} \quad M_{y2} \quad M_{xy2} \quad \cdots]^{\mathrm{T}}$ 为单元结点力矩阵,则

$$\boldsymbol{AM} = \boldsymbol{AN}_M \boldsymbol{M}_e = \boldsymbol{N}'_M \boldsymbol{M}_e \tag{6.5.16}$$

式中

$$\boldsymbol{N}'_M = \boldsymbol{AN}_M \tag{6.5.17}$$

将式(6.5.15)代入式(6.5.3)可得

$$\begin{cases} M_n = [\cos^2\theta \quad \sin^2\theta \quad \sin 2\theta]\boldsymbol{M} = \boldsymbol{\beta M}_e \\ M_{ns} = [-\sin\theta\cos\theta \quad \sin\theta\cos\theta \quad \cos 2\theta]\boldsymbol{M} = \boldsymbol{\rho M}_e \end{cases} \tag{6.5.18}$$

式中

$$\begin{aligned} \boldsymbol{\beta} &= [\cos^2\theta \quad \sin^2\theta \quad \sin 2\theta]\boldsymbol{N}_M \\ \boldsymbol{\rho} &= [-\sin\theta\cos\theta \quad \sin\theta\cos\theta \quad \cos 2\theta]\boldsymbol{N}_M \end{aligned} \tag{6.5.19}$$

将上述式子代入式(6.5.8)可得

$$\begin{aligned} \overline{\boldsymbol{\Pi}}_{\mathrm{H}}^e = & \int_A [\boldsymbol{M}_e^{\mathrm{T}} \boldsymbol{N}'^{\mathrm{T}}_M \boldsymbol{N}'_w \boldsymbol{\delta}_e - \frac{1}{2}\boldsymbol{M}_e^{\mathrm{T}} \boldsymbol{N}_M^{\mathrm{T}} \boldsymbol{a} \boldsymbol{N}_M \boldsymbol{M}_e - q\boldsymbol{N}_w \boldsymbol{\delta}_e] \mathrm{d}A - \\ & \int_S \boldsymbol{M}_e^{\mathrm{T}} \boldsymbol{\rho}^{\mathrm{T}} \boldsymbol{Z} \boldsymbol{\delta}_e \mathrm{d}S - \int_{S_3} \overline{Q} \boldsymbol{N}_w \boldsymbol{\delta}_e \mathrm{d}S - \int_{S_1} \bar{\theta}_n \boldsymbol{\beta M}_e \mathrm{d}S - \boldsymbol{S}_e^{\mathrm{T}} \boldsymbol{\delta}_e \end{aligned} \tag{6.5.20}$$

引入如下矩阵符号

$$\boldsymbol{\alpha}_1^e = \int_A \boldsymbol{N}_M^{\mathrm{T}} \boldsymbol{a} \boldsymbol{N}_M \mathrm{d}A \tag{6.5.21}$$

$$\boldsymbol{\alpha}_2^e = \int_A \boldsymbol{N}'^{\mathrm{T}}_M \boldsymbol{N}'_w \mathrm{d}A - \int_S \boldsymbol{\rho}^{\mathrm{T}} \boldsymbol{Z} \mathrm{d}S \tag{6.5.22}$$

$$\boldsymbol{F}_{\mathrm{E}}^e = \int_A q \boldsymbol{N}_w^{\mathrm{T}} \mathrm{d}A + \int_{S_3} \overline{Q} \boldsymbol{N}_w^{\mathrm{T}} \mathrm{d}S \tag{6.5.23}$$

$$\boldsymbol{d}_{\mathrm{E}}^e = \int_{S_1} \bar{\theta}_n \boldsymbol{\beta}^{\mathrm{T}} \mathrm{d}S \tag{6.5.24}$$

式(6.5.20)改写为

$$\overline{\boldsymbol{\Pi}}_{\mathrm{H}}^e = \boldsymbol{M}_e^{\mathrm{T}} \boldsymbol{\alpha}_2^e \boldsymbol{\delta}_e - \frac{1}{2}\boldsymbol{M}_e^{\mathrm{T}} \boldsymbol{\alpha}_1^e \boldsymbol{M}_e - (\boldsymbol{S}_e + \boldsymbol{F}_{\mathrm{E}}^e)^{\mathrm{T}} \boldsymbol{\delta}_e - \boldsymbol{d}_{\mathrm{E}}^{e\mathrm{T}} \boldsymbol{M}_e \tag{6.5.25}$$

令 $\delta \Pi_{\mathrm{H}}^e = 0$,也即

$$\frac{\partial \overline{\boldsymbol{\Pi}}_{\mathrm{H}}^e}{\partial \boldsymbol{M}_e} = \boldsymbol{0} = \boldsymbol{\alpha}_2^e \boldsymbol{\delta}_e - \boldsymbol{\alpha}_1^e \boldsymbol{M}_e - \boldsymbol{d}_{\mathrm{E}}^e \tag{6.5.26(a)}$$

$$\frac{\partial \overline{\boldsymbol{\Pi}}_{\mathrm{H}}^e}{\partial \boldsymbol{\delta}_e} = \boldsymbol{0} = \boldsymbol{\alpha}_2^{e\mathrm{T}} \boldsymbol{M}_e - (\boldsymbol{S}_e + \boldsymbol{F}_{\mathrm{E}}^e) \tag{6.5.26(b)}$$

从而可得薄板混合元的性质矩阵方程如下

$$\begin{bmatrix} -\boldsymbol{\alpha}_1^e & \boldsymbol{\alpha}_2^e \\ \boldsymbol{\alpha}_2^{e\mathrm{T}} & \boldsymbol{0} \end{bmatrix} \begin{Bmatrix} \boldsymbol{M}_e \\ \boldsymbol{\delta}_e \end{Bmatrix} = \begin{bmatrix} \boldsymbol{d}_{\mathrm{E}}^e \\ \boldsymbol{S}_e + \boldsymbol{F}_{\mathrm{E}}^e \end{bmatrix} \tag{6.5.27}$$

$$\begin{bmatrix} -\boldsymbol{\alpha}_1 & \boldsymbol{\alpha}_2 \\ \boldsymbol{\alpha}_2^{\mathrm{T}} & \boldsymbol{0} \end{bmatrix}^e = \boldsymbol{k}_e \tag{6.5.28}$$

称做**混合元性质矩阵**。

6.5.3　常弯矩三角形混合元

如图 6.4 所示,以 1、2、3 三个角点的挠度及 4、5、6 三个边中点的法向弯矩作为参数,也即

$$\boldsymbol{\delta}_e = [w_1 \quad w_2 \quad w_3]^{\mathrm{T}} \qquad (6.5.29)$$

$$\boldsymbol{M}_e = [M_4 \quad M_5 \quad M_6]^{\mathrm{T}} \qquad (6.5.30)$$

则挠度场可方便地以下式来构造

$$w = [L_1 \quad L_2 \quad L_3]\boldsymbol{\delta}_e = \boldsymbol{N}_w\boldsymbol{\delta}_e \qquad (6.5.31)$$

$$\boldsymbol{N}_w = [L_1 \quad L_2 \quad L_3]$$

式中　L_i—— 面积坐标。

设单元力矩场 $\boldsymbol{M} = \boldsymbol{r}$ 为常数矩阵,也即

$$M_x = r_1 \quad M_y = r_2 \quad M_{xy} = r_3 \quad r_i = 常数$$

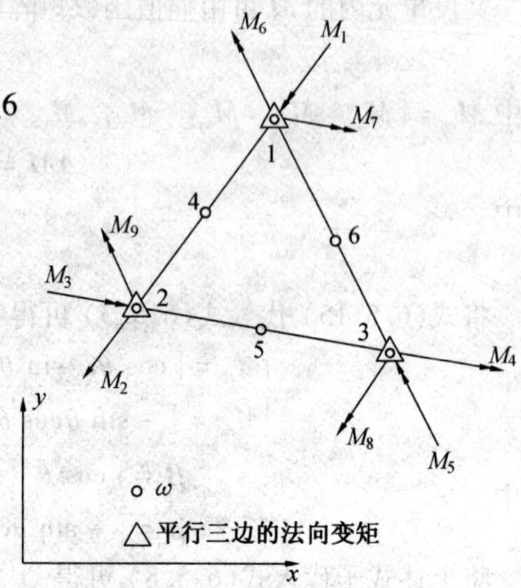

图 6.4　常弯矩三角形混合元

由于

$$M_n = [\cos^2\theta \quad \sin^2\theta \quad \sin^2\theta]\boldsymbol{M}$$

所以由结点参数条件可得

$$\boldsymbol{M}_e = \begin{bmatrix} \cos^2\theta_4 & \sin^2\theta_4 & \sin 2\theta_4 \\ \cos^2\theta_5 & \sin^2\theta_5 & \sin 2\theta_5 \\ \cos^2\theta_6 & \sin^2\theta_6 & \sin 2\theta_6 \end{bmatrix}\boldsymbol{M} = \boldsymbol{G}\boldsymbol{M} \qquad (6.5.32)$$

对于三角形单元来说,因为

$$\cos\theta_4 = -b_3/l_3 \quad \cos\theta_5 = -b_1/l_1 \quad \cos\theta_6 = -b_2/l_2$$

$$\sin\theta_4 = -c_3/l_3 \quad \sin\theta_5 = -c_1/l_1 \quad \sin\theta_6 = -c_2/l_2$$

式中　$b_1 = y_2 + y_3 \quad c_1 = -x_2 + x_3 \quad l_1^2 = b_1^2 + c_1^2 \quad (1 \to 2 \to 3 \to 1)$

因此,式(6.5.32) 中 $\boldsymbol{G}$ 可由结点坐标表示

$$\boldsymbol{G} = \begin{bmatrix} \left(\dfrac{b_3}{l_3}\right)^2 & \left(\dfrac{c_3}{l_3}\right)^2 & \dfrac{2b_3c_3}{l_3^2} \\ \left(\dfrac{b_1}{l_1}\right)^2 & \left(\dfrac{c_1}{l_1}\right)^2 & \dfrac{2b_1c_1}{l_1^2} \\ \left(\dfrac{b_2}{l_2}\right)^2 & \left(\dfrac{c_2}{l_2}\right)^2 & \dfrac{2b_2c_2}{l_2^2} \end{bmatrix} \qquad (6.5.33)$$

从式(6.5.32) 可得

$$\boldsymbol{M} = \boldsymbol{G}^{-1}\boldsymbol{M}_e = \boldsymbol{N}_M\boldsymbol{M}_e \qquad (6.5.34(\mathrm{a}))$$

也即

$$\boldsymbol{N}_M = \boldsymbol{G}^{-1} \qquad (6.5.34(\mathrm{b}))$$

考虑到

$$\begin{bmatrix} \dfrac{\partial}{\partial x} \\ \dfrac{\partial}{\partial y} \end{bmatrix} = \frac{1}{2\Delta}\begin{bmatrix} b_1 & b_2 \\ c_1 & c_2 \end{bmatrix}\begin{bmatrix} \dfrac{\partial}{\partial L_1} \\ \dfrac{\partial}{\partial L_2} \end{bmatrix} \quad \begin{matrix} b_1 = y_2 - y_3 \\ c_1 = x_3 - x_2 \end{matrix} \quad (1 \to 2 \to 3 \to 1)$$

则
$$N'_w = \frac{1}{2\Delta}\begin{bmatrix} b_1 & b_2 \\ c_1 & c_2 \end{bmatrix}\begin{bmatrix} 1 & 0 & -1 \\ 0 & 1 & -1 \end{bmatrix} = \frac{1}{2\Delta}\begin{bmatrix} b_1 & b_2 & -(b_1+b_2) \\ c_1 & c_2 & -(c_1+c_2) \end{bmatrix} \tag{6.3.35}$$

对于内部单元

$$\begin{cases} \boldsymbol{Z}_{1-2} = [c_3/l_3 \quad -b_3/l_3]\boldsymbol{N}'_w \\ \boldsymbol{Z}_{2-3} = [c_1/l_1 \quad -b_1/l_1]\boldsymbol{N}'_w \\ \boldsymbol{Z}_{3-1} = [c_2/l_2 \quad -b_2/l_2]\boldsymbol{N}'_w \end{cases} \tag{6.5.36}$$

$$\begin{cases} \boldsymbol{\rho}_{1-2} = \left[-\frac{b_3c_3}{l_3^2} \quad \frac{b_3c_3}{l_3^2} \quad \frac{b_3^2-c_3^2}{l_3^2}\right]\boldsymbol{N}_M \\ \boldsymbol{\rho}_{2-3} = \left[-\frac{b_1c_1}{l_1^2} \quad \frac{b_1c_1}{l_1^2} \quad \frac{b_1^2-c_1^2}{l_1^2}\right]\boldsymbol{N}_M \\ \boldsymbol{\rho}_{3-1} = \left[-\frac{b_2c_2}{l_2^2} \quad \frac{b_2c_2}{l_2^2} \quad \frac{b_2^2-c_2^2}{l_2^2}\right]\boldsymbol{N}_M \end{cases} \tag{6.5.37}$$

$$\boldsymbol{\alpha}_1^e = \Delta\boldsymbol{N}_M^{\mathrm{T}}\boldsymbol{\alpha}\boldsymbol{N}_M(\Delta\text{ 为单元中面面积}) \tag{6.5.38}$$

$$\boldsymbol{\alpha}_2^e = -(L_{1-2}\boldsymbol{\rho}_{1-2}^{\mathrm{T}}\boldsymbol{Z}_{1-2} + L_{2-3}\boldsymbol{\rho}_{2-3}^{\mathrm{T}}\boldsymbol{Z}_{2-3} + L_{3-1}\boldsymbol{\rho}_{3-1}^{\mathrm{T}}\boldsymbol{Z}_{3-1}) \tag{6.5.39}$$

式中，L_{i-j} 为单元 ij 边的长度($i,j = 1,2,3$)($1\to2\to3\to1$)。

$$\boldsymbol{F}_{\mathrm{E}}^e = \int_\Delta q\boldsymbol{N}_w^{\mathrm{T}}\mathrm{d}A\boldsymbol{d}_{\mathrm{E}}^e = \boldsymbol{0} \tag{6.5.40}$$

对边界处单元，$\boldsymbol{F}_{\mathrm{E}}^e$ 和 $\boldsymbol{d}_{\mathrm{E}}^e$ 按式(6.5.23)和式(6.5.24)计算。

6.5.4　线性弯矩三角形混合元

线性弯矩三角形混合元的结点参数如图 6.5 所示。由试凑法不难建立结点形函数如下

$$N_i = L_i(2L_i - 1) \quad (i = 1,2,3) \tag{6.5.41(a)}$$

$$N_{i+3} = 4L_iL_j \quad \left(i = 1,2,3; j = \begin{cases} i+1 & (i<3) \\ i-2 & (i=3) \end{cases}\right) \tag{6.5.41(b)}$$

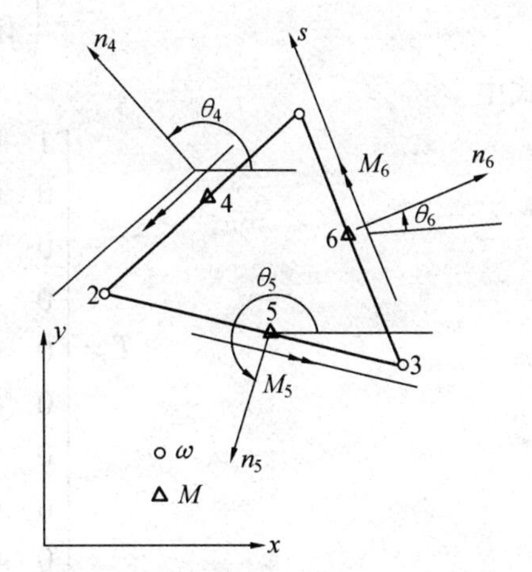

图 6.5　线性弯矩三角形混合元

由此可得

$$\boldsymbol{N}_w = [N_1 \quad N_2 \quad N_3 \quad N_4 \quad N_5 \quad N_6] \tag{6.5.41(c)}$$

$$\boldsymbol{N}'_w = \frac{1}{2\Delta}\begin{bmatrix} b_1 & b_2 \\ c_1 & c_2 \end{bmatrix}\begin{bmatrix} 4L_1-1 & 0 & 1-4L_3 & 4L_2 & -4L_2 & 4(L_3-L_1) \\ 0 & 4L_2-1 & 1-4L_3 & 4L_1 & 4(L_3-L_2) & -4L_1 \end{bmatrix} \tag{6.5.42}$$

设单元力矩阵 $\boldsymbol{M}$ 为

$$\boldsymbol{M} = \begin{bmatrix} M_x \\ M_y \\ M_{xy} \end{bmatrix} = [L_1\boldsymbol{I}_3 \quad L_2\boldsymbol{I}_3 \quad L_3\boldsymbol{I}_3]\begin{bmatrix} \boldsymbol{M}_1 \\ \boldsymbol{M}_2 \\ \boldsymbol{M}_3 \end{bmatrix} \tag{6.5.43}$$

式中　$\boldsymbol{M}_i = [M_{xi} \quad M_{yi} \quad M_{xyi}]^{\mathrm{T}}$

因为 $M_n = [\cos^2\theta \quad \sin^2\theta \quad \sin^2\theta]\boldsymbol{M}$,所以若记图 6.5 所示法向弯矩组成如下矩阵

$$\overline{\boldsymbol{M}}_e = \begin{bmatrix} M_1 & M_2 & M_8 \\ M_7 & M_3 & M_4 \\ M_6 & M_9 & M_5 \end{bmatrix} \tag{30}$$

则参照式(6.5.32)和式(6.5.33),上式可写为

$$\overline{\boldsymbol{M}}_e = \boldsymbol{G}[\boldsymbol{M}_1 \quad \boldsymbol{M}_2 \quad \boldsymbol{M}_3] \tag{31}$$

上式两边左乘 $\boldsymbol{G}^{-1} = \boldsymbol{g}$,则

$$[\boldsymbol{M}_1 \quad \boldsymbol{M}_2 \quad \boldsymbol{M}_3] = \boldsymbol{g}\overline{\boldsymbol{M}}_e$$

也即

$$\boldsymbol{M}_1 = \boldsymbol{g}\begin{bmatrix} M_1 \\ M_7 \\ M_6 \end{bmatrix} \quad \boldsymbol{M}_2 = \boldsymbol{g}\begin{bmatrix} M_2 \\ M_3 \\ M_9 \end{bmatrix} \quad \boldsymbol{M}_3 = \boldsymbol{g}\begin{bmatrix} M_8 \\ M_4 \\ M_5 \end{bmatrix} \tag{32}$$

由此不难验证

$$\begin{bmatrix} \boldsymbol{M}_1 \\ \boldsymbol{M}_2 \\ \boldsymbol{M}_3 \end{bmatrix} = \begin{bmatrix} \boldsymbol{g} & \boldsymbol{0} & \boldsymbol{0} \\ \boldsymbol{0} & \boldsymbol{g} & \boldsymbol{0} \\ \boldsymbol{0} & \boldsymbol{0} & \boldsymbol{g} \end{bmatrix} \boldsymbol{T}\boldsymbol{M}_e \tag{6.5.44}$$

式中

$$\boldsymbol{T} = \begin{bmatrix} 1 & 0 & 0 & 0 & 0 & 0 & 0 & 0 & 0 \\ 0 & 0 & 0 & 0 & 0 & 0 & 1 & 0 & 0 \\ 0 & 0 & 0 & 0 & 0 & 1 & 0 & 0 & 0 \\ 0 & 1 & 0 & 0 & 0 & 0 & 0 & 0 & 0 \\ 0 & 0 & 1 & 0 & 0 & 0 & 0 & 0 & 0 \\ 0 & 0 & 0 & 0 & 0 & 0 & 0 & 0 & 1 \\ 0 & 0 & 0 & 0 & 0 & 0 & 0 & 1 & 0 \\ 0 & 0 & 0 & 1 & 0 & 0 & 0 & 0 & 0 \\ 0 & 0 & 0 & 0 & 1 & 0 & 0 & 0 & 0 \end{bmatrix} \tag{6.5.45(a)}$$

$$\boldsymbol{M}_e = [\boldsymbol{M}_1 \quad \boldsymbol{M}_2 \quad \cdots \quad \boldsymbol{M}_9]^{\mathrm{T}} \tag{6.5.45(b)}$$

若记

$$\boldsymbol{H} = \mathrm{diag}[\boldsymbol{g} \quad \boldsymbol{g} \quad \boldsymbol{g}] \tag{6.5.46}$$

则由式(6.5.43)可得

$$\boldsymbol{M} = \boldsymbol{N}_M\boldsymbol{M}_e \tag{6.5.47(a)}$$

式中

$$\boldsymbol{N}_M = [L_1\boldsymbol{I}_3 \quad L_2\boldsymbol{I}_3 \quad L_3\boldsymbol{I}_3]\boldsymbol{H}\boldsymbol{T} = [L_1\boldsymbol{g} \quad L_2\boldsymbol{g} \quad L_3\boldsymbol{g}]\boldsymbol{T} \tag{6.5.47(b)}$$

从式(6.5.47(b))就不难求得 $\boldsymbol{N}'_M$ 的显表达式,仿上小节的推演,即可建立线性弯矩混合元的单元性质方程,这里不再赘述。

6.6　放松边界连续性要求的变分原理及杂交元

6.6.1　放松边界连续性要求的变分原理

6.6.1.1　修正余能原理

由 6.1 可知,有限单元集合体的余能极小原理为

$$\Pi_c^* = \sum_e \Pi_{c,e}^* = \sum_e \left[\frac{1}{2}\int_{V_e} \boldsymbol{\sigma}^{\mathrm{T}} \boldsymbol{a}\boldsymbol{\sigma} \mathrm{d}V - \int_{S_u^e} \boldsymbol{d}^{\mathrm{T}} \boldsymbol{L}\boldsymbol{\sigma} \mathrm{d}S\right] = \min$$

强制条件为

$$\begin{cases} V_e \text{ 内} & \boldsymbol{A}\boldsymbol{\sigma} + \boldsymbol{F}_{\mathrm{b}} = \boldsymbol{0} \\ S_\sigma^e \text{ 上} & \boldsymbol{F}_{\mathrm{S}} - L\sigma = \boldsymbol{0} \\ S_B^L \text{ 上} & (\boldsymbol{L}\boldsymbol{\sigma})^+ + (\boldsymbol{L}\boldsymbol{\sigma})^- = \boldsymbol{0} \end{cases}$$

在单元分析时要满足上述强制条件是十分困难的。为此,像推导 Reissner 原理那样,利用拉格朗日乘子使强制条件变成自然条件,建立如下新泛函

$$\begin{aligned} \Pi_{\mathrm{cm}} = &\sum_e \left[\frac{1}{2}\int_{V_e} \boldsymbol{\sigma}^{\mathrm{T}} \boldsymbol{a}\boldsymbol{\sigma} \mathrm{d}V - \int_{S_u^e} \bar{\boldsymbol{d}}^{\mathrm{T}} \boldsymbol{L}\boldsymbol{\sigma} \mathrm{d}S - \int_{S_\sigma^e} \boldsymbol{\lambda}^{\mathrm{T}} (\boldsymbol{F}_{\mathrm{S}} - \boldsymbol{L}\boldsymbol{\sigma}) \mathrm{d}S\right] - \\ &\sum_L \int_{S_B^L} \boldsymbol{\mu}^{\mathrm{T}} [(\boldsymbol{L}\boldsymbol{\sigma})^+ + (\boldsymbol{L}\boldsymbol{\sigma})^-] \mathrm{d}S = \\ &\sum_e \left[\frac{1}{2}\int_{V_e} \boldsymbol{\sigma}^{\mathrm{T}} \boldsymbol{a}\boldsymbol{\sigma} \mathrm{d}V - \int_{S_u^e} \bar{\boldsymbol{d}}^{\mathrm{T}} \boldsymbol{L}\boldsymbol{\sigma} \mathrm{d}S - \int_{S_\sigma^e} \boldsymbol{\lambda}^{\mathrm{T}} (\bar{\boldsymbol{F}}_{\mathrm{S}} - \boldsymbol{L}\boldsymbol{\sigma}) \mathrm{d}S - \int_{S_B^e} \boldsymbol{\mu}^{\mathrm{T}} \boldsymbol{L}\boldsymbol{\sigma} \mathrm{d}S\right] \end{aligned} \tag{33}$$

对式(33) 求一阶变分,则可得

$$\begin{aligned} \delta\Pi_{\mathrm{cm}} = &\sum_e \left[\int_{V_e} \boldsymbol{\sigma}^{\mathrm{T}} \boldsymbol{a}\delta\boldsymbol{\sigma} \mathrm{d}V - \int_{S_u^e} \bar{\boldsymbol{d}}^{\mathrm{T}} \boldsymbol{L}\delta\boldsymbol{\sigma} \mathrm{d}S - \int_{S_\sigma^e} [\delta\boldsymbol{\lambda}^{\mathrm{T}} (\boldsymbol{F}_{\mathrm{S}} - \boldsymbol{L}\boldsymbol{\sigma}) - \boldsymbol{\lambda}^{\mathrm{T}} \boldsymbol{L}\delta\boldsymbol{\sigma}] \mathrm{d}S - \right. \\ &\left. \int_{S_B^e} [\delta\boldsymbol{\mu}^{\mathrm{T}} \boldsymbol{L}\boldsymbol{\sigma} + \boldsymbol{\mu}^{\mathrm{T}} \boldsymbol{L}\delta\boldsymbol{\sigma}] \mathrm{d}S\right] \end{aligned}$$

考虑到每单元表面 $S_e = S_u^e + S_\sigma^e + S_B^e$,且加以强制条件 $\boldsymbol{d} - \bar{\boldsymbol{d}} = 0$(在 S_u^e 上),则上式可改写为

$$\begin{aligned} \delta\Pi_{\mathrm{cm}} = &\sum_e \left[\int_{V_e} \boldsymbol{\sigma}^{\mathrm{T}} a\delta\boldsymbol{\sigma} \mathrm{d}V - \int_{S_e} \boldsymbol{d}^{\mathrm{T}} \boldsymbol{L}\delta\boldsymbol{\sigma} \mathrm{d}S\right] - \int_{S_\sigma^e} [\delta\boldsymbol{\lambda}^{\mathrm{T}} (\boldsymbol{F}_{\mathrm{S}} - \boldsymbol{L}\boldsymbol{\sigma}) - (\boldsymbol{d} + \boldsymbol{\lambda})^{\mathrm{T}} \boldsymbol{L}\delta\boldsymbol{\sigma}] \mathrm{d}S - \\ &\int_{S_B^e} [\delta\boldsymbol{\mu}^{\mathrm{T}} \boldsymbol{L}\boldsymbol{\sigma} - (\boldsymbol{d} - \boldsymbol{\mu})^{\mathrm{T}} \boldsymbol{L}\delta\boldsymbol{\sigma}] \mathrm{d}S \end{aligned} \tag{34}$$

若选取拉氏乘子为

$$\begin{cases} S_\sigma^e \text{ 上} & \boldsymbol{d} = -\boldsymbol{\lambda} \\ S_B^e \text{ 上} & \boldsymbol{d} = \boldsymbol{\mu} \end{cases} \tag{35}$$

同时考虑到(根据格林公式)

$$\int_{S_e} \boldsymbol{d}^{\mathrm{T}} \boldsymbol{L}\delta\boldsymbol{\sigma} \mathrm{d}S = \int_{V_e} [(\boldsymbol{A}^{\mathrm{T}}\boldsymbol{d})^{\mathrm{T}} \delta\boldsymbol{\sigma} + \boldsymbol{d}^{\mathrm{T}} \boldsymbol{A}\delta\boldsymbol{\sigma}] \mathrm{d}V \tag{36}$$

及存在强制条件

$$\boldsymbol{A}\boldsymbol{\sigma} + \boldsymbol{F}_{\mathrm{b}} = \boldsymbol{0} \text{ 或 } \boldsymbol{A}\delta\boldsymbol{\sigma} = \boldsymbol{0}$$

则式(34) 可改写为

$$\delta \Pi_{cm} = \sum_e \{ \int_{V_e} [\boldsymbol{\sigma}^T \boldsymbol{a} - (\boldsymbol{A}^T \boldsymbol{d})^T] \delta \boldsymbol{\sigma} dV + \int_{S_u^e} \delta \boldsymbol{d}^T (\boldsymbol{F}_S - \boldsymbol{L\sigma}) dS - \int_{S_B^e} \delta \boldsymbol{d}^T \boldsymbol{L\sigma} \mathbf{d} S \} =$$
$$\sum_e [\int_{V_e} (\boldsymbol{a\sigma} - \boldsymbol{A}^T \boldsymbol{d})^T \delta \boldsymbol{\sigma} dV + \int_{S_u^e} \delta \boldsymbol{d}^T (\boldsymbol{F}_S - L\boldsymbol{\sigma}) dS] -$$
$$\sum_L \int_{S_B^L} \delta \boldsymbol{d}^T [(\boldsymbol{L\sigma})^+ + (\boldsymbol{L\sigma})^-] dS \tag{37}$$

若令 $\delta \Pi_{cm} \equiv 0$,显然从式(37) 可得自然条件

$$\begin{cases} S_\sigma^e \text{ 上} \quad \boldsymbol{F}_S - \boldsymbol{L\sigma} = \boldsymbol{0} \\ S_B^L \text{ 上} \quad (\boldsymbol{L\sigma})^+ + (\boldsymbol{L\sigma})^- = \boldsymbol{0} \end{cases}$$

等,也即原余能原理中在边界上的强制条件变成了新泛函的自然条件。

由上述推证过程可见,经修正的余能原理的数学表示为

$$\Pi_{cm} = \sum_e \left[\frac{1}{2} \int_{V_e} \boldsymbol{\sigma}^T \boldsymbol{a\sigma} dV - \int_{S_e} \boldsymbol{d}^T \boldsymbol{L\sigma} dS + \int_{S_\sigma^e} \boldsymbol{d}^T \boldsymbol{F}_S dS \right] = \sum_e \Pi_{cm}^e = \min \tag{6.6.1}$$

其强制条件为

$$\begin{cases} V_e \text{ 内} \quad \boldsymbol{A\sigma} + \boldsymbol{F}_b = \boldsymbol{0} \quad (\boldsymbol{a\sigma} - \boldsymbol{\varepsilon} \equiv \boldsymbol{0}) \\ S_u^e \text{ 上} \quad \boldsymbol{d} - \bar{\boldsymbol{d}} = \boldsymbol{0} \end{cases} \tag{6.6.2}$$

6.6.1.2　修正势能原理

为便于推导,设外力仅有体力 $\boldsymbol{F}_b$ 和表面力 $\boldsymbol{F}_S$,而没有作用于单元集合体结点的集中外力。

有限元单元集合体的势能原理的数学表示为

$$\Pi_P = \sum_e [\int_{V_e} (\frac{1}{2} \boldsymbol{\varepsilon}^T \boldsymbol{D\varepsilon} - \boldsymbol{F}_b^T \boldsymbol{d}) dV - \int_{S_\sigma^e} \boldsymbol{F}_S^T \boldsymbol{d} dS] = \sum_e \Pi_P^e = \min$$

强制条件为

$$\begin{cases} V_e \text{ 内} \quad \boldsymbol{\varepsilon} - \boldsymbol{A}^T \boldsymbol{d} = \boldsymbol{0} \quad (\boldsymbol{\sigma} - \boldsymbol{D\varepsilon} = \boldsymbol{0}) \\ S_u^\theta \text{ 上} \quad \boldsymbol{d} - \bar{\boldsymbol{d}} = \boldsymbol{0} \\ S_B^L \text{ 上} \quad \boldsymbol{d}^+ - \boldsymbol{d}^- = \boldsymbol{0} \end{cases}$$

建立如下新泛函

$$\Pi_{PM} = \sum_e [\int_{V_e} (\frac{1}{2} \boldsymbol{\varepsilon}^T \boldsymbol{D\varepsilon} - \boldsymbol{F}_b^T \boldsymbol{d}) dV - \int_{S_\sigma^e} \boldsymbol{F}_S^T \boldsymbol{d} dS] -$$
$$[\int_{S_u^e} \boldsymbol{\lambda}^T (\boldsymbol{d} - \bar{\boldsymbol{d}}) dS - \sum_L \int_{S_B^L} (\boldsymbol{d}^+ - \boldsymbol{d}^-) dS] =$$
$$\sum_e \int_{V_e} (\frac{1}{2} \boldsymbol{\varepsilon}^T \boldsymbol{D\varepsilon} - \boldsymbol{F}^T \boldsymbol{d}) dV - \int_{S_\sigma^e} \boldsymbol{F}_S^T \boldsymbol{d} dS -$$
$$\int_{S_u^e} \boldsymbol{\lambda}^T (\boldsymbol{d} - \bar{\boldsymbol{d}}) dS - \int_{S_B^e} \boldsymbol{\mu}^T \boldsymbol{d} dS \tag{38}$$

对式(38) 求一阶变分

$$\delta \Pi_{PM} = \sum_e \int_{V_e} (\boldsymbol{\sigma}^T \delta \boldsymbol{\varepsilon} - \boldsymbol{F}_b^T \delta \boldsymbol{d}) dV - \int_{S_\sigma^e} \boldsymbol{F}_S^T \delta \boldsymbol{d} dS -$$
$$\int_{S_u^e} [\delta \boldsymbol{\lambda}^T (\boldsymbol{d} - \bar{\boldsymbol{d}}) + \boldsymbol{\lambda}^T \delta \boldsymbol{d} dS - \int_{S_B^e} (\delta \boldsymbol{\mu}^T \boldsymbol{d} + \boldsymbol{\mu}^T \delta \boldsymbol{d}) dS]$$

利用格林公式对上式进行改造可得

$$\delta\Pi_{\mathrm{PM}}=\sum_{e}\int_{S_e}(\boldsymbol{L\sigma})^{\mathrm{T}}\delta\boldsymbol{d}\mathrm{d}S-\int_{V_e}(\boldsymbol{A\sigma}+\boldsymbol{F}_b)^{\mathrm{T}}\delta\boldsymbol{d}\mathrm{d}V-\int_{S_\sigma^e}\boldsymbol{F}_{\mathrm{S}}^{\mathrm{T}}\delta\boldsymbol{d}\mathrm{d}S-\int_{S_w^e}[\delta\boldsymbol{\lambda}^{\mathrm{T}}(\boldsymbol{d}-\bar{\boldsymbol{d}})+\boldsymbol{\lambda}^{\mathrm{T}}\delta\boldsymbol{d}]\mathrm{d}S-\int_{S_B^e}(\delta\boldsymbol{\mu}^{\mathrm{T}}\boldsymbol{d}+\boldsymbol{\mu}^{\mathrm{T}}\delta\boldsymbol{d})\mathrm{d}S]=$$

$$\sum_{e}\{\int_{S_\sigma^e}(\boldsymbol{L\sigma}-\boldsymbol{F}_{\mathrm{S}})^{\mathrm{T}}\delta\boldsymbol{d}\mathrm{d}S-\int_{S_\sigma^e}[(\boldsymbol{L\sigma}-\boldsymbol{\lambda})^{\mathrm{T}}\delta\boldsymbol{d}-\delta\boldsymbol{\lambda}^{\mathrm{T}}(\boldsymbol{d}-\bar{\boldsymbol{d}})]\mathrm{d}S-\int_{S_B^e}[(\boldsymbol{L\sigma}-\boldsymbol{\lambda})^{\mathrm{T}}\delta\boldsymbol{d}+\delta\boldsymbol{\mu}^{\mathrm{T}}\boldsymbol{d}]\mathrm{d}S-\int_{V_e}(\boldsymbol{A\sigma}+\boldsymbol{F}_{\mathrm{b}})^{\mathrm{T}}\delta\boldsymbol{d}\mathrm{d}V\} \quad (39)$$

如果选取拉氏乘子为

$$\begin{cases}S_B^e\text{ 上}\quad \boldsymbol{L\sigma}-\boldsymbol{\mu}=\boldsymbol{0}\\ S_u^e\text{ 上}\quad \boldsymbol{L\sigma}-\boldsymbol{\lambda}=\boldsymbol{0}\end{cases} \quad (40)$$

则式(39) 可改写为

$$\delta\Pi_{\mathrm{PM}}=\sum_{e}[\int_{S_\sigma^e}(\boldsymbol{L\sigma}-\boldsymbol{F}_{\mathrm{S}})^{\mathrm{T}}\delta\boldsymbol{d}\mathrm{d}S-\int_{S_u^e}(\boldsymbol{L}\delta\boldsymbol{\sigma})^{\mathrm{T}}(\boldsymbol{d}-\bar{\boldsymbol{d}})\mathrm{d}S-\int_{S_B^e}(\boldsymbol{L}\delta\boldsymbol{\sigma})^{\mathrm{T}}\boldsymbol{d}\mathrm{d}S-\int_{V_e}(\boldsymbol{A\sigma}+\boldsymbol{F}_{\mathrm{b}})\delta\boldsymbol{d}\mathrm{d}V]=$$

$$\sum_{e}[\int_{S_\sigma^e}(\boldsymbol{L\sigma}-\boldsymbol{F}_{\mathrm{S}})^{\mathrm{T}}\delta\boldsymbol{d}\mathrm{d}S-\int_{S_u^e}(\boldsymbol{L}\delta\boldsymbol{\sigma})^{\mathrm{T}}(\boldsymbol{d}-\bar{\boldsymbol{d}})\mathrm{d}S-\int_{V_e}(\boldsymbol{A\sigma}+\boldsymbol{F}_{\mathrm{b}})\delta\boldsymbol{d}\mathrm{d}V]-\sum_{L}\int_{S_B^L}(\boldsymbol{L}\delta\boldsymbol{\sigma})^{\mathrm{T}}(\boldsymbol{d}^{+}-\boldsymbol{d}^{-})\mathrm{d}S \quad (41)$$

若令 $\delta\Pi_{\mathrm{PM}}\equiv 0$,显然从式(41) 可得自然条件

$$\begin{cases}S_u^e\text{ 上}\quad \boldsymbol{d}-\bar{\boldsymbol{d}}=\boldsymbol{0}\\ S_B^L\text{ 上}\quad \boldsymbol{d}^{+}-\boldsymbol{d}^{-}=\boldsymbol{0}\end{cases}$$

等等。也即原势能原理中在边界上的强制条件变成了新泛函的自然条件。

由上述推述过程可见,经修正的势能原理的数学表示为

$$\delta\Pi_{\mathrm{PM}}=\sum_{e}[\int_{V_e}(\frac{1}{2}\boldsymbol{\varepsilon}^{\mathrm{T}}\boldsymbol{D\varepsilon}-\boldsymbol{F}_{\mathrm{b}}^{\mathrm{T}}\boldsymbol{d})\mathrm{d}V-\int_{S_\sigma^e}\boldsymbol{F}_{\mathrm{S}}^{\mathrm{T}}\delta\boldsymbol{d}\mathrm{d}S-\int_{S_u^e}(\boldsymbol{L\sigma})^{\mathrm{T}}(\boldsymbol{d}-\bar{\boldsymbol{d}})\mathrm{d}S-\int_{S_B^e}\boldsymbol{L\sigma}^{\mathrm{T}}\boldsymbol{d}\mathrm{d}S]=\sum_{e}\Pi_{\mathrm{PM}}^{e}=\min \quad (6.6.3)$$

其强制条件为

$$V_e\text{ 内}\quad\begin{cases}\boldsymbol{\varepsilon}-\boldsymbol{A}^{\mathrm{T}}\boldsymbol{b}=\boldsymbol{0}\\ (\boldsymbol{\sigma}-\boldsymbol{D\varepsilon}=\boldsymbol{0})\end{cases} \quad (6.6.4(\mathrm{a}))$$

若附加强制条件

$$S_\sigma^e\text{ 上}\quad \boldsymbol{L\sigma}-\boldsymbol{F}_{\mathrm{S}}=\boldsymbol{0} \quad (6.6.4(\mathrm{b}))$$

且考虑到 $S_e=S_\sigma^e+S_u^e+S_B^e$,则式(6.4.3) 可改为

$$\delta\Pi_{\mathrm{PM}}=\sum_{e}[\int_{V_e}(\frac{1}{2}\boldsymbol{\varepsilon}^{\mathrm{T}}\boldsymbol{D\varepsilon}-\boldsymbol{F}_{\mathrm{b}}^{\mathrm{T}}\boldsymbol{d})\mathrm{d}V-\int_{S_e}(\boldsymbol{L\sigma})^{\mathrm{T}}\boldsymbol{d}\mathrm{d}S+$$

$$\int_{S_u^e} \boldsymbol{L\sigma}^{\mathrm{T}} \bar{\boldsymbol{d}} \mathrm{d}S] = \sum_e \Pi_{\mathrm{PM}}^e = \min \tag{6.6.5}$$

必须强调指出,本小节所讨论的变分原理是多变量的,但与6.6与6.3节中所讨论的多变量变分原理是不同的。多变量变分原理是整个区域上泛函包括多个自变函数,而本节的修正变分原理均属区域内仍仅包含一个自变函数,另一些自变函数是定义于边界(包含 S_B^L 边界)的。正因如此,本节的原理均具有区域内的强制条件。但在界面处的强制条件都得到了放松。随着有限元的发展,所提出的放松约束要求的变分原理还很多,这里就不再赘述,读者可自行查阅有关资料。

6.6.2 基于修正变分原理的杂交元

杂交应力元是美籍华人卞学镄在1964年提出的,其后他与董平提出了修正的变分原理,进一步推动了杂交元的发展。由于杂交元构造变量的灵活性,因此,在板壳分析、断裂力学、非均匀介质和非连续体分析中得到广泛应用。限于篇幅这里仅仅对分析的思路作一简单介绍,想进一步获得信息的读者可查阅卞学镄的论文集或董平的书等。

6.6.2.1 杂交应力元

在上小节已推得正余能原理

$$\Pi_{\mathrm{cm}}^e = \frac{1}{2}\int_{V_e} \boldsymbol{\sigma}^{\mathrm{T}} \boldsymbol{a\sigma} \mathrm{d}V - \int_{S_e} \boldsymbol{d}^{\mathrm{T}} \boldsymbol{L\sigma} \mathrm{d}S + \int_{S_\sigma^e} \boldsymbol{d}^{\mathrm{T}} \boldsymbol{F}_{\mathrm{S}} \mathrm{d}S$$

其强制条件为

$$V_e\text{内}\quad \boldsymbol{A\sigma} + \boldsymbol{F} = \boldsymbol{0} \quad \text{或} \quad \boldsymbol{A}\delta\boldsymbol{\sigma} = \boldsymbol{0}$$

$$(\boldsymbol{a\sigma} - \boldsymbol{\varepsilon} = \boldsymbol{0})$$

$$S_u^e\text{上}\quad \boldsymbol{d} - \bar{\boldsymbol{d}} = \boldsymbol{0}$$

设单元内(V_e)应力为

$$\boldsymbol{\sigma} = \boldsymbol{HP}_e + \boldsymbol{\sigma}_{e0} \tag{6.6.6}$$

式中 $\boldsymbol{H}$—— 为单元内应力分布函数矩阵;

$\boldsymbol{P}_e$—— 待定应力参数矩阵;

$\boldsymbol{\sigma}_{e0}$—— 满足如下方程的一个特解,即

$$\boldsymbol{A\sigma}_{e0} + \boldsymbol{F}_{\mathrm{b}} = \boldsymbol{0} \tag{6.6.7}$$

因为修正余能原理对单元之间的应力没有任何直接的联系,因此 $\boldsymbol{P}_e$ 可以只局限于单元。

又设单元边界面的位移为

$$\boldsymbol{d} = \boldsymbol{N\delta}_e \quad (\text{仅限 } S_e \text{ 上}) \tag{6.6.8}$$

式中 $\boldsymbol{N}$—— 插值函数矩阵;

$\boldsymbol{\delta}_e$—— 边界结点位移矩阵。

此位移 $\boldsymbol{d}$ 在单元间公共界面上(S_B^L)是共有的。

将式(6.6.6)和(6.6.8)代入修正余能表达式可得

$$\Pi_{\mathrm{c}}^e = \frac{1}{2}\int_{V_e} (\boldsymbol{P}_e^{\mathrm{T}}\boldsymbol{H}^{\mathrm{T}} + \boldsymbol{\sigma}_{e0}^{\mathrm{T}}) \boldsymbol{a} (\boldsymbol{HP}_e + \boldsymbol{\sigma}_{e0}) \mathrm{d}V + \int_{S_\sigma^e} \boldsymbol{F}_{\mathrm{S}}^{\mathrm{T}} \boldsymbol{N\delta} \mathrm{d}S -$$

$$\int_{S_e} \boldsymbol{\delta}_e^{\mathrm{T}} \boldsymbol{N}^{\mathrm{T}} \boldsymbol{L} (\boldsymbol{HP}_e + \boldsymbol{\sigma}_{e0}) \mathrm{d}S \tag{42}$$

若引入如下记号

$$\begin{cases} \boldsymbol{f}_e = \int_{V_e} \boldsymbol{H}^{\mathrm{T}} \boldsymbol{a} \boldsymbol{H} \mathrm{d}V \\ \boldsymbol{d}_{\mathrm{E},F}^e = -\int_{V_e} \boldsymbol{H}^{\mathrm{T}} \boldsymbol{a} \boldsymbol{\sigma}_{e0} \mathrm{d}V \\ \boldsymbol{G}_e = \int_{S_e} \boldsymbol{N}^{\mathrm{T}} \boldsymbol{L} \boldsymbol{H} \mathrm{d}S \\ \boldsymbol{Q}_e^{\mathrm{T}} = \int_{S_{\sigma}^e} \boldsymbol{F}_{\mathrm{S}}^{\mathrm{T}} \boldsymbol{N} \mathrm{d}S - \int_{S_e} (\boldsymbol{L} \boldsymbol{\sigma}_{e0})^{\mathrm{T}} \boldsymbol{N} \mathrm{d}S \\ \boldsymbol{C}_e = \frac{1}{2} \int_{V_e} \boldsymbol{\sigma}_{e0}^{\mathrm{T}} \boldsymbol{a} \boldsymbol{\sigma}_{e0} \mathrm{d}V \end{cases} \tag{6.6.9}$$

则式(42) 可用这些记号写为

$$\boldsymbol{\Pi}_{\mathrm{cm}}^e = \frac{1}{2} \boldsymbol{P}_e^{\mathrm{T}} \boldsymbol{f}_e \boldsymbol{P}_e - \boldsymbol{P}_e^{\mathrm{T}} \boldsymbol{d}_{\mathrm{E},F}^e + \boldsymbol{C}_e - \boldsymbol{\delta}_e^{\mathrm{T}} \boldsymbol{G}_e \boldsymbol{P}_e + \boldsymbol{Q}_e^{\mathrm{T}} \boldsymbol{\delta}_e \tag{6.6.10}$$

令修正余能 $\boldsymbol{\Pi}_{\mathrm{cm}}^e$ 的一阶变分为零,则

$$\frac{\partial \boldsymbol{\Pi}_{\mathrm{cm}}^e}{\partial \boldsymbol{P}_e} = \boldsymbol{0} = \boldsymbol{f}_e \boldsymbol{P}_e - \boldsymbol{d}_{\mathrm{E},F}^e - \boldsymbol{G}_e^{\mathrm{T}} \boldsymbol{\delta}_e \tag{43}$$

由于 $\boldsymbol{P}_e$ 只局限于单元,故无需集装,由式(43) 可得

$$\boldsymbol{P}_e = \boldsymbol{f}_e^{-1} (\boldsymbol{d}_{\mathrm{E},F}^e + \boldsymbol{G}_e^{\mathrm{T}} \boldsymbol{\delta}_e) \tag{6.6.11}$$

又

$$\frac{\partial \boldsymbol{\Pi}_{\mathrm{cm}}^e}{\partial \boldsymbol{\delta}_e} = \boldsymbol{0} = -\boldsymbol{G}_e P + \boldsymbol{Q}_e \tag{44}$$

将式(6.6.11) 代入式(44) 可得

$$\boldsymbol{G}_e \boldsymbol{f}_e^{-1} \boldsymbol{G}_e^{\mathrm{T}} \boldsymbol{\delta}_e = \boldsymbol{Q}_e - \boldsymbol{G}_e \boldsymbol{f}_e^{-1} \boldsymbol{d}_{\mathrm{E},F}^e \tag{45}$$

记

$$\boldsymbol{k}_e = \boldsymbol{G}_e \boldsymbol{f}_e^{-1} \boldsymbol{G}_e^{\mathrm{T}} \tag{6.6.12}$$

$$\boldsymbol{R}_e = \boldsymbol{Q}_e - \boldsymbol{G}_e \boldsymbol{f}_e^{-1} \boldsymbol{d}_{\mathrm{E},F}^e \tag{6.6.13}$$

则在 $\boldsymbol{P}_e$ 局限于单元条件下,由 $\delta \Pi_{\mathrm{cm}}^e = 0$ 最终所得为

$$\boldsymbol{k}_e \boldsymbol{\delta}_e = \boldsymbol{R}_e \tag{6.6.14}$$

对于单元集合体

$$\Pi_{\mathrm{cm}} = \sum U_{\mathrm{cm}}^e = \sum_e \left(\frac{1}{2} \boldsymbol{\delta}_e^{\mathrm{T}} \boldsymbol{k}_e \boldsymbol{\delta}_e - \boldsymbol{R}_e^{\mathrm{T}} \boldsymbol{\delta}_e \right)$$

类似第 2 章整体分析那样推导,则可得

$$\Pi_{\mathrm{cm}} = \frac{1}{2} \boldsymbol{U}^{\mathrm{T}} \boldsymbol{K} \boldsymbol{U} - \boldsymbol{R}^{\mathrm{T}} \boldsymbol{U} \tag{6.6.15}$$

从而由 $\delta \Pi_{\mathrm{cm}} = 0$ 可得

$$\boldsymbol{K} \boldsymbol{U} = \boldsymbol{R} \tag{6.6.16}$$

6.6.2.2　杂交位移元 Ⅰ

这里仅简单介绍基于前述修正势能原理的杂交位移元,因为还有其他的杂交位移元,故称之杂交位移元 Ⅰ。

设单元内(V_e)位移场为

$$d = N\delta_e \tag{6.6.17}$$

式中　N—— 单位内位移变化规律矩阵；

δ_e—— 单元待定位移参数矩阵，因修正势能原理对单元间的位移无任何直接要求，所以 δ_e 可只局限于单元。

又设单元边界上的表面力为相邻单元所共有，可由单元交界面上的应力参数（例如，可由结点的结点力参数）来构造，也即

$$\text{在 } S_e \text{ 上}\quad L\sigma = MR_e \tag{6.6.18}$$

为使在 S_B^L 上 $(L\sigma)^+ + (L\sigma)^- = \mathbf{0}$，必须对所有单元采用统一的沿 S_e 积分的方向，以保证修正势能原理表达式的正确性。

将式(6.6.17)和式(6.6.18)代入式(6.6.5)可得

$$\Pi_{\mathrm{PM}}^e = \int_{V_e}\left(\frac{1}{2}\delta_e^{\mathrm{T}}B^{\mathrm{T}}DB\delta_e - F_{\mathrm{b}}^{\mathrm{T}}N\delta_e\right)\mathrm{d}V - \int_{S_e}R_e^{\mathrm{T}}M^{\mathrm{T}}N\delta_e\,\mathrm{d}S + \int_{S_u^e}R_e^{\mathrm{T}}M^{\mathrm{T}}\bar{d}\,\mathrm{d}S \tag{46}$$

引入如下矩阵符号

$$\begin{cases} k_e = \int_{V_e} B^{\mathrm{T}}DB\,\mathrm{d}V \\ B = A^{\mathrm{T}}N \\ F_{\mathrm{E},F}^e = \int_{V_e} N^{\mathrm{T}}F_{\mathrm{b}}\,\mathrm{d}V \\ G_e = \int_{S_e} M^{\mathrm{T}}N\,\mathrm{d}S \\ d_{\mathrm{E},d}^e = \int_{S_u^e} M^{\mathrm{T}}\bar{d}\,\mathrm{d}S \end{cases} \tag{6.6.19}$$

则式(46)改为

$$\Pi_{\mathrm{PM}}^e = \frac{1}{2}\delta_e^{\mathrm{T}}k_e\delta_e - F_{\mathrm{E},F}^e\delta_e - R_e^{\mathrm{T}}G_e\delta_e + R_e^{\mathrm{T}}d_{\mathrm{E},d}^e \tag{6.6.20}$$

令 $\delta\Pi_{\mathrm{PM}}^e = 0$ 则

$$\frac{\partial\Pi_{\mathrm{PM}}^e}{\partial\delta_e} = \mathbf{0} = k_e\delta_e - F_{\mathrm{E},F}^e - G_e^{\mathrm{T}}R_e \tag{47}$$

$$\frac{\partial\Pi_{\mathrm{PM}}^e}{\partial R_e} = \mathbf{0} = -G_e\delta_e - d_{\mathrm{E},d}^e \tag{48}$$

因为 δ_e 只局限于单元，所以从式(47)可得

$$\delta_e = k_e^{-1}(F_{\mathrm{E},F}^e + G_e^{\mathrm{T}}R_e) \tag{6.6.21}$$

代回式(48)后得

$$G_ek_e^{-1}G_e^{\mathrm{T}}R_e = d_{\mathrm{E},d}^e - G_ek_e^{-1}F_{\mathrm{E},F}^e \tag{49}$$

若记

$$G_ek_e^{-1}G_e^{\mathrm{T}} = f_e \tag{6.6.22}$$

$$d_{\mathrm{E},d}^e - G_ek_e^{-1}F_{\mathrm{E},F}^e = \Delta_e \tag{6.6.23}$$

则式(49)改为

$$\boldsymbol{f}_e\boldsymbol{R}_e = \boldsymbol{\Delta}_e \tag{6.6.24}$$

单元集合体的修正势能可由单元势能累加而得,也即

$$\Pi_{\mathrm{P}} = \sum_e \Pi_{\mathrm{P}}^e = \sum^e \left(\frac{1}{2}\boldsymbol{R}_e^{\mathrm{T}}\boldsymbol{f}_e\boldsymbol{R}_e - \boldsymbol{R}_e^{\mathrm{T}}\boldsymbol{\Delta}_e\right) \tag{6.6.25}$$

经整体分析可得

$$\boldsymbol{f}\,\boldsymbol{R} = \boldsymbol{\Delta} \tag{6.6.26}$$

6.6.3　一些简单说明

6.6.3.1　杂交应力法

如果在单元集合体的结点上作用有集中结点力,则像位移法一样应在式(6.6.16)的 $\boldsymbol{R}$ 中累加(对号入座)这些结点力。

在集合体 S_u 边界上应像位移法一样引入支承条件,使 $\boldsymbol{d} - \bar{\boldsymbol{d}} = \boldsymbol{0}$ 得以满足

单元应力场与边界位移场要有适当的配合,否则将使分析失效。杂交应力法没有解答界性,因此无法估计精确解。

6.6.3.2　杂交位移法

如果单元位移场不是局限于单元本身,则最终所得方程与混合无性质矩阵方程相似,它应在 S_σ 表面上满足 $\boldsymbol{F}_{\mathrm{S}} = \boldsymbol{L\sigma}$ 条件下进行求解,同时还必须注意"性质矩阵"主对角线元素有零,要选择适当的计算方法。同时两种变量场也应有适当配合。由于这些原因其应用不如杂交应力法多。

6.7　本章的几点补充说明

有限元中的变分原理与节6.1中的弹性力学变分原理是有区别的,在6.1和6.3节中泛函定义域内物理量是连续、可微的,因此,从一阶变分为零可以得到种种自然条件。但在有限元中由于将求解域进行了剖分,这些剖分界面均在求解域内部,因此,为使泛函在求解域有意义,各种原理对单元变量在跨单元时就有一些强制的连续性要求,而且由于变量场均是插值构造的、插值函数是事先分析确定的,因此变量的变分(自变函数的变分)就没有完全的任意性、独立性,这就使泛函一阶变分等于零并不能使自然条件恒成立。

当有限元分析所要求的跨单元连续要求难以满足或部分难以满足时,可借助拉氏乘子来放松连续性要求,建立新的泛函并使有限元分析以新泛函为据,这就可以建立种种杂交(Hybrid)单元。当单元存在多个变量场时,必须注意变量场之间的适当配合,对此有兴趣的读者可在已有知识基础上查阅文献资料以便应用。杂交法它的突出优点是建立场变量灵活、方便,可使单元内变量场仅局限于单元从而方便地解决高应力梯度、非连续等等问题,而且精度较高。但也有不足之处:匹配困难,单元分析工作量太大。

如果所建立的有限元模型是收敛的,则各种不同原理的有限元分析结果都必须趋于精确解。但除基于势能、余能这二极值原理的单元外,其他多变量的"高级"单元由于其所依据的是驻值原理,所以一般随着网格加密其解答是在真实解附近摆动的,因此难以估计真解。

习　题

6.1　在虚应力自平衡,即 $\boldsymbol{A}\delta\boldsymbol{\sigma}=\boldsymbol{0}$ 时,试证给定位移边界上虚约束反力 $\delta\boldsymbol{\sigma}_s$ 的三个元素是任意独立的。

6.2　试证明 $\Pi_p+\Pi_c\equiv 0$。

6.3　从势能原理试用放松格式建立无条件势能泛函。

6.4　试从 6.3 题所得无条件势能泛函出发,用增广格式建立新泛函。

6.5　试从式(6.2.7)出发利用等价格式建立二变量的含可选参数的泛函(应确定参数的选择规则)。

6.6　试证从式(6.2.13)出发,当 $\eta_1=\eta_8=\eta_{11}=1$,其他参数均为零时,由 $\delta\Pi_L=0$ 可获得全部弹性力学方程(也即其自然条件为全部弹性力学方程)。

6.7　试用换元乘子法从余能原理推导胡鹫泛函。

6.8　试写出用式(6.4.9)和式(6.4.10)进行混合元分析的程序框图(只写与此两式有关部分框图,不需写整个程序框图)。

6.9　对比式(6.2.7)和式(6.5.1),试指出应如何进行符号代换,即可从式(6.2.7)获得式(6.5.1)。并说明为什么在式(6.5.1)中有两个"+"号。

6.10　用 Herrmann 泛函代替薄板二变量广义泛函的目的何在?

6.11　通过建立常弯矩和线性弯矩薄板混合元的分析过程,试总结混合元列式的步骤。

6.12　试写出(6.5.34(b))的显表达式(也即 G_{ij} 的公式)。

6.13　在题 6.12 基础上,试写出式(6.5.47(b))的显式。

6.14　如图 6.6 所示的正方形单元边长为 a,无体积力作用,设 $\boldsymbol{\sigma}=\boldsymbol{HP}$,式中

$$\boldsymbol{H}=\begin{bmatrix}1 & y & 0 & 0 & 0\\ 0 & 0 & 1 & x & 0\\ 0 & 0 & 0 & 0 & 1\end{bmatrix}\qquad \boldsymbol{P}=[P_1\quad P_2\quad P_3\quad P_4\quad P_5]^{\mathrm{T}}$$

$$\boldsymbol{\sigma}=[\sigma_x\quad \sigma_y\quad \tau_{xy}]^{\mathrm{T}}$$

单元边界位移用线性插值。试推导应力杂交元的全部公式。

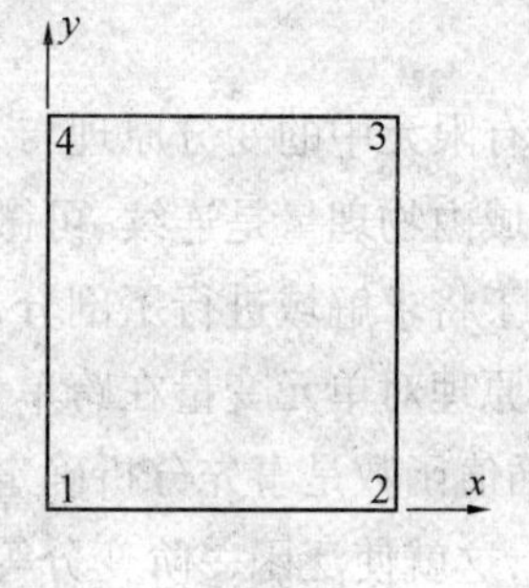

图 6.6

第7章　其他数值方法简单介绍

前面所介绍的各种有限元法都是将整个求解域进行离散,以单元为分析对象,设法建立单元的变量场,然后应用能量原理或广义变分原理导出单元列式及整体分析方法,从而解出用于建立单元变量场的基本未知量,进而求得其他所需的物理量。

除上述有限元(位移元、杂交元、混合元等)外,为解决工程实际计算还有一些其他数值方法,如加权余量法、边界元法、样条有限元法、半解析法等,它们在计算力学中形成了自己独特的理论和方法,内容也非常丰富,已有大量文献资料和专著。本章只能对加权余量、半解析、样条元与边界元法的一些基本概念、方法和基本思路等作一简单介绍,为读者深入研究或进一步学习打下必要的基础。

7.1　加权余量法的基本概念

加权余量法(Method of Weighted Residuals)或称加权残值法或加权残数法,是一种直接从所需求解的微分方程及边界条件出发,寻求边值问题近似解的数学方法。早在20世纪30年代就在数学领域得到应用,随着计算机的发展,它受到了国内外学者的普遍重视,得到了迅速的发展。自1982年召开“全国加权残数法学术会议”后,我国加权余量法在结构分析领域内的应用已从静力发展到动力、稳定、材料非线性和几何非线性等各方面。

大量的结构分析问题,如杆系结构分析、二维及三维弹性结构分析,以及板、壳应力分析等等,都可归结为在一定的边界条件(或动力问题的初始条件)下求解微分方程的解,我们称这些微分方程为问题的控制方程。下面以加权余量法的数学模型和基本方法两个方面来介绍加权余量法的基本概念。

7.1.1　方法概述及按试函数分类

设其问题的控制微分方程为

在 V 域内

$$L(u)-f=0 \tag{7.1.1}$$

其边界条件为

在 S 边界上

$$B(u)-g=0 \tag{7.1.2}$$

式中　L、B—— 分别为微分方程和边界条件中的微分算子;

f、g—— 为与未知函数 u 无关的问题已知函数域值;

u—— 为问题待求的未知函数。

当利用加权余量法求近似解时,首先在求解域上建立一个试函数 $\tilde{u}$,一般具有如下形式

$$\tilde{u}=\sum_{i=1}^{n} C_i N_i=\boldsymbol{NC} \tag{7.1.3}$$

式中　C_i—— 待定系数,也可称为广义坐标;

N_i—— 取自完备函数集的线性无关的基函数。

由于 $\tilde{u}$ 一般只是待求函数 u 的近似解,因此将式(7.1.3) 代入式(7.1.1) 和式(7.1.2) 后将得不到满足,若记

$$\begin{cases} R_{\mathrm{I}} = L(\tilde{u}) - f & \text{在 } V \text{ 内} \\ R_{\mathrm{B}} = B(\tilde{u}) - g & \text{在 } S \text{ 上} \end{cases} \tag{7.1.4}$$

显然 R_{I}、R_{B} 反映了试函数与真实解之间的偏差,它们分别称做内部和边界余量。

若在域 V 内引入内部权函数 W_{I},在边界 S 上引入边界权函数 W_{B},则可建立 n 个消除余量的条件,一般可表示为

$$\int_V W_{\mathrm{I}i} R_{\mathrm{I}} \mathrm{d}V + \int_S W_{\mathrm{B}i} R_{\mathrm{B}} \mathrm{d}S = 0 \qquad (i = 1,2,\cdots,n) \tag{7.1.5}$$

不同的权函数 $W_{\mathrm{I}i}$ 和 $W_{\mathrm{B}i}$ 反映了不同的消除余量的准则。从上式可以得到求解待定系数矩阵 $\boldsymbol{C}$ 的代数方程组。一经解得待定系数,由式(7.1.3) 即可得所需求解边值问题的近似解。

由于试函数 $\tilde{u}$ 的不同,余量 R_{I} 和 R_{B} 可有如下三种情况,依此加权余量法可分为:

1. 内部法

试函数满足边界条件,也即 $R_{\mathrm{B}} = B(\tilde{u}) - g = 0$。此时消除余量的条件成为

$$\int_V W_{\mathrm{I}i} R_{\mathrm{I}} \mathrm{d}V = 0 \qquad (i = 1,2,\cdots,n) \tag{7.1.6}$$

2. 边界法

试函数满足控制方程,也即 $R_{\mathrm{I}} = L(\tilde{u}) - f = 0$。此时消除余量的条件为

$$\int_S W_{\mathrm{B}i} R_{\mathrm{B}} \mathrm{d}S = 0 \qquad (i = 1,2,\cdots,n) \tag{7.1.7}$$

3. 混合法

试函数不满足控制方程和边界条件,此时用式(7.1.5) 来消除余量。

显然,混合法对于试函数的选取最方便,但在相同精度条件下,工作量最大。对内部法和边界法必须使基函数事先满足一定条件,这对复杂结构分析往往有一定困难,但一经建立试函数,其工作量较小。

无论采用何种方法,在建立试函数时均应注意以下几点:

(1) 试函数应由完备函数集的子集构成。已被采用过的试函数有幂级数、三角级数、样条函数、贝赛尔函数、切比雪夫和勒让德多项式等等。

(2) 试函数应具有直到比消除余量的加权积分表达式中最高阶导数低一阶的导数连续性。

(3) 试函数应与问题的解析解或问题的特解相关联。若计算问题具有对称性,应充分利用它。

7.1.2　基本方法概述

下面以内部法为例,介绍按权函数分类时加权余量的五种基本方法。对内部法来说,消除余量的统一格式是

$$\int_V W_{\mathrm{I}i} R_{\mathrm{I}} \mathrm{d}V = 0 \qquad (i = 1,2,\cdots,n)$$

1. 子域法(Subdomain Method)

此法首先将求解域 V 划分成 n 个子域 V_i,在每个子域内令权函数等于1,而在子域之外取权函数为零,也即

$$W_{Ii}=\begin{cases}1 & (V_i\text{ 内})\\ 0 & (V_i\text{ 外})\end{cases}\tag{7.1.8}$$

如果在各个子域里分别选取试函数,那么它的求解在形式上将类似于有限元法。

2. 配点法(Collocation Method)

子域法是令余量在一个子域上的总和为零。而配点法是使余量在指定的 n 个点上等于零,这些点称为配点。此法的权函数为

$$W_{Ii}=\delta(P-P_i)\tag{7.1.9(a)}$$

式中　δ——Dirac(狄拉克)δ 函数,它的定义为

$$\begin{cases}\delta(x-x_i)=\begin{cases}0 & x\neq x_i\\ \infty & x=x_i\end{cases}\\ \int_a^b\delta(x-x_i)\mathrm{d}x=\begin{cases}0 & x_i\notin[a,b]\\ 1 & x_i\in[a,b]\end{cases}\end{cases}\tag{7.1.9(b)}$$

P、P_i—— 分别代表求解域内任一点和配点。

由于此法只在配点上保证余量为零,因此不需要作积分计算,所以是最简单的加权余量法。

3. 最小二乘法(Least Square Method)

本法通过使在整个求解域上余量的平方和取极小来建立消除余量的条件。

若记余量平方和为 $I(\boldsymbol{C})$,即

$$I(\boldsymbol{C})=\int_V R_I^2\mathrm{d}V=\int_V R_I^{\mathrm{T}}R_I\mathrm{d}V\tag{7.1.10}$$

则极值条件为

$$\frac{\partial I(\boldsymbol{C})}{\partial\boldsymbol{C}}=2\int_V\left(\frac{\partial R_I}{\partial\boldsymbol{C}}\right)^{\mathrm{T}}R_I\mathrm{d}V=0$$

由此可见,本法权函数为

$$W_{Ii}=\frac{\partial R_I}{\partial\boldsymbol{C}_i}\quad(i=1,2,\cdots,n)\tag{7.1.11}$$

4. 伽辽金法(Galerkin Method)

本法是使余量与每一个基函数正交,也即以基函数作为权函数

$$W_{Ii}=N_i\qquad(i=1,2,\cdots,n)\tag{7.1.12}$$

当试函数 $\tilde{u}$ 包含整个完备函数集时,用本法必可求得精确解。

5. 矩法(Method of Moment)

本法与伽辽金法相似,也是用完备函数集作权函数。但本法的权函数与伽辽金法又有区别,它与试函数无关。消除余量的条件是从零开始的各阶矩为零,因此

对一维问题　$$W_{Ii}=x^{i-1}\quad(i=1,2,\cdots,n)\tag{7.1.13(a)}$$

对二维问题　$$W_{Iij}=x^{i-1}y^{j-1}\quad(i,j=1,2,\cdots,n)\tag{7.1.13(b)}$$

其余类推

这五种基本方法在待定系数足够多(称做高阶近似)时,其精度彼此相近。但对低阶近似(n 较小)情况下,后三种的精度要高于前两种。

7.1.3　基本方法举例

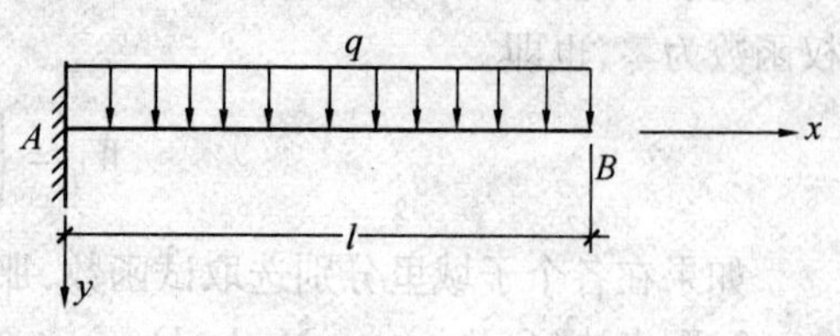

图 7.1　悬臂梁

【例 7.1】　为说明上述基本概念,以图 7.1 所示等截面悬臂梁,受满跨均布荷载作用,求悬臂端 B 的竖向位移 Δ_B 为例,说明基本方法的应用。

【解】　图 7.1 梁的控制方程为

$$EI\frac{d^4y}{dx^4}-q=0 \qquad (1)$$

其边界条件为

$$\begin{cases}y=\dfrac{dy}{dx}=0 & (x=0)\\ \dfrac{d^2y}{dx^2}=\dfrac{d^3y}{dx^3}=0 & (x=l)\end{cases} \qquad (2)$$

若取试函数为

$$\tilde{y}=c(x^5+lx^4-14l^2x^3+26l^3x^2) \qquad (3)$$

不难验证式(3)满足边界条件,也即 $R_B=0$。而控制方程的内部余量 R_I 为

$$R_I=EIc(120x+24l)-q \qquad (4)$$

因此本问题属内部法。下面分别用基本方法进行求解。

7.1.3.1　子域法解

由于试函数仅一个待定常数,因此只需取一个子域(等于全域)即可,消除余量的条件为

$$\int_0^l[EIc(120x+24l)-q]dx=0$$

由此可解得

$$c=\frac{q}{84EIl}$$

代回式(3)可得

$$\Delta_B^{(1)}=\frac{7ql^4}{42EI} \qquad (5)$$

7.1.3.2　配点法解

同上所述,只需选一个配点来建立消除余量的条件。若令

$$R_I|_{x=0.75l}=0$$

可得

$$c=\frac{q}{114EIl} \qquad \Delta_B^{(2)}=\frac{7ql^4}{57EI} \qquad (6)$$

若令

$$R_I|_{x=l}=0$$

则得

$$c=\frac{q}{144EIl} \qquad \Delta_B^{(2)}=\frac{7ql^4}{72EI} \qquad (7)$$

可见不同的配点结果是不一样的。

7.1.3.3　最小二乘法解

此时消除余量的条件为

$$\int_0^l R_1 \frac{\partial R_1}{\partial c}\mathrm{d}x = \int_0^l [EIc(120x + 24l) - q] \cdot [EI(120x + 24l)]\mathrm{d}x = 0$$

可得

$$c = \frac{0.010\,17q}{EIl} \qquad \Delta_B^{(3)} = \frac{0.142\,4ql^4}{EI} \tag{8}$$

7.1.3.4　伽辽金法解

此时，$N_1 = x^5 + lx^4 - 14l^2x^3 + 26l^3x^2$，消除余量的条件为

$$\int_0^l N_1 R_1 \mathrm{d}x = 0$$

由此可得

$$c = \frac{0.009\,0q}{EIl} \qquad \Delta_B^{(4)} = \frac{0.126\,2ql^4}{EI} \tag{9}$$

7.1.3.5　矩法解

由于只有一个待定常数，因此消除余量条件只需零次矩即可，此时显然与子域法完全相同。

7.1.3.6　本例各方法的精度比较

本问题的精确解由梁位移计算可得为

$$\Delta_B = \frac{ql^4}{8EI} = \frac{0.125ql^4}{EI} \tag{10}$$

由此可得，上述各方法对本例计算的误差依次为

$$-33.3\%;1.75\%(22.2\%);13.9\%;0.96\%;-33.3\%$$

上面 22.2% 为式(7) 结果。

7.2　离散型加权余量法

配点法不需要做积分计算，只要在一些指定的配点上令余量为零来建立确定待定系数的方程，因此最为简单。为了提高精度，可以将配点法与最小二乘法相结合，可以适当地选择配点位置，可以用配点的思路令余量在一些线(面)上为零建立方程，可以将配点与配线相结合等等。这些方法是在配点法基础上派生的，不必进行积分计算或减少了积分工作的方法统称做离散型加权余量法。现简单介绍其部分方法思路。

7.2.1　最小二乘配点法

设问题控制方程与边界条件为

在 V 内　　$L(u) - f = 0$

在 S 上　　$B(u) - g = 0$

取试函数 $\tilde{u}$ 为

$$\tilde{u} = \tilde{u}(\boldsymbol{c}, \boldsymbol{x}) = \boldsymbol{N}(\boldsymbol{x}) \cdot \boldsymbol{c} \tag{7.2.1}$$

也即 $\tilde{u}$ 为待定系数 $\boldsymbol{c}$ 和坐标点矩阵 $\boldsymbol{x}$ 的函数,其中

$$\begin{cases}\boldsymbol{c} = [c_1 \quad c_2 \quad c_3 \quad \cdots \quad c_n]^{\mathrm{T}} \\ \boldsymbol{x} = [x \quad y \quad z]^{\mathrm{T}} \quad (\text{三维时}) \\ \boldsymbol{N} = [N_1(\boldsymbol{x}) \quad N_2(\boldsymbol{x}) \quad N_3(\boldsymbol{x}) \quad \cdots \quad N_n(\boldsymbol{x})]\end{cases} \tag{7.2.2}$$

$\boldsymbol{N}$ 为基函数矩阵,N_i 为基函数。将式(7.2.1)代入控制方程及边界条件,可得余量方程为

$$\begin{cases}R_{\mathrm{I}} = L[\boldsymbol{N}(\boldsymbol{x})] \cdot \boldsymbol{c} - f(\boldsymbol{x}) \\ R_{\mathrm{B}} = B[\boldsymbol{N}(\boldsymbol{x})] \cdot \boldsymbol{c} - g(\boldsymbol{x})\end{cases} \tag{7.2.3}$$

选取 m 个配点($m \geqslant n$),在边界上的称边界配点,否则称内部配点。在 m 个配点中,可设前 k 个为内部配点,后 $m-k$ 个为边界配点。第 i 个配点记为 $\boldsymbol{x}_i$,则由配点处的余量可以构成一个余量矩阵 $\boldsymbol{R}$

$$\boldsymbol{R} = [R_{\mathrm{I}}(\boldsymbol{x}_1) \quad \cdots \quad R_{\mathrm{I}}(\boldsymbol{x}_k) \quad R_{\mathrm{B}}(\boldsymbol{x}_{k+1}) \quad \cdots \quad R_{\mathrm{B}}(\boldsymbol{x}_m)]^{\mathrm{T}} \tag{7.2.4}$$

为了强调某些余量的重要性(或为了使各余量在数量上保持同量级以减小数值计算误差),可采用对此余量乘一加权因子 $W_i = W(\boldsymbol{x}_i)$ 来实现,此时余量矩阵可写为

$$\boldsymbol{R} = \boldsymbol{A} \cdot \boldsymbol{C} - \boldsymbol{F}_{\mathrm{b}} \tag{7.2.5}$$

式中

$$\begin{cases}\boldsymbol{A} = [\boldsymbol{A}_1^{\mathrm{T}} \quad \cdots \quad \boldsymbol{A}_i^{\mathrm{T}} \quad \cdots \quad \boldsymbol{A}_k^{\mathrm{T}} \quad \boldsymbol{A}_{k+1}^{\mathrm{T}} \quad \cdots \quad \boldsymbol{A}_j^{\mathrm{T}} \quad \cdots \quad \boldsymbol{A}_m^{\mathrm{T}}]^{\mathrm{T}} \\ \boldsymbol{A}_i = W_i L[\boldsymbol{N}(\boldsymbol{x}_i)] \quad (i = 1,2,\cdots,k) \\ \boldsymbol{A}_j = W_j B[\boldsymbol{N}(\boldsymbol{x}_j)] \quad (j = k+1,\cdots,m) \\ W_r = \begin{cases}1 & \text{不加权项} \\ W(\boldsymbol{x}_r) & \text{加权项}\end{cases} \quad (r = 1,2,\cdots,m) \\ \boldsymbol{F}_{\mathrm{b}} = [F_1 \quad \cdots \quad F_i \quad \cdots \quad F_k \quad F_{k+1} \quad \cdots \quad F_j \quad \cdots \quad F_m]^{\mathrm{T}} \\ F_i = W_i f(\boldsymbol{x}_i) \quad (i = 1,2,\cdots,k) \\ F_j = W_j g(\boldsymbol{x}_i) \quad (j = k+1,\cdots,m)\end{cases} \tag{7.2.6}$$

按最小二乘法,由式(7.2.5)可得余量平方和为

$$I(\boldsymbol{C}) = \boldsymbol{R}^{\mathrm{T}}\boldsymbol{R} = \boldsymbol{C}^{\mathrm{T}}\boldsymbol{A}^{\mathrm{T}}\boldsymbol{A}\boldsymbol{C} - 2\boldsymbol{C}^{\mathrm{T}}\boldsymbol{A}^{\mathrm{T}}\boldsymbol{F}_{\mathrm{b}} + \boldsymbol{F}^{\mathrm{T}}\boldsymbol{F}_{\mathrm{b}}$$

为使 $I(\boldsymbol{C})$ 取极值,由 $\dfrac{\partial I(\boldsymbol{C})}{\partial \boldsymbol{C}} = \boldsymbol{0}$ 可得

$$\boldsymbol{A}^{\mathrm{T}}\boldsymbol{A}\boldsymbol{C} - \boldsymbol{A}^{\mathrm{T}}\boldsymbol{F}_{\mathrm{b}} = \boldsymbol{0}$$

若记

$$\boldsymbol{K} = \boldsymbol{A}^{\mathrm{T}}\boldsymbol{A} \tag{7.2.7}$$

称做问题的“总刚度矩阵”;

$$\boldsymbol{P} = \boldsymbol{A}^{\mathrm{T}}\boldsymbol{F}_{\mathrm{b}} \tag{7.2.8}$$

称做问题的“综合荷载矩阵”,则可得形式上与有限元完全相同的“刚度方程”

$$\boldsymbol{K}\boldsymbol{C} = \boldsymbol{P} \tag{7.2.9}$$

由此即可求解待定系数,获得问题的最佳近似解 $\tilde{u}$。

由于一般 m 为 n 的若干倍,因此,用式(7.2.7)和(7.2.8)来形成系统方程将占用大量存储。为此,考虑到式(7.2.6),则

$$\boldsymbol{K} = \boldsymbol{A}^{\mathrm{T}}\boldsymbol{A} = \sum_{r=1}^{m} \boldsymbol{A}_r^{\mathrm{T}}\boldsymbol{A}_r = \sum_{r=1}^{m} \boldsymbol{K}_r$$

$$P = A^{T}F_{b} = \sum_{r=1}^{m} A_r^{T}F_r = \sum_{r=1}^{m} P_r \qquad (7.2.10)$$

由式(7.2.6) 可见,A_r 是 $-1 \times n$ 阶的行阵,若称 K_r 为“单元刚度矩阵”,称 P_r 为“单元综合荷载矩阵”,则式(7.2.10) 表明,可像有限元集成一样,由集成来获得 K 和 P。

7.2.2　配线法

为提高配点法精度,也可令在一些线上余量为零来消除余量,现以二维问题为例,简单介绍如下。

设物体为单连域,在其上选定 m_2 条曲线。若每条曲线又分成 m_1 段,若记第 i 条曲线上第 j 段曲线的方程为 $x = P_{ij}(y)$,此曲线与求解域边界的交点为 P_{i1} 和 P_{i2},第 i 条 j 段曲线记为 l_{ij},则对混合法可建立消除余量的条件为

$$\int_{l_{1i}} (W_{1i}R_1)\big|_{x=P_{ij}(y)} \mathrm{d}y = 0 \qquad \begin{pmatrix} i = 1,2,\cdots,m_2 \\ j = 1,2,\cdots,m_1 \end{pmatrix} \qquad (7.2.11(\mathrm{a}))$$

$$R_B\big|_{P_{i1}} = R_B\big|_{P_{i2}} = 0 \qquad (i = 1,2,\cdots,m_2) \qquad (7.2.11(\mathrm{b}))$$

由这些条件可求解

$$n = 2m_2 + m_1 \times m_2 \qquad (7.2.11(\mathrm{c}))$$

个待定系数。

从式(7.2.11) 可见,由于域内整个曲线上余量为零,显然比只在若干点保证余量为零精度要高,又由于消除余量的加权积分是在给定的配线约束下进行,因此,积分阶数比全域内消除余量的积分阶数减少,比非离散型工作量要小。为了进一步提高精度,还可与最小二乘法结合,得到最小二乘配线法。对于三维问题,借此思路,显然可构造配面法和最小二乘配面法等离散型加权余量法。

7.2.3　弹性薄板的能量配点法

用离散型加权余量法解薄板问题的方法很多,这里介绍秦荣提出的能量配点法。在具体介绍之前先介绍一些相关的预备知识。

7.2.3.1　矩阵的张量积

设矩阵 A、B 分别为

$$A = \begin{bmatrix} a_{11} & a_{12} \\ a_{21} & a_{22} \end{bmatrix} \qquad B = \begin{bmatrix} b_{11} & b_{12} \\ b_{21} & b_{22} \end{bmatrix}$$

记如下矩阵

$$\begin{bmatrix} a_{11}B & a_{12}B \\ a_{21}B & a_{22}B \end{bmatrix} = \begin{bmatrix} a_{11}b_{11} & a_{11}b_{12} & a_{12}b_{11} & a_{12}b_{12} \\ a_{11}b_{21} & a_{11}b_{22} & a_{12}b_{21} & a_{12}b_{22} \\ a_{21}b_{11} & a_{21}b_{12} & a_{22}b_{11} & a_{22}b_{12} \\ a_{21}b_{21} & a_{21}b_{22} & a_{22}b_{21} & a_{22}b_{22} \end{bmatrix} = A \otimes B$$

称做矩阵 A 与矩阵 B 的张量积。

7.2.3.2 薄板挠度试函数的矩阵表示

设有由满足已知位移边界条件的基函数组成的一维函数矩阵为

$$\begin{cases}\boldsymbol{\phi} = [\phi_1 \quad \phi_2 \quad \cdots \quad \phi_n] \\ \boldsymbol{\psi} = [\psi_1 \quad \psi_2 \quad \cdots \quad \psi_n]\end{cases} \tag{7.2.12(a)}$$

式中

$$\phi_i = \phi_i(x) \qquad \psi_i = \psi_i(y) \tag{7.2.12(b)}$$

若将试函数取为

$$\widetilde{W} = \sum_{i=1}^{n}\sum_{j=1}^{n} C_{ij}\phi_i(x)\psi_j(y)$$

也即设为分离变量的形式,则在记 $\boldsymbol{C}$ 为 C_{ij} 按行排列的列阵为

$$\boldsymbol{C} = [C_{11} \quad C_{12} \quad \cdots \quad C_{n1} \quad C_{21} \quad \cdots \quad C_{2n} \quad \cdots \quad C_{nn}] \tag{7.2.13(a)}$$

或按列排列的列阵

$$\boldsymbol{C} = [C_{11} \quad C_{21} \quad \cdots \quad C_{n1} \quad C_{12} \quad \cdots \quad C_{n2} \quad \cdots \quad C_{nn}]^{\mathrm{T}} \tag{7.2.13(b)}$$

的情况下,根据矩阵张量积的定义,试函数可用如下矩阵方程表达

$$\widetilde{W} = \boldsymbol{\phi} \otimes \boldsymbol{\psi} \cdot \boldsymbol{C} \tag{7.2.14(a)}$$

或

$$\widetilde{W} = \boldsymbol{\psi} \otimes \boldsymbol{\phi} \cdot \boldsymbol{C} \tag{7.2.14(b)}$$

它们分别对应式(7.2.13(a))和式(7.2.13(b))所示的待定系数矩阵 $\boldsymbol{C}$。下面仅就 $\boldsymbol{\phi} \otimes \boldsymbol{\psi} \cdot \boldsymbol{C}$ 形式加以说明。

7.2.3.3 薄板对试函数 $\widetilde{W}$ 的势能

由薄板分析可知,薄板的形变矩阵为

$$\boldsymbol{\chi} = -\left[\frac{\partial^2 \widetilde{W}}{\partial x^2} \quad \frac{\partial^2 \widetilde{W}}{\partial y^2} \quad 2\frac{\partial^2 \widetilde{W}}{\partial x \partial y}\right]^{\mathrm{T}}$$

将试函数代入,则可得

$$\boldsymbol{\chi} = -[(\boldsymbol{\phi}'' \otimes \boldsymbol{\psi})^{\mathrm{T}} \quad (\boldsymbol{\phi} \otimes \boldsymbol{\psi}'')^{\mathrm{T}} \quad 2(\boldsymbol{\phi}' \otimes \boldsymbol{\psi}')^{\mathrm{T}}]^{\mathrm{T}} \cdot \boldsymbol{C}$$

由此可得由 $\widetilde{W}$ 引起的薄板总势能为

$$\begin{aligned}\Pi = {} & \frac{1}{2}\int_A \boldsymbol{\chi}^{\mathrm{T}}\boldsymbol{D}\boldsymbol{\chi}\mathrm{d}A - \int_A q\widetilde{W}\mathrm{d}A - \int_{S_3}\overline{Q}\widetilde{W}\mathrm{d}S + \int_{S_2+S_3}\overline{M}_n\frac{\partial \widetilde{W}}{\partial n}\mathrm{d}S = \\ & \frac{1}{2}\boldsymbol{C}^{\mathrm{T}}\int_A \boldsymbol{B}^{\mathrm{T}}\boldsymbol{D}\boldsymbol{B}\mathrm{d}A\boldsymbol{C} - [\int_A q\boldsymbol{\phi} \otimes \boldsymbol{\psi}\mathrm{d}A + \int_{S_3}\overline{Q}\boldsymbol{\phi} \otimes \boldsymbol{\psi}\mathrm{d}S - \\ & \int_{S_2+S_3}\overline{M}_n(\boldsymbol{\phi}' \otimes \boldsymbol{\psi}\cos\theta + \boldsymbol{\phi} \otimes \boldsymbol{\psi}'\sin\theta)\mathrm{d}S] \cdot \boldsymbol{C}\end{aligned}$$

式中

$$\boldsymbol{B} = [(\boldsymbol{\phi}'' \otimes \boldsymbol{\psi})^{\mathrm{T}} \quad (\boldsymbol{\phi} \otimes \boldsymbol{\psi}'')^{\mathrm{T}} \quad 2(\boldsymbol{\phi}' \otimes \boldsymbol{\psi}')^{\mathrm{T}}]^{\mathrm{T}} \tag{7.2.15}$$

θ—— 边界外法线与 x 轴的夹角

$\boldsymbol{D}$—— 薄板的弹性矩阵，对各向同性薄板如式(5.1.5)所示，对正交异性板如式(5.1.6)和式(5.1.7)所示。

根据矩阵张量积的定义，不难验证

$$(\boldsymbol{\phi}'' \otimes \boldsymbol{\psi})^{\mathrm{T}}(\boldsymbol{\phi}'' \otimes \boldsymbol{\psi}) = \boldsymbol{\phi}''^{\mathrm{T}}\boldsymbol{\phi}'' \otimes \boldsymbol{\psi}^{\mathrm{T}}\boldsymbol{\psi} \tag{7.2.16}$$

若还引入如下矩阵符号

$$\begin{cases} \boldsymbol{A}_x = \boldsymbol{\phi}''^{\mathrm{T}}\boldsymbol{\phi}'' & \boldsymbol{B}_x = \boldsymbol{\phi}^{\mathrm{T}}\boldsymbol{\phi}'' & \boldsymbol{A}_y = \boldsymbol{\psi}''^{\mathrm{T}}\boldsymbol{\psi}'' & \boldsymbol{B}_y = \boldsymbol{\psi}^{\mathrm{T}}\boldsymbol{\psi}'' \\ \boldsymbol{C}_x = \boldsymbol{\phi}'^{\mathrm{T}}\boldsymbol{\phi}' & \boldsymbol{D}_x = \boldsymbol{\phi}^{\mathrm{T}}\boldsymbol{\phi} & \boldsymbol{C}_y = \boldsymbol{\psi}'^{\mathrm{T}}\boldsymbol{\psi}' & \boldsymbol{D}_y = \boldsymbol{\psi}^{\mathrm{T}}\boldsymbol{\psi} \end{cases} \tag{7.2.17}$$

则正交异性板的总势能可表示

$$\Pi = \frac{1}{2}\boldsymbol{C}^{\mathrm{T}}\boldsymbol{G}\boldsymbol{C} - \boldsymbol{F}^{\mathrm{T}}\boldsymbol{C} \tag{7.2.18}$$

式中

$$\boldsymbol{G} = \int_A [\boldsymbol{D}_x\boldsymbol{A}_x \otimes \boldsymbol{D}_y + \boldsymbol{D}_1(\boldsymbol{B}_x^{\mathrm{T}} \otimes \boldsymbol{B}_y + \boldsymbol{B}_x \otimes \boldsymbol{B}_y^{\mathrm{T}}) + \boldsymbol{D}_y\boldsymbol{D}_x \otimes \boldsymbol{A}_y + 4\boldsymbol{D}_{xy}\boldsymbol{C}_x \otimes \boldsymbol{C}_y]\mathrm{d}A \tag{7.2.19}$$

$$\boldsymbol{F}^{\mathrm{T}} = \int_A q\boldsymbol{\phi} \otimes \boldsymbol{\psi}\mathrm{d}A + \int_{S_3} \overline{Q}\boldsymbol{\phi} \otimes \boldsymbol{\psi}\mathrm{d}S - \int_{S_2+S_3} \overline{M}_n(\boldsymbol{\phi}' \otimes \boldsymbol{\psi}\cos\theta + \boldsymbol{\phi} \otimes \boldsymbol{\psi}'\sin\theta)\mathrm{d}S \tag{7.2.20}$$

7.2.3.4　能量配点法

所谓能量配点法是指式(7.2.18)所示的总势能用 n^2 个均匀配点上能量值的和来代替。若记坐标为 (x_i, y_j) 配点的能量为 Π_{ij}，则能量配点法的总势能为

$$\Pi = \sum_{i,j=1}^{n} \Pi_{ij} \tag{7.2.21(a)}$$

式中

$$\Pi_{ij} = \frac{1}{2}\boldsymbol{C}^{\mathrm{T}}\boldsymbol{G}_{ij}\boldsymbol{C} - \boldsymbol{F}_{ij}^{\mathrm{T}}\boldsymbol{C} \tag{7.2.21(b)}$$

$$\begin{aligned} \boldsymbol{G}_{ij} = {} & \boldsymbol{D}_x\boldsymbol{A}_x(x_i) \otimes \boldsymbol{D}_y(y_i) + \boldsymbol{D}_y[\boldsymbol{B}_x^{\mathrm{T}}(x_i) \otimes \boldsymbol{B}_y(y_j) + \boldsymbol{B}_x(x_i) \otimes \boldsymbol{B}_y^{\mathrm{T}}(y_j)] + \\ & \boldsymbol{D}_y\boldsymbol{D}_x(x_i) \otimes \boldsymbol{A}_y(y_i) + 4\boldsymbol{D}_{xy}\boldsymbol{C}_x(x_i) \otimes \boldsymbol{C}_y(y_j) \end{aligned} \tag{7.2.21(c)}$$

$$\boldsymbol{F}_{ij}^{\mathrm{T}} = q(x_i, y_j)\boldsymbol{\phi}(x_i) \otimes \boldsymbol{\psi}(y_j) + \boldsymbol{H}_{ij} \tag{7.2.21(d)}$$

当配点 (x_i, y_j) 在边界上时 $\boldsymbol{H}_{ij}$ 由式(7.2.20)后两项积分中代入坐标值而得，对内部配点来说，$\boldsymbol{H}_{ij} = \boldsymbol{0}$。

有了薄板的总势能 Π，由驻值条件 $\frac{\partial \Pi}{\partial \boldsymbol{C}} = 0$ 可得

$$\left(\sum_{i,j=1}^{n} \boldsymbol{G}_{ij}\right) \cdot \boldsymbol{C} = \sum_{i,j=1}^{n} \boldsymbol{F}_{ij} \tag{7.2.22}$$

它即为用来确定待定系数矩阵 $\boldsymbol{C}$ 的“刚度方程”。有了 $\boldsymbol{C}$ 即可求得薄板内力等其他的物理量。

7.3 弹性力学平面问题的加权余量法

7.3.1 应力函数表示的平面问题方程

当体积力 X、Y 等于常数时，引入应力函数 $\varphi(x,y)$ 应力可表示为

$$\begin{cases}\sigma_x = \dfrac{\partial^2 \varphi}{\partial y^2} - F_{bx}x - F_{by}y \\ \sigma_y = \dfrac{\partial^2 \varphi}{\partial x^2} - F_{bx}x - F_{by}y \\ \tau_{xy} = -\dfrac{\partial^2 \varphi}{\partial x \partial y}\end{cases} \tag{7.3.1}$$

以应力函数表达的变形协调方程即为问题的控制方程

$$\Delta^2 \varphi = 0 \tag{7.3.2}$$

式中 $\Delta = \dfrac{\partial^2}{\partial x^2} + \dfrac{\partial^2}{\partial y^2}$(Laplac 算子)

以应力函数表达的应力边界条件为

$$\begin{cases}\phi_x = \left(\dfrac{\partial^2 \varphi}{\partial y^2} - F_{bx}x - F_{by}y\right)l - \dfrac{\partial^2 \varphi}{\partial x \partial y}m \\ \phi_y = -\dfrac{\partial^2 \varphi}{\partial x \partial y}l + \left(\dfrac{\partial^2 \varphi}{\partial x^2} - F_{bx}x - F_{by}y\right)m\end{cases} \tag{7.3.3}$$

式中 l、m——边界外法线方向余弦。

用应力函数表达的位移边界条件(由应力表达式通过物理方程求应变表达式，再由几何方程经积分获得)为

$$\begin{cases}\bar{u} = -\dfrac{1+\mu}{E}\dfrac{\partial \varphi}{\partial x} + \dfrac{1}{E}\int \Delta\varphi \mathrm{d}x + \dfrac{1-\mu}{E}\left[-\dfrac{F_{bx}}{2}(x^2 - y^2) - F_{by}xy\right] - \\ \qquad \int\left[\dfrac{1}{E}\int \dfrac{\partial}{\partial y}\left(\int \dfrac{\partial}{\partial y}\Delta\varphi \mathrm{d}x + \int \dfrac{\partial}{\partial x}\Delta\varphi \mathrm{d}y\right)\mathrm{d}y\right]\mathrm{d}y \\ \bar{v} = -\dfrac{1+\mu}{E}\dfrac{\partial \varphi}{\partial y} + \dfrac{1}{E}\int \Delta\varphi \mathrm{d}y + \dfrac{1-\mu}{E}\left[-F_{bx}xy + \dfrac{F_{by}}{2}(x^2 - y^2)\right] \\ \qquad -\int\left[\dfrac{1}{E}\int \dfrac{\partial}{\partial x}\left(\int \dfrac{\partial}{\partial y}\Delta\varphi \mathrm{d}x + \int \dfrac{\partial}{\partial x}\Delta\varphi \mathrm{d}x\right)\mathrm{d}x\right]\mathrm{d}x\end{cases} \tag{7.3.4}$$

7.3.2 试函数的选取

我们建议试函数如下选取：

(1) 当荷载在整个边界上的分布可表示成代数函数时

$$\tilde{\varphi} = \tilde{\varphi}_1 = C_1x + C_2y + C_3x^2 + C_4xy + C_5y^2 + C_6x^3 + C_7x^2y + C_8xy^2 + C_9y^3 + C_{10}x^3y + C_{11}xy^3 \tag{7.3.5}$$

对于一些问题，由它可以得到精确解。

(2) 非上述情况，荷载任意时

$$\tilde{\varphi} = \tilde{\varphi}_1 + \tilde{\varphi}_2 + \tilde{\varphi}_3 \tag{7.3.6(a)}$$

式中，$\tilde{\varphi}_1$ 如式(7.3.5)所示，即

$$\begin{aligned}\tilde{\varphi}_2 = \sum_{i=1}^{n} [& (C_{i1}e^{\alpha_1 y} + C_{i2}e^{-\alpha_1 y} + C_{i3}ye^{\alpha_1 y} + C_{i4}ye^{-\alpha_1 y})\sin \alpha_1 x + \\ & (C_{i5}e^{\alpha_1 y} + C_{i6}e^{-\alpha_1 y} + C_{i7}ye^{\alpha_1 y} + C_{i8}ye^{-\alpha_1 y})\cos \alpha_1 x + \\ & (C_{i9}e^{\alpha_2 x} + C_{i10}e^{-\alpha_2 x} + C_{i11}xe^{\alpha_2 x} + C_{i12}xe^{-\alpha_2 x})\sin \alpha_2 y + \\ & (C_{i13}e^{\alpha_2 x} + C_{i14}e^{-\alpha_2 x} + C_{i15}xe^{\alpha_2 x} + C_{i16}xe^{-\alpha_2 x})\cos \alpha_2 y]\end{aligned} \tag{7.3.6(b)}$$

$$\begin{aligned}\tilde{\varphi}_3 = \sum_{i=1}^{n} [& (C_{i17}xe^{\alpha_1 y} + C_{i18}xe^{-\alpha_1 y})\sin \alpha_1 x + \\ & (C_{i19}xe^{\alpha_1 y} + C_{i20}xe^{-\alpha_1 y})\cos \alpha_1 x + \\ & (C_{i21}ye^{\alpha_2 x} + C_{i22}ye^{-\alpha_2 x})\sin \alpha_2 y + \\ & (C_{i23}ye^{\alpha_2 x} + C_{i24}ye^{-\alpha_2 x})\cos \alpha_2 y]\end{aligned} \tag{7.3.6(c)}$$

式(7.3.6(b))是徐文焕等所采用的，其中

$$\alpha_1 = \frac{i\pi}{l_x} \qquad \alpha_2 = \frac{i\pi}{l_y} \tag{7.3.6(d)}$$

式中，l_x、l_y 为物体在 x、y 方向最大尺寸。

由于试函数 $\tilde{\varphi}_1$、$\tilde{\varphi}_2$ 和 $\tilde{\varphi}_3$ 都满足双调和方程式(7.3.2)，因此，问题是边界加权余量法。

7.3.3　用离散型最小二乘配点法解

求解域全部边界 S 可分为应力边界 S_σ 和位移边界 S_u。对任一边界配点 (x_i, y_i) 可建立如下余量方程

点在 S_σ 上

$$R_{\phi x}^{i} = \left[\left(\frac{\partial^2 \varphi}{\partial y^2} - F_{bx}x - F_{by}y\right)l - \frac{\partial^2 \varphi}{\partial x \partial y}m - \phi_x \right]_{\substack{x=x_i \\ y=y_i}} \tag{7.3.7(a)}$$

$$R_{\phi y}^{i} = \left[-\frac{\partial^2 \varphi}{\partial x \partial y}l + \left(-\frac{\partial^2 \varphi}{\partial x} - F_{bx}x - F_{by}y\right)m - \phi_y \right]_{\substack{x=x_i \\ y=y_i}} \tag{7.3.7(b)}$$

点在 S_u 上

$$\begin{aligned}R_{u}^{i} = \Big\{ & \bar{u} + \frac{1+\mu}{E}\frac{\partial \varphi}{\partial x} - \frac{1}{E}\int \Delta\varphi \mathrm{d}x - \frac{1-\mu}{E}\left[-F_{by}xy - \frac{X}{2}(x^2 - y^2)\right] + \\ & \int \left[\frac{1}{E}\int \frac{\partial}{\partial y}\left(\int \frac{\partial}{\partial y}\Delta\varphi \mathrm{d}x + \int \frac{\partial}{\partial x}\Delta\varphi \mathrm{d}y\right)\mathrm{d}y\right]\mathrm{d}y \Big\}_{\substack{x=x_i \\ y=y_i}}\end{aligned} \tag{7.3.8(a)}$$

$$\begin{aligned}R_{u}^{i} = \Big\{ & \bar{v} + \frac{1+\mu}{E}\frac{\partial \varphi}{\partial y} - \frac{1}{E}\int \Delta\varphi \mathrm{d}y - \frac{1-\mu}{E}\left[-F_{bx}xy + \frac{F_{by}}{2}(x^2 - y^2)\right] + \\ & \int \left[\frac{1}{E}\int \frac{\partial}{\partial x}\left(\int \frac{\partial}{\partial y}\Delta\varphi \mathrm{d}x + \int \frac{\partial}{\partial x}\Delta\varphi \mathrm{d}y\right)\mathrm{d}x\right]\mathrm{d}x \Big\}_{\substack{x=x_i \\ y=y_i}}\end{aligned} \tag{7.3.8(b)}$$

必须注意，S_u 边界上两方向位移均被约束时，有(7.3.8)两个余量方程，否则只有一个，另一方向应按应力边界列余量方程。

从式(7.3.7)和式(7.3.8)可见，全部余量方程均为试函数中待定参数矩阵 $\boldsymbol{C}$ 的函数。用最小二乘法即可建立求解 $\boldsymbol{C}$ 的"刚度方程"(进一步的推导可参考7.2节)。

为进一步提高精度，可采用最小二乘边界配线法来求解，建议读者作为练习，自行写出有关的列式。

7.4 加权余量有限元及平面稳定温度场计算

通常的有限元是基于变分原理,由能量泛函的驻值条件推导有限元法的基本方程。本节介绍一种直接从控制微分方程出发,用加权余量法建立有限元基本方程的方法。它不需要引入能量泛函,因此,对能量泛函未知或不存在能量泛函的问题,也可建立有限元的基本方程,显然这将扩大有限元法的应用领域。下面我们先介绍一个最简单的情况,以说明加权余量有限元的原理与方法。

7.4.1 受轴向荷载的杆件

设有一受轴向荷载作用之杆件如图 7.2(a) 所示,将其离散为三个子域 —— 单元如图 7.2(b)。

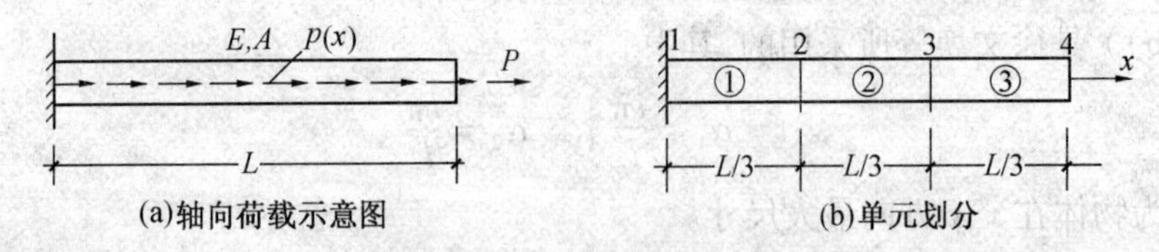

图 7.2 受轴向荷载的杆件

与子域法不同,现在每一单元的试函数是用同样的形函数,由节点位移对单元构造的。而子域法的试函数是对整个求解域建立的,权函数"在子域为 1,出子域为 0"。对图示的 3 个单元,其各单元的试函数为

$$\begin{cases}\tilde{u}_{①} = N_1 u_1 + N_2 u_2 \\ \tilde{u}_{②} = N_1 u_2 + N_2 u_3 \\ \tilde{u}_{③} = N_1 u_3 + N_2 u_4\end{cases} \tag{11}$$

式中 $N_1 = 1 - \dfrac{\bar{x}}{l}$;

$N_2 = \dfrac{\bar{x}}{l}$;

$\bar{x}$—— 单元坐标;

l—— 单元长度,$l = L/3$。

若记

$$\sum\nolimits_{ij}^{o} = \sigma_o(x - x_i) - \sigma_o(x - x_j) \qquad (x_i < x_j) \tag{12}$$

式中

$$\sigma_o(x - x_r) \text{—— 单阶函数} = \begin{cases}1 & x \geqslant x_r \\ 0 & x < x_r\end{cases} \tag{13}$$

可由下式用各单元试函数构造整个杆的试函数

$$\tilde{u} = \tilde{u}_{①}\Sigma_{21}^{o} + \tilde{u}_{②}\Sigma_{32}^{o} + \tilde{u}_{③}\Sigma_{43}^{o} \tag{14}$$

又若像普通有限元那样,记

$$\boldsymbol{N} = [N_1 \quad N_2] \qquad \boldsymbol{\delta}_{①} = [u_1 \quad u_2]^{\mathrm{T}}$$

$$\boldsymbol{\delta}_{②} = [u_2 \quad u_3]^{\mathrm{T}} \qquad \boldsymbol{\delta}_{③} = [u_3 \quad u_4]^{\mathrm{T}}$$

$$\boldsymbol{u} = [\boldsymbol{\delta}_{①}^{\mathrm{T}} \quad \boldsymbol{\delta}_{②}^{\mathrm{T}} \quad \boldsymbol{\delta}_{③}^{\mathrm{T}}]^{T} \qquad \boldsymbol{\Delta} = [u_1 \quad u_2 \quad u_3 \quad u_4]^{\mathrm{T}}$$

$$\boldsymbol{u} = \boldsymbol{A\Delta}$$

其中,$\boldsymbol{A}$ 为位移变换矩阵,还记

$$\boldsymbol{H} = [\boldsymbol{\Sigma}_{21}^{o}\boldsymbol{N} \quad \boldsymbol{\Sigma}_{32}^{o}\boldsymbol{N} \quad \boldsymbol{\Sigma}_{43}^{o}\boldsymbol{N}] \tag{15}$$

则不难验证式(14) 试函数可表为

$$\tilde{u} = \boldsymbol{HA\Delta} = \boldsymbol{N}_{\mathrm{G}}\boldsymbol{\Delta} \tag{16}$$

式中

$$\boldsymbol{N}_{\mathrm{G}} = \boldsymbol{HA} = [N_1\boldsymbol{\Sigma}_{21}^{o} \quad N_2\boldsymbol{\Sigma}_{21}^{o} + N_1\boldsymbol{\Sigma}_{32}^{o} \quad N_2\boldsymbol{\Sigma}_{32}^{o} + N_1\boldsymbol{\Sigma}_{43}^{o} \quad N_2\boldsymbol{\Sigma}_{43}^{o}] \tag{17}$$

有了试函数,可得杆件内部余量为

$$R_{\mathrm{I}} = A\frac{\mathrm{d}\boldsymbol{\sigma}_x}{\mathrm{d}x} + p(x) = EA\frac{\mathrm{d}^2u}{\mathrm{d}x^2} + p(x) =$$

$$EA\frac{d^2\boldsymbol{N}_{\mathrm{G}}}{dx^2}\boldsymbol{\Delta} + p(x) \tag{18}$$

以伽辽金法建立消除余量的条件(也即令余量与其试函数正交),可得

$$\int_o^L \boldsymbol{N}_{\mathrm{G}}^{\mathrm{T}}R_{\mathrm{I}}\mathrm{d}x = \int_o^L \boldsymbol{N}_{\mathrm{G}}^{\mathrm{T}}[EA\frac{\mathrm{d}^2\boldsymbol{N}_{\mathrm{G}}}{\mathrm{d}x^2}\boldsymbol{\Delta} + p(x)]\mathrm{d}x = \boldsymbol{0} \tag{19}$$

由于式(19) 中包含对 $\boldsymbol{N}_{\mathrm{G}}$ 的二阶导数,若直接由它出发,为保证积分有意义,将要求试函数有 C^1 级的连续性,这将产生困难。为此,需像推导 Herrmann 泛函那样,用分部积分(和高斯公式) 来降阶。式(19) 的前一积分由此可得

$$\int_o^L \boldsymbol{N}_{\mathrm{G}}^{\mathrm{T}}EA\frac{\mathrm{d}^2\boldsymbol{N}_{\mathrm{G}}}{\mathrm{d}x^2}\mathrm{d}x \cdot \boldsymbol{\Delta} = \int_o^L [\frac{\mathrm{d}}{\mathrm{d}x}(\boldsymbol{N}_{\mathrm{G}}^{\mathrm{T}}EA\frac{\mathrm{d}\tilde{u}}{\mathrm{d}x}) - \frac{\mathrm{d}\boldsymbol{N}_{\mathrm{G}}^{\mathrm{T}}}{\mathrm{d}x}EA\frac{\mathrm{d}\boldsymbol{N}_{\mathrm{G}}}{\mathrm{d}x}\boldsymbol{\Delta}]\mathrm{d}x$$

若记

$$EA\frac{\mathrm{d}\tilde{u}}{\mathrm{d}x} = \tilde{F}_{\mathrm{N}} \quad (\text{杆件轴力})$$

则

$$\int_o^L \frac{\mathrm{d}}{\mathrm{d}x}(\boldsymbol{N}_{\mathrm{G}}^{\mathrm{T}}EA\frac{\mathrm{d}\tilde{u}}{\mathrm{d}x})\mathrm{d}x = \int_o^L \frac{\mathrm{d}}{\mathrm{d}x}(\boldsymbol{N}_{\mathrm{G}}^{\mathrm{T}}\tilde{F}_N)\mathrm{d}x = [R_1 \quad 0 \quad 0 \quad P]^{\mathrm{T}} = \boldsymbol{P}_{\mathrm{d}}$$

式中　$\boldsymbol{P}_{\mathrm{d}}$——结构直接结点荷载矩阵;

R_1——未知的固定端支座反力。

由式(17) 不难验证

$$\int_o^L \frac{\mathrm{d}\boldsymbol{N}_{\mathrm{G}}^{\mathrm{T}}}{\mathrm{d}x}EA\frac{\mathrm{d}\boldsymbol{N}_{\mathrm{G}}}{\mathrm{d}x}\mathrm{d}x = \boldsymbol{A}^{\mathrm{T}}\mathrm{diag}[\boldsymbol{K}_{①} \quad \boldsymbol{K}_{②} \quad \boldsymbol{K}_{③}]\boldsymbol{A}$$

因此余量方程式(19) 可改写成

$$\boldsymbol{P}_{\mathrm{d}} - \boldsymbol{A}^{\mathrm{T}}\mathrm{diag}[\boldsymbol{K}_{①} \quad \boldsymbol{K}_{②} \quad \boldsymbol{K}_{③}]\boldsymbol{A} + \int_o^L \boldsymbol{N}_{\mathrm{G}}^{\mathrm{T}}p(x)\mathrm{d}x = \boldsymbol{0} \tag{20}$$

式中,$\boldsymbol{K}_r$ 为第 r 单元的单元刚度矩阵。在考虑到式(17) 的条件下

$$\int_o^L \boldsymbol{N}_{\mathrm{G}}^{\mathrm{T}}p(x)\mathrm{d}x = \boldsymbol{P}_{\mathrm{E}} = \boldsymbol{A}^{\mathrm{T}}\boldsymbol{F}_{\mathrm{E}} \tag{21}$$

式中

$$\boldsymbol{F}_{\mathrm{E}} = [\boldsymbol{F}_{\mathrm{E},①}^{\mathrm{T}} \quad \boldsymbol{F}_{\mathrm{E},②}^{\mathrm{T}} \quad \boldsymbol{F}_{\mathrm{E},③}^{\mathrm{T}}]^{\mathrm{T}}$$

$$\boldsymbol{F}_{\mathrm{E}}^{\mathrm{r}} = \int_{o}^{l} \boldsymbol{N}^{\mathrm{T}} p_{\mathrm{r}}(x)\,\mathrm{d}x$$

将式(21)代回式(20)可见,伽辽金加权余量分析的结果与普通有限元整体分析结果完全一样。

从此最简单的例子可得如下结论:

(1) 当设整个求解域的试函数由单元试函数联合组成时,可以只对每一单元按伽辽金法进行分析;

(2) 需要利用分部积分(和高斯公式)以降低单元间的连续性要求并引入边界条件;

(3) 在单元分析的基础上,以直接刚度法进行集成,即可建立"整体刚度方程"。

这些结论虽是通过简单例子得到的,但不难证明它具有普遍性。用这种方法从控制方程直接进行有限元分析,即为加权余量有限元法。

7.4.2 平面稳定温度场计算

结构受热而发生温度改变时,将产生热应力,它可以通过温度改变引起的初应变 $\boldsymbol{\varepsilon}_o$ 来计算(变成等效荷载)。因此,为了分析热应力,首先应确定结构内部的温度分布,也即确定温度场。

温度场的计算可以用能量泛函建立有限元公式,也可用加权余量有限元来建立公式。用加权余量有限元计算温度场的例子具有一定的典型性,由于热传导、电或磁势、流体流动和棱柱轴的扭转等有相同型式的控制方程,因此,本小节分析方法也可以推广用来解决上述工程计算。

温度场的分析可分为稳定(稳态)温度场和不稳定(瞬态)温度场两类。限于篇幅,这里仅介绍最简单的稳态温度场情况,掌握了本节分析的原理、方法、步骤,读者当可自行进行其他情况的分析。

对于内部无热源的平面稳定温度场,温度 T 满足调和方程

$$\frac{\partial^2 T}{\partial x^2} + \frac{\partial^2 T}{\partial y^2} = \nabla^2 T = 0 \tag{7.4.1}$$

式中

$$\nabla^2 = \frac{\partial^2}{\partial x^2} + \frac{\partial^2}{\partial y^2}$$

其边界条件可分为三类:

S_1 边界 —— 给定温度分布的边界

$$T(x,y) = f(x,y) = T_0{}' \tag{7.4.2}$$

S_2 边界 —— 给定边界温度梯度的边界

$$\lambda \frac{\partial T}{\partial n} = g(x,y) \tag{7.4.3}$$

S_3 边界 —— 有热交换的边界

$$\lambda \frac{\partial T}{\partial n} + \alpha(T - T_0) = g(x,y) \tag{7.4.4}$$

式中 $T_0{}'$—— 给定温度分布;

λ—— 材料的热传导系数；

α—— 周围介质与物体的热交换系数；

T_0—— 周围介质在物体表面附近的温度；

$g(x,y)$—— 从边界进入的热流；

$\dfrac{\partial T}{\partial n}=\dfrac{\partial T}{\partial x}l+\dfrac{\partial T}{\partial y}m$，$l$、$m$ 为边界外法线方向余弦。

对比物体受力分析，显然 S_1 相当于 S_u，属于第一类边界条件；S_2 相当于 S_σ，为第二类边界条件；而 S_3 则是一种混合边界条件。若 $\alpha=g=0$，则式(7.4.3) 和式(7.4.4) 成为

$$\frac{\partial T}{\partial n}=0$$

这是一种绝热的边界条件，说明此时物体在边界处与周围介质没有热交换。对称结构取半结构分析时的对称面及保温极好的边界情况即为此类边界的实例。

由式(7.4.4) 可见，当 $\alpha\to\infty$ 时，可得 $T=T_0$，也即可以得到第一类边界条件。当 $\alpha=0$ 时即为第二类边界条件。由此可见，若按式(7.4.4) 编制程序，可以适用各种边界条件。下面进行具体的加权余量有限元分析。

将求解域 V 分划成若干三角形单元，假设温度的试函数为

$$\tilde{T}=[L_1\quad L_2\quad L_3]\boldsymbol{T}_e \tag{7.4.5}$$

式中　L_i—— 三角形单元的面积坐标；

$\boldsymbol{T}_e$—— 单元的待定结点温度矩阵。

按伽辽金法可得单元加权余量方程为

$$\int_{A_e}L_i\left(\frac{\partial^2\tilde{T}}{\partial x^2}+\frac{\partial^2\tilde{T}}{\partial y^2}\right)\mathrm{d}A=0\qquad(i=1,2,3)$$

对其进行分部积分可得

$$\int_{A_e}L_i\left(\frac{\partial^2\tilde{T}}{\partial x^2}+\frac{\partial^2\tilde{T}}{\partial y^2}\right)\mathrm{d}A=\int_{A_e}\left[\frac{\partial}{\partial x}\left(L_i\frac{\partial\tilde{T}}{\partial x}\right)+\frac{\partial}{\partial y}\left(L_i\frac{\partial\tilde{T}}{\partial y}\right)\right]\mathrm{d}A-\int_{A_e}\left(\frac{\partial\tilde{T}}{\partial x}\frac{\partial L_i}{\partial x}+\frac{\partial\tilde{T}}{\partial y}\frac{\partial L_i}{\partial y}\right)\mathrm{d}A$$

引入高斯公式后并采用第 3 章常应变三角形单元记号，可得

$$\int_{S_e}\frac{\partial\tilde{T}}{\partial n}L_i\mathrm{d}S-\frac{1}{4\boldsymbol{\Delta}}[(b_i^2+c_i^2)T_i+(b_ib_j+c_ic_j)T_j+(b_ib_k+c_ic_k)T_k]=0 \tag{7.4.6}$$

根据前述边界条件可统一用式(7.4.4) 表示，因此

$$\frac{\partial\tilde{T}}{\partial n}=\frac{1}{\lambda}[g(x,y)-\alpha(\tilde{T}-T_0)]$$

将其代入式(7.4.6)，可得

$$\int_{S_e}[g(x,y)-\alpha(\tilde{T}-T_0)]L_i\mathrm{d}S=A[(b_i^2+c_i^2)T_i+(b_ib_j+c_ic_j)T_j+(b_ib_k+c_ic_k)T_k]\quad(i\to j\to k\to i) \tag{7.4.7}$$

式中

$$A=\frac{\lambda}{4\boldsymbol{\Delta}}$$

式(7.4.7) 中等式左边积分项虽然在每个单元方程中均出现，但实际上只有那些有物体边界的单元才有贡献，对内部单元来说将没有这一项。

若记

$$\boldsymbol{K}_1^e = A\begin{bmatrix} b_1^2 + c_1^2 & b_1 b_2 + c_1 c_2 & b_1 b_3 + c_1 c_3 \\ & b_2^2 + c_2^2 & b_2 b_3 + c_2 c_3 \\ \text{sym.} & & b_3^2 + c_3^2 \end{bmatrix} \tag{7.4.8(a)}$$

为内部单元的"单元刚度矩阵",则式(7.4.7) 可写为

$$\boldsymbol{K}_1^e \boldsymbol{T}_e = \boldsymbol{0} \tag{7.4.8(b)}$$

对于边界单元(以单元局部编号2、3为边界结点来说明),若记单元23边长度为l_{23},2、3结点处g和T_0的值分别为g_2、g_3和T_{02}、T_{03},则在23边上

$$g = L_2 g_2 + L_3 g_3 \qquad T_0 = L_2 T_{02} + L_3 T_{03}$$

又因为在23边上$L_1 \equiv 0$,因此

$$\int_{S_e}[g - \alpha(\tilde{T} - T_0)]L_i \mathrm{d}S = \int_{S_{23}}\{(L_2 g_2 + L_3 g_3) - \alpha([0 \quad L_2 \quad L_3]\boldsymbol{T}_e - (L_2 T_{02} + L_3 T_{03}))\}L_i \mathrm{d}S \quad (i = 2,3)$$

利用面积坐标积分公式

$$\int_{Sij} L_i^{\alpha} L_j^{\beta} \mathrm{d}S = \frac{\alpha!\ \beta!}{(\alpha + \beta + 1)!} L_{ij}$$

可得

$$\frac{\alpha l_{23}}{6}\begin{bmatrix} 0 & 0 & 0 \\ 0 & 2 & 1 \\ 0 & 1 & 2 \end{bmatrix}\begin{bmatrix} T_1 \\ T_2 \\ T_3 \end{bmatrix} = \begin{bmatrix} 0 \\ \frac{1}{3}(g_2 + \alpha T_{02}) + \frac{1}{6}(g_3 + \alpha T_{03}) \\ \frac{1}{6}(g_2 + \alpha T_{02}) + \frac{1}{3}(g_3 + \alpha T_{03}) \end{bmatrix} l_{23}$$

若记

$$\boldsymbol{K}_2^e = \frac{\alpha l_{23}}{6}\begin{bmatrix} 0 & 0 & 0 \\ 0 & 2 & 1 \\ 0 & 1 & 2 \end{bmatrix} \tag{7.4.9(a)}$$

$$\boldsymbol{F}_{\mathrm{E}}^e = \frac{l_{23}}{6}\begin{bmatrix} 0 \\ 2(g_2 + \alpha T_{02}) + (g_3 + \alpha T_{03}) \\ (g_2 + \alpha T_{02}) + 2(g_3 + \alpha T_{03}) \end{bmatrix} \tag{7.4.9(b)}$$

分别为"单元边界刚度矩阵" 和"单元等效荷载矩阵",则"边界单元刚度方程" 可写为

$$\boldsymbol{K}_2^e \boldsymbol{T}_e = \boldsymbol{F}_{\mathrm{E}}^e \tag{7.4.9(c)}$$

利用直接刚度法将单元集装起来,就可求得所有结点温度。

7.5　广义协调元简介①

龙驭球教授及其同事们提出并发展了一类新的薄板单元——广义协调元,由于这类单元具有很多突出优点,故本节摘引介绍其基本思路。

7.5.1　概述

广义协调位移元与常规位移元的做法差别很小。例如对薄板来说,常规位移元的做法如下。

第一步,选定单元结点位移向量$\boldsymbol{\delta}_e$,并由帕斯卡三角形将单元内的挠度w设为多项式

$$w = a_1 + a_2x + a_3y + a_4x^2 + a_5xy + a_6y^2 + \cdots = \boldsymbol{Fa} \tag{7.5.1}$$

式中　$\boldsymbol{F} = [1 \quad x \quad y \quad x^2 \quad xy \quad y^2 \quad \cdots]$;

　　$\boldsymbol{a} = [a_1 \quad a_2 \quad a_3 \quad \cdots]^{\mathrm{T}}$为待定系数(广义坐标)。

第二步,从式(7.5.1)出发,建立$\boldsymbol{\delta}_e$与$\boldsymbol{a}$之间的关系(在结点处满足位移条件)

$$\boldsymbol{Aa} = \boldsymbol{\delta}_e \tag{7.5.2}$$

由此求得待定系数(广义坐标)

$$\boldsymbol{a} = \boldsymbol{A}^{-1}\boldsymbol{\delta}_e \tag{22}$$

将其代回式(7.5.1)可得

$$w = \boldsymbol{FA}^{-1}\boldsymbol{\delta}_e = \boldsymbol{N\delta}_e \tag{7.5.3}$$

第三步,根据曲率$\boldsymbol{\kappa}$与挠度的关系,得

$$\boldsymbol{\kappa} = \boldsymbol{B\delta}_e \tag{7.5.4}$$

从而可建立单元刚度矩阵

$$\boldsymbol{k}_e = \iint_A \boldsymbol{B}^{\mathrm{T}}\boldsymbol{DB}\mathrm{d}A \tag{7.5.5}$$

式中　$\boldsymbol{D}$——薄板弹性矩阵。

在广义协调元分析时,第一步和第三步与一般位移元相同,仅第二步不同。此时建立$\boldsymbol{\delta}_e$与$\boldsymbol{a}$之间关系的条件是单元各边的平均位移$\boldsymbol{d}$——称为广义协调条件。由平均位移的定义,从式(7.5.1)可得

$$\boldsymbol{d} = \boldsymbol{Ca} \tag{23}$$

从单元边界假设位移用结点位移表示,然后再由平均位移的定义可得

$$\boldsymbol{d} = \boldsymbol{G\delta}_e \tag{24}$$

从而求得

$$\boldsymbol{a} = \boldsymbol{C}^{-1}\boldsymbol{G\delta}_e \tag{25}$$

代回式(7.5.1)即得

$$w = \boldsymbol{FC}^{-1}\boldsymbol{G\delta}_e = \boldsymbol{N\delta}_e \tag{7.5.6}$$

由此看出,一般位移元所实现的是结点位移协调,结果导致C^1类问题的边界上不能完全协调。而广义协调元直接着眼于边界上选定的平均位移协调,从而保证了单元的收敛性。同时

---

① 本小节引自龙驭球著《新型有限元引论》。

也可看出，建立广义协调元的关键在于“合理选择广义协调条件，使 $\boldsymbol{C}$ 和 $\boldsymbol{G}$ 为可逆矩阵”。

7.5.2　矩形薄板广义协调元 RGC—12

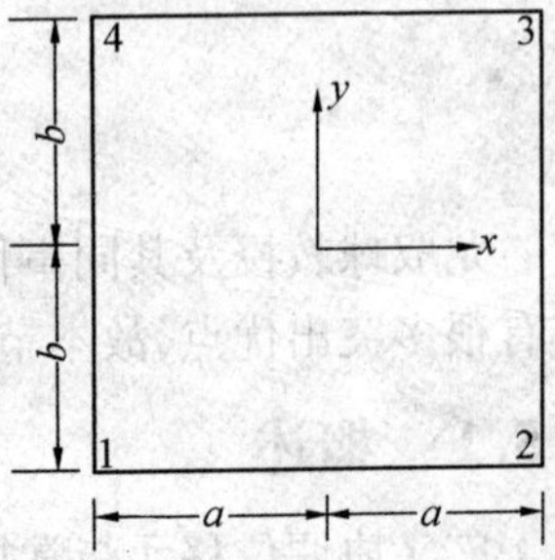

图 7.3 所示 12 自由度矩形单元，单元结点位移 $\boldsymbol{\delta}_e$ 为

$$\boldsymbol{\delta}_e = [\boldsymbol{\delta}_1^{\mathrm{T}} \quad \boldsymbol{\delta}_2^{\mathrm{T}} \quad \boldsymbol{\delta}_3^{\mathrm{T}} \quad \boldsymbol{\delta}_4^{\mathrm{T}}]^{\mathrm{T}}$$

$$\boldsymbol{\delta}_i^{\mathrm{T}} = [w_i \quad \theta_{xi} \quad \theta_{yi}]^{\mathrm{T}} \tag{7.5.7}$$

图 7.3　矩形单元示意图

其符号含义同第5章。若挠度 w 和第5章5.1节相同，取不完全四次多项式，即 $\left(\xi = \frac{x}{a}, \eta = \frac{y}{b}\right)$

$$\begin{cases} \boldsymbol{F} = [1 \quad \xi \quad \eta \quad \xi^2 \quad \xi\eta \quad \eta^2 \quad \xi^3 \quad \xi^2\eta \quad \xi\eta^2 \quad \eta^3 \quad \xi^3\eta \quad \xi\eta^3] \\ w = \boldsymbol{F}\boldsymbol{a} \end{cases} \tag{7.5.8}$$

若设每边的挠度为三次多项式，法向转角为一次多项式，例如 12 边

$$\begin{cases} \tilde{w}_{12} = \alpha_1 + \alpha_2\xi + \alpha_3\xi^2 + \alpha_4\xi^3 \\ \tilde{\Phi}_n^{12} = \beta_1 + \beta_2\xi \end{cases} \tag{26}$$

则由边两端位移条件可得

$$\begin{cases} \tilde{w}_{12} = N_1(\xi)w_1 + N_2(\xi)\theta_{y1} + N_3(\xi)w_2 + N_4(\xi)\theta_{y2} \\ \tilde{\Phi}_n^{12} = N_5(\xi)\theta_{x1} + N_6(\xi)\theta_{x2} \end{cases} \tag{7.5.9}$$

式中

$$\begin{cases} N_1(\xi) = (2 - 3\xi + \xi^3)/4 \\ N_2(\xi) = a(-1 + \xi + \xi^2 - \xi^3)/4 \\ N_3(\xi) = (2 + 3\xi - \xi^3)/4 \\ N_4(\xi) = a(1 + \xi - \xi^2 - \xi^3)/4 \\ N_5(\xi) = (1 - \xi)/2 \\ N_6(\xi) = (1 + \xi)/2 \end{cases} \tag{7.5.10}$$

仿此，不难得到各边的挠度及法向转角。

有了式(7.5.8)及式(7.5.9)，则定义 12 边平均挠度 d_8 为

$$\int_{-1}^{+1} \boldsymbol{F}\boldsymbol{a}\,|_{\eta=-1}\mathrm{d}\xi = d_8 = \int_{-1}^{+1} \tilde{w}_{12}\mathrm{d}\xi \tag{27}$$

可得

$$d_8 = 2a_1 - 2a_3 + \frac{2}{3}a_4 + 2a_6 - \frac{2}{3}a_8 - 2a_{10}\left(= \int_{-1}^{+1} \boldsymbol{F}\boldsymbol{a}\,|_{\eta=-1}\mathrm{d}\xi\right) \tag{28}$$

$$d_8 = w_1 - \frac{a}{3}\theta_{y1} + w_2 + \frac{a}{3}\theta_{y2}\left(= \int_{-1}^{+1} \tilde{w}_{12}\mathrm{d}\xi\right) \tag{29}$$

仿此，龙驭球选取如下 12 个广义位移。

4 个法向平均转角

$$\begin{cases} \int_{-1}^{+1} \left(\frac{\partial w}{\partial y}\right)_{12}\mathrm{d}\xi = d_1 = \int_{-1}^{+1} \tilde{\Phi}_n^{12}\mathrm{d}\xi \\ \int_{-1}^{+1} \left(\frac{\partial w}{\partial x}\right)_{23}\mathrm{d}\eta = d_2 = \int_{-1}^{+1} \tilde{\Phi}_n^{23}\mathrm{d}\eta \\ \int_{-1}^{+1} \left(\frac{\partial w}{\partial y}\right)_{43}\mathrm{d}\xi = d_3 = \int_{-1}^{+1} \tilde{\Phi}_n^{43}\mathrm{d}\xi \\ \int_{-1}^{+1} \left(\frac{\partial w}{\partial x}\right)_{14}\mathrm{d}\eta = d_4 = \int_{-1}^{+1} \tilde{\Phi}_n^{14}\mathrm{d}\eta \end{cases} \tag{7.5.11}$$

3 个切向平均转角

$$\begin{cases} \int_{-1}^{+1}\left(\frac{\partial w}{\partial \xi}\right)_{12}\mathrm{d}\xi = d_5 = \int_{-1}^{+1}\frac{\mathrm{d}\tilde{w}_{12}}{\mathrm{d}\xi}\mathrm{d}\xi \\ \int_{-1}^{+1}\left(\frac{\partial w}{\partial \eta}\right)_{23}\mathrm{d}\eta = d_6 = \int_{-1}^{+1}\frac{\mathrm{d}\tilde{w}_{23}}{\mathrm{d}\eta}\mathrm{d}\eta \\ \int_{-1}^{+1}\left(-\frac{\partial w}{\partial \xi}\right)_{43}\mathrm{d}\xi = d_7 = \int_{-1}^{+1}-\frac{\mathrm{d}\tilde{w}_{43}}{\mathrm{d}\xi}\mathrm{d}\xi \end{cases} \tag{7.5.12}$$

3 个平均挠度

$$\begin{cases} \int_{-1}^{+1} w_{12}\mathrm{d}\xi = d_8 = \int_{-1}^{+1}\tilde{w}_{12}\mathrm{d}\xi \\ \int_{-1}^{+1} w_{23}\mathrm{d}\eta = d_9 = \int_{-1}^{+1}\tilde{w}_{23}\mathrm{d}\eta \\ \int_{-1}^{+1} w_{43}\mathrm{d}\xi = d_{10} = \int_{-1}^{+1}\tilde{w}_{43}\mathrm{d}\xi \end{cases} \tag{7.5.13}$$

2 个结点转角

$$\begin{cases} \left(\frac{\partial w}{\partial x}\right)_1 = d_{11} = -\theta_{y1} \\ \left(\frac{\partial w}{\partial y}\right)_1 = d_{12} = -\theta_{x1} \end{cases} \tag{7.5.14}$$

这里所以取式(7.5.14)是因为每边平均挠度、平均切向转角和平均法向转角 12 个关系中有 2 个恒等关系式，因此只有 10 个独立的平均位移。

由这 12 个关系可得

$$\boldsymbol{C} = \left[\begin{array}{c|c|ccc|cccc|cc} 0 & 0 & \frac{2}{b} & 0 & 0 & -\frac{4}{b} & 0 & \frac{2}{(3b)} & 0 & \frac{6}{b} & 0 & 0 \\ 0 & \frac{2}{a} & 0 & \frac{4}{a} & 0 & 0 & \frac{6}{a} & 0 & \frac{2}{(3b)} & 0 & 0 & 0 \\ 0 & 0 & \frac{2}{b} & 0 & 0 & \frac{4}{b} & 0 & \frac{2}{(3b)} & 0 & \frac{6}{b} & 0 & 0 \\ 0 & \frac{2}{a} & 0 & -\frac{4}{a} & 0 & 0 & \frac{6}{a} & 0 & \frac{2}{(3a)} & 0 & 0 & 0 \\ \hline 0 & 2 & 0 & 0 & -2 & 0 & 2 & 0 & 2 & 0 & -2 & -2 \\ 0 & 0 & 2 & 0 & 2 & 0 & 0 & 2 & 0 & 2 & 2 & 2 \\ 0 & -2 & 0 & 0 & -2 & 0 & -2 & 0 & -2 & 0 & -2 & -2 \\ \hline 2 & 0 & -2 & \frac{2}{3} & 0 & 2 & 0 & \frac{-2}{3} & 0 & -2 & 0 & 0 \\ 2 & 2 & 0 & 2 & 0 & \frac{2}{3} & 2 & 0 & \frac{2}{3} & 0 & 0 & 0 \\ 2 & 0 & 2 & \frac{2}{3} & 0 & 2 & 0 & \frac{2}{3} & 0 & 2 & 0 & 0 \\ \hline 0 & \frac{1}{a} & 0 & \frac{-2}{a} & \frac{-1}{a} & 0 & \frac{3}{a} & \frac{2}{a} & \frac{1}{a} & 0 & \frac{-3}{a} & \frac{-1}{a} \\ 0 & 0 & \frac{1}{b} & 0 & \frac{-1}{b} & \frac{-2}{b} & 0 & \frac{1}{b} & \frac{2}{b} & \frac{3}{b} & \frac{-1}{b} & \frac{-3}{b} \end{array}\right] \begin{array}{l} \text{平均法向} \\ \\ \text{平均切线} \\ \\ \text{平均挠度} \\ \\ \text{结点} \end{array}$$

0 次　1 次　2 次　3 次　4 次　(7.5.15)

$$
\boldsymbol{G}=\begin{bmatrix}
0 & 1 & 0 & 0 & 1 & 0 & 0 & 0 & 0 & 0 & 0 & 0\\
0 & 0 & 0 & 0 & 0 & -1 & 0 & 0 & -1 & 0 & 0 & 0\\
0 & 0 & 0 & 0 & 0 & 0 & 0 & 1 & 0 & 0 & 1 & 0\\
0 & 0 & -1 & 0 & 0 & 0 & 0 & 0 & 0 & 0 & 0 & -1\\
-1 & 0 & 0 & 1 & 0 & 0 & 0 & 0 & 0 & 0 & 0 & 0\\
0 & 0 & 0 & -1 & 0 & 0 & 1 & 0 & 0 & 0 & 0 & 0\\
0 & 0 & 0 & 0 & 0 & 0 & -1 & 0 & 0 & 1 & 0 & 0\\
1 & 0 & \frac{-a}{3} & 1 & 0 & \frac{a}{3} & 0 & 0 & 0 & 0 & 0 & 0\\
0 & 0 & 0 & 1 & \frac{b}{3} & 0 & 0 & \frac{-b}{3} & 0 & 0 & 0 & 0\\
0 & 0 & 0 & 0 & 0 & 0 & 1 & 0 & \frac{a}{3} & 1 & 0 & \frac{-a}{3}\\
0 & 0 & -1 & 0 & 0 & 0 & 0 & 0 & 0 & 0 & 0 & 0\\
0 & 1 & 0 & 0 & 0 & 0 & 0 & 0 & 0 & 0 & 0 & 0
\end{bmatrix} \tag{7.5.16}
$$

并且可证 $\boldsymbol{C}$、$\boldsymbol{G}$ 均为可逆。

将式(7.5.8)、式(7.5.15)和式(7.5.16)代入式(7.5.6),即可获得12自由度单元的形函数矩阵 $\boldsymbol{N}$,从而建立单刚与等效荷载。由于这些过程与5.2节相同,因此不再介绍。

7.5.3　算例

【例7.2】　利用RGC－12对简支、固支方板在均布荷载 q、中心集中荷载 P 作用下进行了计算,表7.1给出了薄板中心挠度系数,并与非协调12自由度单元作了对比,括号中数字表示相对误差。从表可见RGC－12的精度高于非协调元。在表7.2中给出了弯矩系数,由此可见,精度也很好。

表7.1　中心挠度系数

网格(整板)	四边简支板			
	α(均载)		β(集中荷载)	
	ACM	RGC－12	ACM	RGC－12
2×2	0.3446(－15%)	0.4003(－1.5%)	1.378(＋18.8%)	1.116(－3.8%)
4×4	0.3939(－3%)	0.4034(－0.7%)	1.233(＋6.3%)	1.146(－1.2%)
8×8	0.4033(－0.7%)	0.4053(－0.2%)	1.183(＋2%)	1.155(－0.4%)
16×16	0.4056(－0.15%)	0.4061(－0.02%)	1.167(＋0.6%)	1.159(－0.1%)
解析解	0.4062		1.160	
网格(整板)	四边固定板			
	α(均载)		β(集中荷载)	
	ACM	RGC－12	ACM	RGC－12
2×2	0.1480(＋17.5%)	0.1479(＋17.4%)	0.5919(＋5.7%)	0.5918(＋5.7%)
4×4	0.1403(＋11.3%)	0.1228(－2.5%)	0.6134(＋9.5%)	0.5433(－3.0%)
8×8	0.1304(＋3.5%)	0.1253(－0.6%)	0.5803(＋3.6%)	0.5550(－0.9%)
16×16	0.1275(＋1.2%)	0.1262(＋0.2%)	0.5672(＋1.3%)	0.5596(－0.07%)
解析解	0.1260		0.5600	
附注	$\begin{cases} w_{\max}=\alpha\dfrac{ql^4}{D}\left(\dfrac{1}{100}\right)(\text{均载})\\ w_{\max}=\beta\dfrac{Pl^2}{D}\left(\dfrac{1}{100}\right)(\text{集中荷载})\end{cases}$			

表7.2　弯矩系数

网　　格（整板）	中心弯矩		边界中点弯矩	
	四边简支板	四边固定板	四边固定板	
	α_1（荷载 q）	β_1（荷载 q）	α_1（荷载 q）	β_1（荷载 q）
2×2	0.051 2（+8.8%）	0.046 2（+100%）	−0.035 5（+30.8%）	−0.142 0（−13.0%）
4×4	0.048 4（+1.0%）	0.023 9（+3.5%）	−0.043 8（+14.6%）	−0.115 6（+8.0%）
8×8	0.047 9（0%）	0.023 0（−0.4%）	−0.048 9（+4.7%）	−0.122 1（+2.9%）
16×16	0.047 9（0%）	0.023 0（−0.4%）	−0.050 6（+1.4%）	−0.124 5（+1.0%）
解析解	0.047 9	0.023 1	−0.051 3	−0.125 7
附　　注	$\begin{cases} M = \alpha_1 q l^2 & \text{（均载）} \\ M = \beta_1 P & \text{（集中荷载）} \end{cases}$			

7.5.4　用加权余量法建立广义协调元

我们在7.5.2节介绍了通过适当选取广义位移，建立广义协调条件，从而得到满足广义协调意义下的形函数。下面将通过加权余量法来建立一个具有9个自由度的薄板三角形和第Ⅱ类广义协调元——GCⅡ－T9广义协调元。

设单元挠度函数 $w(x,y)$ 表示为三角形单元面积坐标的不完全四次式

$$w = \boldsymbol{F}\boldsymbol{a} \tag{7.5.17(a)}$$

$$\boldsymbol{F} = [L_1 \quad L_2 \quad L_3 \quad L_1^2L_2 + \frac{1}{2}L_1L_2L_3 \quad L_2^2L_3 + \frac{1}{2}L_1L_2L_3 \quad L_3^2L_1 + \frac{1}{2}L_1L_2L_3$$

$$L_1^2L_3 + \frac{1}{2}L_1L_2L_3 \quad L_2^2L_1 + \frac{1}{2}L_1L_2L_3 \quad L_3^2L_2 + \frac{1}{2}L_1L_2L_3 \quad L_1^2L_2^2 \quad L_2^2L_3^2 \quad L_3^2L_1^2] \tag{7.5.17(b)}$$

$$\boldsymbol{a} = [a_1 \quad a_2 \quad a_3 \quad a_4 \quad a_5 \quad a_6 \quad a_7 \quad a_8 \quad a_9 \quad a_{10} \quad a_{11} \quad a_{12}]^{\mathrm{T}} \tag{7.5.17(c)}$$

式中前九项与5.2.1.2中式(23)完全相同，而后三项是补充的四次项。

为确定单元中 $\boldsymbol{a}$ 的12个广义位移参数，首先利用挠度在结点处的9个广义结点位移条件，也即

$$\begin{cases} w|_{x_j,y_j} = w_j \\ -\dfrac{\partial w}{\partial x}|_{x_j,y_j} = \theta_{yj} \quad (j=1,2,3) \\ \dfrac{\partial w}{\partial y}|_{x_j,y_j} = \theta_{xj} \end{cases} \tag{7.5.18}$$

然后要求板在常内力状态下满足加权余量方程，可建立另外3个方程式。板的常内力状态可表示为

$$M_x = \beta_1; \quad M_y = \beta_2; \quad M_{xy} = \beta_3 \tag{7.5.19}$$

板的加权余量方程为

$$\oint_{S_e} [M_n^c(\frac{\partial w}{\partial n} - \bar{\theta}_n) + M_{ns}^c(\frac{\partial w}{\partial s} - \bar{\theta}_s) - Q_n^c(w - \bar{w})]\mathrm{d}S = 0 \tag{7.5.20}$$

式中　$\bar{\theta}_n$、$\bar{\theta}_s$ 与 $\bar{w}$—— 单元边界 S_e 的法向转角、切向转角与挠度；

M_n^c、M_{ns}^c 与 Q_n^c—— 常内力状态所对应的单元边界法向弯矩、扭矩与横向剪力。

式(7.5.20)中

$$\oint_{S_e} M_{ns}^c\left(\frac{\partial w}{\partial s} - \bar{\theta}_s\right) d_1 S = \oint_{S_e} M_{ns}^c\left(\frac{\partial w}{\partial s} - \frac{\partial \bar{w}}{\partial s}\right) \mathrm{d}S =$$

$$\oint_{S_e} \left[\frac{\partial}{\partial s}\left(M_{ns}^c(w - \bar{w})\right) - \frac{\partial M_{ns}^c}{\partial s}(w - \bar{w})\right] \mathrm{d}S$$

将它代回式(7.5.20)可得

$$\oint_{S_e} \left[M_n^c\left(\frac{\partial w}{\partial n} - \bar{\theta}_n\right) - \left(\frac{\partial M_{ns}^c}{\partial s} + Q_n^c\right)(w - \bar{w})\right] \mathrm{d}S - \sum_j (\Delta M_{ns}^c)(w - \bar{w}) = 0 \quad (7.5.21)$$

式中　j—— 单元的结点；

ΔM_{ns}^c—— 单元的扭矩在 j 结点两侧的差。

由于薄板在常内力状态下满足平衡条件

$$\frac{\partial M_{ns}^c}{\partial s} + Q_n^c = 0$$

又由于(7.5.18)第一式的结点位移协调，因此

$$\sum_j (\Delta M_{ns}^c)(w - \bar{w}) = 0$$

所以式(7.5.21)最终可简化为

$$\oint_{S_e} M_n^c\left(\frac{\partial w}{\partial n} - \bar{\theta}_n\right) \mathrm{d}S = 0 \quad (7.5.22)$$

根据常内力状态 β_1、β_2、β_3 的任意性，从式(7.5.22)可得到另三个确定广义位移参数的条件。利用式(7.5.18)和式(7.5.22)可解出12个广义参数 $a_i(i=1,2,\cdots,12)$ 从而获得单元挠度的形函数矩阵，以后的分析过程即可按有限单元法常规的过程进行。

对于一般问题，设单元内部广义位移为 $\boldsymbol{d}$，单元边界广义位移为 $\bar{\boldsymbol{d}}$，用如下加权余量方程放松单元间的位移协调条件

$$\oint_{S_e} \boldsymbol{T}^{\mathrm{T}}(\boldsymbol{d} - \bar{\boldsymbol{d}}) \mathrm{d}S = 0 \quad (7.5.23)$$

式中　$\boldsymbol{T}$—— 权函数。

以式(7.5.23)为约束条件来建立单元位移形函数矩阵，可使单元间位移的协调条件在某种平均意义下得到满足。

采用不同的权函数意味着对位移协调放松的程度不同。最好赋予加权余量方程以明确的物理意义。例如，可令 $\boldsymbol{T}$ 为边界力函数矩阵，此时式(7.5.23)的物理意义是单元间不协调位移的能量贡献为零。

7.6　半解析法

一般说来,有限单元法可以分析任何二维或三维的静、动力问题。然而,求解的费用随问题的维数和规模而大大增加,甚至一些问题的规模将超出可用的计算机能力。因此,总是希望建立另外的可以减少计算工作量的方法。本节将介绍离散与解析相结合的方法 —— 半解析法。

7.6.1　有限条法(Finite Strip Method)

有限条法是一种由张佑启提出的,用于解决规则形体问题的半解析法,具有工作量小、精度高的优点。因篇幅所限,本小节将仅以薄板为例,介绍位移场构造方法。对其感兴趣的读者,可查阅张佑启的专著《有限条法》及其他有关文献。

设有一矩形薄板如图7.4(a) 所示,设每条边界的支承条件相同,图中表示了三种支承情况。图7.4(b) 用一些与边界线平行的直线将板分割成若干窄长的条带,有限条法就以此条带作为"单元",这些分割线为连接相邻"单元"的外节线,为了提高分析精度,如图中虚线还可在"单元" 内设置若干内节线。下面介绍这种条带单元位移场的建立思路。

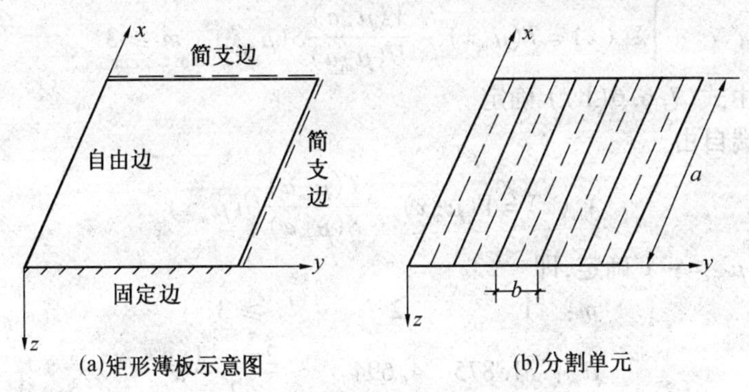

图7.4　矩形薄板与有限条离散示意图

7.6.1.1　位移模式

对薄板来说,挠度 w 可用分离变量形式表示

$$w(x,y)=\sum_{m=1}^{N}f_m(y)\cdot X_m(x) \tag{7.6.1}$$

7.6.1.2　边界条件沿长边方向取满足条带两端边界条件的正交函数

对本例也即可取 $X_m(x)$ 满足条带两端边界条件的梁振型函数,它是如下微分方程的解,即

$$\frac{\mathrm{d}^4X}{\mathrm{d}x^4}=\left(\frac{\mu}{a}\right)^4X \tag{7.6.2}$$

式中　μ—— 振型参数,由边界条件定。

图7.4(a) 所示的是一端固定一端简支情况

$$X_m(x)=\sin\frac{\mu_m x}{a}-\frac{\sin\mu_m}{\sinh\mu_m}\sinh\frac{\mu_m x}{a} \tag{7.6.3}$$

式中,振型参数 μ_m 由 $\tan\mu_m=\tanh\mu_m$ 确定,即

$$m:\quad 1 \qquad 2 \qquad 3 \qquad \geqslant 4$$

$$\mu_m:\quad 3.9266 \quad 7.0685 \quad 10.2102 \approx \frac{4m+1}{4}\pi \tag{7.6.4}$$

其他对边约束条件情况振型函数 $X_m(x)$ 如下。

两端简支

$$X_m(x) = \sin\frac{\mu_m x}{a} \quad \mu_m = m\pi \tag{7.6.5}$$

两端固定

$$X_m(x) = V(\mu_m x) - \frac{V(\mu_m a)}{U(\mu_m a)}U(\mu_m x) \tag{7.6.6(a)}$$

μ_m 由 $\cos\mu_m \cosh\mu_m = 1$ 确定，即

$$m:\quad 1 \qquad 2 \qquad 3 \qquad \geqslant 4$$

$$\mu_m:\quad 4.73004 \quad 7.8532 \quad 10.995608 \quad \approx \frac{2m+1}{2}\pi \tag{7.6.6(b)}$$

两端自由

$$\begin{cases} X_1(x) = 1 \quad X_2(x) = 1 - \dfrac{2x}{a} \\ X_m(x) = T(\mu_m x) - \dfrac{V(\mu_m a)}{U(\mu_m a)}S(\mu_m x) \quad m \geqslant 3 \end{cases} \tag{7.6.7}$$

在 $m \geqslant 3$ 时，μ_m 由式(7.6.6(b))确定。

一端固定一端自由

$$X_m(x) = V(\mu_m x) - \frac{T(\mu_m a)}{S(\mu_m a)}U(\mu_m x) \tag{7.6.8(a)}$$

μ_m 由 $\cos\mu_m \cosh\mu_m = -1$ 确定，即

$$m:\quad 1 \qquad 2 \qquad \geqslant 3$$

$$\mu_m:\quad 1.875 \quad 4.694 \quad \approx \frac{2m-1}{2}\pi \tag{7.6.8(b)}$$

一端简支一端自由

$$\begin{aligned} X_1(x) &= \frac{x}{a} \\ X_m(x) &= \sin\frac{\mu_m x}{a} + \frac{\sin\mu_m}{\sinh\mu_m}\sinh\frac{\mu_m x}{a} \end{aligned} \tag{7.6.9}$$

μ_m 从 $m = 2$ 开始，按式(7.6.4)计算。

上述式中的 S、T、U 和 V 是振动理论中的克雷洛夫函数，它们是

$$\begin{cases} S(\mu_m x) = \cos\dfrac{\mu_m x}{a} + \cosh\dfrac{\mu_m x}{a} \\ T(\mu_m x) = \sin\dfrac{\mu_m x}{a} + \sinh\dfrac{\mu_m x}{a} \\ U(\mu_m x) = \cos\dfrac{\mu_m x}{a} + \cosh\dfrac{\mu_m x}{a} \\ V(\mu_m x) = \sin\dfrac{\mu_m x}{a} + \sinh\dfrac{\mu_m x}{a} \end{cases} \tag{7.6.10}$$

由于振型的正交性,因此,$X_m(x)$ 存在如下正交关系

$$\int_0^a X_m X_n \mathrm{d}x = \int_0^a X_m'' X_n'' \mathrm{d}x = 0 \quad (m \neq n) \tag{7.6.11}$$

7.6.1.3　位移场

沿短边方向,以条间节线的未知位移作参数,像普通有限元一样,可由形函数插值构造。此时,应注意满足收敛性准则。

对只有外节线的条元,设左、右两侧节线位移参数矩阵为 $\boldsymbol{\delta}_{1m}$、$\boldsymbol{\delta}_{2m}$,与此相应的形函数矩阵为 $\boldsymbol{N}_1$、$\boldsymbol{N}_2$,则

$$f_m(y) = [\boldsymbol{N}_1 \quad \boldsymbol{N}_2][\boldsymbol{\delta}_{1m}^{\mathrm{T}} \quad \boldsymbol{\delta}_{2m}^{\mathrm{T}}]^{\mathrm{T}} \tag{7.6.12}$$

若为图 7.4(b) 所示有内节线(图中虚线) 的高阶条元,记内节线位移参数与形函数为 $\boldsymbol{\delta}_{3m}$ 与 $\boldsymbol{N}_3$,则

$$f_m(y) = [\boldsymbol{N}_1 \quad \boldsymbol{N}_2 \quad \boldsymbol{N}_3][\boldsymbol{\delta}_{1m}^{\mathrm{T}} \quad \boldsymbol{\delta}_{2m}^{\mathrm{T}} \quad \boldsymbol{\delta}_{3m}^{\mathrm{T}}]^{\mathrm{T}}$$

其余可仿此类推。

当仅以节线位移为参数时(两条节线情况),则

$$f_m(y) = \left[1 - \frac{y}{b} \quad \frac{y}{b}\right][w_{1m} \quad w_{2m}]^{\mathrm{T}}$$

当以节线位移与转角为参数时,则

$$f_m(y) = [N_1 \quad N_2 \quad N_3 \quad N_4][w_{1m} \quad \theta_{1m} \quad w_{2m} \quad \theta_{2m}]^{\mathrm{T}}$$

上式中 N_i 为梁的 Hermite 函数。

最后将两方向的函数 $f_m(y)$、$X_m(x)$ 代回式(7.6.1),经整理可得位移场标准形式。

对本节所述薄板弯曲即为

$$w(x,y) = \boldsymbol{N}\boldsymbol{\delta}_e \tag{7.6.13}$$

这就是条带单元的位移场。

显然,本小节所述思路也可用来构造二维、三维等问题的位移场。对三维问题来说

$$u(x,y,z) = \sum_{m=1}^{N} f_m(x,y) \cdot Z(z) \cdots$$

也即在 x、y 平面内进行离散插值,在 Z 方向取解析表达式。

由于任意函数均可展为完备的正交函数,因此,只要 N(级数项数) 足够大,就可保证位移场沿条带长边方向趋于精确。如果有一方向可取解析解,离散仅须在另外方向进行,从而使得未知量数目大大减少,二维问题降为一维,三维降为二维。进一步如采用的是正交函数集,对一些问题由于正交性,各级数项积分不耦联,这也将减少工作量。

有了表示为标准形式的位移场,以下的分析过程就完全和常规有限元分析一样。限于篇幅,这里不再赘述。

7.6.2　组合条 - 元法(Combinatory Strip - Element Method)

组合条 - 元法(CSEM) 是一种将有限条和有限元的特点组合起来的方法,这里只是简单地介绍其构造思路。

7.6.2.1　问题的提出

虽然有限条法在工程结构中得到了广泛应用,但它也还有一定的局限性:

(1) 由本节第一部分可见,条带长边两端为已知位移边界,$X_m(x)$ 应满足这些条件。因此,条元不可能在长边方向连接有限元或其他条带单元。

(2) 当结构的某一边界并非同一支承情况,如矩形板的四条边线,每条边上均同时存在多种支承情况(如应力蒙皮结构的边界就是一工程实际问题),显然在边界条件不同的相邻条元间,由于 $X_m(x)$ 不同,当然不可能保证位移间的协调性(C^0 级都保证不了),因此,有限条将无法使用。

(3) 即使边界支承条件在同一边界完全相同,但如本节第一部分薄板情况 $X_m(x)$ 有 6 种情况,要使程序具有通用性,程序就必须同时包含 6 种情况,导致程序繁琐。

为了克服上述局限性,而又能保留有限条的一些优点,我们提出了组合条 - 元(CSEM)法。

7.6.2.2 CSEM 的位移场构造思路

与条元一样,我们也以窄长条带为单元,但不同的是,节线两端设置有结点。基于任一函数均可由完备函数集中的基函数来表达,可采用如下二步法构造单元位移场:

(1) 由结点位移参数,采用形函数插值构造条带单元的节线位移,此步与有限元一样。

在保证结点位移参数不受影响前提下,也即以两端固定时,同类问题的振型函数(正交函数集)作为对节线位移的修正,使节线位移能在 N 足够大时有足够的精度。此思路又与有限条一致。

(2) 以上述节线位移作为参数,沿条带短边方向进行多项式插值,从而构造条带的位移场。此步也与有限条相同。

按这两步即可得

$$\boldsymbol{d} = \overline{\boldsymbol{N}}\boldsymbol{\delta}_e + \boldsymbol{\phi}\,\boldsymbol{\alpha} = \boldsymbol{N}\boldsymbol{\delta}_e \tag{7.6.14}$$

式中 $\overline{\boldsymbol{N}}\boldsymbol{\delta}_e$—— 像有限元一样,由结点位移参数构造的位移部分

$\boldsymbol{\phi}\,\boldsymbol{\alpha}$—— 与有限条相似,沿长边方向由级数构造的位移部分。

像上一小节一样,有了 $\boldsymbol{d} = \boldsymbol{N}\boldsymbol{\delta}$ 这一标准形式,即可用常规方法进行单元特性分析。

我们按上述思想解决了平面问题、薄板弯曲问题、折板与平面壳体(柱壳)等的线性与非线性、静力与动力(自振特性)分析。联合应用有限元、组合条元与映射无限元还求解过路面力学问题。实践证明,它克服了有限条法的上述缺陷,比有限元减少了很多未知量,是一种可行的方法。

7.6.3 有限元线法(Finite Element Method of Lines)

有限元线法(FEMOL)是袁驷提出的一种新型的以常微分方程(Ordinary Differential Equation)求解器(Solver)——ODEs 为支撑软件的半解析法。已用此法解决了平面应力、薄板、厚板、厚壳和旋转壳非线性等问题,限于篇幅,这里仅就用有限元线法解泊松方程为例加以说明。对此法需进一步学习的读者可参阅袁驷著的《The Finite Element Method of Lines Theory and Application》一书。

如 7.4 节所述,热传导等问题(稳定情况)的控制方程和边界条件可表示为

$$\begin{cases} \nabla^2 u = -f & (\text{在 } V \text{ 内}) \\ u = \bar{u} & (\text{在 } S_1 \text{ 上}) \\ \dfrac{\partial u}{\partial n} = \bar{q} & (\text{在 } S_2 \text{ 上}) \end{cases} \tag{7.6.15}$$

热传导时 u 即为温度 T。

与方程(7.6.15)相应的能量泛函可由式(7.6.15)第一式进行分部积分、引用高斯公式后获得

$$\Pi = \frac{1}{2}\int_V \left[\left(\frac{\partial u}{\partial x}\right)^2 + \left(\frac{\partial u}{\partial y}\right)^2 + \left(\frac{\partial u}{\partial z}\right)^2\right] \mathrm{d}V - \int_V u\bar{f}\mathrm{d}V - \int_{S_2} u\bar{q}\mathrm{d}S \qquad (7.6.16(\mathrm{a}))$$

强制条件为

$$\text{在 } S_1 \text{ 上} \qquad u = \bar{u} \qquad (7.6.16(\mathrm{b}))$$

现以平面问题为例加以说明。

7.6.3.1　参数 FEMOL 的单元映射

为适用复杂形体问题的计算,可建立母单元与子单元的映射关系,其结果如图 7.5 所示。

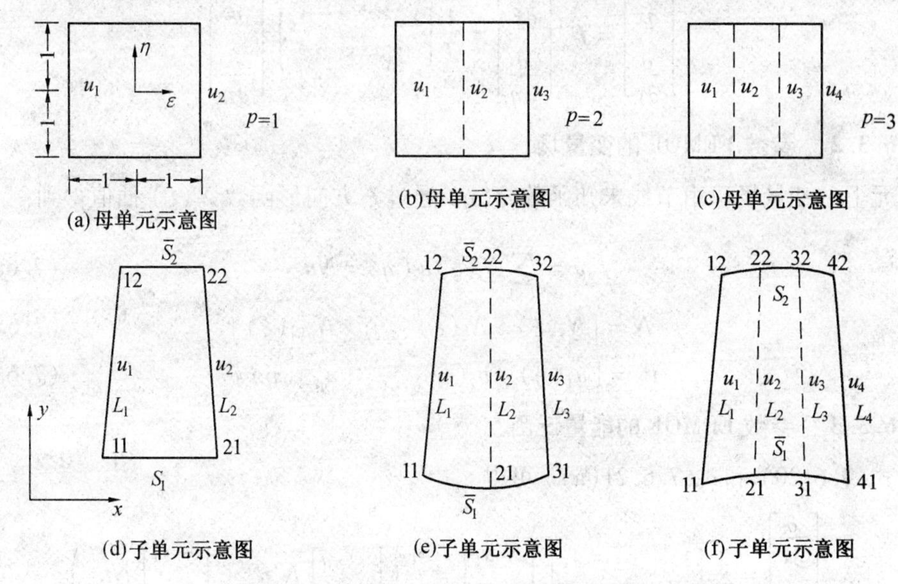

图 7.5　参数 FEMOL 单元映射示意图

S_i— 单元端边;p— 单元阶次;u_i— 节线位移函数;L_i— 单元节线;i,j— 结点编号

$$\begin{bmatrix} x \\ y \end{bmatrix} = \sum_{i=1}^{p+1} N_j(\xi) \begin{bmatrix} x_i(\eta) \\ y_i(\eta) \end{bmatrix} = \sum_{i=1}^{p+1}\sum_{j=1}^{2} N_j(\xi) N_j(\eta) \begin{bmatrix} x_{ij} \\ y_{ij} \end{bmatrix} \qquad (7.6.17)$$

式中

$$\begin{cases} N_1(\eta) = \dfrac{1-\eta}{2} \qquad N_2(\eta) = \dfrac{1+\eta}{2} \\ N_1(\xi) = \dfrac{1-\xi}{2} \quad N_2(\xi) = \dfrac{1+\xi}{2} \quad (p=1) \\ N_1(\xi) = \dfrac{\xi(\xi-1)}{2} \quad N_2(\xi) = 1-\xi^2 \quad N_3(\xi) = \dfrac{\xi(\xi+1)}{2} \quad (p=2) \\ N_1(\xi) = \dfrac{1}{16}(1-\xi)(9\xi^2-1) \quad N_2(\xi) = \dfrac{9}{16}(1-3\xi)(1-\xi^2) \\ \qquad\qquad\qquad\qquad\qquad (p=3) \\ N_3(\xi) = \dfrac{9}{16}(1+3\xi)(1-\xi^2) \quad N_4(\xi) = \dfrac{1}{16}(1+\xi)(9\xi^2-1) \end{cases} \qquad (7.6.18(\mathrm{a}))$$

根据单元阶次 p,由上式也可将式(7.6.17)改写成

$$\boldsymbol{x} = \boldsymbol{N}_x \boldsymbol{x}_e \tag{7.6.18(b)}$$

若记$(\quad)_\xi = \dfrac{\partial(\quad)}{\partial \xi}$,$(\quad)_\eta = \dfrac{\partial(\quad)}{\partial \eta}$则单元、节线及端边的坐标变换 Jacobi 行列式分别为

$$J = x_\xi y_\eta - x_\eta y_\xi \tag{7.6.19(a)}$$

$$J_{L_i} = \sqrt{(x_\eta)^2 + (y_\eta)^2}\,|_{L_i} \qquad (i = 1,2,\cdots,p+1) \tag{7.6.19(b)}$$

$$J_{S_j} = \sqrt{(x_\xi)^2 + (y_\xi)^2}\,|_{\bar{S}_j} \qquad (j = 1,2) \tag{7.6.19(c)}$$

由式(7.6.17) 或式(7.6.17(a)) 可有

$$\begin{bmatrix} \dfrac{\partial}{\partial x} \\ \dfrac{\partial}{\partial y} \end{bmatrix} = \boldsymbol{J}^{-1} \begin{bmatrix} \dfrac{\partial}{\partial \xi} \\ \dfrac{\partial}{\partial \eta} \end{bmatrix} = \frac{1}{J} \begin{bmatrix} y_\eta & -y_\xi \\ -x_\eta & x_\xi \end{bmatrix} \begin{bmatrix} \dfrac{\partial}{\partial \xi} \\ \dfrac{\partial}{\partial \eta} \end{bmatrix} \tag{7.6.20}$$

7.6.3.2　参数 FEMOL 的变量场

单元上的变量场可由节线未知函数 $u_i(\boldsymbol{\eta})$ 通过 ξ 方向形函数 $N_i(\xi)$ 插值得到

$$u = \sum_{i=1}^{p+1} N_i(\xi) u_i(\boldsymbol{\eta}) = \boldsymbol{N}\boldsymbol{u}_e \tag{7.6.21(a)}$$

式中

$$\boldsymbol{N} = [N_1(\xi) \quad N_2(\xi) \quad \cdots \quad N_{p+1}(\xi)] \tag{7.6.21(b)}$$

$$\boldsymbol{u}_e = [u_1(\boldsymbol{\eta}) \quad u_2(\boldsymbol{\eta}) \quad \cdots \quad u_{p+1}(\boldsymbol{\eta})]^{\mathrm{T}} \tag{7.6.21(c)}$$

7.6.3.3　参数 FEMOL 的能量泛函

由式(7.6.20) 和式(7.6.21(a)) 可得

$$\begin{bmatrix} \dfrac{\partial}{\partial x} \\ \dfrac{\partial}{\partial y} \end{bmatrix} = \frac{1}{J} \begin{bmatrix} y_\eta & -y_\xi \\ -x_\eta & x_\xi \end{bmatrix} \begin{bmatrix} \boldsymbol{N}'\boldsymbol{u}_e \\ \boldsymbol{N}\boldsymbol{u}_e' \end{bmatrix} = \frac{1}{J}\left(\begin{bmatrix} y_\eta \\ -x_\eta \end{bmatrix} \boldsymbol{N}'\boldsymbol{u}_e + \begin{bmatrix} -y_\xi \\ x_\xi \end{bmatrix} \boldsymbol{N}\boldsymbol{u}_e' \right) \tag{7.6.22}$$

式中　$(\quad)'$—— 表示对自变量 ξ 或 $\boldsymbol{\eta}$ 的导数。

为考虑最一般情况,设条带节线有物体边界、条带端边也有物体边界,单元上有 $\bar{f}$ 作用。若记

$$\boldsymbol{J}_{\mathrm{L}} = \mathrm{diag}[J_{L_1} \quad J_{L_2} \quad \cdots \quad J_{L_{p+1}}] \tag{7.6.23}$$

$$\bar{\boldsymbol{q}}_L = [\bar{q}_{L_1} \quad \bar{q}_{L_2} \cdots \bar{q}_{L_{p+1}}]^{\mathrm{T}} \tag{7.6.24}$$

式中,$L_i \notin S_2$,$\bar{q}_{L_i} = 0$。

同理,$\bar{S}_j \notin S_2$,$\bar{q}_{S_j} = 0$。

当 $L_i \in S_1$,令 $u_i = \bar{u}$,则对端边是 S_1 边界时,边界条件在以后再作处理。

将式(7.6.21(a)) 和式(7.6.22) 代入式(7.6.16(a)) 可得

$$\Pi_e = \frac{1}{2}\int_{-1}^{+1}\int_{-1}^{+1} \frac{1}{J}[\boldsymbol{u}_e^{\mathrm{T}}\boldsymbol{N}'^{\mathrm{T}}(x_\eta^2 + y_\eta^2)\boldsymbol{N}'\boldsymbol{u}_e - 2\boldsymbol{u}_e'^{\mathrm{T}}\boldsymbol{N}^{\mathrm{T}}(x_\xi x_\eta + y_\xi y_\eta)\boldsymbol{N}'\boldsymbol{u}_e +$$

$$\boldsymbol{u}_e'^{\mathrm{T}}\boldsymbol{N}^{\mathrm{T}}(x_\xi^2 + y_\xi^2)\boldsymbol{N}\boldsymbol{u}_e']\mathrm{d}\xi\mathrm{d}\boldsymbol{\eta} - \int_{-1}^{+1}\int_{-1}^{+1} \bar{f}\boldsymbol{N}\boldsymbol{u}_e J\mathrm{d}\xi\mathrm{d}\boldsymbol{\eta} -$$

$$\sum_{i=1}^{p+1}\int_{-1}^{+1}\bar{q}_{Li}\boldsymbol{N}\boldsymbol{u}_e J_{Li}\mathrm{d}\eta-\sum_{j=1}^{2}\int_{-1}^{+1}\bar{q}_{S_j}\boldsymbol{N}\boldsymbol{u}_e J_{S_j}\mathrm{d}\xi=$$
$$\frac{1}{2}\int_{-1}^{+1}(\boldsymbol{u}_e{}'^{\mathrm{T}}\boldsymbol{A}\boldsymbol{u}_e{}'+2\boldsymbol{u}_e{}'^{\mathrm{T}}\boldsymbol{B}\boldsymbol{u}_e+\boldsymbol{u}_e{}'^{\mathrm{T}}\boldsymbol{C}\boldsymbol{u}_e)\mathrm{d}\eta-$$
$$\int_{-1}^{+1}\boldsymbol{F}^{\mathrm{T}}\boldsymbol{u}_e\mathrm{d}\eta-\sum_{j=1}^{2}\boldsymbol{P}_j^{\mathrm{T}}\boldsymbol{u}_e(\eta_j)\tag{7.6.25}$$

式中

$$\boldsymbol{A}=\int_{-1}^{+1}\boldsymbol{N}^{\mathrm{T}}(x_\xi^2+y_\xi^2)\boldsymbol{N}\mathrm{d}\xi\tag{7.6.26(a)}$$
$$\boldsymbol{B}=-\int_{-1}^{+1}\boldsymbol{N}^{\mathrm{T}}(x_\xi x_\eta+y_\xi y_\eta)\boldsymbol{N}'\mathrm{d}\xi\tag{7.6.26(b)}$$
$$\boldsymbol{C}=\int_{-1}^{+1}\boldsymbol{N}'^{\mathrm{T}}(x_\eta^2+y_\eta^2)\boldsymbol{N}'\mathrm{d}\xi\tag{7.6.26(c)}$$
$$\boldsymbol{F}^{\mathrm{T}}=\int_{-1}^{+1}\boldsymbol{N}\bar{f}J\mathrm{d}\xi-\boldsymbol{J}_L\bar{\boldsymbol{q}}_L\tag{7.6.26(d)}$$
$$\boldsymbol{P}_j^{\mathrm{T}}=\int_{-1}^{+1}\boldsymbol{N}\bar{q}_{S_j}J_{S_j}\mathrm{d}\xi,\quad \eta=\eta_j,\quad j=1,2\tag{7.6.26(e)}$$

式(7.6.26)都是 η 的函数,对 ξ 的积分可用高斯积分求得。

有了式(7.6.25),整个求解域的能量为

$$\Pi=\sum_e \Pi_e$$

7.6.3.4　常微分方程(ODE)体系的建立

式(7.6.25)对自变函数求变分可得

$$\delta\Pi_e=\int_{-1}^{+1}(\delta\boldsymbol{u}_e{}'^{\mathrm{T}}\boldsymbol{A}\boldsymbol{u}_e{}'+\delta\boldsymbol{u}_e{}^{\mathrm{T}}\boldsymbol{B}^{\mathrm{T}}\boldsymbol{u}_e{}'+\delta\boldsymbol{u}_e{}'^{\mathrm{T}}\boldsymbol{B}\boldsymbol{u}_e+\delta\boldsymbol{u}_e{}^{\mathrm{T}}\boldsymbol{C}\boldsymbol{u}_e)\mathrm{d}\eta-$$
$$\int_{-1}^{+1}\boldsymbol{F}^{\mathrm{T}}\delta\boldsymbol{u}_e\mathrm{d}\eta-\sum_{j=1}^{2}\boldsymbol{P}_j^{\mathrm{T}}\delta\boldsymbol{u}_e(\eta_j)\tag{30}$$

对式(30)中第一、三两项进行分部积分变换如下

$$\int_{-1}^{+1}(\delta\boldsymbol{u}_e)'^{\mathrm{T}}(\boldsymbol{A}\boldsymbol{u}_e{}'+\boldsymbol{B}\boldsymbol{u}_e)\mathrm{d}\eta=\int_{-1}^{+1}\Big\{\frac{\mathrm{d}}{\mathrm{d}\eta}[\delta\boldsymbol{u}_e{}^{\mathrm{T}}(\boldsymbol{A}\boldsymbol{u}_e{}'+\boldsymbol{B}\boldsymbol{u}_e)]-$$
$$\delta\boldsymbol{u}_e{}^{\mathrm{T}}(\boldsymbol{A}'\boldsymbol{u}_e{}'+\boldsymbol{A}\boldsymbol{u}_e{}''+\boldsymbol{B}'\boldsymbol{u}_e+\boldsymbol{B}\boldsymbol{u}_e{}')\Big\}\mathrm{d}\eta$$

将上式代回式(30)可得

$$\delta\Pi_e=\int_{-1}^{+1}-\delta\boldsymbol{u}_e{}^{\mathrm{T}}(\boldsymbol{A}\boldsymbol{u}_e{}''+\boldsymbol{G}\boldsymbol{u}_e{}'+\boldsymbol{H}\boldsymbol{u}_e+\boldsymbol{F}_{\mathrm{b}})\mathrm{d}\eta+$$
$$\sum_{j=1}^{2}\eta_j\delta\boldsymbol{u}_e{}^{\mathrm{T}}(\eta_j)(\boldsymbol{Q}_j-\eta_j\boldsymbol{P}_j)\tag{31}$$

式中

$$\boldsymbol{G}=\boldsymbol{A}'+\boldsymbol{B}-\boldsymbol{B}^{\mathrm{T}},\quad \boldsymbol{H}=\boldsymbol{B}'-\boldsymbol{C}\tag{7.6.27(a)}$$
$$\boldsymbol{Q}_j=\boldsymbol{A}\boldsymbol{u}_e{}'+\boldsymbol{B}\boldsymbol{u}_e,\quad \eta=\eta_j,\quad j=1,2\tag{7.6.27(b)}$$
$$\boldsymbol{A}'=\int_{-1}^{+1}\boldsymbol{N}^{\mathrm{T}}\frac{\partial}{\partial\eta}(x_\xi^2+y_\xi^2)\boldsymbol{N}\mathrm{d}\xi\tag{7.6.27(c)}$$

$$\boldsymbol{B}' = -\int_{-1}^{+1} \boldsymbol{N}^{\mathrm{T}}(x_\xi x_\eta + y_\xi y_\eta)\boldsymbol{N}'\mathrm{d}\xi \tag{7.6.27(d)}$$

因此,由能量变分的驻值条件可得 Euler 方程为

$$\boldsymbol{A}\boldsymbol{u}_e'' + \boldsymbol{G}\boldsymbol{u}_e' + \boldsymbol{H}\boldsymbol{u}_e + \boldsymbol{F}_{\mathrm{b}} = 0 \tag{7.6.28}$$

而节线端边边界条件的变分形式为

$$\delta\boldsymbol{u}_e^{\mathrm{T}}(\eta_j)(\boldsymbol{Q}_j - \eta_j\boldsymbol{P}_j) = 0 \quad (j = 1,2) \tag{7.6.29}$$

这可能有三种情况:

(1) 第 m 条节线的第 $j(=1,2)$ 个端点在 S_1 上,此时像位移元一样有

$$u_m = \bar{u}_m, \quad \eta = \eta_j, \quad j = 1,2 \tag{7.6.30(a)}$$

(2) 第 m 条节线的第 j 端点在 S_2 上,此时 δu_m 任意,因此有边界条件

$$Q_{jm} = \eta_j P_{jm}, \quad \eta = \eta_j \quad (j = 1,2) \tag{7.6.30(b)}$$

(3) 第 m 条节线的第 j 端点是与另一节线 n 搭接的公共结点,因此由连续条件及 $\delta u_m(\delta u_n)$ 的任意性有如下一对搭接条件

$$u_m = u_n, \quad Q_{jm} + Q_{jn} = \eta_j(P_{jm} + P_{jn}), \quad \eta = \eta_j \quad (j = 1,2) \tag{7.6.30(c)}$$

在考虑上述边界条件情况下,由 $\Pi = \sum_e \Pi_e$,对各单元进行集成即可建立 ODE 体系。

7.6.3.5 求解说明

由单元集成整体的 ODE 体系后,设第 m 条节线上给定了 $\bar{u}_m$,则 u_m' 和 u_m'' 亦是已知的,代到整体 $\boldsymbol{u}$、$\boldsymbol{u}'$、$\boldsymbol{u}''$ 中,删除与此节线 m 相应的方程及两端点的边界条件。经如此处理后,即可用求解器来求未知节线位移函数。

由本小节的介绍可看出,由于引入参数单元,使可用于不规则区域的求解;由于未知节线位移是通过解常微分方程组解出的,自然精度要比有限条、组合条元来得高;其求解效率取决于常微分方程求解器 ODEs,袁驷介绍可用 Colsys 来求解。

7.7 样条有限元①

"样条"这一名词来源于放样用的曲线尺,它是一种刚度很小的梁,用以描绘通过若干指定点的一条光滑、连续曲线。在数学上,n 次样条函数是具有 $n-1$ 阶导数连续的 n 次多项式。由于样条函数的上述特性,将其用于有限元分析,可提高计算精度、减小计算工作量。

在结构分析中应用样条函数有两类做法。一类是应用样条函数进行整体插值,称做样条变分法。另一类是应用样条函数进行分区插值,称做样条有限元法。两类方法的共同优点是能以较少的自由度获得精度较高、光滑性较好的解。前者因整体插值,只适用于规则形状的结构,后者则可以像有限元一样,通过单元集合来拟合复杂几何形体的结构。本节通过介绍样条梁单元、平面应力和薄板弯曲的矩形样条单元来说明样条有限元的基本原理。

① 本节基本内容摘引自龙驭球著《新型有限元引论》,对样条变分法感兴趣的读者,可参考石钟慈等专著与文献。

7.7.1　样条梁单元

7.7.1.1　二次样条梁单元(4 自由度)

图 7.6 所示为一种二次样条梁单元,单元结点位移 $\boldsymbol{\delta}_e$ 包含 4 个自由度,即

$$\boldsymbol{\delta}_e = [v_1 \quad \theta_1 \quad v_2 \quad \theta_2]^{\mathrm{T}}$$

因是二次样条,将单元等分成两个分段 13 和 32。假设挠度 v 在每个分段上为二次多项式,即

$$v(x) = \begin{cases} c_1 + c_2\xi + c_3\xi^2 & (0 \leqslant \xi \leqslant \frac{1}{2}) \\ c_4 + c_5\xi + c_6\xi^2 & (\frac{1}{2} \leqslant \xi \leqslant 1) \end{cases} \tag{7.7.1}$$

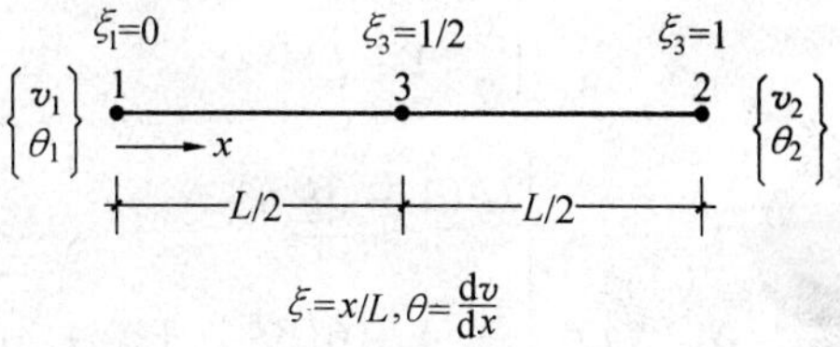

图 7.6　二次样条梁单元

其中 6 个待定系数 $c_1 \sim c_6$ 可由如下端点位移和中点连续条件来确定,即

$$\begin{aligned} v|_{\xi=0} = v_1 \qquad v|_{\xi=1} = v_2 \qquad v|_{\xi=0.5-0} = v|_{\xi=0.5+0} \\ \theta|_{\xi=0} = \theta_1 \qquad \theta|_{\xi=1} = \theta_2 \qquad \theta|_{\xi=0.5-0} = \theta|_{\xi=0.5+0} \end{aligned} \tag{32}$$

像有限元广义坐标法那样,由式(7.7.1)和式(32)可得位移模式为

$$v(x) = N_{10}v_1 + N_{11}\theta_1 + N_{20}v_2 + N_{21}\theta_2 \tag{7.7.2}$$

式中形函数 N_{ij} 都是二次样条函数,具体表达式为

$$\begin{cases} N_{10} = \begin{cases} 1 - 2\xi^2 \\ 2(1-\xi)^2 \end{cases} & N_{11} = \begin{cases} \frac{L}{2}\xi(2-3\xi) & (0 \leqslant \xi \leqslant \frac{1}{2}) \\ \frac{L}{2}(1-\xi)^2 & (\frac{1}{2} \leqslant \xi \leqslant 1) \end{cases} \\ N_{20} = 1 - N_{10} & N_{21} = \begin{cases} -\frac{L}{2}\xi^2 & (0 \leqslant \xi \leqslant \frac{1}{2}) \\ \frac{L}{2}(1 - 4\xi + 3\xi^2) & (\frac{1}{2} \leqslant \xi \leqslant 1) \end{cases} \end{cases} \tag{7.7.3}$$

若记 $\boldsymbol{N} = [N_{10} \quad N_{11} \quad N_{20} \quad N_{21}]$,则式(7.7.2)可写成标准形式,即

$$v(x) = \boldsymbol{N}\boldsymbol{\delta}_e \tag{33}$$

有了式(33),用势能原理或虚位移原理即可获得 $\boldsymbol{K}_e$ 和 $\boldsymbol{F}_{\mathrm{E}}^e$。

7.7.1.2　三次样条梁单元(6 自由度)

图 7.7 表示长为 L 的梁单元,因是三次样条将单元分为三段 13、34、42,每段均为三次多项式,将共有 12 个待定参数。因此,单元结点位移可表为

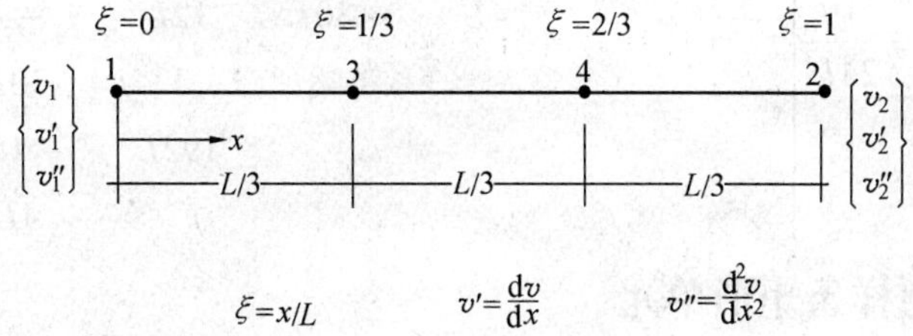

图 7.7　三次样条梁单元

$$\boldsymbol{\delta}_e = [v_1 \quad v_1{}' \quad v_1{}'' \quad v_2 \quad v_2{}' \quad v_2{}'']^{\mathrm{T}}$$

由 1、2 点的位移($v_i, v_i{}', v_i{}''$) 条件和 3、4 点的连续条件共 12 个方程可建立梁的位移模式,即

$$N(x) = N_{10}v_1 + N_{11}v_1{}' + N_{12}v_1{}'' + N_{20}v_2 + N_{21}v_2{}' + N_{22}v_2{}'' \tag{7.7.4}$$

式中,形函数都是三次样条函数

$$N_{10}(x) = \begin{cases} 1 - \dfrac{9}{2}\xi^3 & (0 \leqslant \xi \leqslant \dfrac{1}{3}) \\ \dfrac{1}{6}[5 - 3(3\xi - 1) - 3(3\xi - 1)^2 + 2(3\xi - 1)^3] & (\dfrac{1}{3} \leqslant \xi \leqslant \dfrac{2}{3}) \\ \dfrac{9}{2}(1 - \xi)^3 & (\dfrac{2}{3} \leqslant \xi \leqslant 1) \end{cases} \tag{7.7.5(a)}$$

$$N_{11}(x) = \begin{cases} L\xi(1 - 3\xi^2) & (0 \leqslant \xi \leqslant \dfrac{1}{3}) \\ \dfrac{L}{18}[4 - 6(3\xi - 1)^2 + 3(3\xi - 1)^3] & (\dfrac{1}{3} \leqslant \xi \leqslant \dfrac{2}{3}) \\ \dfrac{3L}{2}(1 - \xi)^3 & (\dfrac{2}{3} \leqslant \xi \leqslant 1) \end{cases} \tag{7.7.5(b)}$$

$$N_{12}(x) = \begin{cases} \dfrac{L^2}{12}\xi^2(6 - 11\xi) & (0 \leqslant \xi \leqslant \dfrac{1}{3}) \\ \dfrac{L^2}{324}[7 + 3(3\xi - 1) - 15(3\xi - 1)^2 + 7(3\xi - 1)^3] & (\dfrac{1}{3} \leqslant \xi \leqslant \dfrac{2}{3}) \\ \dfrac{L^2}{6}(1 - \xi)^3 & (\dfrac{2}{3} \leqslant \xi \leqslant 1) \end{cases} \tag{7.7.5(c)}$$

$$N_{20}(x) = 1 - N_{10}(x) \quad N_{21}(x) = -N_{11}(L - x) \quad N_{22}(x) = -N_{12}(L - x) \tag{7.7.5(d)}$$

式(7.7.5(d))的后两式所代表的含义是用 $1 - \xi$ 代替 ξ,因此,原式子的排列顺序也将发生改变(原第 1 式代替后变成第 3 式)。有了形函数,即可按常规方法分析单元特性。为便于读者应用特给出二种单元的单元刚度矩阵如下所示:

二次样条元

$$\boldsymbol{K}_e = \frac{EI}{L^3}\begin{bmatrix} 16 & 8L & -16 & 8L \\ & 5L^2 & -8L & 3L^2 \\ & & 16 & -18L \\ \text{对称} & & & 5L^2 \end{bmatrix} \tag{7.7.6}$$

三次样条元

$$\boldsymbol{K}_e = \frac{EI}{24L^3}\begin{bmatrix} 648 & 324L & 30L^2 & -648 & 324L & -30L^2 \\ & 192L^2 & 18L^2 & -324L & 132L^2 & -12L^3 \\ & & 4L^4 & -30L^2 & 12L^3 & -L^4 \\ & & & 648 & -324L & 30L^2 \\ & & & & 192L^2 & -18L^3 \\ \text{对称} & & & & & 4L^4 \end{bmatrix} \tag{7.7.7}$$

7.7.2 平面问题样条矩形单元

对于平面问题的矩形单元,可直接利用梁单元的样条函数来构造单元的形函数。设单元

如图 7.8 所示，下面用双二次样条函数来插值。

为便于标记，将结点标记为 $ij(i,j=1,2)$，它的坐标为(x_i,y_j)。结点 ij 的位移参数与含义如下

$$x\text{ 方向位移}\quad u_{ij}^{00}=u\mid_{(x_i,y_j)}\quad u_{ij}^{10}=\frac{\partial u}{\partial x}\mid_{(x_i,y_j)}\quad u_{ij}^{01}=\frac{\partial u}{\partial y}\mid_{(x_i,y_j)}\quad u_{ij}^{11}=\frac{\partial^2 u}{\partial x\partial y}\mid_{(x_i,y_j)}\tag{7.7.8}$$

y 方向位移，仿此（u 换成 v）可得。由此，结点 ij 的位移矩阵可表示为

$$\boldsymbol{\delta}_{ij}=[u_{ij}^{00}\quad u_{ij}^{10}\quad u_{ij}^{01}\quad u_{ij}^{11}\ \vdots\ v_{ij}^{00}\quad v_{ij}^{10}\quad v_{ij}^{01}\quad v_{ij}^{11}]^{\mathrm{T}}\tag{7.7.9}$$

单元结点位移矩阵 $\boldsymbol{\delta}_e$ 为

$$\boldsymbol{\delta}_e=[\boldsymbol{\delta}_{11}^{\mathrm{T}}\quad\boldsymbol{\delta}_{21}^{\mathrm{T}}\quad\boldsymbol{\delta}_{22}^{\mathrm{T}}\quad\boldsymbol{\delta}_{12}^{\mathrm{T}}]^{\mathrm{T}}$$

单元总共 32 个自由度。

结点 ij 的 kl 位移参数的形函数 $N_{ij}^{kl}(x,y)$ 可进行如下定义

$$N_{ij}^{kl}(x,y)=N_{ik}(x)\cdot N_{jl}(y)\quad(i,j=1,2;k,l=0,1)\tag{7.7.10}$$

而式中 N_{ik}、N_{jl} 是由式(7.7.3)定义的二次样条梁单元的形函数。因此 $N_{ij}^{kl}(x,y)$ 即为双二次样条函数。与式(7.7.9)相对应，结点 ij 的形函数矩阵 $\boldsymbol{N}_{ij}$ 为

$$\boldsymbol{N}_{ij}=\begin{bmatrix}N_{ij}^{00} & N_{ij}^{10} & N_{ij}^{01} & N_{ij}^{11} & \vdots & 0 & 0 & 0 & 0\\ 0 & 0 & 0 & 0 & \vdots & N_{ij}^{00} & N_{ij}^{10} & N_{ij}^{01} & N_{ij}^{11}\end{bmatrix}\tag{7.7.11}$$

由此可得单元形函数矩阵 $\boldsymbol{N}$ 为

$$\boldsymbol{N}=[\boldsymbol{N}_{11}\quad\boldsymbol{N}_{21}\quad\boldsymbol{N}_{22}\quad\boldsymbol{N}_{12}]$$

则单元位移场 $\boldsymbol{d}$ 可表为

$$\boldsymbol{d}=\begin{bmatrix}u\\ v\end{bmatrix}=\boldsymbol{N}\boldsymbol{\delta}_e$$

确定了单元位移场后，建立单元特性公式就没问题了。

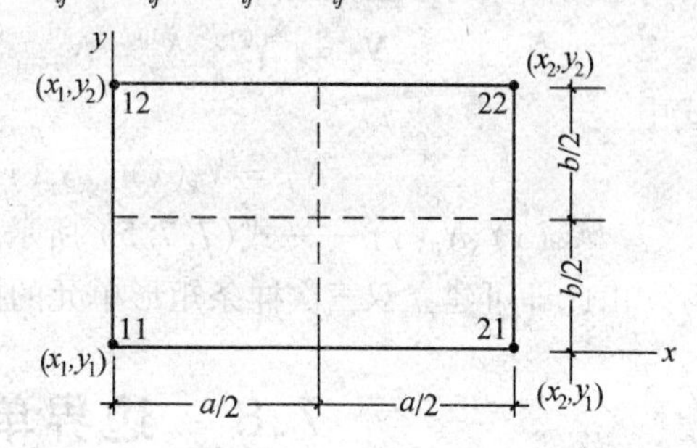

图 7.8　样条矩形单元（含四个分区）

7.7.3　薄板弯曲样条矩形单元

利用二次、三次样条梁的形函数可构造两个样条矩形单元。

7.7.3.1　双二次样条矩形单元（16 个自由度）

双二次样条矩形单元的几何性质仍如图 7.8 所示，每个结点 ij 有 4 个自由度，即

$$\boldsymbol{\delta}_{ij}=[w_{ij}^{00}\quad w_{ij}^{10}\quad w_{ij}^{01}\quad w_{ij}^{11}]^{\mathrm{T}}\tag{7.7.12}$$

记号 w_{ij}^{kl} 含义与式(7.7.8)一样。每个单元共有 16 个自由度，即

$$\boldsymbol{\delta}_e=[\boldsymbol{\delta}_{11}^{\mathrm{T}}\quad\boldsymbol{\delta}_{21}^{\mathrm{T}}\quad\boldsymbol{\delta}_{12}^{\mathrm{T}}\quad\boldsymbol{\delta}_{22}^{\mathrm{T}}]^{\mathrm{T}}$$

若记 ij 结点的形函数矩阵 $\boldsymbol{N}_{ij}$ 为

$$\boldsymbol{N}_{ij}=[N_{ij}^{00}\quad N_{ij}^{10}\quad N_{ij}^{01}\quad N_{ij}^{11}]\tag{7.7.13}$$

式中 N_{ij}^{kl} 由式(7.7.10)定义，由结点形函数可得

$$\boldsymbol{N}=[\boldsymbol{N}_{11}\quad\boldsymbol{N}_{21}\quad\boldsymbol{N}_{22}\quad\boldsymbol{N}_{12}]$$

而单元挠度 w 为

$$w = N\delta_e$$

7.7.3.2 双三次样条矩形单元(36 个自由度)

图 7.9 为双三次样条矩形单元,它有 9 个分区。每个结点 ij 取 9 个自由度,即

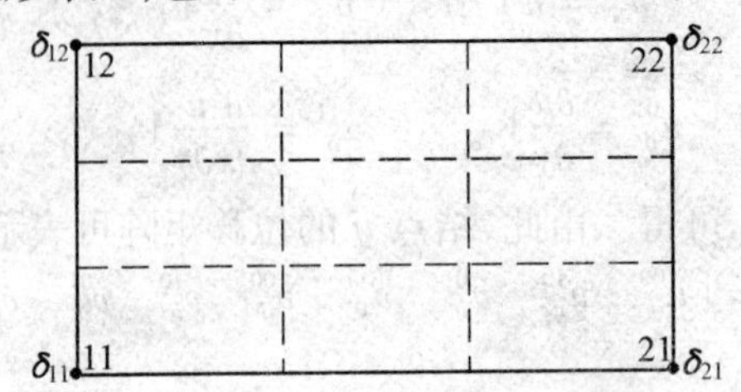

图 7.9 双三次样条矩形单元

$$\boldsymbol{\delta}_{ij} = [w_{ij}^{00} \quad w_{ij}^{10} \quad w_{ij}^{01} \quad w_{ij}^{11} \quad w_{ij}^{20} \quad w_{ij}^{02} \quad w_{ij}^{21} \quad w_{ij}^{12} \quad w_{ij}^{22}]^{\mathrm{T}} \tag{7.7.14}$$

式中

$$w_{ij}^{kl} = \frac{\partial^{(k+1)} w}{\partial x^k \partial y^l} \Big|_{(x_i, y_j)} \begin{pmatrix} i,j = 1,2 \\ k,l = 0,1,2 \end{pmatrix} \tag{7.7.15}$$

每个单元有 36 个自由度,即

$$\boldsymbol{\delta}_e = [\boldsymbol{\delta}_{11}^{\mathrm{T}} \quad \boldsymbol{\delta}_{21}^{\mathrm{T}} \quad \boldsymbol{\delta}_{12}^{\mathrm{T}} \quad \boldsymbol{\delta}_{22}^{\mathrm{T}}]^{\mathrm{T}}$$

对每个结点 ij 有形函数矩阵 $\boldsymbol{N}_{ij}$ 为

$$\boldsymbol{N}_{ij} = [N_{ij}^{00} \quad N_{ij}^{10} \quad N_{ij}^{01} \quad N_{ij}^{11} \quad N_{ij}^{20} \quad N_{ij}^{02} \quad N_{ij}^{21} \quad N_{ij}^{12} \quad N_{ij}^{22}] \tag{7.7.16}$$

式中

$$N_{ij}^{kl} = N_{ik}(x) \cdot N_{jl}(y) \quad (i,j = 1,2; k,l = 0,1,2) \tag{7.7.17}$$

$N_{ik}(x)$、$N_{jl}(y)$—— 式(7.7.5) 所示的三次样条梁单元的形函数。

由此即可建立双三次样条矩形单元的挠度表达式及单元特性。

7.8 边界单元法的基本概念①

7.8.1 概述

在工程中遇到的大多数力学问题可以归结为求解满足一定边界条件的偏微分方程,即所谓边值问题。只要能找到满足给定方程且又符合给定边界条件的函数,这函数就是要求的惟一解。但对于工程中提出的问题,能得到解析解的仅限于极少数情况,故一般只得采用数值方法求解。目前常用的数值方法除本书前面介绍的有限元、加权残数法、有限条法、样条函数法外,边界元法(Boundary Element Method,简写 BEM) 也是一种有效的数值方法,它的基本思想是将微分方程的边值问题转换成边界积分方程,然后利用微分方程的基本解和边界离散技术,将问题变为求解边界未知量的代数方程组。因为仅对物体边界划分单元,故叫做边界单元法。

---

① 本节及 7.9、7.10 摘引自《有限单元法及计算程序》(金康宁编写)。

利用问题的基本解建立边界积分方程是边界元法的基础。所谓基本解,是指在无限(或半无限)域中作用为δ-函数时满足拉普拉斯方程或纳维埃方程的解。例如,流体力学问题中点源产生的势函数,即在Q点有一单位点源作用在域内任一点P所产生的势;弹性力学中单位集中力所产生的位移场,即Q点作用一任意方向集中力在任一点P所产生的位移。

边界积分方程有两种列式法,即直接法(Direct Formulation)和间接法(Indirect Formulation)。以弹性力学为例,若其维数为n,则边界上每一结点应有$2n$个物理量(n个位移及n个作用力)。由于边界上每一点都能给出并且只能给出n个量,其余的n个量则是未知的。直接法就是列出与边界未知量相等的方程,直接求解边界上实际的物理量。另一种方法是先将所解的区域嵌置于一个与之有相同物性的无限域中,若沿解域的边界加上某种虚荷载,只要使虚荷载所产生的位移和应力恰好满足问题给定边界条件,则域内的位移和应力可由虚荷载求得。依此条件建立边界积分方程,在此积分方程中,未知函数是边界上虚拟的荷载。由于所求物理量是间接地通过边界上虚拟荷载求得的,所以称为间接列式法。

边界单元法的主要优点是:

(1) 由于仅将区域的边界进行离散,使问题降低了一维,即可把三维问题转变为二维问题来处理,将二维问题转变成一维问题来处理。这样,使输入数据少,计算时间短,便于微机应用。

(2) 边界单元法只对边界离散,离散化误差仅来源于边界,区域内的有关物理量仍由解析式直接求得,应力和位移具有相同的精度。因此,计算精度高。加之计算区域内的物理量时,无需全部求出就可计算指定点的值,可省去许多不必要的计算,因此,计算效率高。

(3) 由于边界单元法中基本解的奇异性,它能较好地处理一些应力集中有关的问题。

当然,边界元法与有限元法相比较,还存在一些缺点,它需要较多的数学知识,最后形成的代数方程组的系数矩阵是一个非对称的满阵,不像有限元的刚度矩阵那样具有对称、稀疏和带状的优点。

由于这里仅仅是对边界单元法作一简介,不可能花很大的篇幅作全面深入的讨论。下面,在介绍基本解的物理意义以后,我们以读者熟悉的弹性力学平面问题为例,简明地介绍边界单元列式的间接法和直接法的原理及步骤,以便使读者有一个初步完整的概念,为进一步学习研究打下基础。

7.8.2　基本解

在边界单元法中,建立积分方程时要应用基本解。下面阐明基本解的概念并举简例说明。

设某一与时间无关的物理现象用函数u表示,其微分方程为

$$L[u(P)] = 0 \tag{7.8.1}$$

式中的L为线性微分算子,P为域内的点。

式(7.8.1)的基本解记为u^*,定义为下列奇性控制方程的解,即

$$L[u^*(P,Q)] + \delta(P,Q) = 0 \tag{7.8.2}$$

式中的P和Q为无限域中的任意两点,$\delta(P,Q)$为狄拉克(Dirac)函数,或称δ函数,其定义的数学表达为

$$\delta(P,Q)=\begin{cases}0 & (P\neq Q)\\ \infty & (P=Q)\end{cases} \tag{7.8.3}$$

一维狄拉克函数如图 7.10 所示，P 点和 Q 点的坐标分别以 x 和 ξ 表示。它具有下列性质

$$\int_{-\infty}^{+\infty}\delta(x,\xi)\,\mathrm{d}x=1 \tag{7.8.4}$$

$$\int_a^b u(x)\delta(x,\xi)\,\mathrm{d}x=\begin{cases}u(\xi) & a<\xi<b\\ 0 & \xi<a \text{ 或 } b<\xi\end{cases} \tag{7.8.5}$$

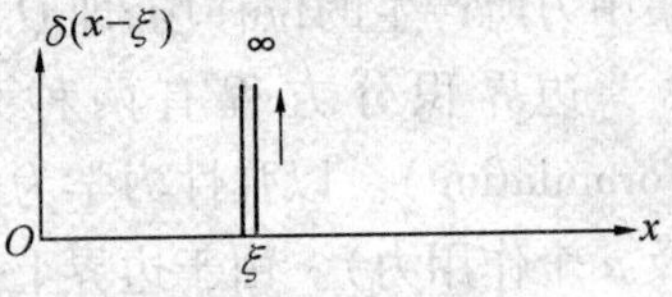

图 7.10 一维狄拉克函数

二维、三维狄拉克函数的性质可以写成

$$\int_\Omega \delta(P,Q)\,\mathrm{d}\Omega=1 \qquad Q\in\Omega \tag{7.8.6}$$

$$\int_\Omega u(P)\delta(P,Q)\,\mathrm{d}\Omega=\begin{cases}u(Q) & Q\in\Omega\\ 0 & Q\notin\Omega\end{cases} \tag{7.8.7}$$

按狄拉克函数的定义，式(7.8.2) 的解，即基本解 $u^*(P,Q)$，表示在 Q 点存在着单位强度的“源”时，对无限域中任意点 P 产生的影响。通常将 P 点称为观察点或场点，将 Q 点称为源点。因此，基本解为表示源点 Q 和观察点 P 间的两点状态的影响函数。

现以图 7.11 所示的受单位集中力的拉杆为例，说明基本解的物理意义。

当拉杆受分布拉力 $p(x)$ 作用时，以 x 方向位移 $u(x)$ 表示的平衡方程为

$$EA\frac{\mathrm{d}^2u(x)}{\mathrm{d}x^2}+p(x)=0 \tag{7.8.8}$$

式中 E—— 材料的弹性模量；

A—— 杆的横截面积。

受单位集中力时

$$p(x,\xi)=\delta(x,\xi) \tag{7.8.9}$$

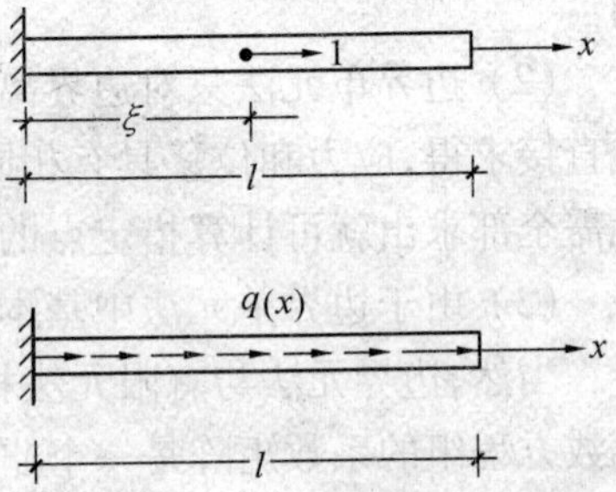

图 7.11 拉杆受分布拉力示意图

将上式代入式(7.8.8)，则相应的奇性控制方程为

$$EA\frac{\mathrm{d}^2u^*(x,\xi)}{\mathrm{d}x^2}+\delta(x,\xi)=0 \tag{7.8.10}$$

可见，上述方程的基本解 $u^*(x,\xi)$ 表示单位集中力作用在 ξ 点时，在拉杆任意点 x 处产生的轴向位移。

边界元法的理论是建立在相应问题的奇性控制方程的基本解基础上的。找到了一类问题的基本解，就可以直接应用这类问题的边界单元法；否则就无法建立边界单元方程。所以求解各类问题的基本解显得十分重要。

对于弹性力学问题，根据平衡方程，几何方程和材料的本构方程，即由以下三个张量方程

$$\sigma_{ij,j}+F_{bi}=0 \tag{7.8.11}$$

$$\varepsilon_{ij}=\frac{1}{2}(u_{i,j}+u_{j,i}) \tag{7.8.12}$$

$$\sigma_{ij}=2G\varepsilon_{ij}+\frac{2G\mu}{1-2\mu}\varepsilon_{kk}\delta_{ij} \tag{7.8.13}$$

联合可得求解弹性力学问题的控制方程式(Navier)

$$\frac{2G}{1-2\mu}u_{j,ji}+Gu_{i,jj}+F_{bi}=0 \tag{7.8.14}$$

以上各式中 u_i、ε_{ij}、σ_{ij} 分别为位移、应变和应力张量。μ 为泊松比，G 为剪切弹性衡量，F_{bi} 为体力张量。对于在 Q 点作用一沿 e_j 方向的单位集中力

$$F_{bj}=\delta(P,Q)\delta_{jk}e_k \tag{7.8.15}$$

的情况下，求解 Navier 方程，其解即为基本解 u_i^*，使得

$$\frac{G}{1-2\mu}u_{i,ij}^*+Gu_{j,ii}^*+\delta(P,Q)\delta_{jk}e_k=0 \tag{7.8.16}$$

这个方程解的意义是在无限体中 Q 点沿 e_j 方向作用的单位集中力在 P 点产生沿 e_i 方向的位移 u_i^*，就是著名的开尔文(Kelvin)解。

$$u_i^*(P,Q)=\frac{1}{16\pi G(1-\mu)}\frac{1}{r}[(3-4\mu)\delta_{ij}+r_{,i}r_{,j}]e_j \tag{7.8.17}$$

由此产生无限体 P 点的应力张量为

$$\sigma_{ik}^*(P)=\frac{-1}{8\pi(1-\mu)}\frac{1}{r}[(1-2\mu)(\delta_{ij}r_{,k}+\delta_{kj}r_{,i}-\delta_{ik}r_{,j})+3r_{,i}r_{,j}r_{,k}]e_j \tag{7.8.18}$$

进一步利用表面力公式

$$\tau_i=\sigma_{ik}n_k \tag{7.8.19}$$

即可得到无限体中 Q 点沿 e_j 方向作用的单位力引起 P 点的方向余弦为 n_k 的斜面上沿 e_j 方向的面力分量为

$$\tau_i^*(P)=\frac{-1}{8\pi(1-\mu)}\frac{1}{r}[(1-2\mu)(\delta_{ij}r_{,k}+\delta_{kj}r_{,i}-\delta_{ik}r_{,j})+r_{,i}r_{,j}r_{,k}]n_k \tag{7.8.20}$$

以上就是开尔文的位移、应力与面力解。式中用到(P,Q)距离的方向导数，可计算如下

因为

$$r^2=\sum_{i=1}^{3}(x_i-x_{iQ}) \tag{7.8.21}$$

故有

$$r_{,i}=\frac{1}{r}(x_i-x_{iQ}) \tag{7.8.22}$$

为了简明起见，可将开尔文解写为影响函数的形式，即是

$$u_i^*(P,Q)=f_{ij}(P,Q)e_j \tag{7.8.23}$$

$$\sigma_{ik}^*(P)=m_{ijk}(P,Q)e_j \tag{7.8.24}$$

$$\tau_i^*(P)=g_{ij}(P,Q)e_j \tag{7.8.25}$$

这里 $f_{ij}(P,Q)$、$m_{ijk}(P,Q)$ 和 $g_{ij}(P,Q)$ 都是表示 Q 点作用单位力对于 P 点产生的作用，分别称为位移、应力和表面力影响函数。从上述开尔文解可以看出它们的表达式。对于平面弹性问题也可以得到相应的影响函数，最后可以统一写为

$$f_{ij}(P,Q)=\frac{1}{8\alpha\pi G(1-\mu)}\frac{1}{r^{\alpha}-1}\{(3-4\mu)\delta_{ij}[(\alpha-2)\ln r+\alpha-1]+r_{,i}r_{,j}\} \tag{7.8.26}$$

$$m_{ijk}(P,Q)=\frac{-1}{4\alpha\pi(1-\mu)}\frac{1}{r^{\alpha}}[(1-2\mu)(\delta_{ik}r_{,j}+\delta_{ik}r_{,i}-\delta_{ij}r_{,k})+\beta r_{,i}r_{,j}r_{,k}] \tag{7.8.27}$$

$$g_{ij}(P,Q)=\frac{-1}{4\alpha\pi(1-\mu)}\frac{1}{r^{\alpha}}[(1-2\mu)(\delta_{ij}r_{,k}+\delta_{kj}r_{,i}-\delta_{ik}r_{,j})+\beta r_{,i}r_{,j}r_{,k}]n_k \tag{7.8.28}$$

以上各式中

对于二维问题：$i,j,k=1,2$；$\alpha=1$；$\beta=2$。

对于三维问题：$i,j,k=1,2,3$；$\alpha=2$；$\beta=3$。

如为二维平面应力问题，应进一步将 μ 换为 $\frac{\mu}{1+\mu}$。

7.9　弹性力学边界元间接法

前已指出，边界元间接法是把解域嵌入一个物性完全相同的无限体中，解域的边界上预先加上按照某种规律分布的虚荷载，使得所产生的位移和应力恰好与解域已知边界条件作用结果相同。那么，由此条件建立的积分方程就可以解出虚荷载，进一步可以解出域内的位移和应力。

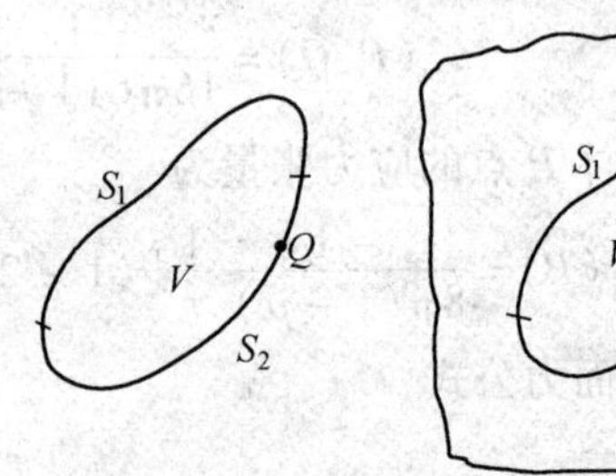

图 7.12　间接法示意图

设解域 V 边界 S 上的虚荷载为 ϕ_i，利用上节得到的开尔文解可以建立虚荷载 ϕ_i 与解域内任一点的应力面力和位移之间的关系，即

$$u_i(P)=\int_S f_{ik}(P,Q)\phi_k(Q)\mathrm{d}S(Q) \tag{7.9.1}$$

$$\tau_i(P)=\int_S g_{ik}(P,Q)\phi_k(Q)\mathrm{d}S(Q) \tag{7.9.2}$$

$$\sigma_{ij}(P)=\int_S m_{ijk}(P,Q)\phi_k(Q)\mathrm{d}S(Q) \tag{7.9.3}$$

为了得到边界积分方程，必须建立边界点的面力和位移的计算公式。为此，可将域内的计算点 P 无限地趋近于边界点 Q，但因上述积分是沿边界 S 进行的，当 $P\to Q$ 时，$r\to 0$，这样就使得以上积分的被积函数趋于无穷大，即被积函数呈奇异性，为此应做出以上各式的奇异积分。结果为边界点的位移和面力公式

$$u_i(P)=\int_S f_{ij}(P,Q)\phi_j(Q)\mathrm{d}S(Q) \tag{7.9.4}$$

$$\tau_i(P)=\int_S g_{ij}(P,Q)\phi_j(Q)\mathrm{d}S(Q)+\frac{1}{2}\phi_i(P) \tag{7.9.5}$$

这里，P、Q 点位于边界 S 上，由位移边界条件和面力边界条件 $u_i(P)$ 和 $\tau_i(P)$，应是已知的。而 $f_{ij}(P,Q)$ 和 $g_{ij}(P,Q)$ 为已知的影响函数，只有边界上的虚荷载函数 $\phi_i(Q)$ 是未知的，因此，上述两式就是关于未知函数 $\phi(Q)$ 的积分方程。一旦解出 $\phi(Q)$，域内的位移，应力等可以由开尔文解获得。

为了解上述两个边界积分方程式，考虑几种典型的边界条件：

1. 位移边界条件 S_1

$$u_i(P)=\bar{u}_i(P) \tag{7.9.6}$$

此时式(7.9.4) 成为

$$\int_{S_1} f_{ij}(P,Q)\phi_j(Q)\,\mathrm{d}S_1(Q) = \bar{u}_i(P) \tag{7.9.7}$$

这是一个第一类 Fredholm 积分方程,未知函数为 $\phi_j(Q)$,核为 $f_{ij}(P,Q)$,自由项为 $\bar{u}_i(P)$。

2. 面力边界条件 Γ_2

$$\tau_i(P) = \bar{\tau}_i(P) \tag{7.9.8}$$

此时,式(7.9.5) 成为

$$\int_{S_2} g_{ij}(P,Q)\phi_j(Q)\,\mathrm{d}S_2(Q) + \frac{1}{2}\phi_i(P) = \bar{\tau}_i(P) \tag{7.9.9}$$

这是一个第二类 Fredholm 积分方程,未知函数为 $\phi_j(Q)$,核为 $g_{ij}(P,Q)$,自由项为 $2\bar{\tau}_i(P)$。

3. 混合边界条件

$$\begin{cases} u_i(P_1) = \bar{u}_i(P_1) & P_1 \in S_1 \\ \tau_i(P_2) = \bar{\tau}_i(P_2) & P_2 \in S_2 \end{cases} \tag{7.9.10}$$

因为 $S = S_1 + S_2$,则应联立式(7.9.7) 和式(7.9.9) 两式求解,即求解

$$\int_{S_1} f_{ij}(P_1,Q)\phi_j(Q)\,\mathrm{d}S_1 = \bar{u}_i(P_1) \tag{7.9.11}$$

$$\int_{S_2} g_{ij}(P_2,Q)\phi_j(Q)\,\mathrm{d}S_2 + \frac{1}{2}\phi_i(P_2) = \bar{\tau}_i(P_2) \tag{7.9.12}$$

由此可见,只要边界条件已知,总可以求得未知函数 $\phi_j(Q)$,即使是虚设荷载。一般说来,无论何种边界条件,要得出积分方程的解析解是困难的。为此,我们用数值方法求解。

下面以二维问题说明积分方程式的数值解法。由于是边界积分,首先将边界离散化为线段元,即用若干线段去近似光滑的曲边界,图 7.13 所示每个线段为一个边界单元,即边界元。这样,原边界积分转变为各边界元上的积分和,即是

$$u_i(P) = \sum_{i=1}^{M}\int_{Sl} f_{ij}(P,Q)\phi_j(Q)\,\mathrm{d}S(Q) \tag{7.9.13}$$

$$\tau_i(P) = \sum_{i=1}^{M}\int_{Sl} g_{ij}(P,Q)\phi_j(Q)\,\mathrm{d}S(Q) + \frac{1}{2}Q_i(P) \tag{7.9.14}$$

如果假定每个边界元上的虚荷载 ϕ_j 为常数,则可在每个单元中点设置结点 $Q_l(l=1,2,\cdots,m)$。而将虚荷载 $\phi(Q_l)$ 提出积分号外,同时引入记号

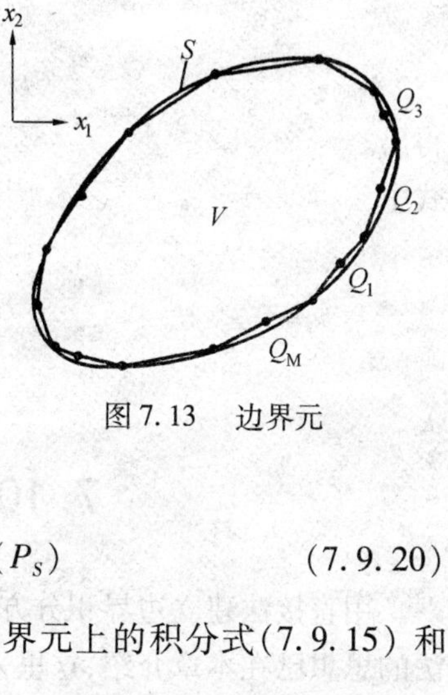

$$F_{ij}(P_S,Q_l) = \int_{S_l} f_{ij}(P_S,Q_l)\,\mathrm{d}S(Q) \tag{7.9.15}$$

$$Q_{ij}(P_S,Q_l) = \int_{S_l} g_{ij}(P_S,Q_l)\,\mathrm{d}S(Q) \tag{7.9.16}$$

图 7.13　边界元

于是式(7.9.13) 和式(7.9.14) 可以写为

$$\sum_{i=1}^{M}\phi_j(Q_l)F_{ij}(P_S,Q_l) = u_i(P_S) \tag{7.9.17}$$

$$\sum_{i=1}^{M}\phi_j(Q_l)G_{ij}(P_S,Q_l) + \frac{1}{2}\phi_i(P) = \tau_i(P_S) \tag{7.9.20}$$

这里,$i,j=1,2;l,S=1,2,\cdots,M$,其中 M 为单元数。只要在边界元上的积分式(7.9.15) 和

式(7.9.16)已知,引入边界条件后,式(7.9.17)和式(7.9.18)可以写为矩阵形式

$$\boldsymbol{F}_{\mathrm{b}}\boldsymbol{\phi}=\bar{\boldsymbol{u}} \tag{7.9.19}$$

$$\boldsymbol{G}\boldsymbol{\phi}=\bar{\boldsymbol{\tau}} \tag{7.9.20}$$

其中,$\boldsymbol{\phi}$ 是边界元上建立的未知的虚拟荷载向量。

$$\boldsymbol{\phi}=[\phi_i(Q_1)\quad \phi_i(Q_2)\quad \cdots\quad \phi_i(Q_M)]^{\mathrm{T}}\quad (i=1,2) \tag{7.9.21}$$

$\bar{\boldsymbol{u}}$ 是边界上的已知边界位移,$\bar{\boldsymbol{\tau}}$ 为已知边界面力,即是

$$\bar{\boldsymbol{u}}=[\bar{u}_i(P_1)\quad \bar{u}_i(P_2)\quad \cdots\quad \bar{u}_i(P_M)]^{\mathrm{T}}\quad (i=1,2) \tag{7.9.22}$$

$$\bar{\boldsymbol{\tau}}=[\bar{\tau}_i(P_1)\quad \bar{\tau}_i(P_2)\quad \cdots\quad \bar{\tau}_i(P_M)]^{\mathrm{T}}\quad (i=1,2) \tag{7.9.23}$$

根据式(7.9.15)和式(7.9.16)$\boldsymbol{F}_{\mathrm{b}}$ 和 $\boldsymbol{G}$ 的构造形式为

$$\boldsymbol{F}_{\mathrm{b}}=\begin{bmatrix}\begin{bmatrix}F_{11} & F_{12}\\ F_{21} & F_{22}\end{bmatrix}_{P_1Q_1} & \cdots & \begin{bmatrix}F_{11} & F_{12}\\ F_{21} & F_{22}\end{bmatrix}_{P_1Q_M}\\ \vdots & & \vdots\\ \begin{bmatrix}F_{11} & F_{12}\\ F_{21} & F_{22}\end{bmatrix}_{P_MQ_1} & \cdots & \begin{bmatrix}F_{11} & F_{12}\\ F_{21} & F_{22}\end{bmatrix}_{P_MQ_N}\end{bmatrix} \tag{7.9.24}$$

$$\boldsymbol{G}=\begin{bmatrix}\begin{bmatrix}G_{11} & G_{12}\\ G_{21} & G_{22}\end{bmatrix}_{P_1Q_1} & \cdots & \begin{bmatrix}G_{11} & G_{12}\\ G_{21} & G_{22}\end{bmatrix}_{P_1Q_M}\\ \vdots & & \vdots\\ \begin{bmatrix}G_{11} & G_{12}\\ G_{21} & G_{22}\end{bmatrix}_{P_MQ_1} & \cdots & \begin{bmatrix}G_{11} & G_{12}\\ G_{21} & G_{22}\end{bmatrix}_{P_MQ_N}\end{bmatrix} \tag{7.9.25}$$

根据问题给定的边界条件,可由式(7.9.19)或式(7.9.20)或者是二者的混合(混合边界条件)求解边界上的虚设荷载 $\phi(Q)$,由于这是离散型解,得到的是边界元上的离散虚设荷载 $\phi_i(Q_l)(i=1,2;l=1,2,\cdots,M)$,最后解域内任意点 P 的位移和应力可由

$$u_i(P)=\sum_{i=1}^{M}F_{ij}(P,Q_l)\phi_j(Q_l) \tag{7.9.26}$$

$$\sigma_{ij}(P)=\sum_{i=1}^{M}M_{ijk}(P,Q_l)\phi_k(Q_l) \tag{7.9.27}$$

得出。

式中

$$F_{ij}(P,Q_l)=\int_{S_l}f_{ij}(P,Q)\,\mathrm{d}S(Q) \tag{7.9.28}$$

$$M_{ijk}(P,Q_l)=\int_{S_l}m_{ijk}(P,Q)\,\mathrm{d}S(Q) \tag{7.9.29}$$

7.10　弹性力学边界元直接法

用直接法建立边界积分方程一般采用加权残数法和 Betti 互等定理两种方法。加权残数法的思想已在本章介绍,这里采用互等定理来推导边界积分方程。

对于一个需要求解的实际问题(图 7.14)，为了利用互等定理，确定域内 i 点沿 $l(l=1,2)$ 方向的位移值 $u_{(i)}^{l}$，我们用前面的基本解建立一个虚拟状态的辅助场，为此可在无限域内割取这样一个区域：形状与实际场的区域完全一样，i 点的相对位置也完全一样，如图 7.15 所示。在 i 点上沿 $l(l=1,2)$ 方向作用一个单位力。这样，两个场的位移和力分量如下。

	位移	表面力	体积力	
实际场：	u_k	p_k	F_{bk}	
辅助场：	u_{lk}^*	p_{lk}^*	k 点 l 方向单位力	$(l,k=1,2)$

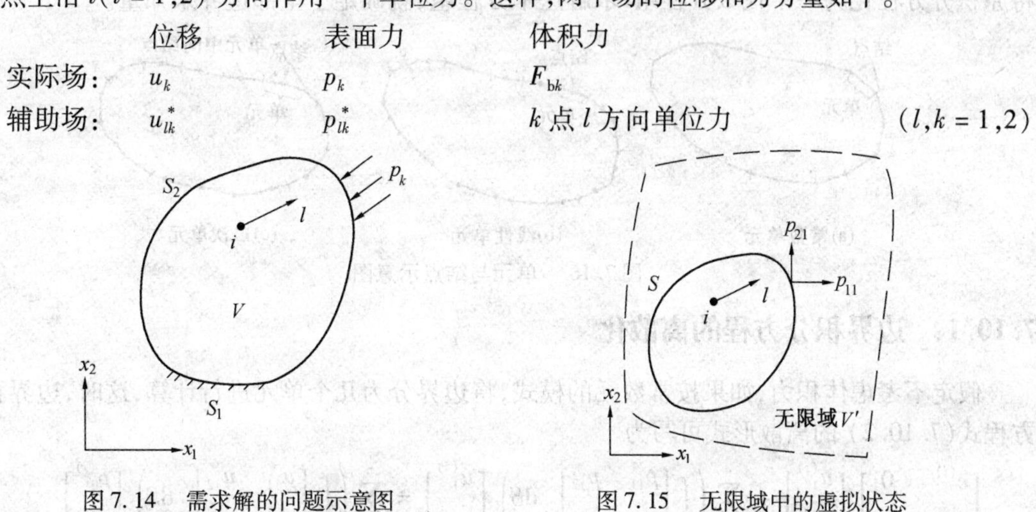

图 7.14　需求解的问题示意图　　　图 7.15　无限域中的虚拟状态

按照 Betti 互等定理，实际场的外力体积力和表面力在辅助场的位移上所做的功，等于辅助场的外力(单位集中力和表面力)；在实际场的位移上所做的功，即可写出如下表达式

$$u_l^{(i)}\times 1+\int_S p_{lk}^* u_k \mathrm{d}S=\int_S p_k u_{lk}^* \mathrm{d}S+\int_V F_{bk} u_{lk}^* \mathrm{d}V \tag{7.10.1}$$

此式就是弹性平面问题对应的积分方程，它表示域内点的位移值 $u_l^{(i)}$ 与边界值 u_k、p_k 之间的关系。方程两边带 * 号的项均为已知的基本解，而区域 V 的边界值 u_k、p_k 只是部分已知。

为了求得实际问题的全部边界值 u_k、p_k，可将点 i 置于边界 S 上。由 Betti 互等定理同样可得边界积分方程

$$c^{(i)}u_l^{(i)}+\int_S p_{lk}^* u_k \mathrm{d}S=\int_S p_k u_{lk}^* \mathrm{d}S+\int_V F_{bk} u_{lk}^* \mathrm{d}V \tag{7.10.2}$$

式中 $c^{(i)}$ 是与边界在 i 点处几何特征有关的系数。当 i 点处为光滑曲线时，$c^{(i)}=\dfrac{1}{2}$，当 i 点处为角点时，$c^{(i)}=\dfrac{\theta}{2\pi}$($\theta$ 为边界线在 i 点处内角的弧度数)。

现在可以看到，边界积分方程式(7.10.2)包含的全部未知量只是边界值。利用这一方程的离散化可以求出边界上所有未知的位移分量和表面力分量。因此，导出了积分方程(7.10.1)和(7.10.2)，也就从理论上提供了边界元法求解问题的基础。

问题的边界值确定之后，可以由积分方程(7.10.1)首先求得域内点的位移值，即

$$u_l^{(i)}=\int_S p_k u_{lk}^* \mathrm{d}S-\int_S p_{lk}^* u_k \mathrm{d}S+\int_V F_{bk} u_{lk}^* \mathrm{d}V \tag{7.10.3}$$

然后，可求域内点的应力值。将(7.8.9)几何方程式代入物理方程(7.8.10)，即得到内点应力的表达式

$$\sigma_{ij}=G\left(\frac{\partial u_i}{\partial x_j}+\frac{\partial u_j}{\partial x_i}\right)+\frac{2G\mu}{1-2\mu}\frac{\partial u_l}{\partial x_l}\delta_{ij} \tag{7.10.4}$$

下面仍以二维弹性力问题来说明边界元的直接法是如何实施的。首先仍将解域的边界离散为一系列的边界元,各种不同的边界元如图 7.16 中所示,图中分别表明了常数单元、线性单元和二次单元的单元划分、结点设置情况。通过数值积分(一般用高斯积分),最后总是可以将原积分方程化为一个代数方程组;求解这个方程组,就确定了全部边界未知量。

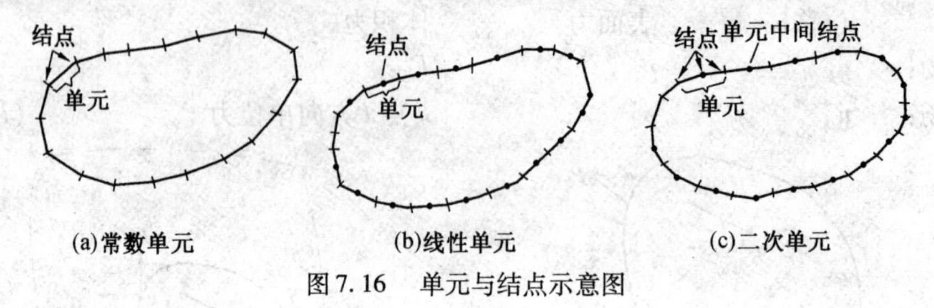

图 7.16　单元与结点示意图

7.10.1　边界积分方程的离散化

假定不考虑体积力,如果按常数元的模式,将边界分为几个单元进行计算,这时,边界积分方程式(7.10.2)的离散形式可写为

$$\begin{bmatrix} c^{(i)} & 0 \\ 0 & c^{(i)} \end{bmatrix} \begin{bmatrix} u_1^{(i)} \\ u_2^{(i)} \end{bmatrix} + \sum_{j=1}^{n} \left(\int_S \begin{bmatrix} p_{11}^* & p_{12}^* \\ p_{21}^* & p_{22}^* \end{bmatrix}_{ij} \mathrm{d}S \right) \begin{bmatrix} u_1^{(i)} \\ u_2^{(i)} \end{bmatrix} = \sum_{j=1}^{n} \left(\int_{S_j} \begin{bmatrix} u_{11}^* & u_{12}^* \\ u_{21}^* & u_{22}^* \end{bmatrix}_{ij} \mathrm{d}S \right) \begin{bmatrix} p_1^{(j)} \\ p_2^{(j)} \end{bmatrix} \tag{7.10.5}$$

如果依次取 $i = 1, 2, 3, \cdots, n$,就可以得到 $2n$ 个方程,可用矩阵表示为

$$\boldsymbol{HU} = \boldsymbol{GP} \tag{7.10.6}$$

式中系数矩阵 $\boldsymbol{H}$ 和 $\boldsymbol{G}$ 详细表达为

$$\boldsymbol{H} = \begin{bmatrix} \begin{bmatrix} H_{11} & H_{12} \\ H_{21} & H_{22} \end{bmatrix}_{11} & \cdots & \begin{bmatrix} H_{11} & H_{12} \\ H_{21} & H_{22} \end{bmatrix}_{1n} \\ \vdots & & \vdots \\ \begin{bmatrix} H_{11} & H_{12} \\ H_{21} & H_{22} \end{bmatrix}_{n1} & \cdots & \begin{bmatrix} H_{11} & H_{12} \\ H_{21} & H_{22} \end{bmatrix}_{nn} \end{bmatrix} \tag{7.10.7}$$

$$\boldsymbol{G} = \begin{bmatrix} \begin{bmatrix} G_{11} & G_{12} \\ G_{21} & G_{22} \end{bmatrix}_{11} & \cdots & \begin{bmatrix} G_{11} & G_{12} \\ G_{21} & G_{22} \end{bmatrix}_{1n} \\ \vdots & & \vdots \\ \begin{bmatrix} G_{11} & G_{12} \\ G_{21} & G_{22} \end{bmatrix}_{n1} & \cdots & \begin{bmatrix} G_{11} & G_{12} \\ G_{21} & G_{22} \end{bmatrix}_{nn} \end{bmatrix} \tag{7.10.8}$$

当 $i \neq j$ 时,子矩阵 $\begin{bmatrix} H_{11} & H_{12} \\ H_{21} & H_{22} \end{bmatrix}_{ij}$ 和 $\begin{bmatrix} G_{11} & G_{12} \\ G_{21} & G_{22} \end{bmatrix}_{ij}$ 中的各元素表示单位力作用在 i 单元的中点时,j 单元上的下列积分值为

$$H_{lk} = \int_{S_j} p_{lk}^* \mathrm{d}S, G_{lk} = \int_{S_j} u_{lk}^* \mathrm{d}S$$

当 $i = j$ 时,子阵中的各元素为下列积分值

$$H_{lk} = c^{(i)} \delta_{lk} + \int_{S_j} p_{lk}^* \mathrm{d}S, G_{lk} = \int_{S_j} u_{lk}^* \mathrm{d}S$$

这些积分,可以通过数值积分来实现,这样,就求得了 **H**、**G** 矩阵的全部元素。

弹性力学平面问题给定的边界条件,往往是一部分边界力已知,另一部分边界位移已知。当边界离散为 n 个单元时,在 $2n$ 个边界位移和 $2n$ 个表面力中,n_1 个边界位移和 n_2 个表面力($n_1 + n_2 = 2n$) 作为边界条件给出,未知数为 $2n$ 个,而方程式数也是 $2n$ 个,所以,所有的未知量可全部求出。

如果将式(7.10.6) 中的未知量移到等号左边,以 $\{x\}$ 表示;将已知量移到方程右边,当然这需要交换 **H**、**G** 阵中对应的某些元素,将等号左边的系数矩阵以 $[A]$ 表示,等号右边的已知量以 $\{B\}$ 表示,方程式(7.8.6) 则可写成

$$[A]\{x\} = \{B\} \tag{7.10.9}$$

由上式,平面问题的边界未知量得以解出。

7.10.2　域内任一点的位移和应力

求得了全部边界单元上的位移和边界力后,由式(7.10.3) 和式(7.10.4),可以进一步确定域内任一点的位移和应力。这时求位移的(7.10.3) 式的离散形式为

$$\begin{bmatrix} u_1^{(i)} \\ u_2^{(i)} \end{bmatrix} + \sum_{j=1}^{n}\left(\int_{Sj}\begin{bmatrix} u_{11}^* & u_{12}^* \\ u_{21}^* & u_{22}^* \end{bmatrix}_{ij} \mathrm{d}S\right)\begin{bmatrix} p_1^{(j)} \\ p_2^{(j)} \end{bmatrix} - \sum_{j=1}^{n}\left(\int_{Sj}\begin{bmatrix} p_{11}^* & p_{12}^* \\ p_{21}^* & p_{22}^* \end{bmatrix}_{ij} \mathrm{d}S\right)\begin{bmatrix} u_1^{(j)} \\ u_2^{(j)} \end{bmatrix} \tag{7.10.10}$$

由于 $p^{(j)}$ 和 $u^{(j)}$ 现在均为已知,故域内点的位移可以逐点单独求出,它们之间互不耦合,不存在解方程组的问题。要求的内点可以根据需要选定,这就充分显示出边界元解题的优越性。域内点的应力分量可由式(7.10.12) 和式(7.10.13) 写成

$$\sigma_{ij} = G\left(\frac{\partial u_i}{\partial x_j} + \frac{\partial u_j}{\partial x_i}\right) + \frac{2G\mu}{1-2\mu}\frac{\partial u_l}{\partial x_l}\delta_{ij} = \int_S\left[G\left(\frac{\partial u_{ik}^*}{\partial x_j} + \frac{\partial u_{jk}^*}{\partial x_i}\right) + \frac{2G\mu}{1-2\mu}\frac{\partial u_{lk}^*}{\partial x_l}\delta_{ij}\right]p_k\mathrm{d}S - \int_S\left[G\left(\frac{\partial p_{ik}^*}{\partial x_j} + \frac{\partial p_{jk}^*}{\partial x_i}\right) + \frac{2G\mu}{1-2\mu}\frac{\partial p_{lk}^*}{\partial x_l}\delta_{ij}\right]u_k\mathrm{d}S \tag{7.10.11}$$

设

$$\begin{cases} D_{kij} = G\left(\dfrac{\partial u_{ik}^*}{\partial x_j} + \dfrac{\partial u_{jk}^*}{\partial x_i}\right) + \dfrac{2G\mu}{1-2\mu}\dfrac{\partial u_{lk}^*}{\partial x_l}\delta_{ij} \\ S_{kij} = G\left(\dfrac{\partial p_{ik}^*}{\partial x_j} + \dfrac{\partial p_{jk}^*}{\partial x_i}\right) + \dfrac{2G\mu}{1-2\mu}\dfrac{\partial p_{lk}^*}{\partial x_l}\delta_{ij} \end{cases} \tag{7.10.12}$$

则式(7.10.10) 可以简写成

$$\sigma_{ij} = \int_S D_{kij}p_k\mathrm{d}S - \int_S S_{kij}u_k\mathrm{d}S \tag{7.10.13}$$

而将式(7.10.13) 写成离散形式可得

$$\sigma_{ij} = \sum_{l=1}^{n}\left(\int_{S_l} D_{kij}\mathrm{d}S\right)p_k^{(l)} - \sum_{l=1}^{n}\left(\int_{S_l} S_{kij}\mathrm{d}S\right)u_k^{(l)} \tag{7.10.14}$$

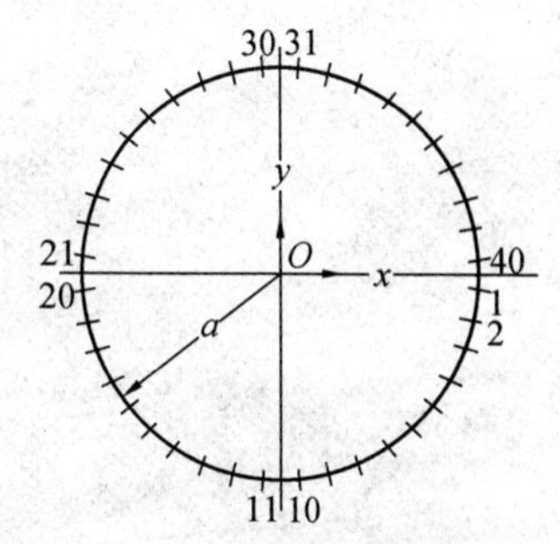

图 7.17　边界单元划分示意图

通过数值积分,可以求得域内任一点应力的三个分量。式中 $p_k^{(l)}$、$u_k^{(l)}$ 分别表示第 l 单元上的边界力和边界位移。

【例 7.3】　在无限的二维场中有一圆孔,半径 $\alpha = 5$,受内压力 $q = 20$ 的作用,剪切弹性模量 $G = 807\ 692.3$,泊桑比 $\mu = 0.230\ 769\ 2$。为方便,量纲均略去。计算时,取边界单元数为40,

如图 7.17 所示。沿 x 轴取 9 个内部点,其应力计算结果见表 7.3。

表 7.3　应力计算结果

内点		计算值		解析解	
编号	位置 r	σ_r	σ_θ	σ_r	σ_θ
1	6	− 14.091 70	14.074 04	− 13.888 89	13.888 89
2	7	− 10.312 07	10.312 04	− 10.204 08	10.204 08
3	8	− 7.895 04	7.895 04	− 7.812 50	7.812 50
4	9	− 6.238 07	6.238 06	− 6.172 84	6.172 84
5	10	− 5.052 84	5.052 82	− 5.000 00	5.000 00
6	20	− 1.263 23	1.263 21	− 1.250 00	1.250 00
7	30	− 0.561 44	0.561 43	− 0.555 56	0.555 56
8	40	− 0.315 81	0.315 80	− 0.312 50	0.312 50
9	50	− 0.202 12	0.202 12	− 0.200 00	0.200 00

参考文献

[1] 李开泰. 有限元方法及其应用[M]. 北京:科学出版社,2014.

[2] 石钟慈. 有限元方法[M]. 北京:科学出版社,2016.

[3] 冷纪桐. 有限元技术基础[M]. 北京:化学工业出版社,2015.

[4] 吴鸿庆. 结构有限元分析[M]. 北京:中国铁道出版社,2000.

[5] 朱伯芳. 有限单元法原理及应用[M]. 第2版. 北京:水利电力出版社,1998.

[6] ZIENKIEWICZ O C. The finite element method in engineering[M]. 3rd ed. New York: McCraw-Hill,1997.

[7] 王勋成,邵敏. 有限单元法基本原理与数值方法[M]. 北京:清华大学出版社,1988.

[8] 龙驭球. 有限单元法概论[M]. 第2版. 北京:高等教育出版社,1991.

[9] 王焕定,吴德伦. 有限单元法及计算程序[M]. 北京:中国建筑工业出版社,1997.

[10] 王焕定,王伟. 有限元及程序[M]. 哈尔滨:黑龙江科学技术出版社,1996.

[11] 殷有权. 固体力学非线性有限元引论[M]. 北京:北京大学出版社,清华大学出版社,1987.

[12] 沈聚敏. 钢筋混凝土有限元及板壳极限分析[M]. 北京:清华大学出版社,1993.

[13] 赵经文. 结构有限元分析[M]. 哈尔滨:哈尔滨工业大学出版社,1988.